"十四五"职业教育国家规划教材

食品加工机械与设备

第 2 版

席会平　田晓玲　主编

中国农业大学出版社
·北京·

内容简介

本教材根据国内外食品工业行业发展现状，结合高职高专学生的基础和就业需求，详细介绍了食品加工企业常用机械与设备的基本工作原理、基本结构、性能特点以及操作注意事项等。

本教材主要介绍了食品加工常用机械与设备，按照食品生产工艺实际需要先后顺序编排各项目，共分10个项目，分别介绍了物料输送机械与设备，清洗、分级分选机械与设备，切分、分离机械与设备，粉碎、均质及混合机械与设备，杀菌机械与设备，食品浓缩、干燥机械与设备，食品热加工机械与设备，食品冷加工机械与设备，食品成型、挤压加工机械与设备和食品包装机械与设备，每个项目按照适用对象不同分为若干任务。

本教材浅显易懂，注重讲练结合，可作为高等职业院校、高等专科院校、成人高等院校、五年制高等职业院校、本科院校高职教育食品加工、食品科学、食品检验、食品质量与安全等相关专业课程教学使用，还可供有关工程技术人员、食品加工操作人员和高等专科院校有关专业师生参考。

图书在版编目(CIP)数据

食品加工机械与设备/席会平，田晓玲主编. —2版. —北京：中国农业大学出版社，2014.12(2024.1重印)

ISBN 978-7-5655-1132-5

Ⅰ.①食… Ⅱ.①席…②田… Ⅲ.①食品加工机械②食品加工设备 Ⅳ.①TS203

中国版本图书馆CIP数据核字(2014)第285469号

书　　名　食品加工机械与设备　第2版
作　　者　席会平　田晓玲　主编

策划编辑　郭建鑫　　**责任编辑**　田树君
封面设计　郑　川　李尘工作室　　**责任校对**　王晓凤
出版发行　中国农业大学出版社
社　　址　北京市海淀区圆明园西路2号　　**邮政编码**　100193
电　　话　发行部 010-62818525，8625　　读者服务部 010-62732336
编辑部 010-62732617，2618　　出　版　部 010-62733440
网　　址　http://www.cau.edu.cn/caup　　**e-mail** cbsszs @ cau.edu.cn
经　　销　新华书店
印　　刷　北京鑫丰华彩印有限公司
版　　次　2015年3月第2版　2024年1月第6次印刷
规　　格　787×1 092　16开本　18.25印张　450千字
定　　价　46.00元

编写人员

主　编　席会平　河南质量工程职业学院

　　　　　田晓玲　辽宁农业职业技术学院

副主编　袁　仲　商丘职业技术学院

　　　　　袁玉超　河南牧业经济学院

　　　　　路红波　辽宁农业职业技术学院

参　编　胡晓波　河南牧业经济学院

　　　　　李书华　河南质量工程职业学院

　　　　　刘玉兵　黑龙江农业经济职业学院

　　　　　冯世杰　信阳农林学院

前　言

随着社会的发展和人民生活水平的提高，人们对工业化食品的需求和食品种类的要求越来越多，对食品的质量要求越来越高，对食品的卫生要求越来越严格。党的二十大报告指出“推进健康中国建设。人民健康是民族昌盛和国家强盛的重要标志。把保障人民健康放在优先发展的战略位置，完善人民健康促进政策”“建设现代化产业体系。坚持把发展经济的着力点放在实体经济上，推进新型工业化”。这既促进了食品工业的发展，也对食品工业提出了更高的要求，同时也促进了食品加工机械的发展，给食品机械行业提供了一个广阔的发展空间。

食品机械的现代化程度是衡量一个国家食品工业发展水平的重要标志。食品机械工业的技术进步为食品制造业和食品加工业的快速发展提供了重要的条件保障；而食品工业的不断发展为食品机械制造业提出了一个个新的课题，要求其不断创新、不断发展与完善。

食品生产的机械化、自动化、专业化和规模化是提高企业国内、国际市场竞争力的必然选择。提高食品生产机械化和自动化程度，是生产卫生安全性好和营养价值高的食品的前提和基本要求，也是实现食品加工企业规模化生产和发挥规模效益的必要条件。随着科学技术的进步与发展，我国食品机械与设备正向复杂、自控、成套和机电一体化方向发展。同时，由于食品工业原料和产品品种繁多，加工工艺各异，食品机械也是门类各异，品种多样。随着客观环境的变化，食品机械与设备正常的使用工作正面临着新的挑战。

本书编写体系上是将具有近似功能或作用的食品机械设备纳入一类，按照食品生产工艺实际需要先后顺序进行编排，比较全面地介绍食品加工中常用的机械设备。本书在内容编排上充分考虑了学习者的认知规律和心理特点，针对目前食品加工企业普遍使用的机械，在介绍基本原理、主要结构的基础上，重点描述食品机械与设备操作要点，具有较强的实用性及可操作性。每个项目都有思考题，旨在培养读者学习探索能力及总结能力，同时每个项目都有相关的实验实训内容，通过实验实训突出了所学理论知识的实用性，做到“讲练结合”，激发学生学习兴趣。同时，本书增加了有关新工艺、新技术、新产品、新动态的内容，具有明显的时代特点。

本书可作为职业教育食品类专业教材，也可作为企事业单位技术人员参考教材及各类食品公司岗前培训教材。

本书由席会平、田晓玲担任主编，袁仲、袁玉超、路红波任副主编。其中，项目一由袁玉超编写，项目二由李书华编写，项目三由田晓玲编写，项目四由席会平编写，项目五由袁仲编写，项目六由冯世杰编写，项目七任务一由李书华编写、任务二和任务三由席会平编写，项目八由胡晓波编写，项目九由路红波编写，项目十由刘玉兵编写。在编写过程中得到了所有参编人员所在院校领导的大力帮助和支持，同时也参考了许多同类书籍，作者在此一并表示衷心的感谢。

本教材涉及面广，机械设备种类多，加之编者水平有限，书中难免存在不当之处，敬请读者批评指正。

编　者

2024 年 1 月

目 录

项目一

物料输送机械与设备

学习目标

1. 了解各种形态物料的输送特点。
2. 理解输送机械的基本结构及其工作原理，能够正确选用相应的输送机械设备。
3. 掌握输送机械的基本性能特点及使用要点。

教学基本内容

1. 各种形态物料的输送特点，输送机械的基本结构及其工作原理。
2. 各类输送机械的基本性能特点及使用要点。

在食品生产过程中，从原料进厂到成品出厂，以及生产单元各工序间，均有大量的物料需要输送，常采用各种输送机械来完成物料的输送任务。所以，合理地选择和使用输送机械，对生产的连续性，提高生产率和产品质量，减轻工人劳动强度等都有着重要意义。尤其是采用了先进的技术设备和实现单机自动化后，更需要将单机之间有机地衔接起来，组成自动流水线，特别是大工业规模化生产情况下，输送机械与设备就更必不可少。

在食品加工过程中所要输送的物料种类繁多，而各物料的性质差异很大，所以，输送机械的选用要根据物料来确定。一般按其工作原理，输送机械可分为连续式输送机械和间歇式输送机械两大类，按所输送物料的状态可分为固态物料输送设备和流体物料输送设备。

任务一　固体物料输送机械与设备

食品工厂中，固体物料可能以个体（如箱、袋、瓶、罐）或群体（如粉、粒）形式进行输送。在输送过程中应能够保持自身稳定的形状，在一定的压力下可不致造成破损，但过大的压力可能会对物料造成损害。目前输送固体物料时，可选用各种形式的带式输送机、斗式提升机、螺旋输送机、振动输送机或气力输送装置等输送机械与设备等。

一、带式输送机

带式输送机是食品工厂中使用最广泛的一种固体物料连续输送机械。它常用于在水平方向或倾斜度不大(<25°)的方向上对物料进行传送，也可兼作选择检查、清洗或预处理、装填、成品包装入库等工段的操作台。适合于输送密度为$(0.5\sim2.5)\times10^3$ kg/m³ 的块状、颗粒状、粉状物料，也可输送成件物品。

带式输送机具有工作速度范围广(输送速度为 0.02～4.00 m/s)、输送距离长、运输量大、生产效率高、输送中不损伤物料、所需动力不大、工作连续平稳、结构简单可靠、使用方便、维护检修容易、无噪声、能够在全机身中任何地方进行装料和卸料等特点。主要缺点是倾斜角度不宜太大，不密闭轻质粉状物料在输送过程中易飞扬等。

带式输送机的带速视其用途和工艺要求而定，用作输送时一般取 0.8～2.5 m/s，用作检查性运送时取 0.05～0.1 m/s。在特殊情况时按特定要求选用，如在饼干烘炉中使用的输送带，其带速应根据饼干的品种、厚薄及炉长等情况具体决定。通常饼干烘炉的输送带都配有无级变速传动装置，以适应不同饼干所需的不同输送速度。

(一)结构和工作原理

带式输送机是用一根闭合环形输送带作牵引及承载构件，将其绕过并张紧于前、后二滚筒上，依靠输送带与驱动滚筒间的摩擦力使输送带产生连续运动，依靠输送带与物料间的摩擦力使物料随输送带一起运行，从而完成输送物料的任务。

带式输送机的结构如图 1-1-1 所示，主要组成部件有：张紧滚筒、张紧装置、装料漏斗、改向滚筒、支撑托辊、封闭环形带、卸载装置、驱动滚筒及驱动装置。

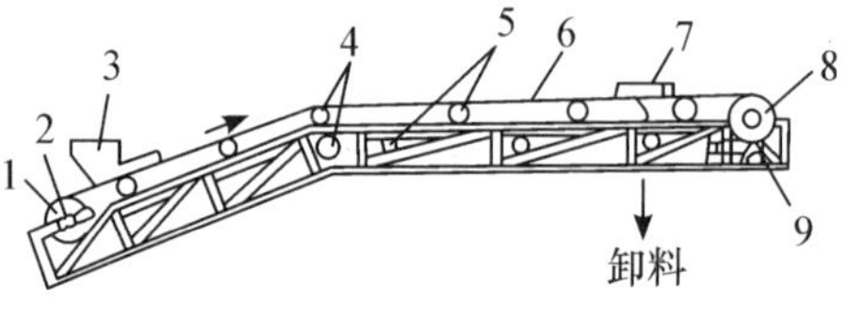

图 1-1-1　带式输送机

(a)外形图　(b)结构图

1.张紧滚筒　2.张紧装置　3.装料漏斗　4.改向滚筒　5.支撑托辊　6.封闭环形带　7.卸载装置　8.驱动滚筒　9.驱动装置

1. 输送带

作为具有牵引和承载功能的构件，输送带应具有强度高、挠性好、质量轻、延伸率小、吸水性小、耐磨性好的特点。食品工业常用的输送带有橡胶带、纤维编织带、网状钢丝带及塑料带。其中，橡胶带为纤维织品与橡胶构成的复合结构，上下两面为橡胶层，耐磨损，具有良好的摩擦性能，并可防止介质的侵蚀。其工作表面有平面和花纹两种，后者适宜于内摩擦力较小的光滑颗粒物料的输送。食品工业中还常采用不锈钢丝网带，其强度高、耐高温、耐腐蚀，适用于边输送、边清洗、沥水、炸制、通风冻结、干燥的场合。塑料带耐磨、耐酸碱、耐油、耐腐蚀，适用温度变化范围大，一般有单层和多层结构，其中多层结构塑料带与普通型橡胶带相似。

2. 驱动装置

包括电动机、减速器、驱动滚筒，在倾斜式输送机上还设有制动装置。驱动滚筒是传递动力的主要部件，一般为空心结构，其长度略大于带宽。驱动滚筒呈鼓形结构，即中部直径稍大，用于自动纠正输送带的跑偏。

3. 托辊

用于承托输送带及其上面的物料，避免作业时输送带产生过大的挠曲变形。托辊分为上托辊（载运托辊）和下托辊（空载托辊）两种。上托辊又有单辊式和多辊组合式，又有平直托辊和槽形托辊之分，见图 1-1-2。平面单辊式支撑的输送带表面平直，物料运送量较少，适合运输成件物品，便于在运输带中间部位卸料。多辊组合式支撑使输送带弯曲呈槽形，运输量大、生产率高，适合运送颗粒状物料，但输送带易磨损。对于较长的胶带输送机，为有效防止胶带跑偏，每隔 5～6 组托辊须安装一个两边有挡板的调整托辊，这种托辊在横向能摆动，如图 1-1-3 所示。定型的托辊总长度应比带宽 100～200 mm，直径采用 ϕ 89 mm、ϕ 108 mm、ϕ 159 mm 几种。下托辊只起承托运输带作用，多为平面单辊。

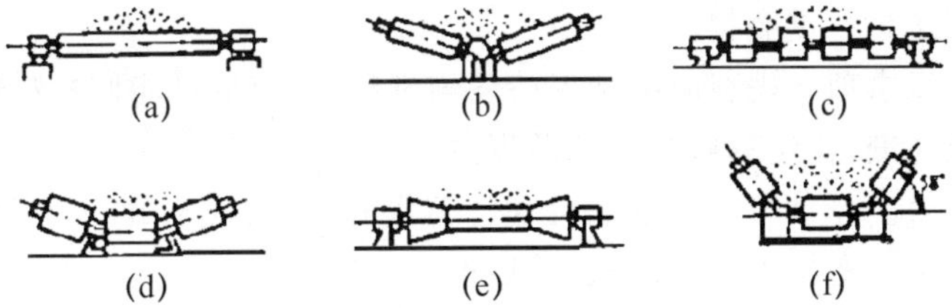

图 1-1-2　上托辊的形式

(a)平直单辊式　(b)平直多节单辊式　(c)单辊槽式

(d)双辊“V”式　(e)三辊槽式　(f)三辊“V”式

托辊的间距和直径，与带的种类、带宽及被输送物料的性质和重量等有关。一般上托辊间距可取 250 mm 或 500 mm，下托辊间距可取为上托辊间距的 2 倍。物料重时，间距应小，当物料为大于 20 kg 的成件物品时，间距应小于物品在输送方向上长度的一半，以保证物品同时有两个以上的托辊支承。物料比较轻时，间距可取 1～2 m。

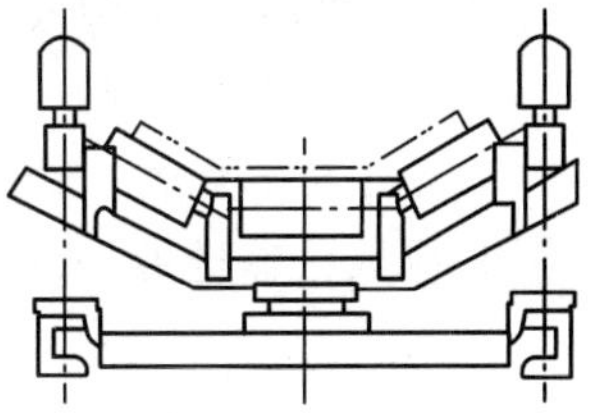

图 1-1-3　调整托辊

4. 张紧装置

在带式输送机中，由于输送带具有一定的延伸率，在拉力作用下，本身长度会增大。这个增加的长度需要得到补偿，否则带与驱动滚筒间不能紧密接触而打滑，使输送带无法正常运转。张紧装置的作用是保证输送带具有足够的张力，以便使输送带和驱动滚筒间产生必要的摩擦力以保证输送机正常运转。常用的张紧装置有重锤式，螺旋式和压力弹簧式等，如图 1-1-4 所示。对于输送距离较短的输送机，张紧装置可直接装在输送带从动辊筒的支承轴上，而对于较长的输送机则需设专用的张紧辊。

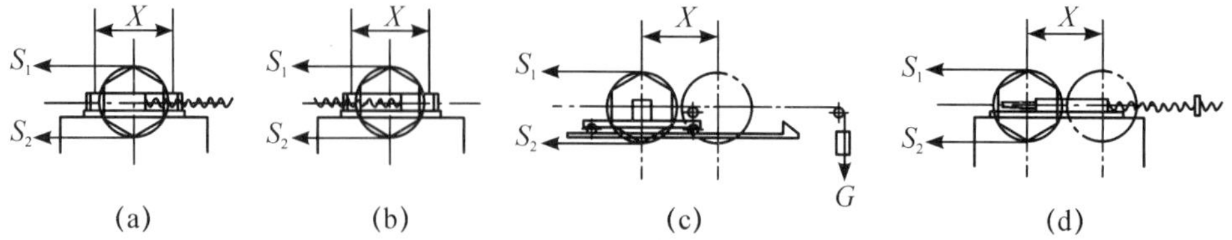

(a) (b) (c) (d)

图 1-1-4 张紧装置形式

(a)拉力螺杆式 (b)压力螺杆式 (c)重锤式 (d)弹簧和调节螺钉式

(二)操作要点及注意事项

带式输送机在操作时应遵循"空载起动、空载停车"的原则,即在输送带上无物料的情况下起动,待输送机运行正常后再进料,输送机停机前必须先停止进料且将输送带上的物料全部卸净。除此之外还应注意以下问题:

(1)开机前的检查 开机前应检查输送带的松紧程度,以免出现输送带下垂、打滑空转或拉断等现象。可通过张紧装置调节输送机的松紧。

(2)工作中的检查 工作时,应经常检查托辊的工作情况。如托辊有不转动的情况,将导致运行阻力增大、输送带严重磨损。

(3)进料中的注意事项 进料时必须保持均匀进料,且应尽可能使物料进至输送带的中间位置。否则,会造成超载、输送量减小或偏载现象。

(4)输送机的联合工作 当多台输送机联合工作时,开机应从卸料端开始起动,停机时应先停止进料,对进料端输送机先进行关机,然后逐一停机。

(5)输送轻质粉状物料 要尽力减少粉尘飞扬,并要注意传动部件的密封。既要防止粉尘侵入转动部位,又要防止润滑油的流出而污染物料。

(6)输送带的保养 应注意输送带的保养,严禁其与汽油、柴油、机油等腐蚀性物质与橡胶带接触,经常检查清除表面黏附物。

(7)定期润滑转动构件 注意定期对驱动轮、张紧轮等转动构件加注润滑油。

(8)定期检修输送机 应定期对输送机进行检修,发现问题及时处理,以保证其使用寿命。

(9)输送机的保管 输送机应注意保管,避免日晒夜露和雨淋,防止腐蚀和生锈。如长期不使用,应放松输送带,入库保存。

二、斗式提升机

在食品连续化生产中,有时需要在不同的高度装运物料,如将物料由一个工序提升到在不同高度上的下一工序,也就是说需将物料沿垂直方向或接近于垂直方向进行输送,此时常采用斗式提升机。如酿造食品厂输送豆粕和散装粉料,罐头食品厂把蘑菇从料槽升送到预煮机,在番茄、柑橙制品生产线上也常采用。在带或链等挠性牵引件上,均匀地安装着若干料斗用来连续运送物料的运输设备称为斗式提升机。斗式提升机主要用于垂直连续输送散状物料。其优点是结构简单,占地面积小,提升高度大。一般提升高度 12～20 m,最高可达 30～60 m,密封性好,不易产生粉尘等;缺点是料斗和牵引件易磨损,对过载的敏感性大。

(一)构造和工作原理

斗式提升机主要由牵引件、传动滚筒、张紧装置、料斗、加料及卸料装置和驱动装置等组成。整个装置封闭在金属外壳内，一般传动滚筒和驱动装置放在提升机的上端，如图 1-1-5 所示。

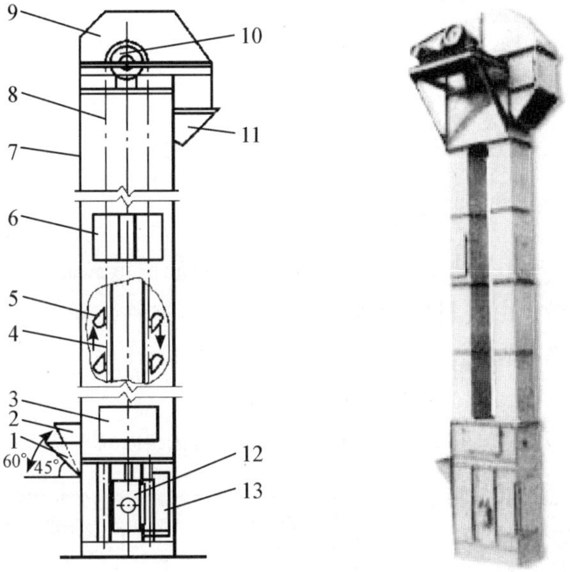

(a) (b)

图 1-1-5 斗式提升机

(a)结构图 (b)外形图

1.低位装料口 2.高位装料口 3、6、13.孔口 4、8.牵引件 5.料斗 7.外壳 9.头罩 10.传动滚筒 11.卸料口 12.张紧装置

在斗式提升机的挠性牵引件 4、8 上装着一系列料斗 5，在提升机下部的加料口 1(或 2)将物料加入料斗，料斗内的物料随牵引件连续向上移动，在转过传动滚筒 10 的顶端后，由于料斗的翻转，将物料从卸料口 11 卸出。

为适应不同性质物料的输送要求，料斗可制成深斗和浅斗两种。深斗适宜输送干燥、松散及流动性好的物料，浅斗用于输送潮湿及流动性较差的物料。目前国内通用斗式提升机已有专用料斗，并已系列化。

斗式提升机的牵引件有胶带和链条两种。胶带牵引件适合生产能力不大，中等提升高度，磨蚀性小的粉状及小颗粒物料的运输。链式牵引件常用板链及环链，适合生产能力及提升高度较大，物料温度较高的场合。

(二)装料与卸料方式

1.装料

斗式提升机的装料方式有掏取法和灌入法两种，如图 1-1-6 所示。

(1)掏取法 物料加到提升机底部，被运转着的料斗直接挖取而提升。这种装料方法适合

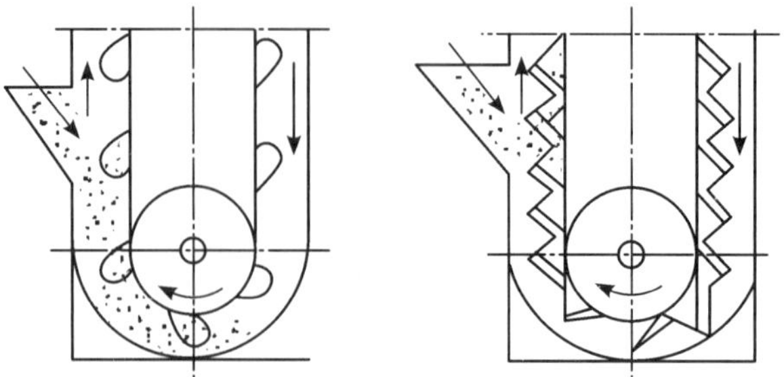

(a)　　(b)

图 1-1-6　斗式提升机的装料方式

(a)掏取法　(b)灌入法

于小或磨蚀性小的粉状物料。其运行阻力较小，故料斗的速度较高，为 0.8～2 m/s。

(2)灌入法　物料直接由装料口加到运行的料斗中，这种装料法适用于料块较大及磨蚀性较大的物料，料斗是密接布置的，其斗速较低，一般低于 1 m/s。

2. 卸料

斗式提升机的卸料方式有离心式、离心重力式及重力式三种，如图 1-1-7 所示。

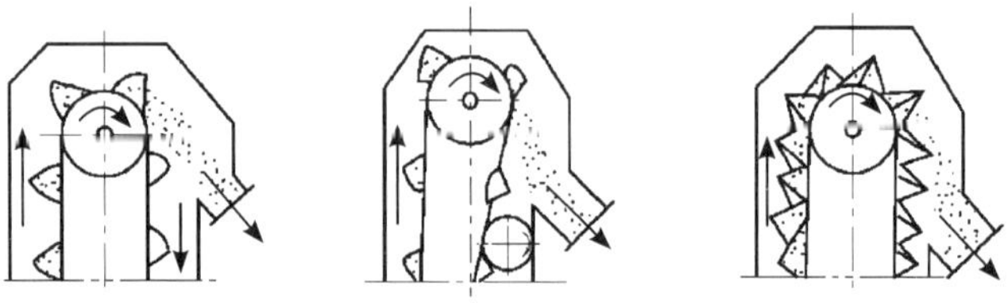

(a)　　(b)　　(c)

图 1-1-7　斗式提升机的卸料方式

(a)离心式　(b)离心重力式　(c)重力式

离心式卸料是利用离心力将物料从卸料口卸出，物料的提升速度高，通常为 1～2 m/s，离心卸料要求料斗间的距离要大些，以免砸伤料斗，此种卸料方式适用于粒度较小、流动性好、磨蚀性小的物料。

离心重力式卸料是利用离心力和重力的双重作用卸料，物料的提升速度为 0.6～0.8 m/s，这种卸料方式适用于流动性不太好的粉状料及潮湿物料。

重力式卸料是依靠物料本身的自重卸料。物料的提升速度较低，通常为 0.8～2 m/s，重力卸料时物料是沿前一个料斗的背部落下，所以料斗要紧密相接。这种卸料方式适宜提升块度较大，磨蚀性强及易碎的物料。

(三)斗式提升机生产能力的计算

斗式提升机的生产能力可按下式计算：

$$Q = 3\ 600 \frac{i}{a} v \rho \phi \tag{1-1-1}$$

式中，Q—斗式提升机的生产能力，t/h；

i—料斗容积，m^3；

a—相邻两料斗中心距，一般可取 $a=2.3\sim3.0\ h$，连续布置的料斗取 $a=h$（h 为料斗的深度），m；

v—牵引件（带子或链条）的线速度，m/s；

ρ—物料的堆积密度，t/m^3；

ϕ—料斗的充填系数，决定于物料种类、性状及充填方法，可解释为料斗的实际平均装填容积与料斗理论容积的比值。对于粉状、细粒状干燥物料，$\phi=0.75\sim0.95$；对于谷类物料，$\phi=0.70\sim0.90$；对于水果类物料，$\phi=0.50\sim0.70$。

（四）斗式提升机的操作维护

（1）操作时必须遵守“空载起动，空载停车”的原则。也就是先开机，待运转正常后，再给料；停车前应将机内的物料排空。

（2）开车前应作常规检查，即检查紧固件、安全防护及设备润滑情况等。

（3）工作时，进料应均匀，出料管应通畅，以免引起堵塞。如发生堵塞，应立即停止进料并停机，拉开机座插板，排除堵塞物（注意此时不能直接用手伸进底座）。

（4）正常工作时，料斗带应在机筒中间位置。如发现有跑偏现象或料斗带过松而引起料斗与机筒碰撞摩擦时，应及时通过张紧装置进行调整。

（5）严防大块异物进入机座，以免打坏料斗，影响提升机正常工作。输送没有经过初步清理的物料时，进料口应加设铁栅网，防止稻草、麦秆、绳子等纤维性杂质进入机座引起缠绕堵塞。

（6）在设备运行时还应注意以下问题：

a. 不定期调整机座张紧螺杆、张紧料斗带，消除料斗带跑偏、擦边现象；

b. 观察是否有异常响声，发现后应及时停车排除；

c. 检查轴承温度，如超过 40℃，应停车检查排除。

（7）如发生突然停机的情况，应先将机座内积存的物料排出后再开机。

（8）应定期检查提升机料斗带的张紧程度、料斗与料斗带的连接是否牢固。如发现松动、脱落、料斗歪斜和破损现象，应及时检修或更换，以免发生更严重的后果。每年大修应全面检查、紧固或更换零件。

（9）滚动轴承采用钙基润滑脂润滑。每月加换润滑油一次；每年大修时拆洗一次，并更换润滑油。

（10）如停工半个月以上，重新开机前应将机座活动门打开，清除机内存料后再开机。

三、螺旋输送机

螺旋输送机俗称“绞龙”，是一种不带挠性牵引件的连续输送机械，它利用螺旋的转动将物料向前推移而完成物料的输送，主要适用于各种需密闭输送的松散粉状、粒状、小块状物料，多用于短距离的水平输送，例如对面粉、谷物、水泥、砂、煤粉、小块煤、卵石等物料的输送。在输送过程中，还可对物料进行搅拌、混合、加热和冷却等操作。但不宜输送易变质、易碎、黏性大、易结块及大块的物料。

(一)结构和工作原理

螺旋输送机主要有料槽、输送螺旋轴和驱动装置组成，机长较长时应加中间吊挂轴承。如图 1-1-8 所示。

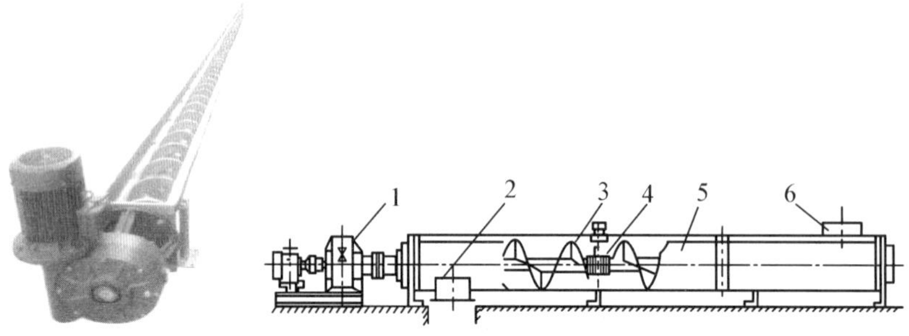

(a) (b)

图 1-1-8 螺旋输送机

(a)外形图 (b)结构图

1.驱动装置 2.出料口 3.螺旋轴 4.中间吊挂轴承 5.壳体 6.进料口

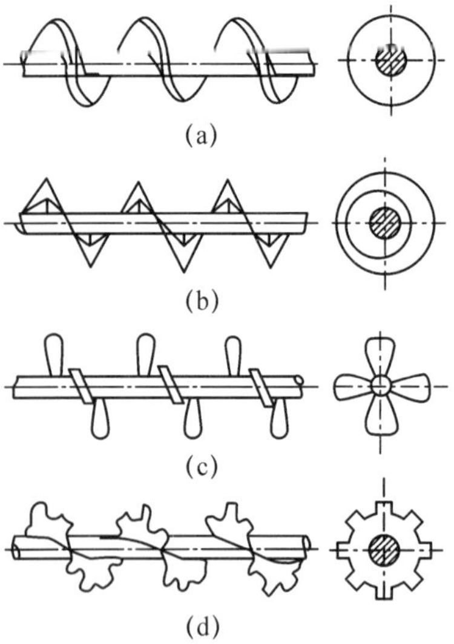

(a) (b) (c) (d)

图 1-1-9 螺旋形状

(a)实体面形 (b)带状面形

(c)桨形叶片面形 (d)齿形叶片面形

螺旋输送机是利用旋转的螺旋轴，将物料在固定的机槽内推移而起到输送作用的。物料由于重力和摩擦力作用，在运动中不随螺旋轴一起旋转，而是以滑动形式沿着料槽由加料端向卸料端移动。

输送螺旋上焊有螺旋叶片，螺旋叶片的面形根据输送物料的不同有实体面形、带式面形和叶片面形等几种形式，如图 1-1-9 所示。螺旋有左旋和右旋之分，又有单线、双线和三线之分，一般多为单线右旋。

实体面形的螺旋叶片主要用于输送干燥、黏度小的小颗粒或粉状物料，其螺距为螺旋直径的 0.8 倍；带式面形的螺旋叶片主要用于输送块状或黏度中等的物料，其螺距等于螺旋直径；叶片面形的螺旋叶片主要用于输送韧性或可压缩性的物料，其螺距为螺旋直径的 1.2 倍，该种面形的螺旋叶片在输送物料的过程中还伴随有对物料的混合、搅拌作用。螺旋叶片是由厚 4～10 mm 的薄钢板冲压而成的，然后焊接或铆接到螺旋轴上。将螺旋叶片按一定螺距焊在螺旋轴上就形成了能完成物料输送任务的输送螺旋。螺旋轴有空心和实心之分，为减轻轴的重量，常采用空心轴。螺旋轴一般是由 2～4 m 长的空心轴通过轴节段装配而成，连接时将轴节段插入空心轴的衬套内，用螺钉固定连接起来，如图 1-1-10 所示。在大型螺旋输送机上，常采用法兰连接方法，在螺旋轴端和连接轴端均焊有法兰盘，再用螺钉将法兰盘固定起来，如图 1-1-11 所示。

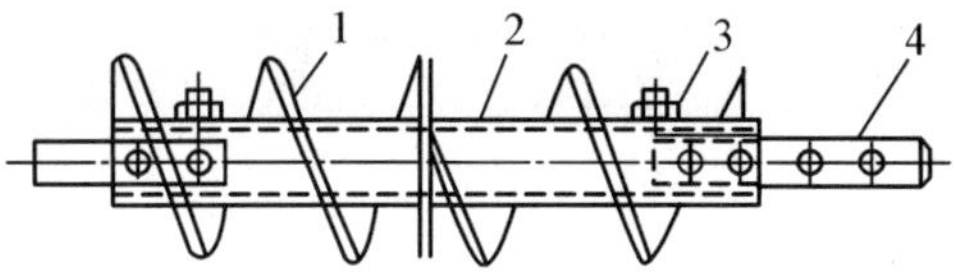

图 1-1-10　螺旋轴的节段连接方法

1.螺旋叶片　2.间旋轴　3.螺钉　4.轴节段

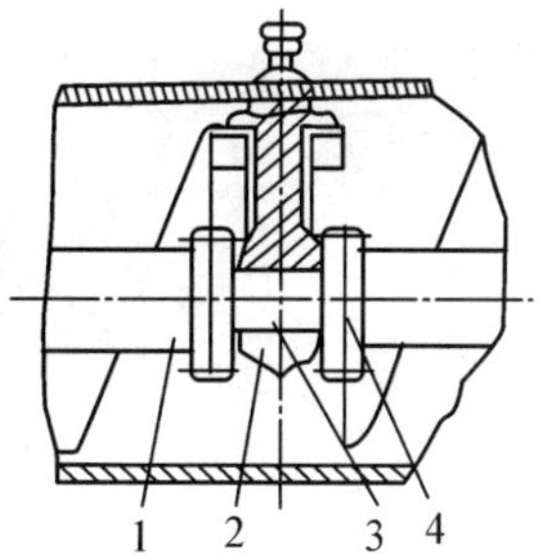

图 1-1-11　螺旋轴的法兰连接方法

1.螺旋轴　2.对开式滑动轴承　3.连接轴　4.法兰盘

(二)操作要点及注意事项

(1)开车前应判明电机旋转方向是否符合工作要求;还应检查料槽内有无杂物,特别是中间悬挂轴承处的堵塞物,以免发生堵塞故障。

(2)进入输送机的物料,应先进行必要的清理,以防止大块杂质或纤维杂质进入输送机,保证输送机正常工作。

(3)起动时应保证空载起动,停车时应待机内物料排净后再停车。

(4)在运行过程中,如发现大块杂质或稻秆、草绳等纤维性杂质进入料槽,应立即停车处理。不能在没有停机的情况下,直接用手或借助其他工具伸入料槽内掏取物料。

(5)输送黏性较大、水分较高的物料时,应经常清除机内各处的黏附物,以免引起输送量下降甚至产生堵塞。

(6)输送机顶盖必须盖严,以防止外界物品进入料槽或机内灰尘外扬,甚至发生安全事故;同时,还应禁止在机盖上踩踏行走,以防人身安全事故的发生。

四、振动输送机

振动输送机是一种利用振动技术使输送机中的输送构件达到接近共振或扩大共振状态,从而对松散态颗粒物料进行中、短距离输送的输送机械。振动输送机的优点是其结构较前面介绍的几种输送机简单,制造方便,价格便宜,占地小,维护管理方便。但也存在一些不足,如输送能力低(特别是按一定角度向上输送物料时,输送能力更低),有振动产生的噪声,不宜用于潮湿、黏性大或粒度小的粉末物料的输送。

(一)结构和工作原理

振动输送机的结构主要包括输送槽、激振器、主振弹簧、导向杆、隔振弹簧、平衡底架、进料装置、卸料装置等部分,如图 1-1-12 所示。

激振器是振动输送机的动力来源及产生周期性变化的激振力,使输送槽与平衡底架产生持续振动的部件,可分为机械式、电磁式、液压式及气动式等类型。其激振力的大小,直接影响着输送槽的振幅。

输送槽和平衡底架是振动输送机系统中的两个主要部件。槽体输送物料,底架主要平衡

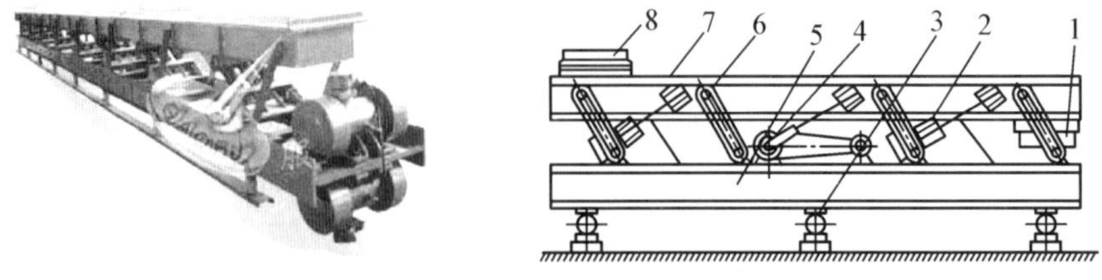

(a) (b)

图 1-1-12 振动输送机

(a)外形图 (b)结构图

1.卸料装置 2.主振弹簧 3.隔振弹簧 4.激振器 5.平衡底架 6.导向杆 7.输送槽 8.进料装置

槽体的惯性力，并减小传给基础的动载荷。

主振弹簧与隔振弹簧是振动输送机系统中的弹性元件。主振弹簧(共振弹簧或蓄能弹簧)的作用是使振动输送机有适宜的近共振的工作点(频率比)，使系统的动能和位能互相转化，以便更有效地利用振动能量；隔振弹簧的作用是支撑槽体，使槽体沿着某一倾斜方向实现所要求的振动，并能减小传给基础或结构架的动载荷。弹性元件还包括传递激振力的连杆弹簧，也有不使用弹性元件的振动输送机。

导向杆的作用是使槽体与底架沿垂直于导向杆中心线作相对振动，并通过隔振弹簧支撑着槽体的重量。导向杆通过橡胶铰链与槽体和底架连接。

振动输送机工作时，由激振器驱动支撑在主振弹簧的工作体。主振弹簧通常倾斜安装，斜置倾角称为振动角。当由激振器产生的激振力作用于工作体上时，工作体就在主振弹簧的约束下做定向强迫振动。处在工作体上的物料，由于受工作体振动的作用而被断续地向前输送。当工作体向前振动时，依靠物料与工作体间的摩擦力，工作体把运动能量传递给物料，使物料得到加速运动，此时物料的运动方向与工作体的振动方向相同。此后，当工作体按激振运动规律向后振动时，物料受惯性作用仍继续向前运动，工作体则从物料下面往后运动。由于运动中阻力的作用，物料超过一段距离后又落回到工作体上，当工作体再次向前振动时，物料又因受到加速而被输送向前，如此反复循环，实现物料的输送。

(二)操作要点及注意事项

(1)地基必须牢固、坚实，紧固件必须可靠，不得松动。

(2)激振器的中心线应通过槽体的重心，否则，工作时会产生附加的扭转振动。

(3)弹簧的刚性系数、长度应一致，以免引起料槽的偏摆和速度的不稳。

(4)工作时应注意物料的工作状况。如物料只跳起而不前移，则应调整振幅或弹簧倾角。

(5)要注意对弹性系统的调谐。如果是板弹簧，可以改变弹簧片数；如果是螺旋弹簧，可以增减激振器的配重，应反复调整直至稳定为止。

(6)以电磁铁为振荡器的输送机，应特别注意调整铁芯和衔铁间的气隙。要保证料槽在悬浮状态下振动。

(7)料槽倾角向上时应小于 20°，向下时不超过 10°～15°，弹簧斜置角常取 20°～35°。

任务二　流体物料输送机械与设备

输送流体物料时，可选用各种类型的泵、流送槽以及真空吸料装置等输送机械与设备。

一、流送槽

流送槽是利用水为动力，把食品加工中的球状或块状物料，从一地输送到另一地的输送装置，在输送的同时还能完成浸泡、冲洗等作用。流送槽广泛用于番茄、蘑菇、菠萝、土豆、红橘等物料加工中的输送。

流送槽如图 1-2-1 所示，它是具有一定倾斜度的水槽和水泵等装置构成，水槽可用钢材、水泥或硬聚乙烯板材制作。水槽内壁要求光滑、平整，以减小摩擦功耗，槽底可做成半圆形或矩形，一般多为半圆形，并设除砂装置。槽的倾斜度，即槽两端高度差与长度之比，用于输送时为 0.01～0.02，在转弯处为 0.011～0.015；用作冷却槽时为 0.008～0.01。为避免输送时造成死角，要求拐弯处的曲率半径应大于 3 m。用水量为原料的 3～5 倍。水流速度为 0.5～0.8 m/s。一般多用离心泵给水加压，操作时，槽中水位为槽高的 75%。

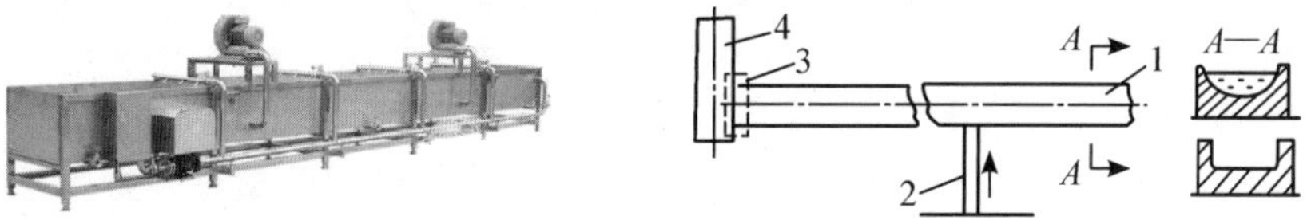

(a)　　　　(b)

图 1-2-1　流送槽

(a)外形图　(b)结构图

1.流送槽　2.输送机　3.筛板　4.清洗机

二、气力输送装置

运用风机（或其他气源）使管道内形成一定速度的气流，将散装物料沿一定的管路从一处输送到另一处，称为气力输送。食品工厂散装物料很多，如面粉、大米、麦芽等，运用气力输送技术对这些物料进行输送已收到良好的效果。

（一）气力输送装置的特点

气力输送散装固体物料具有以下优点：

（1）物料的输送是在管道中进行的，从而减少了输送场所粉尘污染，使食品卫生和工作环境的卫生都得到改善，同时也降低了物料输送过程中的损耗。

（2）输送装置结构简单，中途输送仅是些管道，无回程系统，管理方便，易于实现自动化操作。

(3)输送线路容易选择,布置灵活。合理地利用空间位置,可减少占地面积。

(4)输送生产率高,降低物料的装卸成本。

(5)在输送过程中,可以同生产工艺结合起来,进行干燥、冷却、分选和混合等操作。

但气力输送装置也有一定的缺点:

(1)动力消耗较大;

(2)管道以及与物料接触的构件易于磨损;

(3)对输送物料有一定限制,不宜输送易于成块黏结和易破碎的物料。

在常规的动压气力输送装置中,其动力消耗较大及工作构件磨损较快的原因在于单位空气流中所含的物料量较少,而输送气流速度却很高(为 10～30 m/s)。另外,对易碎的物料也难以输送。为了克服上述缺点,正发展一种新型的气力输送装置——静压输送,或称推动输送。这种输送装置是依靠速度不大(通常只是 4～6 m/s),但压力较高的空气来推动输送。所以,在同样生产能力的条件下,静压输送所需的空气消耗量大大降低。因而使整个系统能量消耗降低,管壁的磨损减少,物料的破损率减低。但目前这种装置在我国使用还较少。

(二)气力输送装置的分类

气力输送装置分为吸入式和压送式两大类,吸入式气力输送系统又可根据工作压强的不同,而分为低真空(真空度小于 10 kPa)和高真空(真空度高于 10 kPa)输送两类,压送系统分低压(压强小于 50 kPa)和高压(压强为 100～700 kPa)两种。此外还有混合式和循环式两种。

1. 吸入式气力输送装置

图 1-2-2 为吸入式气力输送原理图,它的工作原理是风机开动后,整个系统内被抽成一定的真空度。在压差的作用下,大气中的空气流便从料堆物料的间隙透过并把附近的物料带入吸嘴,再沿输料管输送到分离器中,空气与物料在此分离,物料通过卸料器卸出。为了清除残料和灰尘,气流再进入一级离心除尘器除尘,然后再经过二级除尘器除尘,最后洁净的气流被吸入风机再排入大气中。吸入式气力输送装置的主要优点是供料简便并能实现多点供料;缺点是输送距离短(100～200 m),当真空度超过 0.05～0.06 kPa 时,气流携带物料的能力显著下降,易发生管道阻塞。

2. 压送式气力输送装置

图 1-2-3 为压送式气力输送设备原理图。风机装在系统的最前部,把空气压入输料管内,物料由料斗进入输料管,与气体形成混合气流,进入分离器中,物料卸出后,气流进入除尘器除尘,然后排入大气。

3. 混合式气力输送装置

图 1-2-4 为混合式气力输送设备原理图。系统被风机分为前后两部分,前部与吸入式类似,后部与压送式类似。因此,混合式具有两者的共同优点:可以多点供料、运输距离长。缺点是风机的工作条件恶劣,带有灰尘的空气通过风机会影响其使用寿命。

4. 循环式气力输送装置

图 1-2-5 为密闭循环式气力输送装置。该系统在风机出口处设有旁通支管,使部分空气经布袋除尘器净化后排入大气,而大部分空气则返回接料器进行再循环。循环式系统适用于输送细小、贵重的粉状物料。

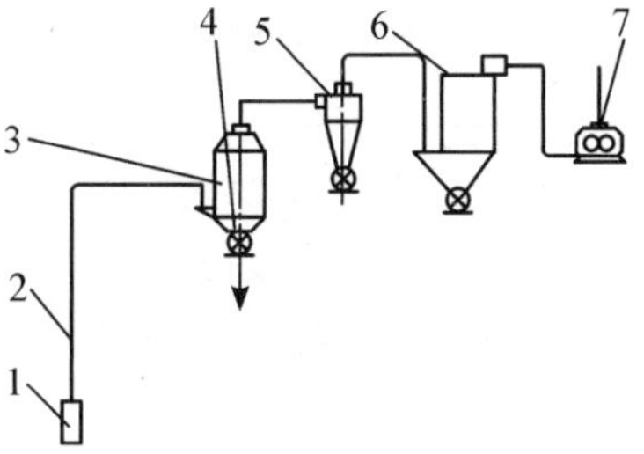

图 1-2-2　吸入式气力输送装置

1. 吸嘴　2. 管道　3. 分离器　4. 卸料器
5. 一级除尘器　6. 二级除尘器　7. 风机

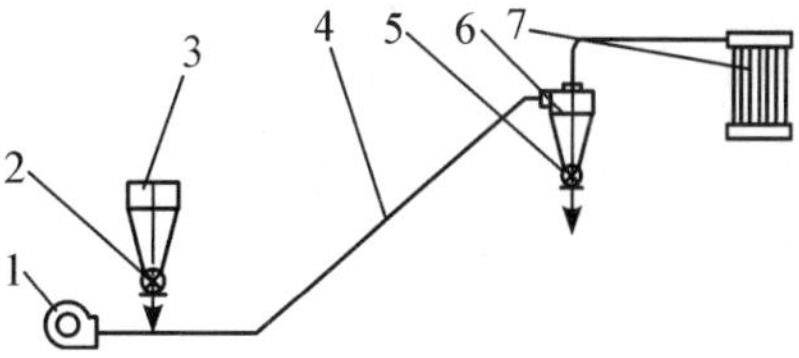

图 1-2-3　压送式气力输送装置

1. 风机　2. 料斗　3. 供料器　4. 输料管
5. 卸料器　6. 分离器　7. 除尘器

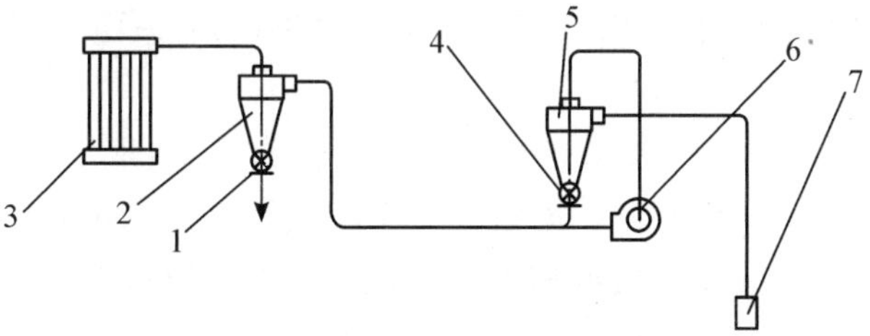

图 1-2-4　混合式气力输送装置

1. 卸料器　2、5. 分离器　3. 除尘器
4. 供料器　6. 风机　7. 吸嘴

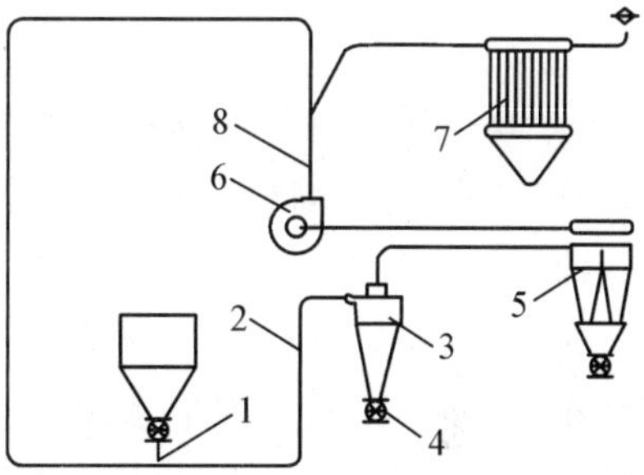

图 1-2-5　循环式气力输送装置

1. 接料器　2. 输料管　3. 卸料管　4. 闭风器
5. 除尘器　6. 风机　7. 布袋过滤器　8. 回风管

(三)气力输送装置的主要零部件

1. 供料器

供料器的作用是使物料进入输料管,并形成一定的混合比。它的结构、工作原理取决于物料的物理性质和气流输送方式。

(1)吸嘴　吸嘴是吸送式气流输送系统的供料器(图 1-2-6)。其工作原理是利用管内真空,将空气和物料一起吸进输料管。常用的吸嘴有单筒和双筒喇叭形吸嘴。单筒式吸嘴结构简单,但容易因物料堆积造成空气不能进入管道,使操作中断。双筒喇叭形吸嘴,可通过调节套筒上下位置获得最好操作条件。

(2)旋转加料器　该加料器广泛用于中、低压的压力输送系统。一般适用于流动性较好、磨损性小的粉粒状和小块状物料。最普遍使用的为绕水平轴旋转的圆柱形叶轮供料器,其结构如图 1-2-7 所示。物料从料斗加入后,流进旋转叶轮上部叶片间的格子里,随同叶轮转至下部,借自重落入输料管中。叶轮空格再次转至上部,重新落入物料。于是叶轮不断转动时即完成取料和卸料工作。

2. 输料管

根据工艺要求,输料管系统由直管、弯管、软管、伸缩管、回转接头、管道连接部件等配置而成。管路的布置形式及结构尺寸对气流输送的生产率、能量消耗和使用的可靠性都有很大影

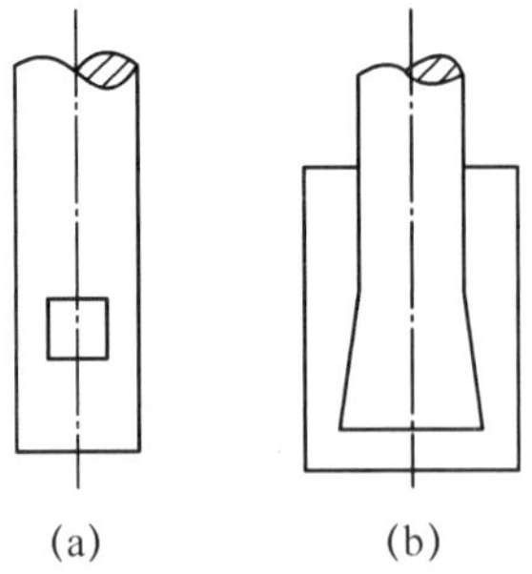

图 1-2-6 吸嘴

(a)单筒形 (b)双筒形

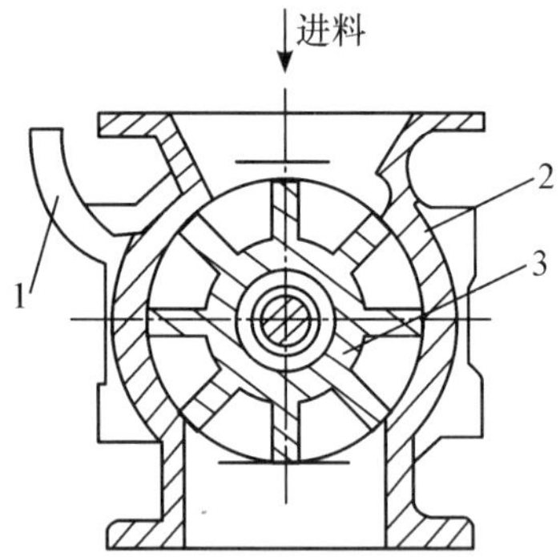

图 1-2-7 旋转加料器

1.均压管 2.壳体 3.转子

响,所以管路元件设计应满足下列要求:接头和焊缝的密封性好;运动阻力小;具有一定灵活性,使用方便;尽量缩短管道的总长度。

输料管内径按空气流量和选定的气流速度来计算,然后按国家标准调整,一般取 50~300 mm。输料管的壁厚根据被输送物料的物理性质和气流输送设备的类型选定,输送摩擦性小的粉料,一般壁厚取 3~4 mm;输送细粒状物料,壁厚取 4~8 mm;块状物料取 6~8 mm。

弯管是输送管中磨损最严重的地方,为减少磨损,应尽量减少弯管数量或加大弯管的曲率半径。弯管的曲率半径 R 按如下选取:当输送粉状物料时,取 $R=6D$;输送粒状物料时,取 $R\geqslant 6D$;输送小块状物料时,取 $R\geqslant 10D$ (D 为弯管直径)。

软管可使气流输送方向和位置灵活变化,但阻力是硬管阻力的 2 倍以上。

3.分离器

分离器的作用是通过降低气流速度,改变气流运动方向或在离心力的作用下使物料与气体分离。常用的分离器有容积式分离器和离心式分离器两种。

(1)容积式分离器　如图 1-2-8 所示,它的作用原理是空气和物料的混合气流由输料管进入容积突然增大的容器内,气流的速度大大降低(一般为 0.03~0.1 $v_{悬浮}$),这样气流便失去对物料颗粒的携带能力,物料颗粒在重力的作用下从混合气流中分离出来。

(2)离心式分离器　如图 1-2-9 所示,它是由圆筒体和导入混合气流用的均向导管以及圆筒体上部的同心排气管、下部连接带卸料口的圆锥体构成的。确定离心式分离器分离效果的主要因素是气流进入的速度和分离器的几何尺寸。气流进入速度一般为 12~16 m/s。

离心式分离器的尺寸较小,制造方便,分离效率较高(可达 80%~90%),压力损失较小(一般在 1 000 Pa 以下)。

4.空气除尘器

由于在分离器中只能分离出粒度较大的物料,因此排出的气流内还含有很多微细的物料颗粒和灰尘,因此必须设置除尘器,以便提高风机的寿命和减小对空气的污染。气流输送装置中常用离心式除尘器、布袋式除尘器和洗涤式除尘器。

(1)离心式除尘器　它的结构和工作原理与离心式分离器类似,不同的是它的外壳半径

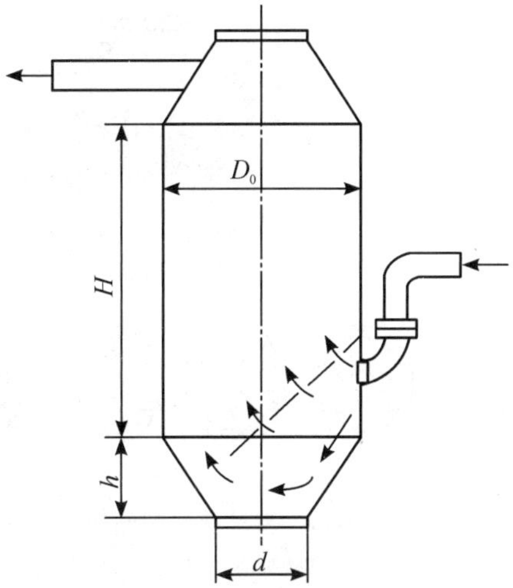

图 1-2-8 容积式分离器

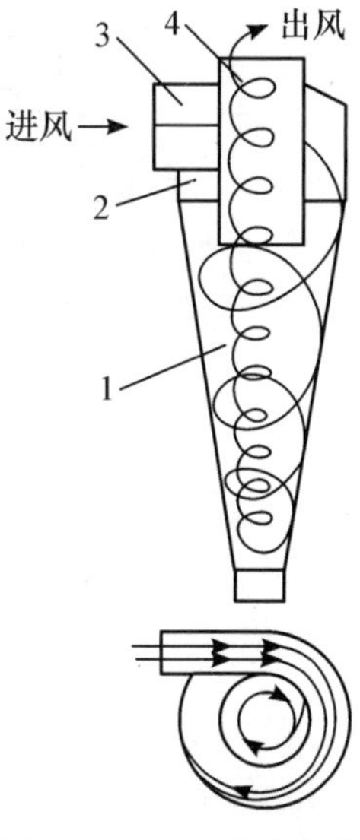

图 1-2-9 离心式分离器

1. 圆锥体 2. 筒体 3. 导入管 4. 排气管

较小。为了收到更好的除尘效果，常常将两个或几个直径较小的除尘器并联使用。

(2)布袋式除尘器 它是一种利用多孔的纤维性滤布的过滤作用来进行空气除尘的装置，如图 1-2-10 所示。在外壳内装有许多 ϕ100～300 mm 的筒状滤袋，含尘气流从进气口进入，穿过筒状滤袋时，灰尘被截留在内部。从滤袋逸出的干净空气由出口排出。经一段时间后，打开灰口，排掉积灰。为减小干净空气排出的阻力，滤袋支架上安装有振动器。每隔一段时间，振动一次，抖掉粘在滤袋上的粉尘。

布袋除尘器的设备费用高，维修和管理复杂。因此，只适于除尘要求高的场合使用。

(3)洗涤式除尘器 对于旋风分离器不能分离的粉尘可用水进行清除。通常采用的是洗涤式除尘器。洗涤式除尘器有各种不同的形式，但除尘机理大致相同，主要是利用水滴与粉尘的碰撞，使粉尘被浸湿而留于水中。常用的有泡沫除尘器和水膜除尘器，其效率可达 95%左右，且压力损耗很小。

5. 风机

风机可产生一定压差的气流，用以克服气力输送系统各机构配件引起的压力损失。气力输送系统中使用最广泛的是罗茨风机，它的工作原理如图 1-2-11 所示。风机的转子之间和转子与机壳之间的间隙为 0.3～0.5 mm，这样可保证转子的正常旋转又不会引起漏气。这种风机的主要缺点是运转时噪声较大并要求有彻底的除尘措施。压力一般为 0.2～0.5 MPa。

离心式风机是另外一种常用的风机，它由蜗壳和在其中旋转的叶轮组成。其优点是较小的尺寸可以获得较大的风量，效率高，可在含尘量大的环境中作业。但它的最大缺点是风量变化较大，工作不稳定，有可能造成电动机过载。

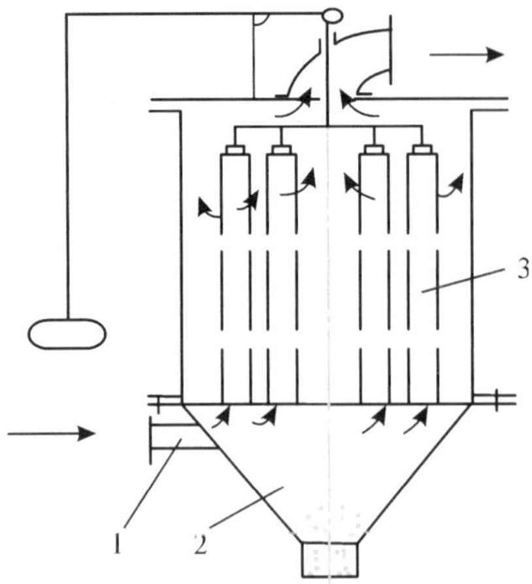

图 1-2-10　布袋过滤器

1.进气管　2.锥体　3.布袋

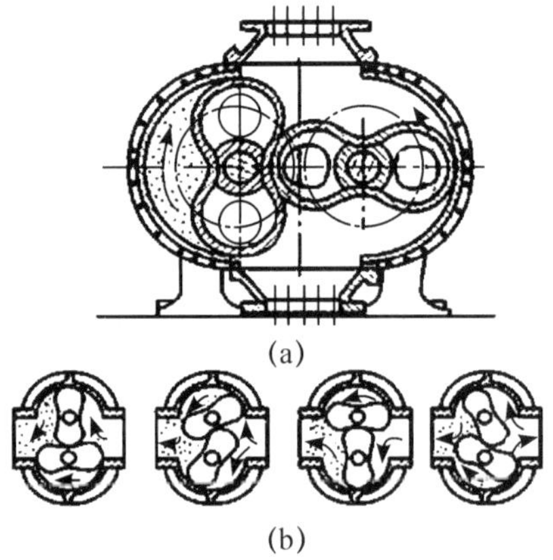

图 1-2-11　罗茨风机的结构及工作原理

(a)结构原理　(b)转子的工作过程

三、真空吸料装置

真空吸料是一种简易的流体输送方法，只需要真空设备即可实现流态产品和半成品的输送和提升。该装置对于酱类或带有固体状料液的输送特别适宜，因为用泵输送时，料液物料黏度大，具有腐蚀性，要采用耐腐蚀和不易堵塞的泵才适用，使用真空吸料装置则可解决没有这种特殊泵时的输送问题。但真空输送的距离和高度都不大，效率较低。由于物料处于贮罐内抽真空，比较卫生，同时把物料组织内部的部分空气排除，减少成品的含气量。但由于管道密闭，清洗困难，功率消耗比较大。

(一)真空吸料装置的组成和工作原理

图 1-2-12 为真空吸料装置的组成示意图，主要有输出槽 1、贮料罐 3、分离器 5 和真空设备 7 等部件组成。用真空设备 7 对贮料罐 3 抽真空，造成一定的真空度，这样贮料罐 3 和与其相连的输出槽 1 之间就产生了一定的压力差，物料在压力差的作用下由输出槽 1 经吸料管 2 流入贮料罐 3，从而完成真空吸料的物料输送工作。在贮料罐 3 的顶部还装有调节阀 4，可以随时调节贮料罐 3 中的真空度从而调节贮料罐 3 内液位的高度；在真空设备 7 与贮料罐 3 之间还设有分离器 5，因对贮料罐 3 抽真空时常会带出液体，故须经分离器 5 分离掉液体后再抽真空，若选用湿式真空设备可省去分离装置。

真空吸料的方式有两种，即间歇法和连续法。间歇法是破除贮料罐 3 的真空度，便可从贮料罐 3 中通过其下面的阀门 8 放出物料；连续法排出物料是采用旋转式叶片阀门来实现的，要求旋转式叶片阀门的排料量与从吸料管 2 吸进贮料罐 3 的物料量相等。

(二)真空设备

在真空吸料装置中，产生真空的动力源是各类真空设备。常用的真空设备有水环式真空泵和旋片式真空泵。

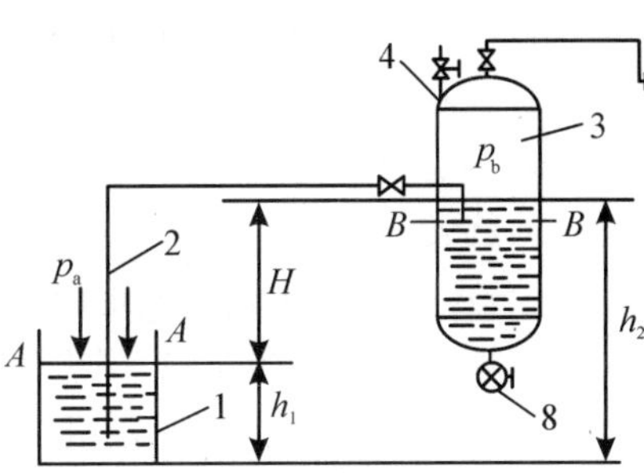

图 1-2-12　真空吸料装置

1.输出槽　2.吸料管　3.贮料罐　4.调节阀　5.分离器　6.真空管　7.真空设备　8.阀门

1.水环式真空泵

图 1-2-13 是水环式真空泵的结构图，该泵由泵体和泵壳组成，泵体由一个呈放射状均匀分布的叶轮和轮毂组成，叶轮偏心地安装在泵壳内。启动前，工作室内灌半满水，当电机带动叶轮顺时针旋转时，水被叶轮抛向四周，由于离心力的作用，水形成了一个决定于泵腔形状的近似于等厚度的封闭圆环。水环的上部分内表面恰好与叶轮轮毂相切，水环的下部内表面刚好与叶片顶端接触(实际上叶片在水环内有一定的插入深度)。此时叶轮轮毂与水环之间形成一个月牙形空间，而这一空间又被叶轮分成叶片数目相等的若干个小腔。如果以叶轮的上部0°为起点，那么叶轮在旋转前 180°时小腔的容积由小变大，且与端面上的吸气口相通，此时气体被吸入，当吸气终了时小腔则与吸气口隔绝；当叶轮继续旋转时，小腔由大变小，使气体被压缩；当小腔与排气口相通时，气体便被排出泵外。

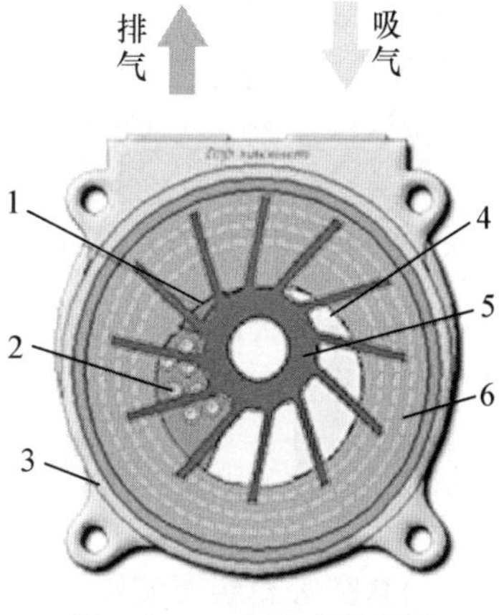

图 1-2-13　水环式真空泵

1.排气口　2.橡胶球　3.泵体
4.吸气口　5.叶轮　6.水环

在水环泵中，辅助排气阀是一种特殊结构，一般采用橡皮球阀，它的作用是消除泵在运转过程中产生的过压缩与压缩不足的现象。这两种现象都会引起过多的功率消耗。因为水环泵没有直接的排气阀，而且排气压力始终是固定的，水环泵的压缩比决定于进气口的终止位置和排气口的起始位置，然而这两个位置是固定不变的，因而不适应吸入压力变化的需要。为了解决这个问题，一般在排气口下方设置橡皮球阀，以便当泵腔内过早达到排气压力时，球阀自动开启，气体排出，消除了过压缩现象。一般在设计水环泵时都以最低吸入压力来确定压缩比，以此来确定排气口的起始位置，这样就解决了压缩不足的现象。

在水环式真空泵中，泵体和泵壳构成工作室，上面有进、排气口，下面有放水螺栓，盖上有指示旋转方向的箭头，泵体有填料函密封，泵体侧面螺丝孔用来补充工作室内因蒸发和其他消耗的水分。

2.旋片式真空泵

图 1-2-14 为旋片式真空泵工作原理示意图，旋片泵主要由定子、转子、旋片、定盖、弹簧等零件组成。其结构是利用偏心地装在定子腔内的转子(转子的外圆与定子的内表面相切，两者之间的间隙非常小)和转子槽内滑动的借助弹簧张力和离心力紧贴在定子内壁的两块旋片，当

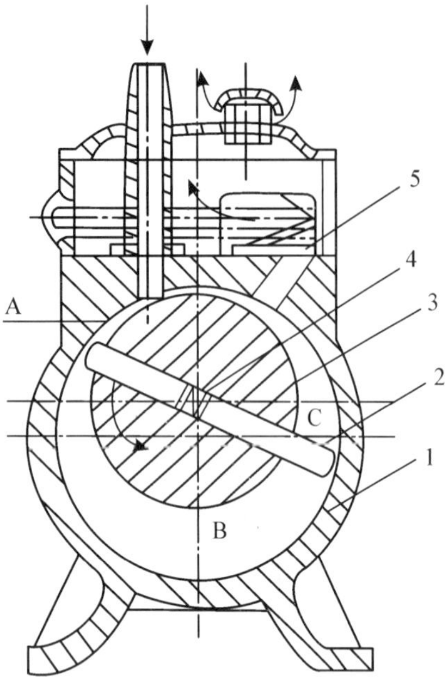

图 1-2-14　旋片式真空泵工作原理示意图

1.泵体　2.旋片　3.转子　4.弹簧　5.排气阀

转子旋转时,始终沿定子的内壁滑动。

两个旋片把转子、定子内腔和定盖所围成的月牙形空间分隔成 A、B、C 三个部分,当转子按图示方向旋转时,与吸气口相通的空间 A 的容积不断地增大,A 空间的压强不断地降低,当 A 空间内的压强低于被抽容器内的压强,根据气体压强平衡的原理,被抽的气体不断地被抽进吸气腔 A,此时正处于吸气过程。B 腔的空间容积正逐渐减小,压力不断地增大,此时正处于压缩过程。而与排气口相通的空间 C 的容积进一步地减小,C 空间的压强进一步地升高,当气体的压强大于排气压强时,被压缩的气体推开排气阀,被抽的气体不断地穿过油箱内的油层而排至大气中,在泵的连续运转过程中,不断地进行着吸气、压缩、排气过程,从而达到连续抽气的目的。

排气阀浸在油里以防止大气流入泵中,油通过泵体上的间隙、油孔及排气阀进入泵腔,使泵腔内所有运动的表面被油覆盖,形成了吸气腔与排气腔的密封,同时油还充满了一切有害空间,以消除它们对极限真空的影响。

(三)真空吸料装置的操作及注意事项

(1)开始抽真空前,应在贮料槽中先注入适量的水,使淹没贮料槽的进口管或先放满料液,起水封作用,不然贮槽与大气相通而抽不了真空。

(2)运转时要控制恒定的真空度,以保证贮槽内水位稳定。

(3)停机时应排掉水分离器内的积液。

(4)对贮槽管道等要经常进行清洗。

四、泵

流体输送机械是向流体做功以提高流体机械能的装置。通常把输送液体的机械称为泵,把输送气体的机械按各种不同的工作状况分别称为通风机、鼓风机、压缩机(气泵)和真空泵。输送机械和管路凡与食品接触部分都采用无毒、耐腐蚀材料,结构上要有完善的密封措施,而且还要利于清洗。除此之外,还要考虑液体的黏度及流动特性不同。因此,对液体输送机械的设计提出了较高的要求。

输送泵可以分为离心式泵与容积式泵两种类型。

离心式泵包括所有依靠高速旋转叶轮对被输送液体做功来实现输送的机械。离心泵可分为轴流泵和旋涡泵等。

容积式泵是通过泵腔内工作容积的变化,由运动件强制挤压液体来实现输送液体的机械。按运动件的运动形式,容积泵又可分为往复式泵和旋转式泵。往复式泵是依靠作往复运动的活塞推挤液体做功的机械。属于这类的有活塞泵、柱塞泵、隔膜泵等；旋转式泵是依靠作旋转运动的部件推挤液体做功的机械。属于这种的有罗茨泵、齿轮泵、叶片泵、螺杆泵等。

食品生产中需输送的液体有牛奶、果汁、糖浆等原料液体，也有水、冷却剂、溶剂、化学药剂等辅助物料。由于料液的性质千差万别，加上液体食品应重视的卫生问题和特定的生产工艺条件，食品工艺中选用的泵往往是多种多样的。

(一)离心泵

离心泵是适用范围最为广泛的输送液体机械之一，不但可以输送简单的低、中黏度溶液，也可以输送含悬浮物或有腐蚀性的溶液。

1. 离心泵的工作原理

离心泵的工作原理如图 1-2-15 所示，泵轴 1 上装有叶轮，叶轮上有若干弯曲的叶轮 2，泵轴受外力作用，带动叶轮在泵壳 3 内旋转，液体由入口 4 沿轴向垂直进入叶轮中央，并在叶片之间通过而进入泵壳，最后从泵的液体出口 5 沿切线排出。

离心泵多由电机带动，开动前泵内要先灌满所输送的液体或水，开动后，叶轮旋转，产生离心力。液体在离心力的作用下，从叶轮中心被抛向叶轮外周，以很高的速度(15～20 m/s)流入泵壳，并在壳内减速，经过能量转换，达到较高的压力，然后从排出口进入管路。叶轮内的液体被抛出后，叶轮中心形成真空。泵的吸入管一端与叶轮中心相通，另一端浸没在被输送的液体内，在液面压力与泵内压力的压差作用下，液体经吸入管进入泵内，填补了被排出液体的位置。只要叶轮转动不停，离心泵便不断地吸入和排出液体。

2. 离心泵的结构

离心泵的结构如图 1-2-16 所示，主要有泵前体 1 和泵后体 3、叶轮 2、轴封装置 4 和电机 5 等部分组成。泵体由活动部分(泵前体 1)和固定部分(泵后体 3)组成，两者通过一个不锈钢快拆箍连接在一起，以方便拆卸和清洗。在泵体内的主轴 10 上装有若干弯曲的叶片，形成叶轮 2。

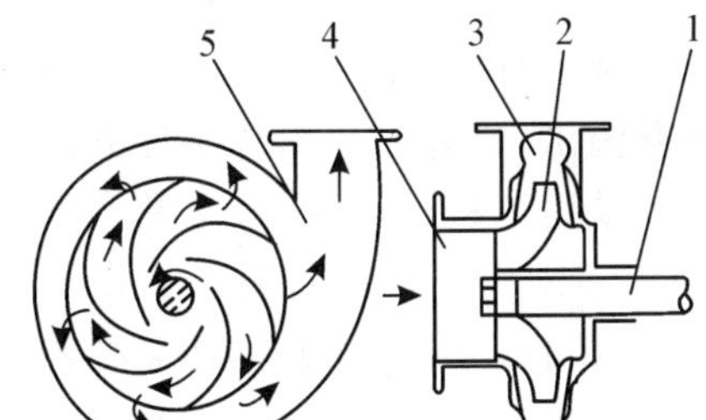

图 1-2-15　离心泵工作原理

1. 泵轴　2. 叶轮　3. 泵壳
4. 液体入口　5. 液体出口

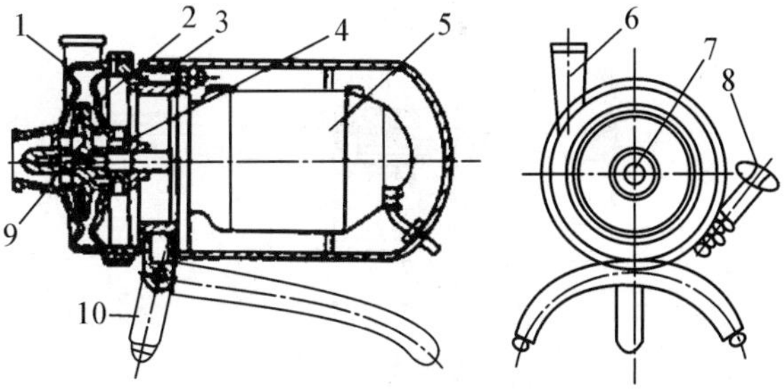

图 1-2-16　离心泵的结构

1. 泵前体　2. 叶轮　3. 泵后体　4. 轴封装置　5. 电机
6. 出料口　7. 吸料口　8. 泵体锁紧装置　9. 支架　10. 主轴

(1)叶轮　叶轮是将原动机的机械能传送给液体的部件，提高液体的静压能和动能，如图 1-2-17 所示，离心泵叶轮内常装有 6～12 片叶片 1。叶轮通常有 4 种类型：第一种为闭式叶轮，如图 1-2-17a 所示，叶片两侧带有前盖板 2 和后盖板 3，液体从叶轮中央的入口进入后，经两盖板与叶片之间的流道流向叶轮外缘。这种叶轮效率较高，应用最广，但只适用于输送清洁液体。第二种为半闭式叶轮，如图 1-2-17b 所示，吸入口侧无前盖板。第三种为开式叶轮，如图

1-2-17c 所示，叶轮不装前后盖板。半闭式与开式叶轮适用于输送浆料或含有固体悬浮物的液体，因叶轮不装盖板，液体在叶片间运动时易产生倒流，故效率较低。第四种为双吸式叶轮，如图 1-2-17d 所示，适用于大流量泵，其抗汽蚀性较好。

(2)泵壳　离心泵的外壳多做成蜗壳形，其中有一个截面逐渐扩大的蜗牛壳形通道，如图 1-2-18 所示。叶轮在泵壳内顺蜗形通道逐渐扩大的方向旋转，由于通道逐渐扩大，以高速从叶轮四周抛出的液体便逐渐降低流速，减少了能量损失，并使部分动能有效地转化为静压能。所以，泵壳不仅是一个汇集由叶轮抛出液体的部分，而且本身又是一个能量转换装置。

有的离心泵为了减少液体进入蜗壳时的碰撞，在叶轮和泵壳之间安装了固定的导轮，由于导轮具有很多转向的扩散流道，故能使高速流过的液体均匀而缓和地将动能转换为静压能，从而减少能量损失。

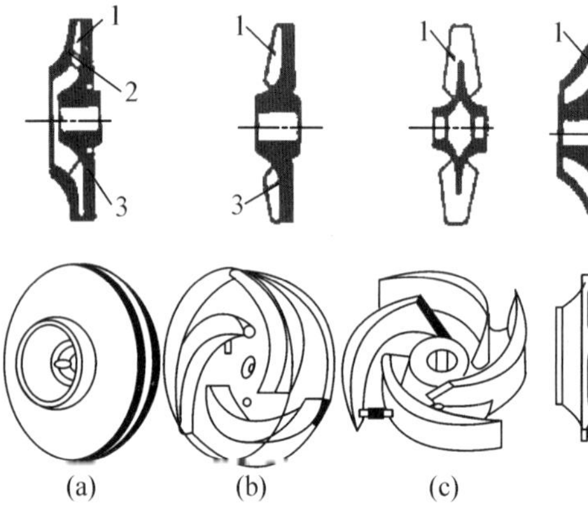

图 1-2-17　离心泵的叶轮

(a)闭式　(b)半闭式　(c)开式　(d)双吸式

1.叶片　2.前盖板　3.后盖板

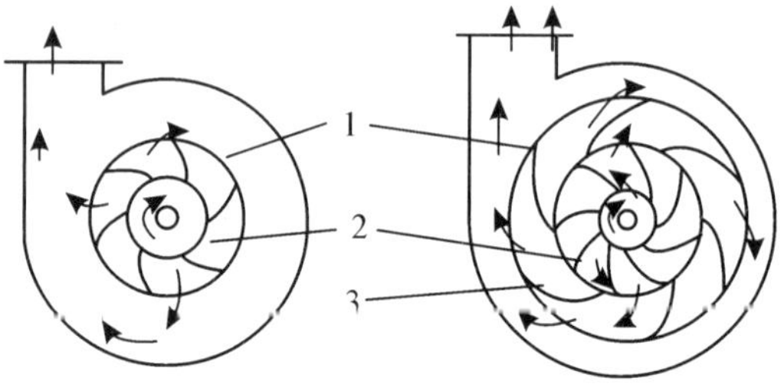

图 1-2-18　泵壳与导轮

1.泵壳　2.叶轮　3.导轮

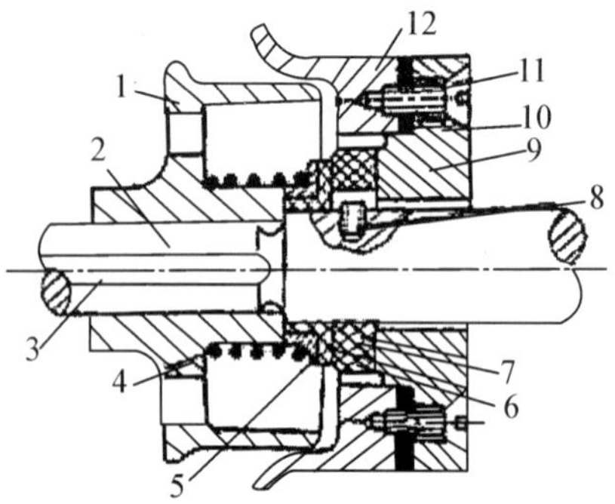

图 1-2-19　轴封装置结构

1.叶轮　2.主轴　3.键　4.弹簧　5.挡圈

6.橡胶垫圈　7.石墨垫圈　8.柱头螺丝

9.压紧盖　10.橡胶垫　11.螺钉　12.泵体

(3)轴封装置　轴封的作用是防止高压液体从泵壳内沿轴的四周漏出，或外界空气从相反方向漏入泵壳内。目前多采用填料密封装置，它是一个密封函，又称盘根箱，多采用不透性石墨作为密封填料，如图 1-2-19 所示，利用弹簧 4 的压力压紧橡胶垫圈 6 和石墨垫圈 7，使料液不致沿轴渗出泵体外。轴封出现渗漏是常见故障之一，由于泵的长期使用导致石墨垫圈 7 端面损坏，或是橡胶垫圈 6 咬死在主轴上，均会造成弹簧 4 不能将挡圈 5 的端面压紧石墨垫圈 7 的端面，故需经常检查密封件并加强对泵的清洗。

3. 操作注意事项

离心泵启动时，如果泵壳与吸入管路内没有充满液体而是充满空气，由于空气的密度远小于液体的密度，不可能产生较大的离心力，致使叶轮中心处形成的真空不足以将液体吸入泵内，此时，虽启动离心泵，但不能输送液体，此种现象称为气缚。为了使泵内充满液体，在吸入管底部要安装带有吸滤网的底阀（止逆阀），同时，在启动前，要向泵内灌满液体。

（二）螺杆泵

螺杆泵（图 1-2-20）是一种旋转式容积泵，是利用一根或数根螺杆与螺腔的相互啮合使空间容积变化来输送液体。食品工厂多使用单螺杆卧式泵，用于输送高黏度黏稠液体及带有固体物料的浆液，如番茄酱和果汁榨汁线上常采用这种泵。

1. 结构原理

螺杆泵的结构如图 1-2-21 所示，工作时电机将动力传给连杆轴 2，螺杆 5 在连杆轴 2 的带动下旋转；螺杆 5 与橡胶衬套 6（又称定子）相啮合并形成数个互不相通的密闭的啮合空间；当螺杆 5 转动时，封闭啮合空间内的料液便由吸料口向出料口方向运动；当封闭腔运动至出料口末端时，封闭腔自行消失，料液便由出料口排出；与此同时在吸料口又形成新的封闭腔将料液吸入并向前推进，从而实现连续抽送料液的作用，完成料液的输送。

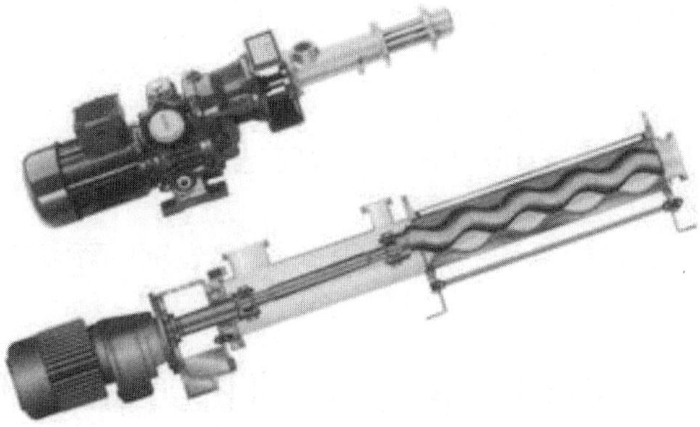

图 1-2-20 螺杆泵实物图

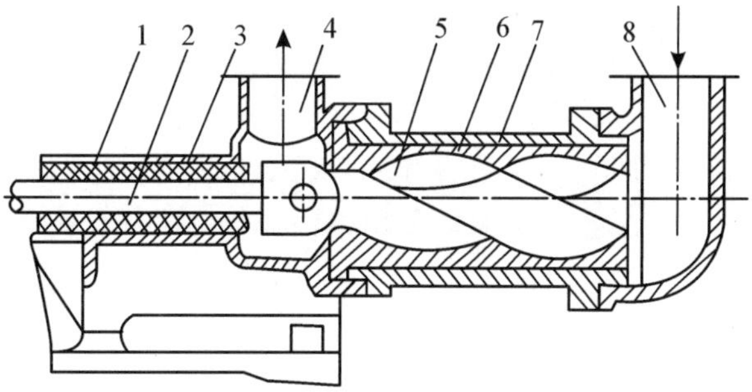

图 1-2-21 螺杆泵结构简图

1. 泵体 2. 连杆轴 3. 填料函 4. 出料口 5. 螺杆 6. 橡胶衬套 7. 螺腔体 8. 吸料口

螺杆泵具有输送液体连续均匀、无脉动、运动平稳、压力较高、自吸性好、结构简单、零部件少等优点。

2. 使用注意事项

在使用时，为保护橡胶衬套，泵不能空转，开泵前需灌满液体，否则会烧坏橡胶衬套。合理的螺杆转速为750～1 500 r/min,转速过高易引起螺杆与橡胶衬套的剧烈摩擦而发热损坏橡胶衬套,转速过低会影响生产能力。

复习思考题

1.带式输送机适合于运输哪些物料？有什么特点？
2.带式输送机的工作原理是什么？主要由哪些部件构成？
3.常用的两端张紧装置是什么？
4.简述带式输送机的操作要点和注意事项。
5.斗式提升机的工作原理是什么？
6.怎么对斗式提升机进行操作维护？
7.螺旋输送机的空心螺旋轴,使用什么方法将两端连接起来？
8.怎样计算流送槽的生产能力？
9.气力输送装置分为哪几类？
10.旋转加料器的结构原理是什么？
11.真空吸料装置的结构原理是什么？
12.在真空吸料装置中,怎么计算物料的提升高度？
13.水环式真空泵的工作原理是什么？
14.离心泵、蜗杆泵、齿轮泵、滑片泵的工作原理各是什么？分别适合于输送什么性质的物料？

实验实训　离心泵的拆装和使用

一、目的要求

学习离心泵的结构和工作原理;学习拆卸工具的选取和使用;学习拆装技术的规范操作;学习零部件的外部检查方法;掌握离心泵的使用方法。

二、设备与工具

(1)离心泵一台;
(2)扳手一套;
(3)螺丝刀一套;
(4)三爪拉马;
(5)紫铜棒;
(6)橡胶锤;
(7)离心泵专用工具等。

三、实训内容和方法步骤

(一)原理

泵工作时,泵中的液体在叶片的拨动下随叶轮一起回转,液体自叶轮进口向叶轮外周甩出,在此过程中液体的动能和压力能都得到增加,其中前者增加更大,当液体流入蜗壳后,因蜗壳的截面积逐渐增大,液体的动能大部分在这里转化成了压力能,然后沿排出管排出,与此同时,在叶轮中心形成一定的真空,液体在液面大气压力的作用下,沿吸入管不断地进入叶轮。

(二)准备

(1)经进水管放入水池、排水管放入下水道,卸掉引水螺栓,向泵内注满水,然后接通电,启动水泵,观察离心泵是否正常运转。

(2)关闭电源,切断开关,将泵体擦拭干净。

(三)拆卸

(1)将电动机的接线脱开,在联轴节处做好记号,拆除固定电动机的螺栓,然后将电动机卸下。

(2)拆下泵的吸、排管。

(3)把水泵入口短节卸下,拆掉吸入端端盖。

(4)用专用扳手拆下叶轮前的反扣螺母及止动垫圈(一般反扣螺母是左旋螺纹),取下止动垫圈,叶轮即可从轴上取下,如取不下来,可利用叶轮平衡孔上的丝牙用专用工具将叶轮从轴上取下,具体方法是:将专用工具的两根螺钉拧入叶轮上有丝牙的平衡孔中,丝杆顶正轴端中心,慢慢转动手柄,将叶轮从泵轴上拉出。如果叶轮锈于轴上而拉不动,可在键连接外刷上少量煤油,稍等片刻,即可拉出叶轮,取下叶轮平键。

(5)使用三爪拉马拆卸滚动轴承,先拆下轴承箱上前后两只轴承盖,然后用一木块垫在联轴器端轴头上,用紫铜棒轻轻敲打木块,就可把泵轴连同轴承一起拆下。从轴上取下轴承时要注意不能损伤轴承,一般用专用工具拉马的拉钩钩住滚动轴承内圈丝杆。

(6)使用拉马拆卸联轴节,具体方法是:将轴固定好,先拆下固定联轴节的锁紧帽,再用专用工具拉马的拉勾钩住联轴节,而其丝杆顶正泵轴中心,慢慢转动手柄,即可将联轴节在钩拉过程中,可用橡胶锤(或铜锤、铜棒)轻击联轴节,如果拆不下来,可用棉纱蘸上煤油,沿着联轴器四周燃烧,使其均匀热膨胀,这样便会容易拆下,但为了防止轴与联轴器一起受热膨胀,应用温布把泵轴包好。

(7)离心泵拆卸完毕后,应用轻柴油或煤油将拆卸的零部件清洗干净,按顺序放好,以备检查和测量。

(四)离心泵的检查

(1)叶轮的检查 叶轮遇有下列缺陷之一时,应予换新:表面出现较深的裂纹或开式叶轮的叶瓣断裂;表面因腐蚀而出现较多的砂眼或穿孔;轮壁因腐蚀而显著变薄,影响了机械强度;叶轮进口处有较严重的磨损而又难以修复;叶轮已经变形。

一般情况,铜质叶轮穿孔不多时,可用黄铜补焊。叶轮进口处的划痕或偏磨现象不太严重时，可用砂布打磨，在厚度允许的情况下，也可光车。

（2）泵壳的检查　泵壳在工作中，往往因机械应力或热应力的作用出现裂纹。检查时可用手锤轻轻敲泵壳，如出现破哑声，则表明泵壳已有裂纹，必要时可用放大镜查找。裂纹找到后，可先在裂纹处浇以煤油，擦干表面，并涂上一层白粉，然后用手锤轻敲泵壳，使裂纹内的煤油因受震动而渗出，浸湿白粉，从而显示出一条清晰的黑线，借此可判明裂纹的走向和长度。如果裂纹出现在承受压力的地方，则应进行补焊，也可用环氧树脂修补，如裂纹出现在不受压力和不起密封作用的地方，即可在裂纹两端各钻一个 3 mm 的小圆孔，以消除局部应力集中，防止裂纹继续扩大，如果泵壳已无修补的价值，应予以换新。

（3）转子的检查　泵轴拆洗后外观检查，如有下列情况之一者，应予以换新：泵轴已产生裂纹；表面严重磨损或腐蚀而出现较大的沟痕，以至影响轴的机械强度；键槽扭裂扩张严重。

（4）轴承的检查　对于滚动轴承，检查时发现松动、转动不灵活等缺陷或运行时间已达到运行周期则应换新。滚动轴承常见故障有：滚子和滚道严重磨损，表面腐蚀等。一般来说轴承磨损严重，其运转时噪声较大，主要是因磨损后其径向和轴向间隙变大所致。

（5）叶轮密封环间隙的检查　通过测量叶轮口外圆和密封环内圆上下、左右两个位置的直径，分别取平均值，其差值的一半为其间隙，如间隙太大时必须进行修复，方法是：先把叶轮入口外径光车，然后配一个合适的密封环镶嵌在入口泵盖上。

（五）离心泵的安装

（1）整个转子除叶轮外，其余全部在检修间正式组装完毕，这包括轴套、滚动轴承、定位套、联轴器侧轴承端盖、小套、联轴器及螺母等。

（2）转子从联轴器侧穿入泵内，注意填料压盖不要忘记装，轴承端盖上紧后，必须保证轴承端盖应压住滚动轴承外圈。

（3）把叶轮及其键、螺母等装在轴上，装上泵盖，盘动转子，看叶轮与密封环是否出现相应摩擦现象。

（4）轴封的装配：采用填料密封，打开填料压盖，切取与轴外周长等长度的盘根数根（其根数依说明书或依泵原旧填料的根数），然后一根一根地压入，压入时每根接口应 180°错开，最后装上压盖，但不拧紧螺丝，等到泵工作时，再慢慢拧紧螺丝，直到不漏为止。

（5）将泵吊入泵座并将其固定，装妥进、排管。

（6）电机装复，用千分表和塞尺对联轴节进行校正。

（六）试机与使用

将进水管放入水池，将排水管放入下水道，接通电源，启动水泵，观察是否能够正常工作。

（七）注意事项

（1）对一些重要部件拆卸前应做好记号，以备装复时定位。

（2）拆卸的零部件应妥善安放，以防失落。

（3）对各接合面和易于碰伤的地方，应采取必要的保护措施。

四、实训报告要求

按规程操作，画出离心泵的结构图、原理图和装置图，并完成实训报告。

项目二

清洗、分级分选机械与设备

学习目标

1. 了解清洗、分级分选机械与设备的种类及各自适用对象。

2. 理解各类清洗、分级分选机械与设备的工作原理，能够根据不同的原料来选择相应的清洗、分级分选机械与设备。

3. 掌握各类清洗、分级分选机械与设备的操作要点及特性。

教学基本内容

1. 浮洗机、洗果机、鼓风式清洗机、滚筒式清洗机等果蔬原料清洗机械的组成及工作过程。

2. 半自动洗瓶机、全自动洗瓶机、三片罐清洗机等瓶罐清洗机械的组成及工作过程。

3. 摇动筛、振动筛、回转筛等筛分机械的构造及工作原理。

4. 滚筒式分级机、滚轴式分级机、碟片精选机、滚筒式精选机的构造、工作原理及操作要点。

任务一　果蔬原料清洗机械

果蔬原料在其生长、成熟、运输及贮藏过程中，会受到尘埃、沙土、微生物及其他污物的污染。因此，加工前必须进行清洗。

一、浮洗机

浮洗机(图 2-1-1)主要用来洗涤番茄、苹果、橘子、梨、草莓、猕猴桃等各种水果及胡萝卜、土豆等根茎蔬菜和各种叶菜的气浮清洗和输送检果。该设备一般配备流进槽输送原料，目前果汁生产线上常配此设备。它主要由洗槽、滚筒输送机、机架及传动装置构成，如图 2-1-2 所示。

图 2-1-1 浮洗机外形图

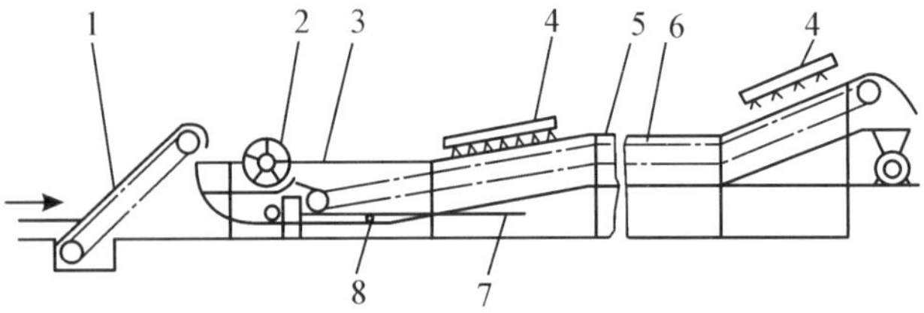

图 2-1-2 浮洗机结构示意图

1. 提升机 2. 翻果轮 3. 洗槽 4. 喷淋水管
5. 检选台 6. 滚筒输送机 7. 高压水管 8. 排水口

工作时,水果原料经流选槽预洗后,由提升机进入洗槽的前半部浸泡,然后经翻果轮拨入洗槽的后半部分,此处装有高压水管,其上分布有许多等距离的小孔,高压水从小孔中喷出,使原料翻滚并与水摩擦,原料间也相互摩擦,从而洗净表面污物,由滚筒输送机带着离开洗槽,经喷淋水管的高压喷淋水再度冲净,进入检选台检出烂果和修整有缺陷的原料,再经喷淋后送入下道工序。

根据蔬果种类不同,输送机可分为滚筒式、网带式。滚筒式输送机与带式输送机结构类似,只是其输送带是在两根链条中间安装了许多直径为 76 mm 的圆柱滚筒,滚筒间距为 10 mm 左右,当驱动链轮带动链条运动时,物料便在滚筒上向前滚动。输送机分为三段,下倾斜段下部设在洗槽中,上倾斜段接入破碎机,中间水平段作为检选段。在倾斜段各装有四根喷淋水管,每根喷淋管各有两排呈 90°的喷水孔。

二、洗果机

洗果机主要由洗槽、刷辊、喷水装置、出料翻斗及机架、传动装置等组成,如图 2-1-3 和图 2-1-4 所示。其结构紧凑,清洗质量好,造价低,工作效率高,清洗质量好,使用方便,是目前国内中小型企业较为理想的果品清洗装置。

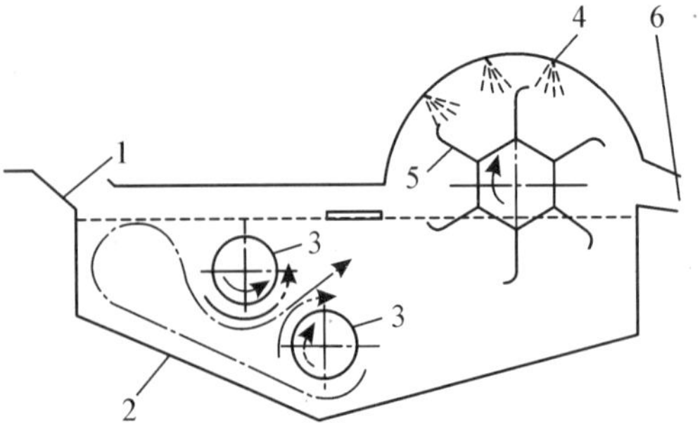

图 2-1-3 洗果机工作原理图

1. 进料口 2. 洗槽 3. 刷辊 4. 喷水装置
5. 出料翻斗 6. 出料口

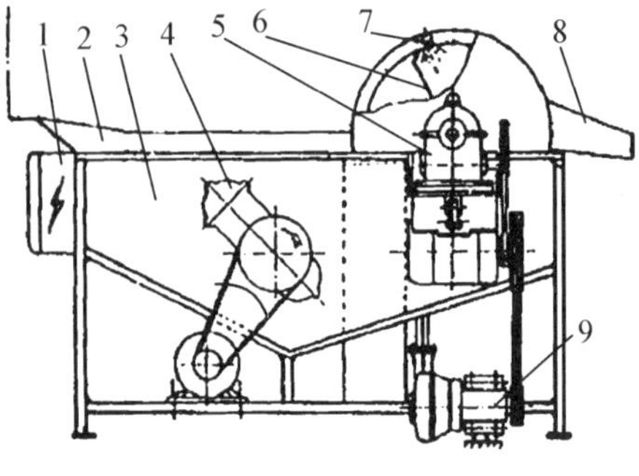

图 2-1-4 洗果机结构图

1. 电气箱 2. 进料口 3. 清洗槽 4. 刷辊传动装置 5. 减速器 6. 出口料 7. 喷水翻斗
8. 出口料 9. 微型水泵

物料从进料口进入洗槽内，装在清洗槽上的两个刷辊旋转使洗槽中的水产生涡流，物料便在涡流中得到清洗。同时由于两刷辊之间间隙较窄，故液流速度较高，压力降低，被清洗物料在压力差作用下通过两刷辊间隙，在刷辊摩擦力作用下又经过一次刷洗。接着，物料被顺时针旋转的出料翻斗捞起，出料，在出料过程中又经高压水喷淋得以进一步清洗。

操作时，刷辊的转速需调整到能使两刷辊前后造成一定的压力差，以迫使被清洗物料通过两刷辊刷洗后能继续向上运动，到出料翻斗处被捞起出料。该机生产效率高，生产能力可达 2 000 kg/h，破损率小于 2%，洗净率达 99%。

三、清洗机

（一）鼓风式清洗机

鼓风式清洗机（图 2-1-5）适合于果蔬原料的清洗。其清洗原理是用鼓风机把空气送进洗槽中，使洗槽中的水产生剧烈的翻动，对果蔬原料进行清洗。由于利用空气进行搅拌，因而既可加速污物从原料上洗除，又能在强烈的翻动下保护原料的完整性。

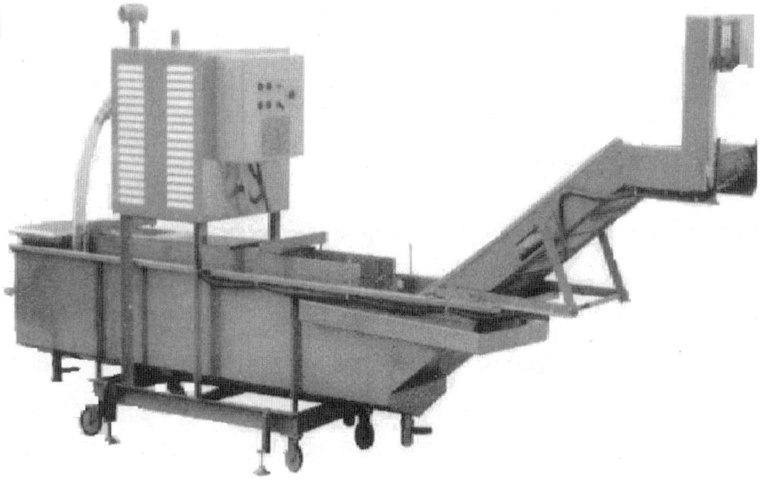

图 2-1-5　鼓风式清洗机外形图

鼓风式清洗机的结构如图 2-1-6 所示，主要由洗槽、输送机、喷水装置、空气输送装置、支架及电动机、传动系统等组成。

洗槽的截面为长方形，送空气的吹泡管设在洗槽底部，由下向上将空气吹入洗槽中的清洗水中。原料进入洗槽，放置在输送机上。输送机的两边有链条，链条之间承载原料的输送带形式因原料而异，有采用滚筒形式的（如番茄等），有采用金属丝网的（如块茎类），有用平板上装刮板的（如水果类）等。输送机设计为两段水平输送，一段倾斜输送，第一段水平段处于洗槽的水面之下，用于浸洗原料，原料在此处被空气搅动，在水中上下翻滚，洗除泥垢；倾斜部分设置在中间，用于清水喷洗原料；第二段水平段处于洗槽之上，用于检查和修整原料。由洗槽溢出的水顺着两条斜槽排入下水道，污水从排水管排出。

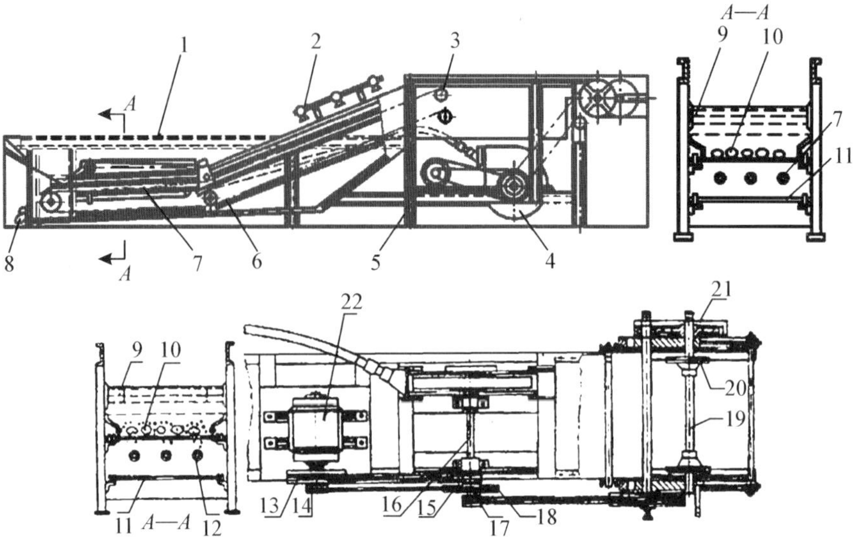

图 2-1-6　鼓风式清洗机

1. 洗槽　2. 喷水装置　3. 压轮　4. 鼓风机　5. 支架　6. 链条　7、12. 吹泡管　8. 排水管　9. 斜槽　10. 原料　11. 输送带　13、14、15、17、18. 皮带轮　16、19. 轴　20. 链条　21. 齿轮　22. 电动机

(二)滚筒式清洗机

滚筒式清洗机主要用于甘薯、马铃薯、生姜、马蹄等块根类食品原料和质地较硬的水果类原料的清洗。

滚筒式清洗机(图 2-1-7)的清洗原理是:将原料置于清洗滚筒内,借清洗滚筒的转动,使原料在其中不断地翻转,同时用水管喷射高压水来冲洗翻转的原料,而达到洗净目的。

滚筒式清洗机的结构见图 2-1-8,主要由清洗滚筒、喷水装置、机架和传动装置等组成。传动轴用轴承支撑在机架上,其上固定有两个传动轮。滚筒式清洗机的滚筒驱动方式一般为托轮一滚圈式。即在滚筒外面装有 3～4 个滚圈,两边装有小托轮。电机经传动装置带动托轮转动,托轮靠摩擦力带动滚圈,从而使滚筒转动。这种驱动方式结构简单可靠,传动平稳。

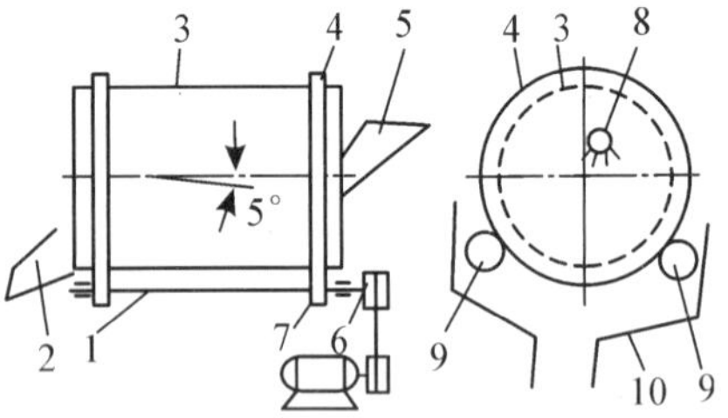

图 2-1-7　滚筒式清洗机原理图

1. 传动轴　2. 出料槽　3. 清洗滚筒　4. 摩擦滚圈　5. 进料斗　6. 传动系统　7. 传动轮　8. 喷水管　9. 托轮　10. 集水斗

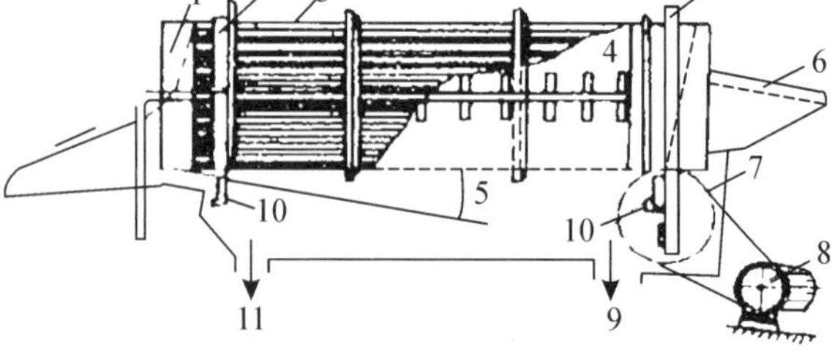

图 2-1-8　滚筒式清洗机结构图

1. 物料出口　2. 滚筒支架　3. 滚筒　4. 喷头　5. 滚筒托轮　6. 进料口　7. 传动装置　8. 电动机　9、11. 洗液出口　10. 滚筒支承

清洗滚筒用钻有许多小孔的薄钢板卷制而成，或用钢条排列焊成筒形，滚筒两端焊有两个金属圆环作为摩擦滚圈。滚筒被传动轮和托轮经摩擦滚圈托起在整个机架上。工作时，电动机经传动系统使传动轴和传动轮逆时针回转，由于摩擦力作用，传动轮驱动摩擦滚圈使整个滚筒顺时针回转。由于滚筒与水平线有5°的倾角，所以在其旋转时，物料一边翻转一边向出料口移动，并受高压水冲刷而清洗。污水和泥沙由滚筒的网孔经底部集水斗排出。

该设备的生产能力取决于进料量、物料重量及滚筒滚动速度。一般物料从进口到出口需1～1.5 mm。喷水压力愈大，冲洗效果愈好，一般喷水压力为0.15～0.25 MPa。喷头间距150～200 mm。滚筒倾斜角5°；转速8 r/min；直径1 000 mm；长度约3 500 mm。

任务二　瓶罐清洗机械

一、概述

食品包装容器的清洗机械与设备，主要是饮料类和罐头类产品生产中的洗瓶机和洗罐机。对饮料生产来说，某些饮料用瓶是回收瓶，如果汁和汽水等用的玻璃瓶，必须清洗干净后才能使用。容器清洗的方法基本分为浸泡、喷射和刷洗三种。

（一）浸泡

将瓶子浸没于一定浓度、一定温度的洗涤剂或烧碱液中，利用它们的化学能和热能来软化、乳化或溶解黏附于瓶上的不清洁物，并加以杀菌。浸泡过程中浸瓶时间对清洗效果的影响较大。

浸瓶操作时应注意两点：①利用 NaOH 浸泡玻璃容器时，NaOH 的最高浓度为5%，温度65～75℃，超过此温度和浓度则会对玻璃瓶有损害（烧剥）；②当用多个浸泡槽浸泡玻璃容器时，各浸泡槽之间温度差必须在25℃以下。如温差过大，玻璃容器可能破损。

（二）喷射

洗涤剂或清水在一定的压力（0.2～0.5 MPa）下，通过一定形状的喷嘴对容器的内外进行喷射，利用洗涤剂的化学能和运动能去除污物。注意在用洗涤剂喷射时，若洗液流量太大，洗涤剂会发泡，此时要添加消泡剂。因单用喷射清洗，易产生较多泡沫，动力消耗大。适用于中、小型生产线。

（三）刷洗

用旋转洗刷将污物刷洗掉。此法是用机械方法直接接触污物，去污效果好。

刷洗易出现的问题是：①较难实现连续式洗瓶；②转刷遇到油污瓶，会污染刷子；③若遇到破瓶，会切断转刷的刷毛，使毛刷失效并污染其他净瓶；④须经常更换毛刷。

瓶罐清洗机械分为半自动洗瓶机和全自动洗瓶机，其中用浸泡与刷洗方式多用于半自动洗瓶机械，可以先进行浸泡，后用旋转刷将瓶刷净。刷子用合成材料制成，清洗效果较好。这种形式的全自动洗瓶机刷洗结构复杂，在生产中较少使用。全自动洗瓶机目前较多使用浸泡与喷射洗瓶方式，该洗瓶机有多个浸泡槽和喷射部分。喷射部分采用高压喷射，当喷射达到一定时间，其清洗效果相当于用刷子刷洗。

二、半自动洗瓶机

半机械式洗瓶装置用于清洗玻璃瓶，它是由浸泡槽、刷瓶机、冲瓶机、沥干器等单机组成的，结构简单，生产能力小。

（一）浸泡槽

浸泡槽是用来浸泡脏瓶的。在一定温度（40～50℃）、一定浓度（4%～5%）的碱液中浸泡一定时间后，玻璃瓶中的绝大多数脏物松散、脂肪乳化，瓶外的旧标签易脱落，有利于下一步的刷瓶操作。

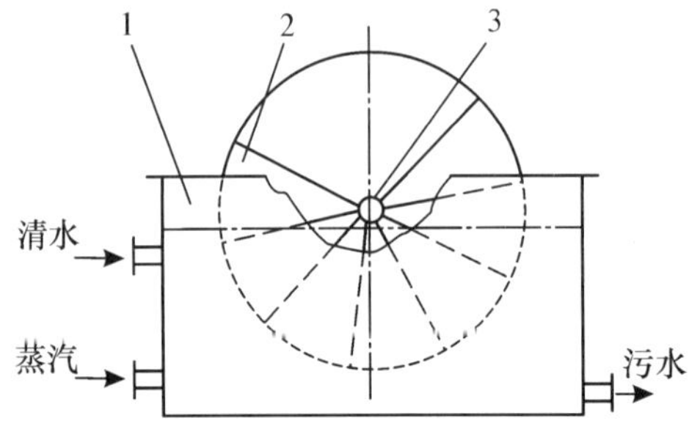

图 2-2-1　浸泡槽

1. 碱水槽　2. 浸瓶转斗　3. 转轴

浸泡槽结构见图 2-2-1，在水槽上设一转轴，其上装有 5～6 个无底的转斗，瓶子不断被放进转斗中，当转斗被装满时，用力在左侧将转斗往下压，转斗转过一定角度，其中的瓶也随之往下浸入碱液中。然后将右侧已露出水面的转斗中的瓶子拿出，倒出碱液，进入下道工序，空转斗则被翻到左侧，继续放瓶。槽中的碱液将会被瓶子带走一些。当液面下降至一定程度时，需补充碱液。浸泡槽中的碱液靠通入蒸汽来加热。

（二）刷瓶机

刷瓶机用于进一步刷去残留在瓶内的污物（图 2-2-2）。

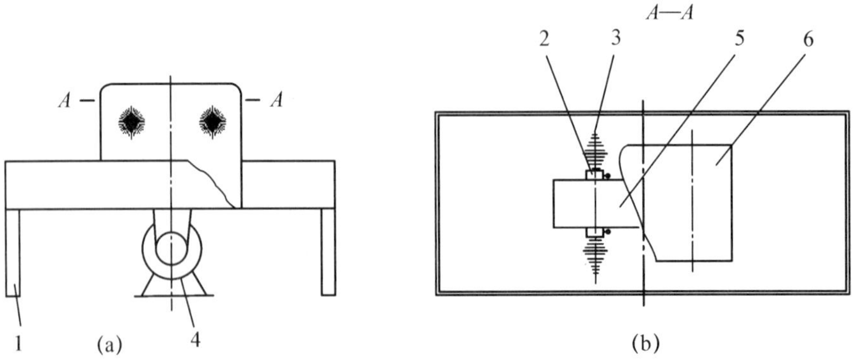

图 2-2-2　刷瓶机

（a）侧视图　（b）俯视图

1. 机架　2. 转刷套　3. 毛刷　4. 电机　5. 转刷机头　6. 防护罩

毛刷一般成对地安装在机头两边,毛刷杆插入转刷套的孔中。然后用转刷套上径向安装的螺钉将毛刷杆压紧,固定毛刷。为了保护操作人员,刷瓶机上设置有防护罩。

这种刷瓶机结构简单,制造方便。但使用时毛刷损坏较多,且要求操作人员注意力集中,以免出现瓶子被甩出的情况。

(三)洗液槽

洗液槽主要是将经刷洗后的瓶子再进行氯水浸泡。此种浸泡的目的是消毒和去除刷下的污物,浸泡时间较短。洗液槽为一矩形槽,在其适当位置设置进水管和排水管,使用中定时、定量投放漂白粉。

(四)冲瓶机

冲瓶机的作用是将瓶中的洗液冲净,其结构如图 2-2-3 所示。

使用时手工将瓶子倒置于冲瓶机圆盘架的锥孔中,并使锥孔下的喷嘴伸入瓶口部。工作时,喷水管与圆盘架一起缓慢转动,并在分配器的控制下使喷嘴在一定的转动角度范围对瓶进行喷射冲洗。冲净后手工将瓶子取出。

(a)

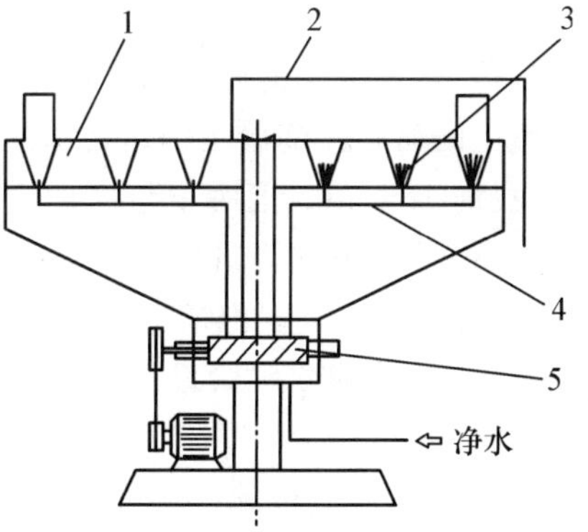

(b)

图 2-2-3　冲瓶机

(a)外形图　(b)原理图

1.转动圆盘　2.防水罩　3.喷头　4.水管　5.蜗轮蜗杆减速器

(五)沥干器

冲净的瓶子倒置于沥干器上,使瓶内残留水分控制在一定范围内。

沥干器比较简单,一般有两种形式。一种为圆盘式:在一根立柱上置一圆盘,圆盘上开有与冲瓶机圆盘上相同的锥孔,圆盘可手工或利用机械转动,瓶子在转动过程中沥干;另一种是输送式:水平输送机的传送链条上连接塑料制成的瓶托,瓶托中间为锥孔,瓶子倒置在瓶托上,边输送边沥干。

三、全自动洗瓶机

一些回收来的食品饮料瓶子和罐子除了要去除瓶外的商标纸外,还须除去瓶内日久变干的污垢。这类瓶子的清洗，食品工厂大多采用全自动洗瓶机。

全自动洗瓶机是靠多次洗液浸泡和多次喷射来获得满意的洗净效果。瓶子一般需要经过预浸泡、多次洗液浸泡、洗液喷射、热水喷射、温水喷射、冷水喷射及净水喷射等过程进行洗涤。

全自动洗瓶机多为箱式，它又分为单端和双端两种。单端式洗瓶机脏瓶的进入和净瓶的输出都在洗瓶机的同一侧，也叫来回式洗瓶机。图 2-2-4 为单端链式自动洗瓶机示意图。

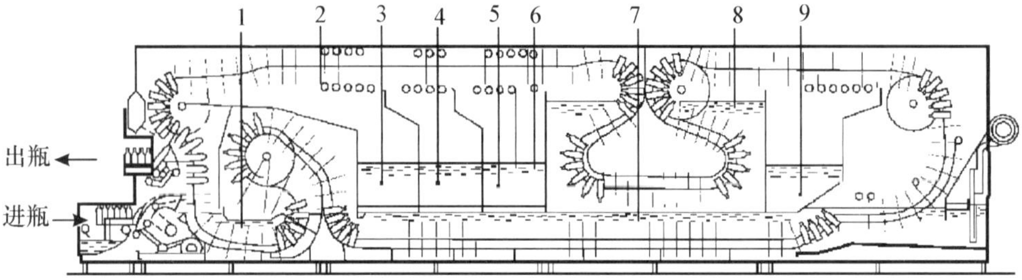

图 2-2-4　单端式链式自动洗瓶机示意图

1. 预泡槽　2. 新鲜水喷射区　3. 冷水喷射区　4. 温水喷射区　5. 第二次热水喷射区　6. 第一次热水喷射区　7. 第一次洗涤剂浸泡槽　8. 第二次洗涤剂浸泡槽　9. 第一次洗涤剂喷射槽

该机的工艺过程是：要清洗的瓶子由进瓶台送入上瓶装置，上瓶传送带上的瓶托将瓶子输入装在主传动链条上的瓶套。随着主传送链条的周期性间歇式传动，瓶子进入 35～45℃的洗涤液预浸泡槽，并浸泡 1.5 min，把污垢与商标泡软。接着瓶子进入(65±3)℃的碱液第一浸泡槽，并浸泡 5.4 min；然后由喷管组进行热液喷冲。热液温度先为 85℃，后面为 65℃，随后瓶子进入(65±3)℃的洗涤液第二浸泡槽中，浸泡 2.9 min，到热水喷冲管组时进行第二次喷冲，喷水温度为 45℃，第三次用温水喷管进行 30℃温水内外喷冲，最后进行冷水喷冲(10℃)，再由卸瓶装置卸瓶。

双端洗瓶机，脏瓶子由洗瓶机的一端进去，由另一端出来，故亦称直通式洗瓶机，如图 2-2-5 所示。

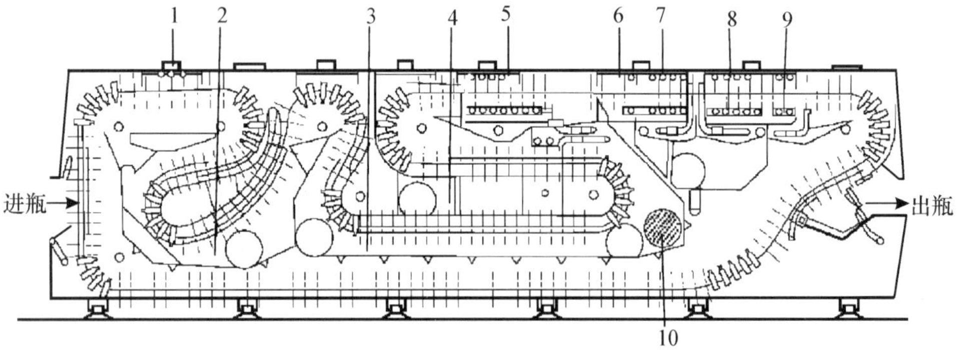

图 2-2-5　双端式洗瓶机

1. 预洗区　2. 预泡槽　3. 洗涤剂浸泡槽　4. 洗涤剂喷射槽　5. 洗涤剂喷射区　6. 热水预喷区　7. 热水喷射区　8. 温水喷射区　9. 冷水喷射区　10. 中心加热器

单端或双端链式自动洗瓶机，就其瓶子喷冲方式区分又有间歇式和连续式两种。当采用间歇方式时，瓶子有充裕的时间通过洗涤液的浸泡和利用碱液、热水、温水、冷水的逐级喷冲作用来洗瓶。一排瓶套由链带移动向上运动，在特定位置有一短时间停留，此时，一排待洗的空瓶送入瓶套，同时在出口处出瓶机构推出一排净瓶。而脏瓶也在这一静止时间内被喷头冲淋。当瓶套运动时，不进行喷淋。链带的间歇运动由间歇运动机构实现。该机设有调速装置，能根据瓶子的污染程度调节洗瓶时间。

在连续喷淋中，带有瓶套的链带连续运动，无停留时间。这样，避免了间歇运动时因惯性力引起的冲击现象。洗瓶机工作时，连续地喷淋瓶子和倒空瓶子而无间断时间。在连续运动中，为了使瓶子能顺利准确地落入瓶套，常常要采取一些特殊结构。例如装有可移动的进瓶落架，当落架与瓶套在短时间一同向下移动时，瓶子由落架进入瓶套，这样保证瓶子的落入准确且时间也够。

带有瓶套的链带连续运行时，必须保证口对准喷头时进行喷淋。瓶子进入位置的准确度是由差动方法进行调整的，喷头也是可以移动的，一方面易于与瓶口对准，另一方面，在冲淋时可以与瓶套同步移动几秒钟，以使喷淋更有效。在同步移动完成后，喷头靠回位装置推回初始位置。回位装置可以用弹簧，也可以采用其他机构。

该机的主传动装置在机体前部，通过主电机、无级调速器及连杆机构带动主链条作间歇运动。在进出瓶机构的主动轴上装有故障自动停机离合器，以保证机器安全运行。

这种清洗机设有液位自动调节及温度自动控制装置，还设有进瓶装置、卸瓶装置、管路系统、除标装置、载瓶装置及箱体等部分。其中，箱体是由四部分组成，各部分箱体用螺钉连接成一整体，通过若干个支撑脚置于基础上。本机有三个浸泡槽：预浸泡槽、第一浸泡槽和第二浸泡槽。浸泡槽洗涤液的循环及各组喷管对瓶子的喷冲依靠安装在管道上 5 台水泵输送。在本机后部设有两个加热器，用于加热碱液和水，使各浸泡槽和各组喷管的喷洗液达到所需温度。

两种进出瓶方式的洗瓶机各有特点：单端式的脏瓶与净瓶距离较近，容易造成净瓶的污染，影响洗瓶质量；双端式的瓶套自出瓶处回到进瓶处为空载，洗瓶空间的利用不及单端式的充分。

表 2-2-1 列出了两种全自动洗瓶机主要技术参数以供参考。

表 2-2-1　两种全自动洗瓶机主要技术参数

技术参数	DLXP30 型单端式洗瓶机	SXP44A 型双端式洗瓶机
额定生产能力	28 000 瓶/h	46 000 瓶/h
链条节距	155 mm	155 mm
瓶盒间距	93 mm	95 mm
适应瓶子直径(最小/最大)	50/82 mm	60/83 mm
适应瓶子高度(最小/最大)	170/290 mm	160/295 mm
每排瓶盒数	30 个	44 个
瓶盒排数(总排数/载瓶排数)	252/241	518/414
进出瓶循环周期	产量 28 000 瓶/h：4.5 s	产量 36 000 瓶/h：4.4 s
满载时机内载瓶数	7 860 个	18 216 个
瓶子在机内通过时间	产量 28 000 瓶/h：17 min	产量 36 000 瓶/h：30.36 min
碱液浸泡时间	7.7 min	16.73 min

续表 2-2-1

技术参数	DLXP30 型单端式洗瓶机	SXP44A 型双端式洗瓶机
各槽有效容积	预泡槽:2.1 m^3 浸泡槽Ⅰ:10.5 m^3 浸泡槽Ⅱ:14.6 m^3 热水槽:1.6 m^3 冷水槽:1.0 m^3	预喷淋槽:2.8 m^3 碱液槽Ⅰ:27.8 m^3 碱液槽Ⅱ:30 m^3 碱液槽Ⅲ:31.2 m^3 热水浸泡槽:7.3 m^3 热水槽:2.3 m^3 温水槽:1.4 m^3
耗水量	水压 0.08～0.15 MPa:约 0.39 L/瓶	水压 0.15～0.2 MPa:约 0.5 L/瓶
蒸汽用量(0.5 MPa)	升温(12～80℃):约 8 000 kg 运行(28 000 瓶/h 80℃):约 1 600 kg	升温(12～80℃):6 530 kg 运行(36 000 瓶/h):27 kg /(h·1 000 瓶)
电机总容量	51.05 kW	149.75 kW
设备净重	约 55 t	约 135 t
生产时设备总重	约 91 t	约 245 t
电源(50 Hz)	220/380 V	220/380 V
最高蒸汽压力	0.5 MPa	1.0 MPa
自来水(喷冲)压力	0.08～0.15 MPa	0.2 MPa

下面以单端连续式全自动洗瓶机为例介绍其主要结构。

(一)进出瓶装置

1. 上瓶机构

上瓶机构的作用是按照载瓶器(瓶套)的间距把瓶子排列开,同步进给,兜住瓶底,将瓶子由直立状态平稳地转成与载瓶器位置同样的状态(水平或倾斜),并将瓶子推入载瓶器插座内。为防止卡瓶或瓶子顶住插座端部而造成机件损伤,在该机构上需设置安全装置。

上瓶机构有多种形式,如图 2-2-6 所示。图(a)所示为回转式上瓶机构;图(b)所示为回转链式上瓶机构;图(c)所示为提升式上瓶机构。

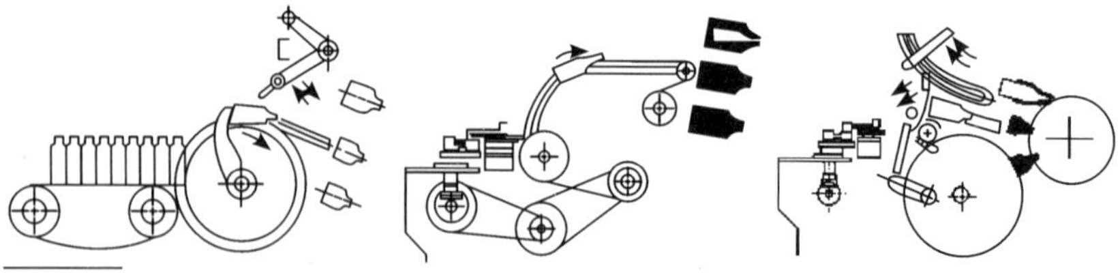

(a) (b) (c)

图 2-2-6 上瓶机构示意图

图 2-2-7 为连续链式上瓶机构。瓶子由输送带送到集瓶(滚道)器 6 上,集瓶器 6 由转动、平行安装的小滚子 7 构成,并固定有隔板 5,将瓶子按照载瓶器插座竖排成行。

集瓶器的滚子 7 将瓶子按行移到装有滑槽 2 的上瓶部件 3 上，其中滑槽 2 与集瓶器隔板 5 同心。上瓶部件环绕着两条环形链条 1，在链上固定着上瓶条 4。上瓶条非对称地固定在链节上。因此，当上瓶条每次回转靠近载瓶器时，即从其背面将瓶子推入载瓶器的插座中。上瓶部件旋转传动轴 12 上装有安全牙嵌联轴器，以带动装有上瓶条 4 的链条。上瓶部件 3 与集瓶器由中间轴 9 通过链条 8 与 10 传动。当瓶子卡在上瓶台时联轴器圆盘即压紧弹簧，使传动链轮轮壳与牙爪脱离啮合，同时使与机器传动机构关联的终点开关 11 的杠杆偏转，停车。要再开动机器，须借助手轮手动旋转传动轴 12，直至牙爪重新啮合。同时在弹簧作用下，终点开关的杠杆又回到原来位置，从而跳开停止按钮。

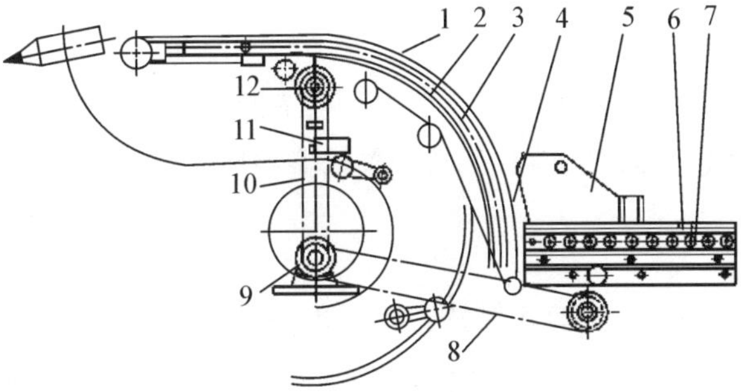

图 2-2-7　连续链式上瓶机构示意图

1. 链条　2. 滑槽　3. 上瓶部件　4. 上瓶条　5. 隔板　6. 集瓶（滚道）器　7. 滚子
8、10. 链条　9. 中间轴　11. 终点开关　12. 旋转传动轴

2. 卸瓶机构

卸瓶机构的作用是平稳地接住脱离载瓶器而落下的瓶子，将瓶子下降到送出输送器的高度，再将瓶子转成直立状态并平稳地将瓶子移动到送出输送器上。图 2-2-8 所示为三种卸瓶机构。图 2-2-9 所示为回转凸轮式卸瓶机构。工作时载瓶器插座中的瓶子沿倾斜导轨滑动达到导轨边缘，在此处瓶子由凸轮顶住而不能下落（图 2-2-9a），但当凸轮回转时，瓶子下降并沿其侧面滑下（图 2-2-9b），下降时瓶子保持直立，而凸轮靠新落下的一排瓶子把上次卸下的瓶子推到输送带上。落到卸瓶台上的瓶子（图 2-2-9c），也紧跟着前次卸下的瓶子转移到输送带上（图 2-2-9d）。该机构连续运转能使瓶子平移，无撞击、无噪声地送到卸瓶台上，同时平稳地推到卸瓶输送带上。

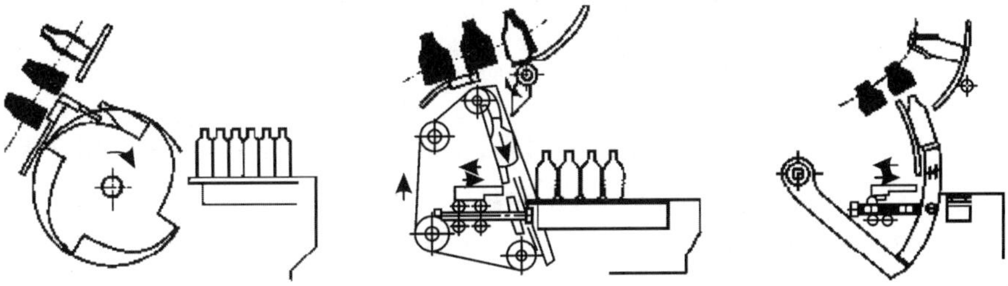

图 2-2-8　卸瓶机构示意图

3. 上瓶、卸瓶机构的配置

（1）上瓶、卸瓶机构布置在机器的两端，这种结构通过输送装置容易与其他机器组合成生

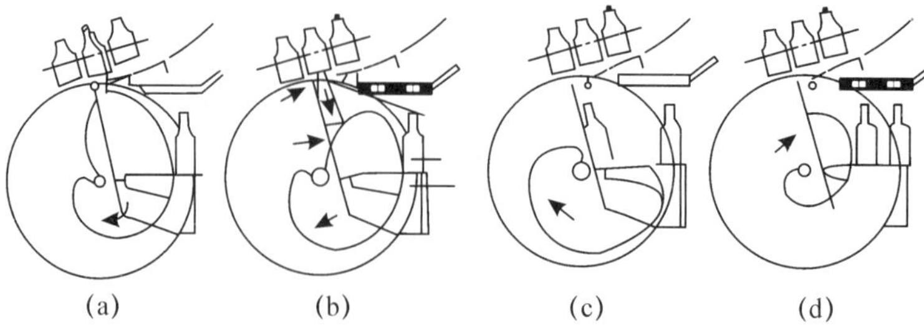

图 2-2-9 回转凸轮式卸瓶机构示意图

产线。

(2)上瓶、卸瓶机构同布置在机器的一端，分上、下两部分。这种结构紧凑，占地面积小，生产效率高，但上瓶、卸瓶机构高度不同，与其相关机器形成生产线比较困难。

(二)瓶套

瓶套是使瓶子在洗瓶机中运动并保持正确和准确清洗位置的装置。常见的形式有肩承式和口承式，如图 2-2-10 所示。

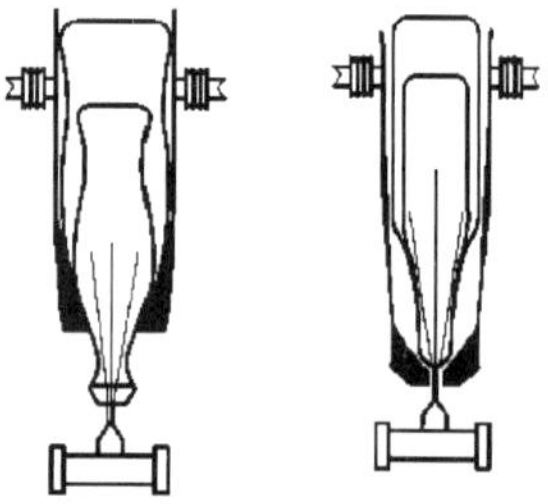

图 2-2-10 瓶套形式

(三)滤标装置

洗瓶中，浸泡槽及某些接受槽中会留下大量的废商标，这些废标必须随时去除，以免堵塞管道，影响洗瓶效果。滤标装置就是为这一目的设置的。几种滤标装置结构示意图如图 2-2-11 所示。

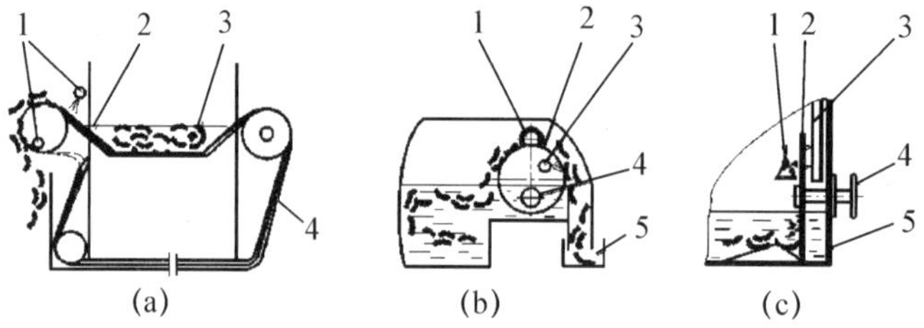

图 2-2-11 几种滤标装置结构示意图

(a)1. 空气喷嘴 2. 浸泡槽 3. 废标 4. 滤网

(b)1. 小齿轮 2. 大齿轮机圆柱形滤网 3. 空气喷管 4. 洗液回流管 5. 废标盒

(c)1. 废标接收槽 2. 圆盘形滤网 3. 空气喷射管 4. 链轮 5. 箱体

图 2-2-11a 为一滤网带，在动力驱动下回转，滤网在洗液面下移动，将黏附于其上的废标带出浸泡槽，然后用空气将它们吹掉(掉入废标盒)。

图 2-2-11b 为一圆柱形滤网。滤网固定在其两端部的大齿轮上，动力由小齿轮输入。

图 2-2-11c 为一圆盘形滤网，它在一链轮带动下转动，不断带起洗液中的废标，待转至上部，用空气将其吹入废标接收盒。

以上三种滤标装置均使取出的废标几乎没有什么分，这对其后处理带来方便，另外，在去除废标的同时，也可以将一些脏物顺便带出。

(四)水及热能的回收利用

水的循环使用一般是采用与瓶子逆向流动的方法。净水从机外泵入,对瓶子进行最后喷射,回收后,作为对瓶子的冷水喷射,再回收进入热水池。而该水经滤标处理及对瓶进行热水喷射后,一部分经热水回收回流到预浸泡槽内,另一部分仍回到热水池。浸泡槽两端的洗液喷射及热水喷射,也是循环使用洗液。

热能的利用主要是指将需要冷却瓶子的热量传给需加热的瓶子,如预浸泡槽中的热能主要来自热水池(预浸泡槽有溢流管通出机外)。而热水池的热能主要来自瓶本身(第二浸泡槽的温度较高)。另外,将两个加热器布置在机器中心部,可以减少对周围的传热及辐射的热能损失。

(五)外洗机

若回收瓶外部很脏,且为一些较难去除的脏物(如粘得很牢的泥沙等),可以在洗瓶机前设置一台外洗机。

图 2-2-12 为外洗机结构示意图。外洗机工作过程是:当脏瓶被输瓶机送入后,上方的喷头即对瓶冲洗,同时,侧面的旋转刷不断地将脏物刷下。这种外洗机可利用洗瓶机后道清洗水作为清洗水来源。

(六)跟踪喷射机构

为对瓶子有一个连续的喷射时间,要求喷嘴与连续移动的瓶罩有一段同步运动,它是通过凸轮实现的(图 2-2-13)。实际上,喷射时间占工作循环的 2/3,而剩下的 1/3 作为回程。

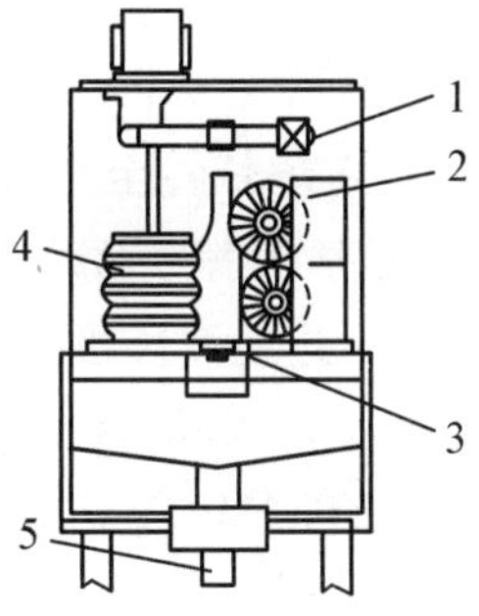

图 2-2-12　外洗机结构示意图

1.喷嘴　2.旋转刷　3.固定导轨　4.回转带轮　5.污水排放管

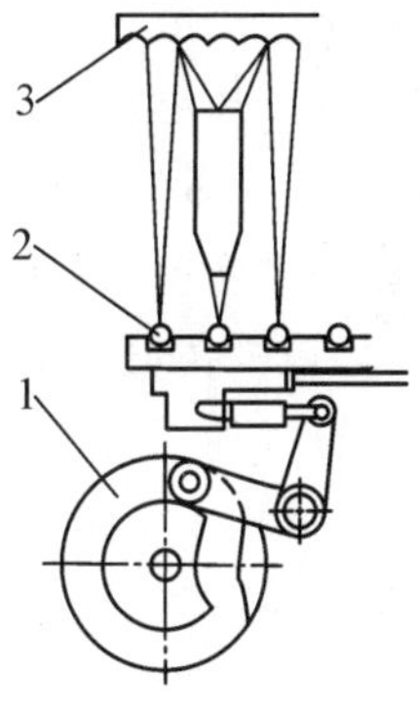

图 2-2-13　跟踪喷射装置

1.凸轮　2.喷头　3.折射板

(七)“晃瓶”机构

由于输瓶没有间隙,所以在输送过程中,瓶子一般靠向瓶套的某一侧,商标易被夹在瓶罩与瓶外壁之间而躲过喷洗,晃瓶机构可以避免此现象。当瓶子通过“晃瓶”机构时,瓶子在瓶罩内晃动了几下,这时瓶与瓶套脱开几次,而喷头将不失时机地用强有力的洗液喷射,将其中的商标及脏物冲掉。此处的喷射头也有一个和瓶子的同步运动。

四、三片罐空罐清洗机

三片罐空罐清洗机是饮料灌装线上与灌装机配套使用的空罐清洗设备，可以清洗能用磁力进行输送的空罐。主要应用于镀锡薄钢板制成的空罐在装料前的清洗。该设备为一箱式结构，主要由磁力输送机、清洗喷嘴、进出罐圆盘及传动系统和机架箱体等组成，其结构见图 2-2-14。

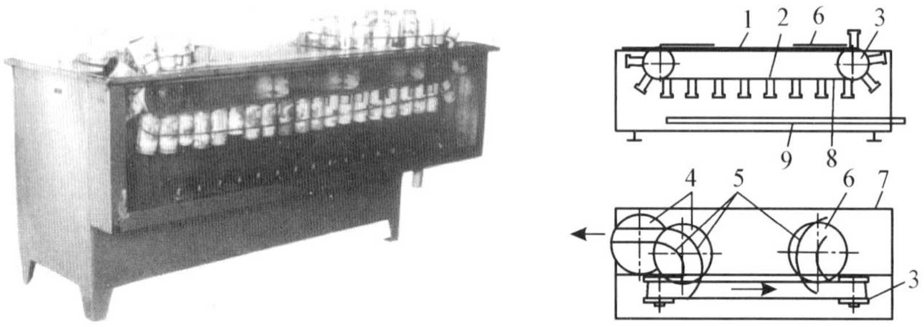

(a)　　(b)

图 2-2-14　三片罐空罐清洗机

(a)外形图　(b)原理图

1.托板　2.磁铁板　3.磁性转鼓　4.出罐圆盘　5.空罐导向板　6.进罐圆盘　7.机架箱体　8.尼龙带　9.喷水管

该设备主体为磁力输送机，由尼龙带和两个磁性转鼓构成，尼龙带在转鼓上张紧，输送机上部设有承托尼龙带的托板，下部有一与尼龙带等宽的磁铁板，紧贴尼龙带的内表面，托板和磁铁板均固定在箱体的侧面。

清洗时，待洗空罐由进罐圆盘经导向板导向，进入磁力输送机的尼龙带上，并随带移动，当空罐到达右边磁性转鼓时，即被磁力吸在尼龙带上绕转鼓移动，当空罐带转至下方时，由于磁铁板的作用，仍被吸在尼龙带的下表面随带一起由右至左移动。此时喷嘴对着罐口喷水，冲洗空罐内部。当罐被输送到左边转鼓上方时，由导向板、出罐圆盘拨出进至灌装机前方的输进机上，以待装罐。冲洗水由箱体收集、排出。

磁力输送机由传动系统驱动运行，通过电子调速开关控制电动机运转速度可调节其运行速度，以便与后面的灌装机速度一致。

五、与食品相接触的设备表面、管道的清洗机械与设备

与食品相接触的设备表面、管道的清洗机械与设备在食品生产过程中，对有关设备的清洗是必要的。传统的清洗方法是将有关设备部分或全部拆卸后进行清洗，然后再重新安装好投入使用。随着食品生产机械向大型化和自动化的发展，机械装置越来越复杂，管道亦随之增加，机械装置的清洗量大为增加。为了减轻劳动强度，现在广泛地使用 CIP 清洗系统(图 2-2-15)。

图 2-2-15　CIP 清洗系统

(一)CIP 的定义及特点

CIP 是 cleaning in place 的简称。乳业辞典将其定义为:“不用拆开或移动装置,即可用高温、高浓度的洗涤液,对装置加以强力的作用,把与食品的接触面洗净的方法”。即 CIP 清洗设备(罐体、管道、泵等)及整个生产线在无须人工拆开或打开的前提下,在闭合的回路中进行循环清洗、消毒。原位清洗简称 CIP,又称在位清洗或自动清洗。适用于与流体物料直接接触的槽、罐、管道等的清洗,目前,CIP 清洗系统已广泛应用于饮料、乳品、果汁、酒类等机械化程度较高的食品生产企业中。

CIP 能保证一定的清洗效果,提高产品的安全性;节约操作时间,提高效率;节约劳动力,保障操作安全;节约水、蒸汽等能源,减少洗涤剂用量;生产设备可实现大型化,自动化水平高;延长生产设备的使用寿命。

CIP 清洗系统的特点如下:

(1)CIP 清洗系统的经济运行成本低,结构紧凑,占地面积小,安装、维护方便,能有效地对缸罐容器及管道等生产设备进行就地清洗,其整个清洗过程均在密闭的生产设备、缸罐容器和管道中运行,从而大大减少了二次污染机会,即清洗效率高。

(2)卫生水平稳定。

(3)操作安全、节省劳动力。

(4)节约清洗剂、水、蒸汽等的用量。

(5)全自动 CIP,能对清洗液进行自动检测、加液、排放、显示与调整,其运行可靠,自动化程度高,操作简单,清洗效果好,因而更符合现代大规模流体药品、食品加工工艺的卫生要求及生产环境要求。

(二)CIP 装置的组成部分

CIP 运作时,所有与物料接触的部件都要进入 CIP 循环系统,其流程如图 2-2-16 所示。为了保证清洗效果,CIP 应具有一定的洗净能。洗净能有运动能、热能、化学能,此外在同一条件下,洗涤时间越长则洗涤效果越好。运动能来自洗液的循环流动。运动能的大小是以雷诺数(Re)来衡量的。增大雷诺数,可缩短洗净时间。热能来自洗液的温度。温度升高,可增大污物与洗涤剂溶液的化学反应速度,增大污物中可溶物质的溶解量。化学能来自洗液的化学性质。化学能为三种洗净能中洗净效果最大的一种。所以,应针对污物的性质和量、水质、设备材料和清洗方法等选用合适的洗涤剂。

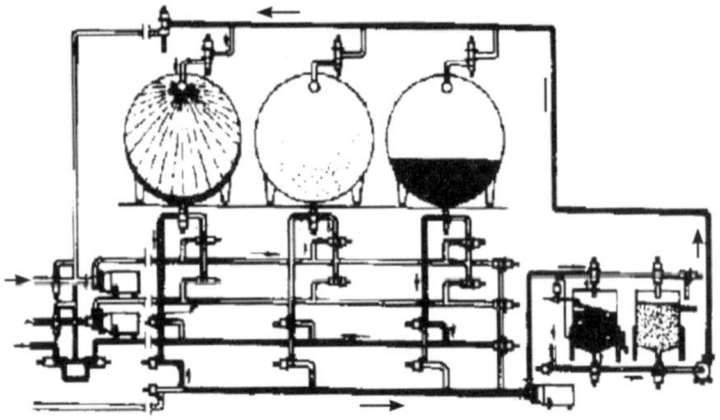

图 2-2-16　CIP 清洗系统流程图

CIP 清洗系统主要由以下几部分组成:

(1)管道　除了被清洗的物料管道作为其中的循环管道外,需要另设清洗管道。这些管道的内表面光滑、接缝处无龟裂和凹陷。

(2)清洗装置　包括贮槽、泵、阀、程序控制器等。

(3)贮槽　配制、贮存洗涤剂液的容器,需要控制洗涤剂液的浓度和温度。若有回收装置,可用来作为洗涤剂循环、回收液贮存容器,这样可节约用水、蒸汽、洗涤剂的量。

(4)泵　动力源,一般用不锈钢类耐腐蚀材料制造的离心泵,泵的功率由 CIP 装置所装的全水量和被清洗物的流量决定。

(5)阀　控制洗涤剂液流向。流通处理液的管线则需用卫生阀。

(6)程序控制器　自动控制各洗涤工序的时间、洗涤温度等。

(7)喷雾装置　对槽罐类容器的清洗,宜采用喷头的喷雾清洗方式。喷头的大小及数量由被清洗容器的形状及容积决定。喷头的类型有旋转式和固定式,其中旋转式喷头的使用较为广泛。

任务三　筛分机械

一、概述

用筛面将颗粒大小不同的物料分成若干级别的操作称为筛分。用于筛分物料的机械称为筛分机械。筛分机械种类很多,按其运动方式,分为摇动筛、振动筛和回转筛等几种。

(一)筛分的基本知识

筛分效率是评价筛分操作质量好坏的指标。它是指筛分时实际筛下的筛下级别物料质量与原物料含同一级别物料质量之比,用下式计算:

$$\eta=\frac{a(b-c)}{b(a-c)}\times 100\% \tag{2-3-1}$$

式中,η—筛分效率,%;

a—筛下料中小于筛孔尺寸的筛下级别物料含量,%;

b—原物料中小于筛孔尺寸的筛下级别物料含量,%;

c—筛上料中小于筛孔尺寸的筛下级别物料含量,%。

在正常操作下,筛面没有破损,物料中的筛上级别部分不会漏入筛下料中,故有 $\alpha=100\%$,这样,式(2-3-1)成为:

$$\eta=\frac{100(b-c)}{b(100-c)}\times 100\% \tag{2-3-2}$$

实际计算时,只要在筛分原料和筛上料中分别取样,精确测定其筛下级别的含量,代入式(2-3-2)即可算出筛分效率。

例如:已知原始给料中应通过第一级筛孔的物料含量为 65%,仍留在筛面上应通过筛孔而未通过筛孔的占筛面物料量的 10%,其余已过筛,问第一级的分级效率?

这里 $b=65\%$,$c=10\%$,故:

$$\eta=\frac{100\times(b-c)}{b\times(100-c)}\times 100\%=\frac{100\times(65-10)}{65\times(100-10)}\times 100\%=94\%$$

(二)筛面组合

筛面组合可以将各种粒度的混合物通过筛分分成若干个粒级,或提高总的筛分效率。在筛分机械中,常见的筛面组合方式有:筛余物法,筛过物法和混合法三种形式。

(1)筛余物法　筛余物法如图 2-3-1a 所示。将前道筛面的筛余物送至后道筛面再筛,图中所示筛分产品从Ⅰ到Ⅳ依次渐粗,这种筛面组合的特点是先提细粒后提粗粒。它的优点是粗粒料的筛分路线长,筛面的检查、清理、维护方便。缺点是所有大粒物料要从每层筛面流过,不但筛面易磨损,而且多数粗物料阻碍细粒料接触筛孔,降低筛分效率。

(2)筛过物法　筛过物法如图 2-3-1b 所示。将前道筛面的筛过物送至下道筛面再筛。筛分产品从Ⅰ到Ⅳ依次渐细,先提粗粒后提细粒。它的优点是使筛面的负荷减轻,有助于提高筛分效率,同时筛面配置空间较紧凑。

(3)混合法　混合法如图 2-3-1c 所示。这种方法综合了前两种方法的优点,因此流程可以灵活多变。不同的筛分物料,都要根据其物料的具体特点,粗细粒的含量以及筛分的要求,来确定筛面的组合方式。

(三)开孔率(筛面利用系数、筛孔系数)

开孔率即筛面利用系数,是指整个筛面上筛孔所占的面积与总面积之比。

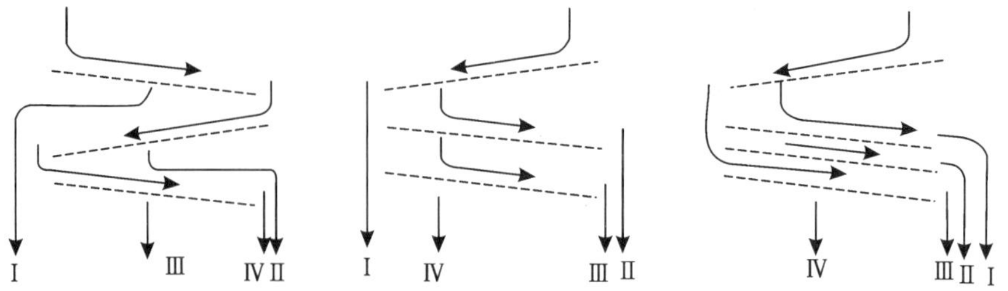

图 2-3-1 筛面的组合

(a)筛余物法 (b)筛过物法 (c)混合法

例如：对于编织筛有：

$$K=\frac{b^2}{(b+d)^2}\times 100\% \tag{2-3-3}$$

式中，K—开孔率，%；

b—孔边长，mm；

d—编织丝直径，mm。

(四)物料穿过筛孔的概率

对于前者以编织面为例，直径为 D 的颗粒在筛面上通过筛孔的可能性仅为

$$K=\frac{(b-D)^2}{(b+d)^2}\times 100\% \tag{2-3-4}$$

当 D 越接近孔尺寸 b 时(图 2-3-1)筛过的可能性越是大幅度降低。一般可将超过筛孔 0.8～1.0 的粒度级称为难筛颗粒。

当颗粒虽为筛下级别，但它与筛面的相对运动速度达到一定值以上时，则完全没有通过筛孔的机会。

(五)影响筛分效率的因素

(1)筛面上物料层厚度　料层越薄，筛下颗粒通过此层的时间越短，每一颗粒接触到筛孔的机会越多，筛分效率就越高。

(2)筛下颗粒百分含量、颗粒级配和形状　筛下颗粒的百分数越高，物料被筛落的速度越快，料层减薄的越快，筛分效率就越高。筛下颗粒中粒度小于筛孔直径 3/4 的易筛粒越多，难筛粒越少，筛分效率就越高。球形颗粒比扁平、不规则的颗粒容易筛落。若颗粒过于细微，由于凝聚力、附着力作用，筛分效率很低。

(3)物料含水量　物料不够干时，粉状颗粒受凝聚力、附着力作用，易结成团堵塞筛孔，筛分效率大降。但当含水量超过一定值时，使干粉料变为湿泥浆而达到湿筛条件时，筛分效率便超过干筛。

此外，筛孔形状、筛面种类、筛分机械的运动方式、加料量的多少及均匀程度也直接影响筛分效率。

（六）筛面

用于筛分操作的筛面，按其构造不同分为三种，即栅筛、板筛和编织筛。

1. 栅筛

栅筛由许多钢质棒组成，中间穿以若干根带螺栓的钢条（图 2-3-2），在栅棒之间套上一定尺寸的支隔横管，以保持栅棒间的间隙大小，栅筛结构简单，通常用于物料的去杂粗筛。

2. 板筛

板筛是由薄钢板冲孔制成的，如图 2-3-3 所示。薄钢板的厚度常为 0.5～1.5 mm，孔的形状有圆形、长圆形和方形等几种。筛孔最好是上小下大。稍呈锥形，这样可以减少堵塞。圆孔是按颗粒的宽度进行分级，长孔是按颗粒的厚度分级，也有时采用三角形孔或异形孔。

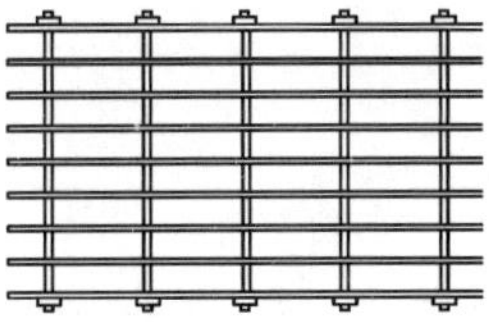
图 2-3-2　栅筛

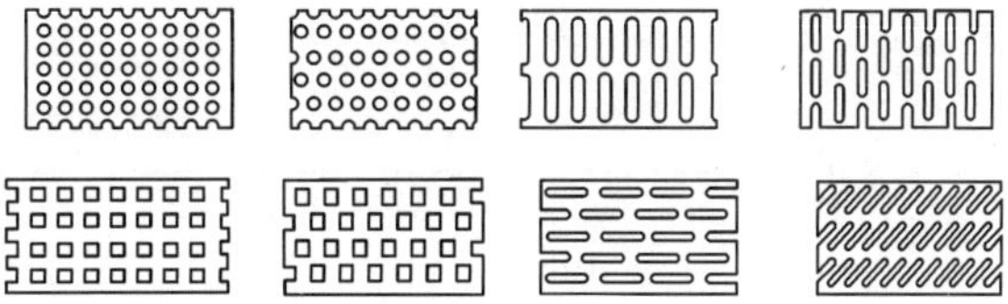
图 2-3-3　板筛面筛孔的排列

筛孔最好是上小下大。稍呈锥形，这样可以减少堵塞。筛孔多采用交错排列，以提高筛分效率。板筛的优点为孔眼固定不变，分级准确，同时坚固、刚硬，使用期限长。

筛面的筛分效率与孔眼的形状、间距和排列有密切关系，即影响筛分效率的不仅是筛面的开孔率，筛孔的排列也影响到颗粒接触和穿过筛孔的机会。

3. 金属丝编织筛面

金属丝编织筛面由金属丝编织而成，亦称筛网。制作筛丝的材料要耐腐蚀，有较好的强度和柔软性，常用的有低碳镀锌钢丝（可用于负荷不大、磨损不严重的筛分设备）、高碳钢丝和合金弹簧钢丝（抗拉强度高，延伸率小，可用于较大负荷的筛分设备）、不锈钢丝和有色金属编织的筛网（可以用于高水分物料）等。编织筛网通常为方孔，或矩形孔，小的可到 300 目以上。

编织筛网通常为方孔，或矩形孔，孔径尺寸大的可在 25 mm 以上，孔径小的可到 300 目以上（目是英制中表示孔密度的规格，300 目就是每英寸长度有 300 孔）。一般 120 目以下的金属丝编织的筛网可以用平纹织法，超过 120 目就必须用斜纹织法，如图 2-3-4 所示。编织筛网不仅用于粉粒料筛分，也常用于过滤作业。编织筛的优点是轻便价廉，筛面利用系数大，同时由于筛丝的交叠表面凹凸不平，有利于物料的离析，颗粒通过能力强。主要缺点是刚度、强度差，易于变形破裂，只适用于负荷不太大的场合。使用编织筛时，周围还需有张紧结构。

图 2-3-4　编织筛

4. 绢筛面

绢筛面由绢丝织成，或称筛绢，主要用于粉料的筛分，在面粉工业中粉筛用量最大。由于绢丝光滑柔软，所以在筛面中极易移动而改变筛孔尺寸，使用时必须用大框架绷紧，较大孔的绢筛面都用绞织。筛绢的材料为蚕丝或锦纶丝，也可用两种材料混织。

（七）筛制

板筛和编织筛的规格称为筛制。筛网规格的表示方法有两种：一种以每英寸长度内的筛孔数表示，称为网目数，简称网目，以 M 表示；另一种以每厘米长度内的筛孔数表示，称为筛网的号数，简称筛号，以 N 表示。两者之间有如下近似关系：

$$N = \frac{M}{2.54} \tag{2-3-5}$$

表 2-3-1 为编织筛部分筛制。

表 2-3-1　编织筛的部分筛制

mm

筛号	德国筛制(DIN-1171)		泰勒筛制	
	筛孔边长	每平方厘米筛孔数	网目数	筛孔边长
1	6	1	10	1.651
2	3	4	12	1.397
3	2	9	14	1.163
4	1.5	16	16	0.991
5	1.2	25	20	0.883
6	1.02	36	24	0.701
8	0.75	64	28	0.589
10	0.6	100	32	0.495
11	0.54	121	35	0.417
12	0.49	144	42	0.351
14	0.43	196	48	0.295
16	0.385	256	60	0.246
20	0.3	400	65	0.208
24	0.25	576	80	0.175
30	0.2	900	100	0.147
40	0.15	1 600	115	0.127

（八）筛面运动形式

筛分机械工作过程的基础是物料与筛面的相对运动。对于固定筛面而言，则需要物料具有初始速度或是借重力产生的速度。对于大多数筛分机械而言，则需要借筛面运动的速度和加速度来产生物料与筛面的相对速度，如图 2-3-5 所示的各种筛面的运动方式。

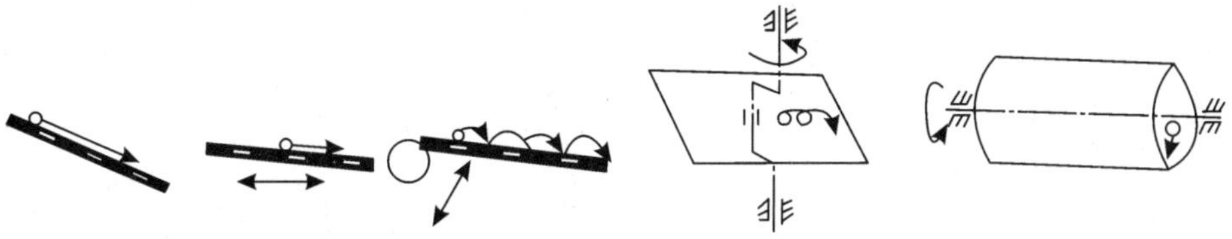

图 2-3-5 筛面基本运动形式

(a)静止倾斜筛面 (b)往复振动筛面 (c)高速振动筛面 (d)平面回转筛面 (e)滚动旋转筛面

二、摇动筛

(一)概述

摇动筛的工作原理是在重力、惯性力和物料与筛面之间的摩擦力作用下，物料与筛面之间产生不对称的相对运动而进行连续筛分。按筛面的运动规律不同，摇动筛可分为直线摇动筛、平面摇晃筛和差动筛。

图 2-3-6 为直线摇动筛示意图。直线摇动筛的筛面基本上作直线运动，它有一个长方形的筛框，筛面固定在筛框上，筛框用拉杆悬挂或用滚轮支承。筛框和筛面由偏心轮机构带动作往复运动。物料由筛面的一端加入，筛面下面有容器承接筛下的物料，不能过筛的物料即由筛面的另一端卸出。筛面一般倾斜安装，也有水平安装的（如差动筛）。筛面倾角通常为10°～20°，如为湿法筛分可减少至 5°～10°。筛面宽度为 0.5～3 m，长度为 1.5～8 m。如果是干法筛分，则整个筛框要用防尘罩封闭起来，以免操作时粉尘飞扬，影响环境卫生。

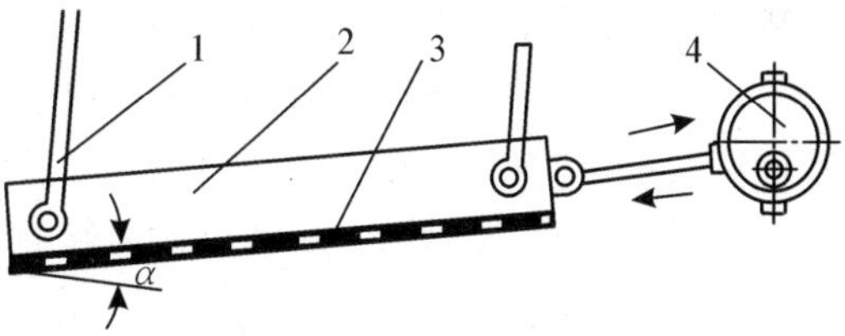

图 2-3-6 直线摇动筛

1. 拉杆 2. 筛框 3. 筛面 4. 偏心轮机构

摇动筛的筛子结构主要有三种形式：一种为钢条制成的；一种是金属丝或丝线编织的；一种是冲钻孔的薄金属板。食品工厂常用最后一种形式。为了减少筛孔被堵塞，常将筛孔做成圆锥形，孔由上向下逐渐增大，其圆锥角以 70°为宜。

平面摇晃筛的构造与直线摇动筛类似，如图 2-3-7 所示。它与直线摇动筛的主要差别是平面摇晃筛将筛框的一端直接连在偏心轮上。筛面作复杂的平面运动，在与偏心轮连接的一端，运动时有较大的垂直位移。

差动筛是根据筛面上物料进退运动的不同特征而得名的，其构造如图 2-3-8 所示，筛框装在数个斜立的弹性支杆上，弹性支杆用角钢固定在筛框和底座之间，偏心轮机构使筛框水平运动。虽然筛面是水平放置的，但由于筛框的运动方向与筛面成一定角度，筛面上物料的前进和后退有不同的加速度，从而使筛面上的物料与筛面之间有不对称的相对运动，使筛上物料能够移到筛面的另一侧卸出。

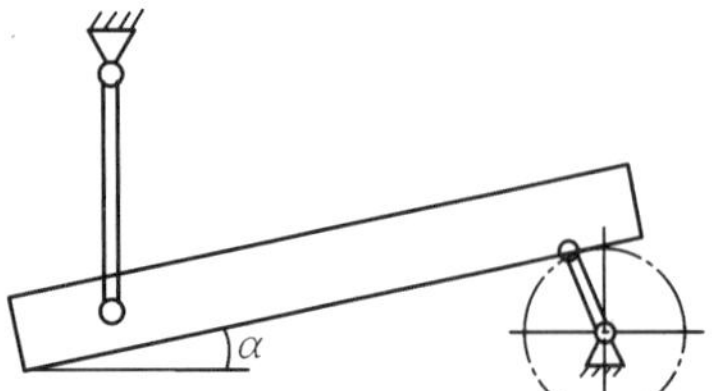

图 2-3-7　平面摇晃筛

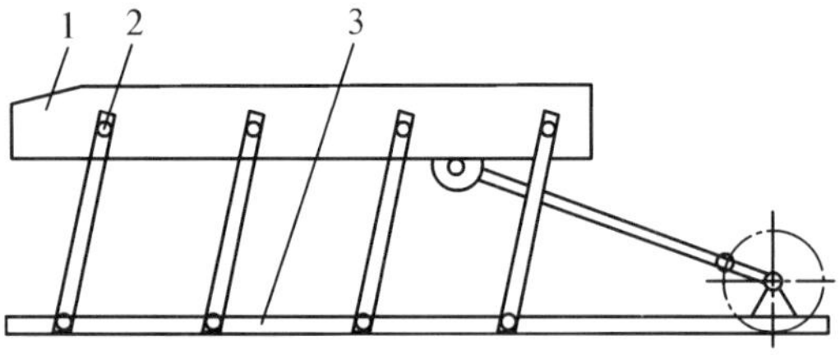

图 2-3-8　差动筛

1. 筛框　2. 弹性支杆　3. 底座

(二)摇动筛的特点

由于摇动筛的筛面是平面的，因而全部筛面都在工作，制造和安装都比较容易，结构简单、调换筛面十分方便，适用于多种物料的分级。但是其动力平衡较差，运行时连杆机构易损坏，噪声较大。

摇动筛与振动筛的区别：摇动筛又称摆动筛，在食品工厂中常称为振动筛。从物料在筛面上受力来看，摆动筛与振动筛是不一样的。摆动筛是以往复运动为主，而以振动为辅，摆动次数在 600 次/min 以下。振动筛在选矿和粮食筛选中，常是一次筛分产品，物料在筛面上是剧烈跳动的，是以振动为主，其振动次数为 800～1 500 次/min。

物料运动特性：物料正向移动速度快，显然可使物料层处于较薄状态，从而增加过筛机会，若该速度过快，就需要较长的筛面，否则，就会造成来不及过筛的物料进入另一级中。另外，由于料层太薄，物料在筛面上跳动过大而影响过筛机会。

(三)摇动筛主要参数的确定

(1)生产能力

$$Q=3\ 600Bhv\eta \tag{2-3-6}$$

式中，Q—生产能力，t/h；

B—筛面宽度，m；

h—在给料处筛面上料的厚度，m；

v—筛面上料层移动速度，m/s；

η—物料的容积密度，t/m^3。

筛面单位流量主要与物料在筛面上的流速有关，流量不能过大。因此，要提高 Q，只能增大 B，但筛宽和筛长有一定比例，B 过大其结构庞大，不便操作，物料也不容易沿筛宽均匀散落，筛宽一般在 600～1 200 mm 内选取。

(2)功率

$$P=\frac{1.83mn^3r^2}{\eta}\times10^{-7} \tag{2-3-7}$$

式中，P—筛机需要的功率，kW；

m—筛机的重量，kg；

n—偏心轴的转速，r/min；

r—偏心轴的偏心距，m；

η—机械效率，一般可取 $\eta=0.7$。

(四)摇动筛工作注意事项

由于摇动筛采用偏心曲轴连杆机构传动，筛体往复运动时是变速运动，由于加速度的影响，使筛体产生的惯性力很大，若不采取平衡措施，就会造成筛体发生振动和噪声，以致影响部件的使用寿命。

要使筛体不发生剧烈振动或减少振动，必须做到：

(1)筛体的左右吊杆长短要一致(因有倾角存在，故前后不一致)，同时任何一根都不得扭曲、变形。

(2)保证筛面张紧和安装平整，筛体不得向两侧倾斜。

(3)偏心机构和连杆应与筛体的长轴线方向一致，不得有偏差与扭曲，更换偏心套时要成对更换。

(4)偏心轴套与传动轴必须紧密配合，不得松动。偏心轴套在轴壳内滑动而不发生晃动，轴壳与连杆连接处必须紧密平整，并且在同一中心轴线上。

三、振动筛

(一)概述

振动筛是由筛机产生高频振动而实现筛分操作的。由于振动筛筛面具有强烈的高频振动，筛孔几乎完全不会被物料堵塞，故筛分效率高，生产能力大，筛面利用率高。振动筛结构也简单，占地面积小，重量轻，动力消耗省，价格低，应用范围较广，特别适用于细粒物料和浆料的筛分操作。应用较多的是惯性振动筛、偏心振动筛和电磁振动筛。下面介绍惯性振动筛。

图 2-3-9 为惯性振动筛示意图。筛框安装在弹簧上，带有圆盘的主轴由安装在筛框上的一对轴承座支承，圆盘共有两只，其上装有偏重，构成筛机的振动器。当主轴旋转时，由于离心力的作用，使整个传动机构随筛框一起振动，从而使物料在筛面上产生剧烈的相对运动，实现筛分目的。

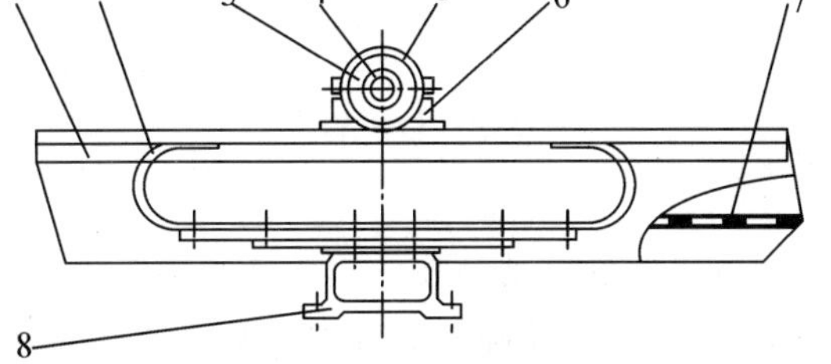

图 2-3-9 惯性振动筛

1.筛框 2.弹簧 3.圆盘 4.主轴 5.偏重 6.轴承座 7.筛面 8.机座

图 2-3-10 所示为筛分料浆用的圆形惯性振动筛。筛框和振动器装在筛架上，筛架由橡胶立柱支承并与电动机一同装在机架上；电动机经由 V 带带动振动器旋转。筛网张紧在筛框的下面。操作时，由于振动器的离心力作用，筛架产生高频振动。料浆从筛框上面加入，筛下料通过筛网后进入集浆料斗，留在筛面上的筛上料则定期用人工清除或停机后取出筛框用水冲洗。

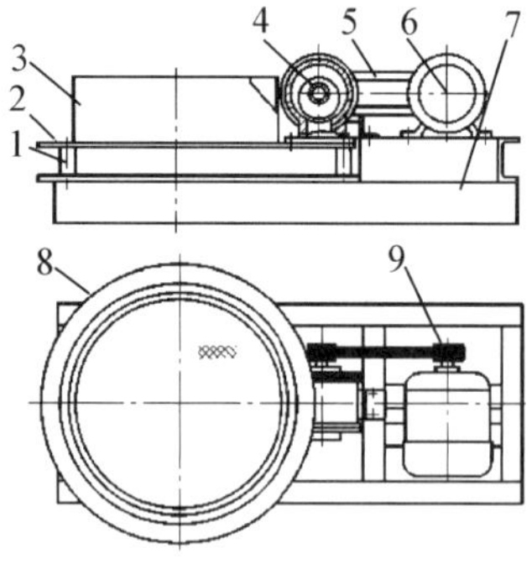

图 2-3-10　圆形惯性振动筛

1. 橡胶立柱　2. 筛架　3. 筛框　4. 振动器　5. 带　6. 电动机　7. 机架　8. 筛网　9. 带轮

图 2-3-11 为另一种圆形振动筛——双锤振动筛的示意图。双锤振动筛适合于粉料的筛分，其结构及工作原理是：电动机与支架、底座连接成为一个整体，筛框装在底座上面，两者之间用夹子夹紧，使框架的装卸比较方便。底座通过弹簧支承在机座上。在电动机两端的轴承上装有两个偏心块，两偏心块之间的夹角可以调节。筛网张紧在筛框的下面。当电动机旋转时，在偏心块产生的离心力作用下，电动机连同支架，底座、筛框和筛网等均作高频振动。物料从筛框上面加入，通过筛网的物料从细料出料管排出，未能过筛的粗粒物料则从粗料出料管卸出。调节两偏心块之间的夹角，可以改变物料在筛面上的运动规律。这种振动筛运动平稳、噪声小，因此应用广泛。

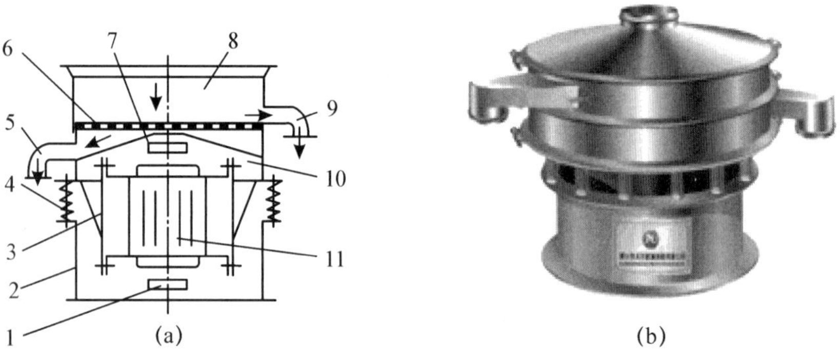

图 2-3-11　双锤振动筛

(a)结构图　(b)外形图

1. 下偏心块　2. 机座　3. 支架　4. 支承弹簧　5. 细料出口　6. 筛网　7. 上偏心块　8. 筛框　9. 粗料出口　10. 底座　11. 电动机

(二)操作要点及注意事项

刚安装的新筛和长期搁置未用的振动筛在使用前必须检验电动机的绝缘是否良好。

筛网一定要在筛框上均匀地张紧，使筛网能和筛框以相同的频率和振幅振动而不发生抖动和筛网的局部下垂，这样可保证良好的筛分效果，同时又可延长筛网的使用寿命。要随时清除筛网上的杂物，下班前要将筛网清理干净。经常检查筛网，发现筛网变形及破损应及时修整、更换。

注意进口处物料的分布，尽量减小物料对筛网的冲击，延长筛网使用寿命。

振动筛常见故障及排除方法见表 2-3-2。

表 2-3-2 振动筛常见故障及排除方法

故障现象	产生原因	排除方法
振动频率明显下降	传动带损坏；传动带过松	及时更换皮带；张紧传动皮带
筛分湿度明显减慢	筛网太松；筛孔被堵塞	重新均匀地绷紧筛网；清理筛网
不正常噪声和金属撞击声	紧固件松动； 筛框和筛架间橡胶柱和弹簧损坏	检查各部位螺栓加以紧固； 更换弹簧

四、回转筛

回转筛是一种筛面作回转运动的筛分机械。图 2-3-12 是回转筛结构示意图，主轴从转筒中心穿过，并借助轴毂及放射状的辐条与转筒相连。电动机经减速器带动转筒作旋转运动。物料由加料溜管 1 从转筒的一端加入，通过筛孔的筛下料汇集于料斗中，不能过筛的物料则由于筛面的倾斜而沿着筛面向转筒的另一端移动，最后从筛上料卸出溜管 9 卸出。

回转筛的转筒一般为六角棱台形，故俗称六角筛。六角筛的转筒由六块平坦的筛面组成，筛面更换比较方便，筛机主轴水平放置，筛面通常有 4°～7°的倾斜角。

回转筛的优点是操作简单，制造容易，工作平稳。其缺点是筛面利用率低，实际使用面积只占总面积的 12%～17%。在具有相同生产能力的条件下，与其他类型筛机相比，显得庞大笨重，动力消耗大，筛分效率低。

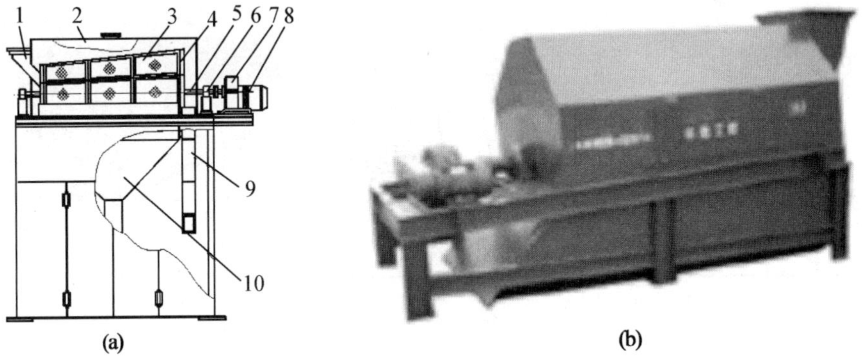

图 2-3-12 回转筛

(a)结构图 (b)外形图

1. 加料溜管 2. 外壳 3. 筛网 4. 回转筒 5. 主轴 6. 轴承 7. 减速器 8. 电动机 9. 筛上料卸出溜管 10. 料斗

任务四　形状分级机械

一、滚筒式分级机

(一)概述

滚筒式形状分级设备的主体是几组滚筒,滚筒上分布有孔眼。工作时滚筒转动,使物料在滚筒内滚转并向出口移动,在移动过程中实现分级。每组滚筒上的孔眼直径不同,后组比前组的孔径大,小于第一组孔的物料从第一组掉出用漏斗收集为一个级别,以下依此类推。这种分组机分级效率较高,目前广泛用于蘑菇和青豆等的分级。

滚筒式形状分级设备如图 2-4-1 所示,其主要构件是圆柱形筒状筛,收集料斗设在滚筒下面,料斗的数目与分级的数目相同。滚筒用厚度为 1.5～2.0 mm 的不锈钢板冲孔后卷成圆柱形筒状筛,为了制造方便,整体滚筒分成几节筒筛,筒筛之间用角钢连接作为加强圈,如用摩擦轮传动,则又作为传动的滚圈。滚筒用托轮支承在机架上,机架用角钢或槽钢焊接而成。收集料斗设在滚筒下面,料斗的数目与分级的数目相同。驱动滚筒转动的方式有摩擦轮式、齿圈式和中心轴式。目前多采用摩擦轮驱动:电动机将动力经减速器、链传动至摩擦轮,摩擦轮装在一根长轴上,滚筒两边均有摩擦轮,并且互相对称,其夹角为 90°。长轴一端(主动轴)与传动系统相连,另一端装有托轮,不与传动系统相连。主动轴带动其上的摩擦轮转动,摩擦轮紧贴滚圈,滚圈固定在转筒上,摩擦轮与滚圈互相间产生的摩擦力驱动滚筒转动。这种传动方式简单可靠,运转平稳。

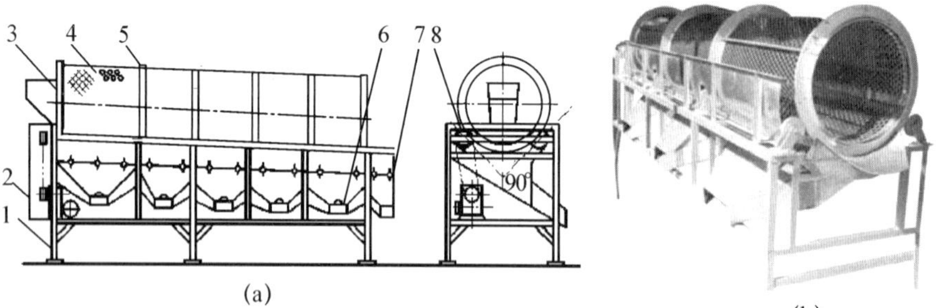

(a)　(b)

图 2-4-1　滚筒式分级机

(a)结构图　(b)外形图

1.机架　2.传动系统　3.进料斗　4.滚筒　5.滚圈　6.收集料斗　7.铰链　8.摩擦轮

物料在滚筒内的移动方式以物料的滚动性不同而异。物料是圆形或近似圆形时,其滚动性好,可将滚筒倾斜安装,使其向出口方向有一倾角,物料在滚动时会向出口处运动。若物料的滚动性差,可靠滚筒内装置的螺旋卷带来实现向出口的移动。

在工作时，滚筒上的小孔往往被原料堵塞而影响分级效果，因此在滚筒外壁安装清筛装置。清筛装置为一木制滚轴，平行于滚筒的中心轴线安装，用弹簧使其压紧在滚筒外壁，可把堵塞在小孔中的原料挤进滚筒中，以提高分级效率。

(二)主要技术参数及操作注意事项

1. 滚筒式分级机的主要性能参数的选取

如果滚筒式分级机的技术参数相互配合不当，使用效果会不好。分级效率也会因为技术参数调整的不同而相差较大。下面是效果较好的一组参数：

滚筒的倾斜角度取 3°～5°；滚筒直径与长度值比 1∶(4～6)；滚筒上的筛孔排列用正三角形排列；滚筒的转速 10～15 r/min，一般不超过 30 r/min；滚筒筛孔直径根据原料情况和分级要求而定。

2. 操作注意事项

(1)滚筒式分级机用摩擦轮传动虽好处很多，但滚圈与摩擦轮之间因摩擦会产生铁屑掉进滚筒里，直接污染产品，设计时必须充分注意这点。

(2)滚筒上面的滚圈或连接圈，目前多用角钢弯制，由于有椭圆度存在，当滚筒转动时会有所跳动，若滚筒此跳动使物料离开筛面的话，将会影响分级效率。因此，改用浇铸滚筒的办法比角钢弯制的办法更为理想。

(3)滚筒内物料升高主要靠滚筒转动和物料对滚筒内壁的摩擦力，因而升角不高，只有 40°～45°。这样，滚筒直径虽大，但其筛面利用率只有 1/8～1/6，其余占滚筒的大部分筛面并没有被利用。若能把升角提高，就能提高筛面利用率，有些厂采取在滚筒中紧贴筛面焊上几根管子的办法，效果较显著。

(4)滚筒式分级机没有不平衡的工作部分，因而工作时很平稳。但其筛孔易堵塞，机器占地面积很大，在同等生产能力时，其尺寸比平筛大得多，金属消耗量颇大，同时对原料的适应性差，因此要调换滚筒很难。

二、滚轴式分级机

滚轴式形状分级设备是按原料直径大小进行分级的设备，主要用于球形体或近似球形的果蔬原料，如苹果、柑橘、番茄和桃子等的分级。该设备分级快而准确，且果蔬损伤小，在大型果蔬加工中应用较为广泛。这种分级机的分级范围大，分级效率高，对于球形或近似球形体的果蔬原料可在直径 50～100 mm 的范围内将其分为五个级别。

滚轴式形状分级机的工作原理及三辊分级原理分别如图 2-4-2 和图 2-4-3 所示，图 2-4-4 为三滚筒式分级机的结构图。全机主要由滚筒、驱动链、链轮、出料输送带、理料辊等组成。一条由横截面带梯形槽的滚筒组成的输送带是该机的分级部分，每两根轴线固定的滚筒之间设有一根可移动的、截面带有同样梯形槽的升降滚筒，此三根滚筒形成菱形分级筛孔，物料就处于此分级筛孔之间。物料进入分级段后，直径小的从此分级筛孔中落下，掉入集料斗中，其余的物料由理料辊排成整齐的单层，由输送带带动继续向前移动。

在分级过程中，各分级机构的升降辊可在特定的导轨上逐渐上升，从而使滚筒之间的

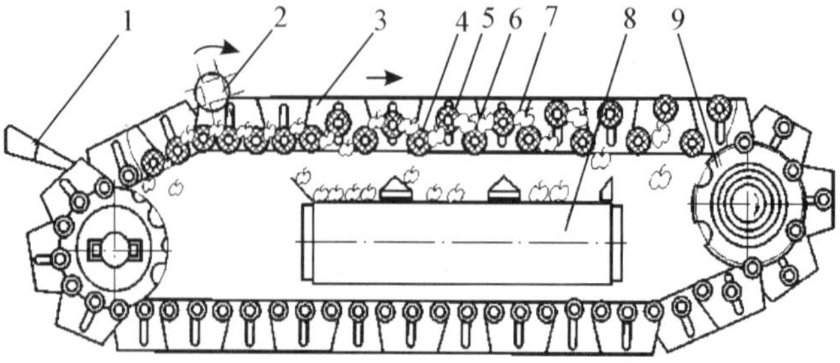

图 2-4-2　滚轴式形状分级机的工作原理

1.进料台　2.理料辊　3.驱动链　4.前辊　5.中间辊(升降辊)
6.后辊　7.物料　8.出料输送带　9.驱动轮

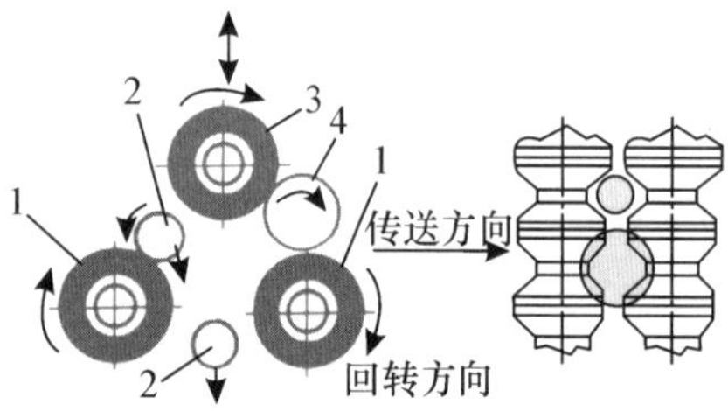

图 2-4-3　三辊分级原理图

1.固定分级辊　2.物料(小)　3.升降辊　4.物料(大)

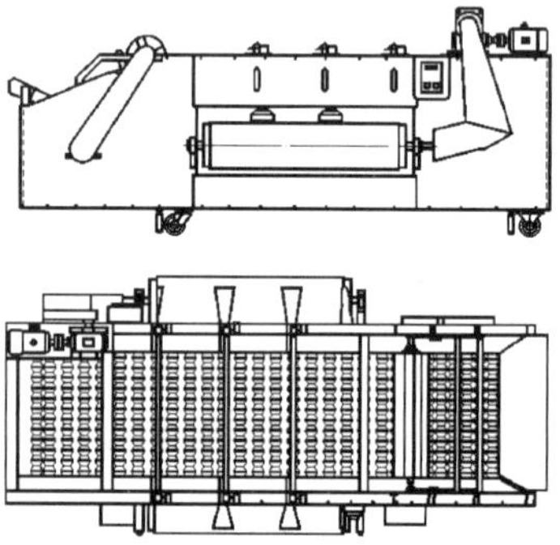

图 2-4-4　三滚筒式分级机示意图

菱形开孔随之逐渐增大。每个开孔内只有一个物料，当物料的外径与开孔大小相适应时，物料就会落下，大于开孔度的物料则停留在滚筒中随滚筒继续向前运动，直到开孔度相适应时才落下；若物料大于最大开孔度时，则随输送带向前运动到末端，再由集料斗收集处理。升降辊在上升到最高位置后，分级结束，此后再逐渐下降到最低位置，再进行回转，循环以上动作。

滚筒在运行中借助其轴端安装的摩擦滚轮导轨滚动而旋转，从而带动开孔中的物料也转动，这样减少了在分级过程中物料的损伤。

当原料的规格改变时，分级机的开孔度需要加以调节，开孔度是通过调节升降辊的距离来获得的。调节升降辊的机构由蜗轮、蜗杆、螺杆以及连杆机构组成。

三、精选机

(一)概述

颗粒形状分级设备主要是对谷物颗粒料(如小麦、大麦等)进行精选和分级，它按颗粒的长度进行分级，可以除去半粒和杂粒等，常用的有滚筒式精选机和碟片式精选机两种。

颗粒形状分级设备的工作原理如图 2-4-5 所示，设备上有袋形的凹孔，设备运转时，颗粒会嵌入袋孔中，不同长度的颗粒由于在袋孔中嵌入的深度不同而被带升的高度不同，短小的颗粒被带升到较高的位置才会落下，因此可以将不同长度的颗粒分级。

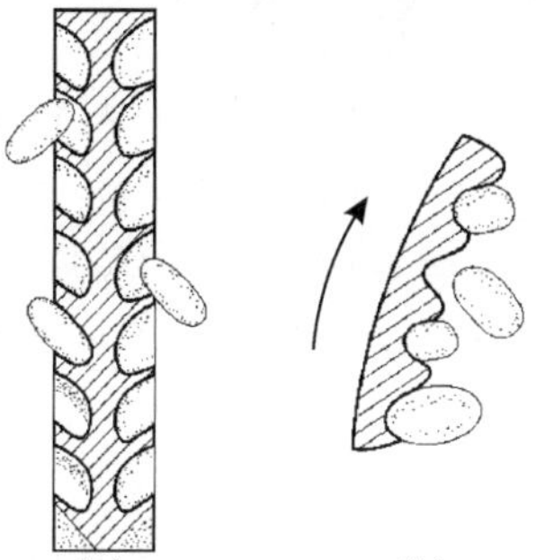

(a)　　(b)

图 2-4-5　精选机工作示意图

(a)碟片式　(b)滚筒式

(二)碟片式精选机

碟片式精选机如图 2-4-6 所示，金属碟片的平面上有许多袋形的凹孔，孔的大小和形式视分级条件而定，例如：从大麦中分离米粒、荞麦、野豌豆，孔洞直径取 6.25～6.5 mm，分离小麦取 8.5 mm。碟片在粮堆中运动时，短小的颗粒嵌入袋孔被带到较高的位置，因此把收集短小颗粒的斜槽放在适当高度的位置上，就能将短小颗粒分离出来。

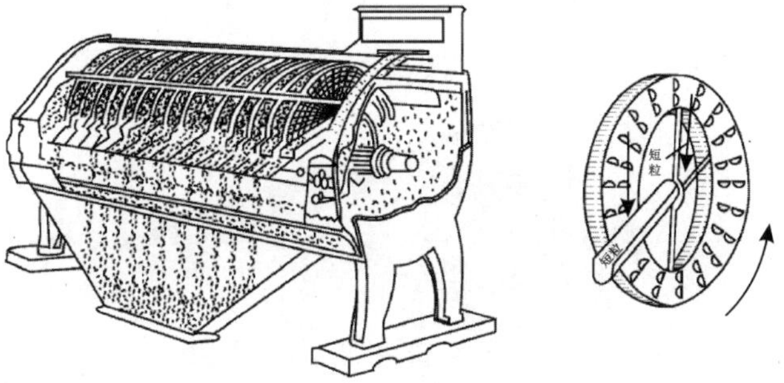

(a)　　(b)

图 2-4-6　碟片式精选机

(a)碟片精选机　(b)工作示意图

碟片式精选机的工作面积大、转速高，故工作效率比较高，而且不同规格的袋孔可设在同一台设备中，以适应除去不同品种杂质的需要，若碟片损坏可以部分更换。其缺点是碟片上的袋孔容易磨损，功率消耗比较大。

表 2-4-1 为两种碟片式精选机的技术特性，供参考。

表 2-4-1　两种碟片式精选机的技术特性

项目	FTTϕ25″×27	FTTϕ25″×23
生产能力/(t/24 h)	140	120
碟片直径/mm	630	630
碟片转速/(r/min)		
除荞麦	55～60	55～60
除燕麦	70～75	70～75
功率/kW	19	15
外形尺寸/mm	2 200×872×853	1 900×872×853

(三)滚筒式精选机

图 2-4-7 所示为滚筒式精选机结构原理图,其工作示意图如图 2-4-8 所示。在筛转圆筒的内表面开有袋孔,长粒的大麦依靠进料位差和滚筒本身的倾斜度,沿滚筒长度方向流动,由另一端流出,而短粒大麦则由于嵌入袋孔的位置较深,被带到较高位置而落入中央槽中,由螺旋输送机排出。根据滚筒转速差别又分为快速滚筒式精选机和慢速滚筒式精选机,两者结构基本相似,但由于高速时使颗粒的离心力增大,中央槽、料槽和螺旋输送机位置应较低速的高;另外,低速滚筒式精选机应与水平呈 5°～10°的倾角,以利于物料向出口处运动,高速滚筒式精选机可接近水平安装。

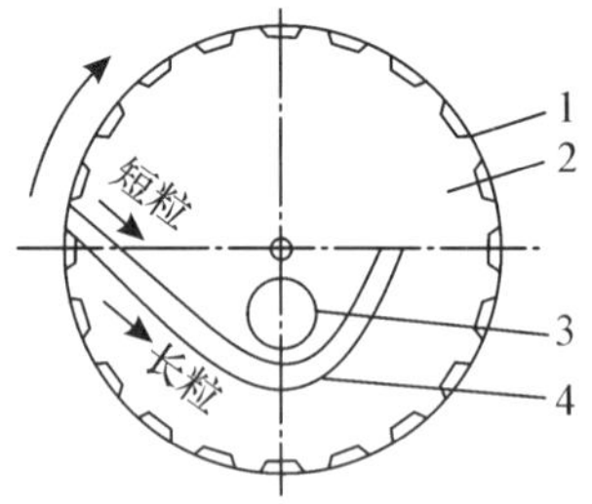

图 2-4-7 滚筒式精选机结构原理图

1.袋孔 2.筛转圆筒 3.螺旋输送机 4.中央槽

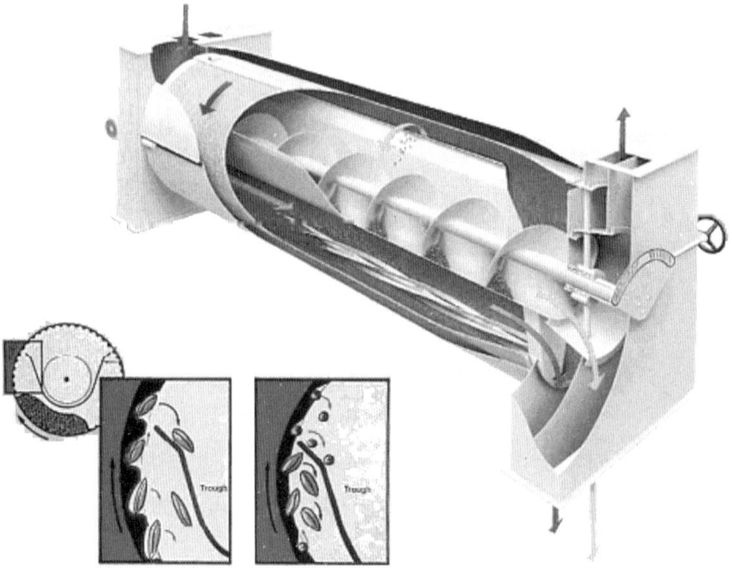

图 2-4-8 滚筒式精选机工作示意图

任务五 其他分选机械

一、色选机

色选机是利用食品物料的光学特性进行无损检测和分选的新型分选机械。食品物料在种植、加工、贮藏、流通等过程中难免会出现缺陷,例如含有异种异色颗粒、变霉变质粒、机械损伤等,然而,常规手段无法对原料或产品的颜色变化进行有效分选。大多依靠眼手配合的人工分选,人工分选生产率低、容易受主观因素的干扰、精确度低。

色选机是利用光电原理,从大量产品中将颜色不正常或感染病虫害的个体(球状、块状或颗粒状)以及外来杂质检测并分离的设备。光电检测和分选技术克服了手工分选的缺点,具有明显的优势:①检测和分选均为非接触性、非破坏性的,既能检测表面品质,又能检测内部品质;②排除了主观因素的影响,对产品进行逐个检测,保证了分选的精确和可靠性;③劳动强度低,自动化程度高,生产成本降低;④机械的适应能力强,通过调节背景光或比色板,即可以处理不同的物料,生产能力大,适应了日益发展的商品市场的需要和工厂化加工的要求。

光电色选机的结构图和原理图分别如图 2-5-1 和图 2-5-2 所示。光电色选机的工作原理是:贮料斗中的物料由振动喂料器送入一系列通道成单行排列,依次落入光电检测室,在电子视镜与比色板之间通过。被选颗粒对光的反射及比色,板的反射在电子视镜中相比较,颜色的差异使电子视镜内部的电压改变,并经放大。如果信号差别超过自动控制水平的预置值,即被存贮延时,随即驱动气阀,高速喷射气流将物料吹送入旁路通道。而合格品流经光电检测室时,检测信号与标准信号差别微小,信号经处理判断为正常,气流喷嘴不动作,物料进入合格品通道。

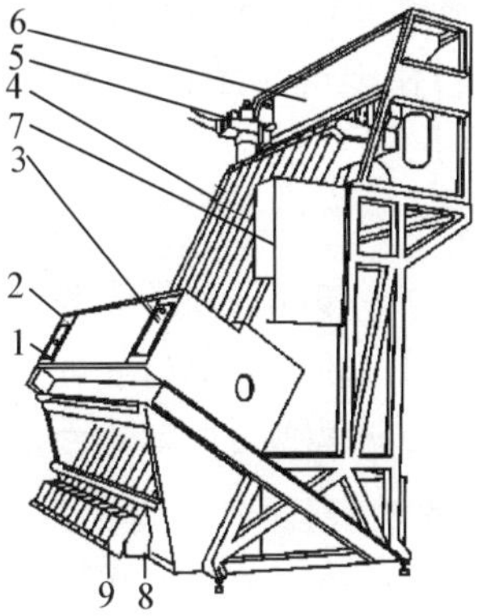

图 2-5-1　色选机结构图

1. 传感器　2. 指示灯　3. 内部控制器　4. 送料滑道　5. 气动控制器　6. 进料斗　7. 控制箱　8. 杂物出口　9. 成品出口

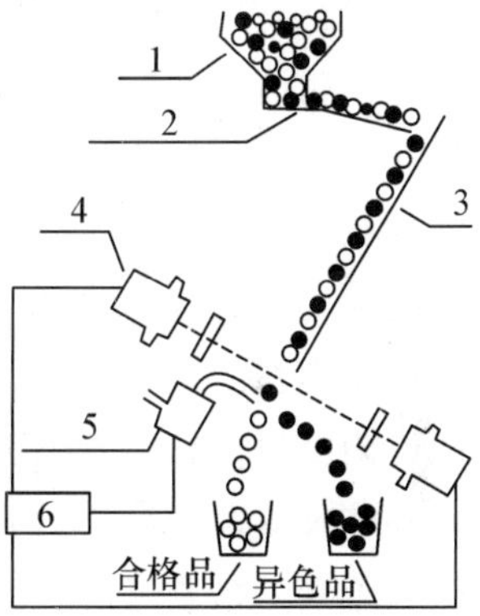

图 2-5-2　色选机原理图

1. 进料斗　2. 振动喂料器　3. 滑槽　4. 光学传感器　5. 高速气流喷嘴　6. 放大器与控制器

光电色选机主要由供料系统、检测系统、信号处理和控制电路及剔除系统四部分组成,如图 2-5-3 所示。

1. 供料系统

供料系统由贮料斗、电磁振动喂料器、斜溜槽(立式)或胶带输送器(卧式)组成。其作用是使被分选的物料按所需速率均匀地排成单列,穿过检测位置并保证能被传感器有效检测。色选机系多管并列设置,生产能力与通道数成正比。

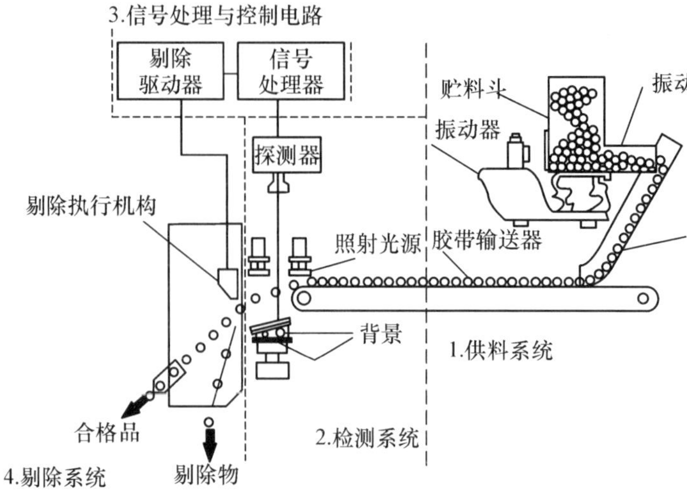

图 2-5-3　光电色选机系统示意图

供料的具体要求是：

(1)计量　对某一种物料，保证每个通道中单位时间内进入检测区物料量均匀一致。

(2)排队　保证物料沿一定轨道一个个按顺序单行排列进入检测位置和分选位置。

(3)匀速　为了保证疵料确实被剔除，物料从检测位置到达分选位置的时间必须为常数，且须与从获得检测信号到发出分选动作的时间相匹配。送料速度可达 4 m/s，检测到分选动作的延时为 0.5～100 m/s，视具体情况而定。

2. 检测系统

检测系统主要由光源、光学组件、比色板、光电探测器、除尘冷却部件和外壳等组成。检测系统的作用是对物料的光学性质(反射、吸收、透射等)进行检测以获得后续信号处理所必需的受检产品的正确品质信息。光源可用红外光、可见光或紫外光，功率要求保持稳定。色选机用光可采用一种波长或两种波长。前者为单色型，只能分辨光的明暗强弱，后者为双色型，能分辨真正的颜色差别。检测区内有粉尘飞扬或积累，影响检测效果，可以采用低压持续风幕或定时地高压喷吹相结合以保持检测区内空气明净、环境清洁，并冷却光源产生的热量，同时还设置自动扫帚随时清扫，防止粉尘积累。

3. 信号处理和控制电路

信号处理控制电路把检测到的电信号进行放大、整形，送到比较判断电路，判断电路中已经设置了参照样品的基准信号。根据比较结果把检测信号区分为合格品和不合格品信号，当发现不合格品时，输出一脉冲给分选装置。

4. 剔除系统

剔除系统接收来自信号处理控制电路的命令，执行分选动作。最常用的方法是高压脉冲气流喷吹。它由空压机、贮气罐、电磁喷射阀等组成。喷吹剔除的关键部件是喷射阀，应尽量减少吹掉一颗不合格品带走的合格品的数量。为了提高色选机的生产能力，喷射阀的开启频率不能太低，因此要求应用轻型的高速高开启频率的喷射阀。

二、密度去石机

重力分选往往在筛选之后进行，可分离按形状分选法所不能分离的一些杂质。重力分选是应用振动和气流作用原理，按物料组成的密度不同进行分选的方法，典型设备是密度去石机（也叫比重去石机）。密度去石机是专门清除密度比粮粒大的并肩石（石子大小类似粮粒）等重杂质的一种装备。

密度去石机的基本结构如图 2-5-4 所示。由进料装置、筛体、风机、传动机构等组成。传动机构常采用曲柄连杆机构和振动电动机两种。进料装置包括进料斗、缓冲匀流板、流量调节装置等。筛体与风机外壳固定连接，风机外壳又与偏心传动机构相连，形成同一振动体。筛体通过吊杆支承在机架上。去石筛面一般用薄钢板冲压成双面突起的鱼鳞形筛孔，筛面向后逐渐变窄，后部称作聚石区，筛面与其上部的圆弧罩构成密度去石机的分拣装置（图 2-5-5），改变圆弧罩内弧形调节板的位置，可改变反向气流方向，以控制石子出口区的含粮粒数。鱼鳞形冲孔去石筛面的孔眼均指向石子运动方向（后上方），对气流进行导向和阻止石子下滑，并不起筛选作用。吹风系统包括风机、导风板、匀风板、进风调节装置等。气流进入风机，经过匀风板、去石筛面，穿过物料后排放到机箱内循环使用。

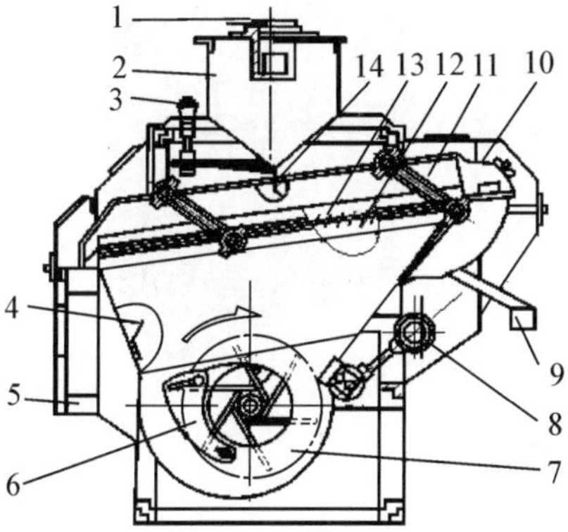

(a)

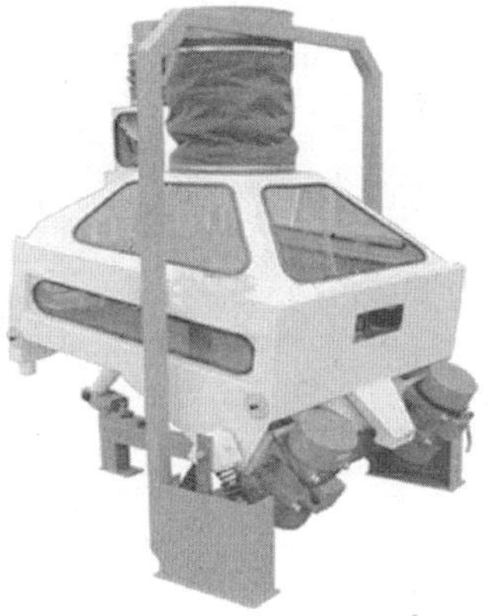
(b)

图 2-5-4　密度去石机

(a)结构图　(b)外形图

1.进料口　2.进料斗　3.进料调节手轮　4.导风板　5.出料口　6.进风调节装置　7.风机　8.偏心传动机构　9.出石口　10.检查装置（精选室）　11.吊杆　12.匀风板　13.去石筛面　14.缓冲匀流板

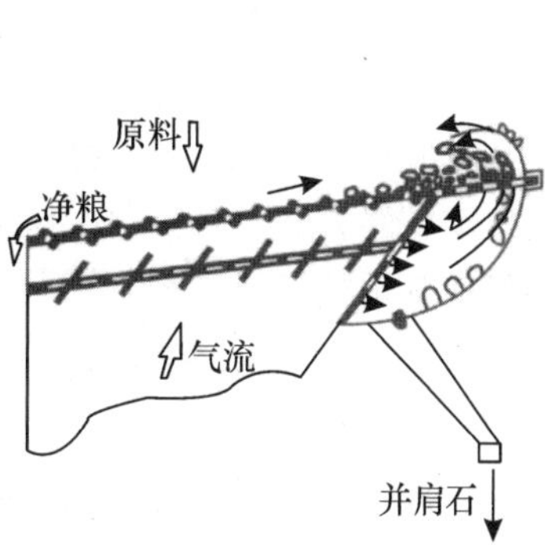

图 2-5-5　密度去石机的分拣装置

密度去石机工作时，物料不断地进入去石筛面的中部，由于物料各成分的密度及空气动力特性不同，在适当的振动和气流作用下，密度较小的谷粒浮在上层，密度较大的石子沉入底层与筛面接触，自动分层。由于自下而上穿过物料的气流作用，使物料之间孔隙度增大，降低了料层间的正压力和摩擦力，物料处于流化状态，促进了物料自动分层。因去石筛面前方略微向下倾斜，上层物料在重力、惯性力和连续进料的推力作用下，以下层物料为滑动面，相对于去石机筛面下经至净粮粒出口。与此同时，石子等杂物逐渐从粮粒中分出进入下层。下层石子及未悬浮的重粮粒在振动及气流作用下沿筛面向后上滑，上层物料也越来越薄，压力减小，下层粮粒又不断进入上层，在达到筛面末端时，下层物料中粮粒已经很少了，在反吹气流的作用下，少量粮粒又被吹回，石子等重物则从排石口排出。

三、磁选机

(一)永磁溜管

永久磁铁装在溜管上边的盖板上，如图 2-5-6 所示，每个盖板上装有两组前后错开的磁铁。工作时，散料从溜管上端流下，磁性物体被磁铁吸住。

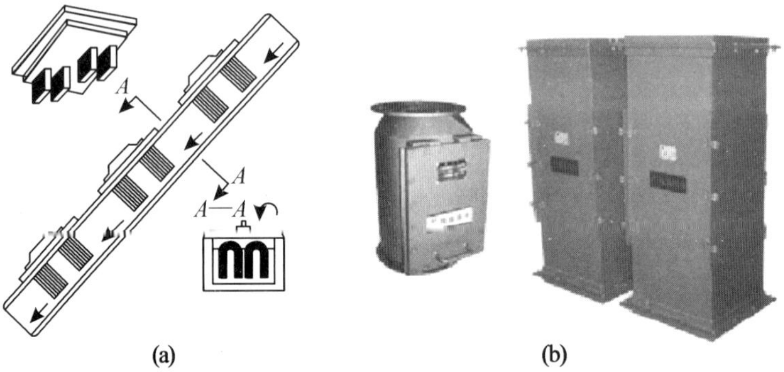

图 2-5-6　永磁溜管

(a)结构图　(b)外形图

(二)永磁滚筒

永磁滚筒主要由进料装置、滚筒、磁芯、机壳和变速机构等组成(图 2-5-7)。磁芯锶钙铁氧体永久磁铁和铁隔板按一定顺序排列成 170°圆弧形，安装在固定的轴上，形成多极头开放磁路。磁芯圆弧表面与滚筒内表面间隙小而均匀(一般小于 2 mm)，滚筒由非磁性材料制成，外表面敷有无毒而耐磨的聚氨酯涂料作保护层，以延长使用寿命。滚筒通过蜗轮蜗杆机构由电动机带动旋转，磁芯固定不动，滚筒重量轻，转动惯量小，滚筒的圆周速度一般为 0.6 m/s 左右能够保证磁选效果。

永磁滚筒通过振动给料器均匀地将料给到分选筒的上部，旋转的筒体把非磁性物料抛离筒体(图 2-5-8)，磁性物料受到强磁场力作用吸向筒体，使用方便，设备处理量大，分离精度高、不堵塞；永磁滚筒结构简单、维护方便，耗电量小，能自动排除磁性杂质，除杂效率高(98%以上)，特别适合于除去粒状物料中的磁性杂质。

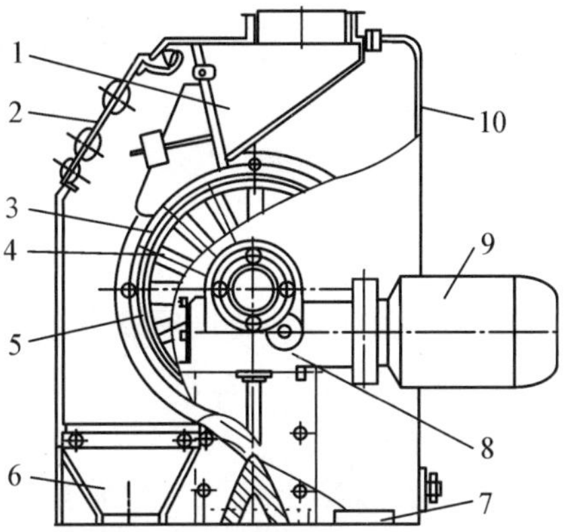

图 2-5-7　永磁滚筒的结构

1.进料斗　2.观察窗　3.滚筒　4.磁芯
5.隔板　6.小麦出口　7.铁杂质收集盒
8.变速结构　9.电动机　10.机壳

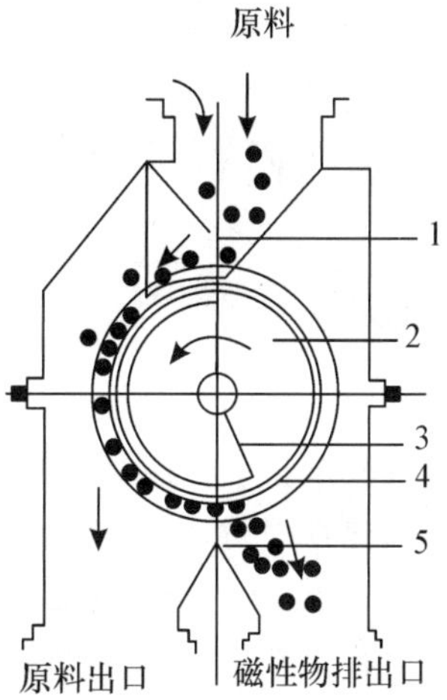

图 2-5-8　永磁滚筒原理图

1.挡板　2.磁性滚筒　3.磁心
4.滚筒隔板　5.刮刷

复习思考题

1.简述洗果机的结构、工作原理及适用对象。
2.滚筒清洗机的清洗原理及影响其生产能力的因素是什么？
3.简述瓶罐清洗设备的种类及各自结构特点。
4.筛面组合的方式及各自特点是什么？
5.振动筛的主要构造及操作注意事项有哪些？
6.简述滚筒分级机、滚轴式分级机、精选机的工作原理。
7.简述比重去石机的结构及工作原理。

实验实训　全自动洗瓶机的观察和维护

一、目的要求

通过实验掌握瓶罐清洗机械的结构，理解瓶罐清洗机械的清洗原理，了解瓶罐清洗机械的操作方法以及基本维护知识。

二、设备与工具

(1)全自动洗瓶机 1 台；

(2)需清洗的瓶子若干。

三、实训内容和方法步骤

(一)观察

(1)观察全自动洗瓶机的整体结构。

(2)观察全自动洗瓶机的进出口位置，在老师指导下观察全自动洗瓶机预浸泡、洗液浸泡、洗液喷射、热水喷射、温水喷射、冷水喷射及净水喷射等区域的位置及次数。

(3)接通电源，并进行试运转。

(4)运转正常后，把要清洗的瓶子由进瓶台送入上瓶装置，观察上瓶装置中瓶托与瓶套的规格形式并理解其进出瓶原理，总结出瓶子先后经过了哪些工序，每道工序的作用是什么。

(5)观察并记录瓶子进出数量，时间间隔，瓶子在各浸泡槽及喷射区停留时间和水温情况。

(6)观察并比较进出口瓶子的清洗程度。

(二)维护保养

(1)洗瓶机在运行期间应注意观察，一旦发现不正常情况立即处理；套筒滚子链，进瓶系统，出瓶系统，回程装置的轴承，每班加润滑脂一次；链盒驱动轴，万向联轴节等每两班加润滑脂一次；各变速箱每季度检查润滑情况一次，每月刷洗喷管，疏通喷嘴，矫正喷嘴位置；每季度对加热器用高压水喷洗一次，对蒸汽管路上污物过滤器和液位探测器清洗一次；每半年检查各种链条张紧器，并及时调整。

(2)要经常注意观察各部位动作是否同步，有无异常响声，各处紧固件有否松脱，液温和液位是否符合要求，水压、气压是否正常，喷嘴及滤网有否堵塞及清洗，轴承温度是否正常，润滑是否良好。一旦发现不正常情况，应及时处理。

(3)应根据气温不同调节浸瓶温，浸瓶的升降温度应平稳，液温与瓶温的温差不要超过35℃，防止瓶爆裂。碱性洗涤液的浸泡温度应控制在65～70℃，不要低于55℃，碱水喷洗的温度不超过75～85℃。每隔2 h左右测碱液浓度1次，使洗涤液浓度保持稳定。

四、实训报告要求

(1)实训报告版面布局合理整洁、叙述严谨、文理通顺、书写简洁、符号标准、图表规范；

(2)对观察到的设备进行分析描述，可用文字描述也可绘图表示；

(3)写出本次实训的心得体会，以及改进的建议；

(4)独立完成实训报告，无抄袭现象。

项目三

切分、分离机械与设备

学习目标

1. 了解常用的膜分离设备、萃取设备及蒸馏设备的用途及工作原理。

2. 理解去皮切分机械与设备的工作原理,能够根据不同的原料来选择相应的切分机械与设备。

3. 掌握常用离心分离机械与设备和过滤机械设备的工作过程。

教学基本内容

1. 去皮切分机械与设备、离心分离机械与设备。

2. 过滤机械与设备、膜分离设备。

3. 萃取设备、蒸馏设备。

任务一　去皮切分机械与设备

水果及块根、块茎类蔬菜的外皮在加工成食品之前,大多需要除去表皮。由于原料的种类不同,皮层与果肉结合的牢固程度不同,以及产品的不同,对原料的去皮要求不同。完成去皮的机械设备为去皮机。

在食品加工过程中,除了要对某些原料进行去皮处理,还需要对原料进行切片、去端、切块、切碎等处理,以适应不同类型食品的质量要求,这个过程要用到切分机械。

一、去皮机

去皮机一般分为两类,一类是用作块根类原料去皮,另一类是用作果蔬去皮。

(一)去皮原理

目前果蔬加工中常用的去皮方法有机械法去皮和化学法去皮。

1. 机械法去皮

机械法去皮应用较广，按去皮原理不同可分为机械切削去皮、机械磨削去皮和机械摩擦去皮。

(1)机械切削去皮　采用锋利的刀片削除表面皮层。去皮速度较快，但不完全，且果肉损失较多，一般需用手工加以修整，难以实现完全机械作业，适用于果大、皮薄、肉质较硬的果蔬。目前苹果、梨等的加工常用机械切削去皮，如旋皮机。在使用旋皮机时，将待去皮的水果插在能旋转的插轴上，利用刃口弯曲的刀在旋轴旋转时，从旋转的水果表面上将皮车去。旋皮机插轴的转动有手摇、脚踏和电动几种动力形式。在旋车去皮之前应有选果工序，以保持水果大小基本一致。

(2)机械磨削去皮　利用覆有磨料的工作面除去表面皮层。可高速作业，易于实现完全机械操作，所得碎皮细小，便于用水或气流清除，但去皮后表面较粗糙，适用于质地坚硬、皮薄、外形整齐的果蔬。如胡萝卜、马铃薯、番薯等。

(3)机械摩擦去皮　利用摩擦系数大、接触面积大的工作构件而产生的摩擦作用使表皮发生撕裂破坏而被去除。所得产品表面质量好，碎皮尺寸大，去皮死角少，但作用强度差，适用于果大、皮薄、皮下组织松散的果蔬，一般需要首先对果蔬进行必要的预处理来弱化皮下组织。常见的机械摩擦去皮机如采用橡胶板作为工作构件的干法去皮机。

2. 化学法去皮

化学法去皮又称碱液去皮。即将果蔬在一定温度的碱液中处理适当的时间，果皮即被腐蚀，取出后，立即用清水冲洗或搓擦，外皮即脱落，并洗去碱液。此法适用于桃、李、杏、梨、苹果等去皮及橘瓣脱囊衣。

(二)典型去皮机

1. 离心擦皮机

离心擦皮机(图 3-1-1)是一种小型间歇式去皮机械。依靠旋转的工作构件驱动物料旋转，使得物料在离心力的作用下，在机器内上下翻滚并与机器构件产生摩擦，从而使物料的皮层被擦离。用擦皮机去皮对物料的组织有较大的损伤，而且其表面粗糙不光滑，一般不适宜整只果蔬罐头的生产，只用于加工生产切片或制酱的原料。常用擦皮机处理胡萝卜、番薯等块根类物料的去皮。擦皮机结构如图 3-1-1a 所示。

工作圆筒 5 内表面带有竖条状粗糙波纹。旋转圆盘 4 上表面为波纹状，波纹由圆盘中心向边缘呈辐射状。圆盘同转轴 3 固连并随轴一同旋转。圆盘 4 下装有两个刮板，随圆盘一起旋转，将擦掉后落入工作圆筒 5 底部的料皮刮入排污口 13 排出。

工作时启动电机 10 通过齿轮 9 及 2 驱动转轴 3，使擦皮旋转圆盘 4 旋转。当物料从加料斗 6 加入机内落到旋转圆盘 4 波纹状表面时，物料被抛起并因离心力抛向圆筒 5 内壁，与粗糙的圆筒内表面摩擦，从而达到去皮的目的。擦下的皮由喷嘴 7 喷出的水冲到圆筒 5 底部，通过刮板从排污口 13 排出。去好皮的物料当舱口门打开时，利用本身的离心力从舱口卸出。卸料口 11 在擦皮机工作中用舱门封住。

装、卸料时，电机都在运转，因此，卸料前必须停止注水，以免卸料时水从舱口溅出。

2. 干法去皮机

干法去皮机用于经碱液或其他方法处理后表面松软的果蔬去皮。所谓干法，并非作业过

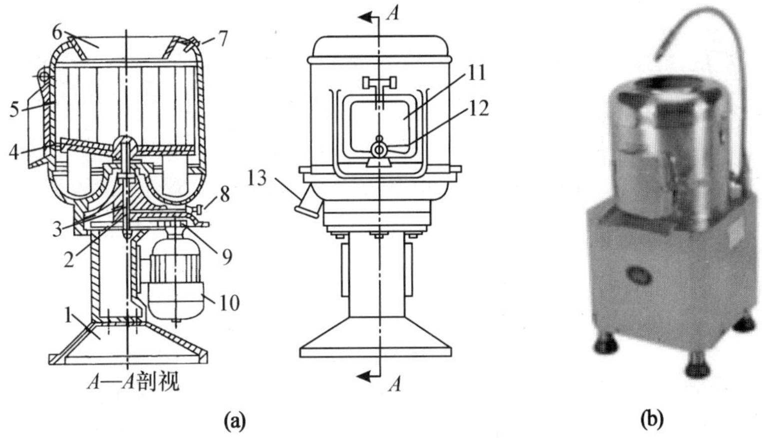

图 3-1-1　离心擦皮机

(a)结构图　(b)外形图

1.机座　2、9.齿轮　3.转轴　4.旋转圆盘　5.工作圆筒　6.加料斗
7.喷嘴　8.加油孔　10.电机　11.卸料口　12.锁紧把手　13.排污口

程中不使用水，而是只使用少量的水，产生一种以果皮为主的半固体废料，稍经脱水后即可直接作为燃料，避免了污染。

图 3-1-2 为干法去皮机，去皮装置包括一对侧板 5，支撑着与摩擦传动轮 7 键合的轴 6，轴上安装许多橡胶圆盘 15，电动机通过皮带 12 使轴按图示箭头方向旋转，圆盘在转轴上方的速度方向与物料下滑方向相反，压轮保证皮带与摩擦传动轮紧贴。相邻二轴上的圆盘交错布置。圆盘用橡胶板柔软且富有弹性，易于弯曲，表面要光滑，避免损伤果肉。装在两侧板上面的是一组桥式构件，每一构件上自由悬挂一挠性挡板，用橡皮或织物制成。挡板对物料有阻滞作用，强迫物料在圆盘间通过而不是在圆盘上面通过，以提高擦皮效果。

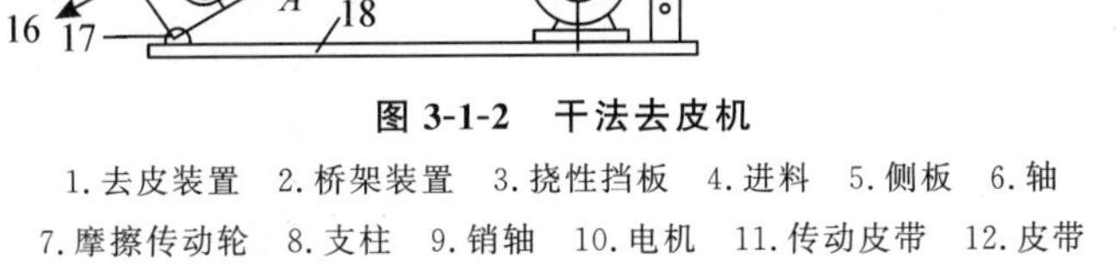

图 3-1-2　干法去皮机

1.去皮装置　2.桥架装置　3.挠性挡板　4.进料　5.侧板　6.轴
7.摩擦传动轮　8.支柱　9.销轴　10.电机　11.传动皮带　12.皮带
13.压轮　14.支板　15.橡胶圆盘　16.出料　17.铰链　18.底座

经预处理后表面松软的果蔬从进料口进入，物料因自重而向下移动。橡胶圆盘的去皮动作如图 3-1-3 所示。在移动过程中，物料将圆盘胶皮压弯，形成足够大的接触面积，并保持一定的接触压力。因圆盘与物料间的相对运动形成搓擦，从而旋转圆盘在不损伤果肉的情况下把皮去掉。物料在下移过程中与圆盘的接触部位不断变化，可将果蔬表皮全部去除。去皮后

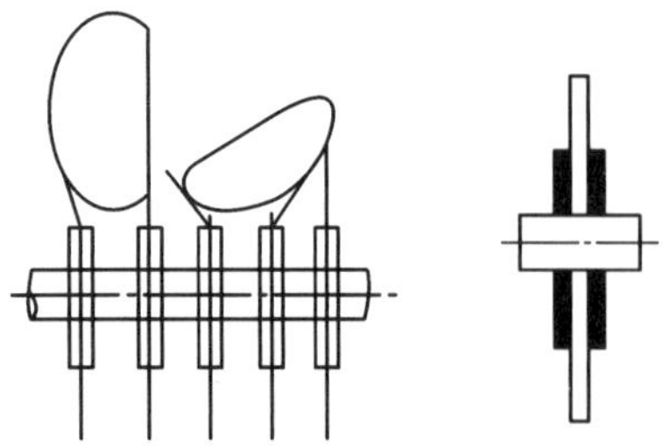

图 3-1-3 去皮示意图

的果蔬从排料口排出，皮渣从装置中落下由盘或槽收集。从去皮装置去皮后的果蔬，可用少量水冲洗将皮完全去除，用水量为原料量的10%左右。

干法去皮机具有结构简单、去皮效率高、节约用水、减少污染和果肉损伤小等优点，适用于多种果蔬的去皮。该法原料损耗率与常用的方法相当，如桃子损耗率为4%～5%。

3. 碱液去皮机

碱液去皮机的构造如图 3-1-4 所示，广泛应用于桃子、巴梨等水果的去皮，它是利用碱液的作用使水果的皮与肉分离，从而达到去皮的目的。它主体是由回转式链带输送装置及淋碱、淋水装置等构成。碱液去皮机总体分为进料段、淋碱段、腐蚀段和冲洗段。可调速传动装置安装在机架上带动链带回转。这种淋碱机的特点是排除碱液蒸汽和隔离碱液的效果较好、去皮效率高、机构紧凑、调速方便，但需用人工放置切半的桃子，碱液浓度及温度因未实现自动控制而不稳定。

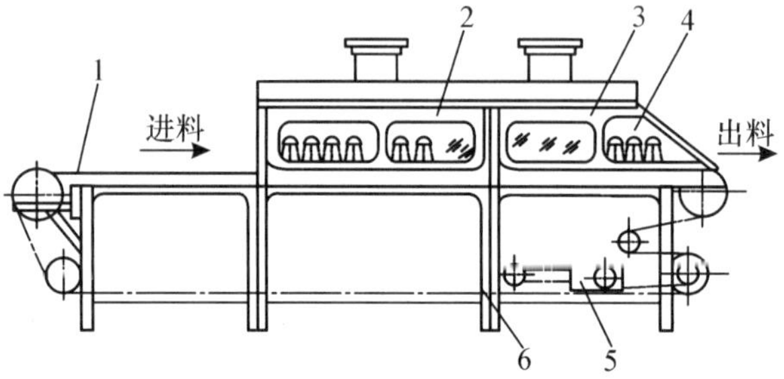

图 3-1-4 碱液去皮机

1. 输送带 2. 淋碱段 3. 腐蚀段 4. 冲洗段 5. 传动系统 6. 机架

把切半去核后的桃子将切面朝下放在输送带上，由输送装置送它们通过各工作段，首先用热稀碱液喷淋 5～10 min，再经 15～20 s 时间让其腐蚀，然后用高压冷水喷射冷却和去皮。经碱液处理的果品必须立即投入冷水中浸洗，反复搓擦、淘洗、换水，除去果皮及黏附的碱液。调整输送链带的速度，可适应不同淋碱时间的需要。

进行碱液去皮时，碱液的浓度、温度和处理时间随果蔬种类、品种和成熟度的不同而异，必须注意掌握，要求只去掉果皮而不伤及果肉。

4. 菠萝去皮捅心机

菠萝去皮捅心机是菠萝加工多工序全自动设备，构造如图 3-1-5 所示，可完成去皮、切端、捅心及从切下的果皮上挖出果肉等工序，从而得到中空圆柱形菠萝果肉。菠萝去皮捅心机由倾斜式提升装置、切端机构、挖肉器、传动装置、机座及控制装置等构成。菠萝去皮捅心机工作时，原料经倾斜式提升机 1 升到预定位置，由安装在链条上的推手运

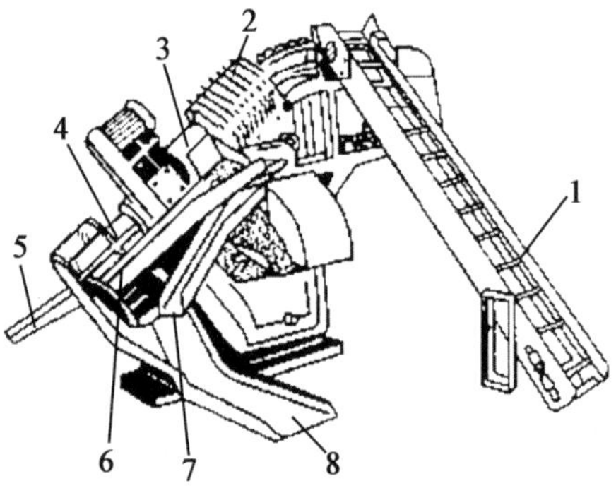

图 3-1-5 菠萝去皮捅心机

1. 倾斜式提升机 2. 去皮刀筒 3. 挖肉器 4. 六孔转盘 5、8. 滑槽 6、7. 出料槽

送，经过弯轨架及定心装置，推入高速旋转的去皮刀筒 2，切下的果皮由挖肉器 3 经过两次挖肉后，皮和果肉分别从出料槽 6 和 7 溜出，圆柱形菠萝果肉则通过导引套进入间歇六孔转盘 4 内，在间歇转盘的带送到工作位置切除头尾两端、捅心，最后推杆将果筒推出转盘外，经滑槽 8 溜到果筒输送带上，端料和心料从滑槽 5 送出。

二、绞肉机

绞肉机可用于香肠、火腿、肉饼、烧卖、鱼丸、鱼酱等的肉料加工，还可混合切碎蔬菜和配料等。

(一)绞肉机结构

绞肉机结构如图 3-1-6 所示。不同机型的结构有所差别，但基本部分和工作原理是一致的。其主要工作构件有螺旋供料器、格板和切刀。

螺旋供料器 2 的螺距向着出料口方向(即从右向左)逐渐减小，而螺旋内径向着出料口逐渐增大(即为变节距螺旋)，由于这种结构特点，当其旋转时，对物料产生的压力将从进料口向出料口逐渐加入，迫使肉料进入格板孔眼以便切割。

在螺旋 2 的末端有一个四方形的突出块，其上装有十字切刀(形状见图 3-1-7)。切刀的每个刀刃与有许多孔眼的格板 4 紧贴，刀口顶着切刀转向安装，当螺旋转动时，带动十字切刀 3 紧贴着格板 4 旋转进行切割。格板 4 由螺帽 5 压紧，以防格板沿轴向移动，影响切割。格板为厚 10～12 mm 的圆盘，材料为普通钢板，其上钻上孔即成格板。粗绞时格板孔眼用 $\phi 8$～10 mm，细绞时孔眼用 $\phi 3$～5 mm。粗绞时，螺旋转速可比细绞时快些，但转速最高不能超过 400 r/min，因为格板上的孔眼总面积一定，即排料量一定，当供料螺旋转速太快时，会使物料在切刀附近堵塞，造成负荷增加，对电机有不利影响。

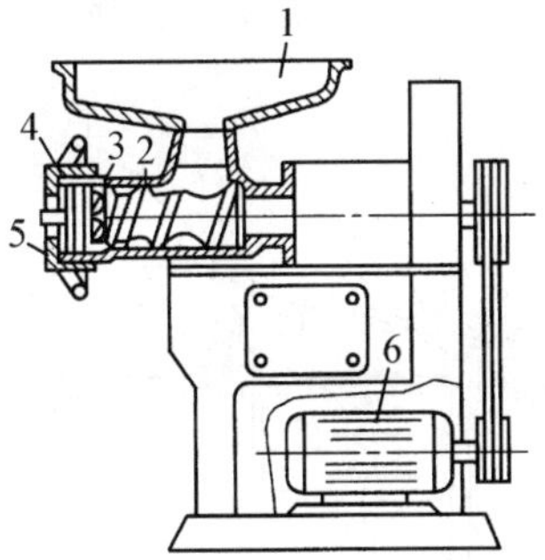

图 3-1-6　绞肉机的结构

1. 料斗　2. 螺旋供料器　3. 十字切刀
4. 格板　5. 固紧螺帽　6. 电动机

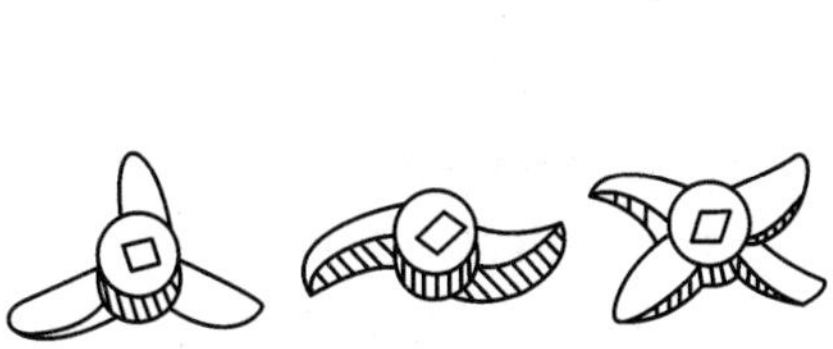

图 3-1-7　切刀形状

(二)工作过程

将块状物料加入料斗内，在重力作用下落到变节距推送螺旋内。由于螺旋本身的结构特点，当肉料前方阻力增加，旋转时在轴向推力作用下，物料被迫压紧产生挤压力，并沿轴向朝格板方向运动。这个力迫使肉料变形进入格板孔眼，这时旋转的切刀紧贴格板把进入孔眼中的肉料切断。被切断的肉料由于后面肉料的推挤，从格板孔眼中排出。

(三)使用维护及注意事项

在绞肉前，要检查格板和刀刃是否吻合。将刀刃放在格板上，横向观察有无缝隙。如有缝隙，在绞肉过程中，肌肉膜和结缔组织就会缠绕在刀刃上，妨碍肉的切断，破坏肉的组织细胞，削弱了添加脂肪的包含力，导致接触不良。使用时要把切刀和格板编成组，避免混用。在使用时刀口要求锋利，使用一段时间刀口变钝时，应调换新刀片或修磨，否则将影响切割效率，甚至使有些物料不是切碎后从格板孔眼中排出，而是由挤压、磨碎后成浆状排出，直接影响成品质量。

装配绞肉机时，先将螺杆装入螺旋筒中，然后装上切刀和格板，最后用紧固螺母拧紧。拧得过紧，阻力大；拧得过松，切刀和格板之间就会产生缝隙，影响绞肉。装配时要根据原料肉的种类和肉制品的工艺要求，选择不同孔径的孔板。

每次使用前，应用热水对绞肉机进行清洗消毒。绞肉前要对肉块适当切割，而且要剔除骨、筋、脂肪和肉皮，这样才能使绞肉速度快，质量好。脂肪要单独绞切，喂入量不能过大。投料后用填料棒喂料，严禁用手喂料，以免发生事故。肉的温度控制在10℃以下，一般在3～5℃才能保证肉馅的质量。

作业结束后，要清洗绞肉机。按组装的相反顺序拆下格板、切刀和螺杆，清理表面的肉末，然后用热碱水或洗涤剂清洗上述部件及进料斗和机筒等。清洗干净后，擦去表面水分，正确地将刀具分组保管。

三、蘑菇定向切片机

在生产片状蘑菇食品时一般要求进行定向切割，蘑菇定向切片机用于预煮后蘑菇的切片，可将外形小而质地柔软的蘑菇，切成厚薄均匀、切向一致的薄片，具有切片效果好、工作可靠、操作方便等特点。

蘑菇定向切片机构造如图3-1-8所示。主要由定向供料装置、切割装置和卸料装置等构成。

定向供料装置由弧槽滑料板、供水管和料斗等组成。振动装置使弧槽滑料板产生轻微的振动，在水流冲击和轻微振动下，使蘑菇顺利地从滑料槽板滑下进入圆刀之间切割。

切割装置由圆盘切刀组和橡胶垫辊组成，圆盘切刀组由数片光滑刃口圆盘刀安装在一根轴上而成。为了调节切片厚度，每两个圆刀片之间夹有圆垫片，并用紧固螺母夹紧后用轴承支承于机架上。垫辊的作用是托住物料以便切刀。

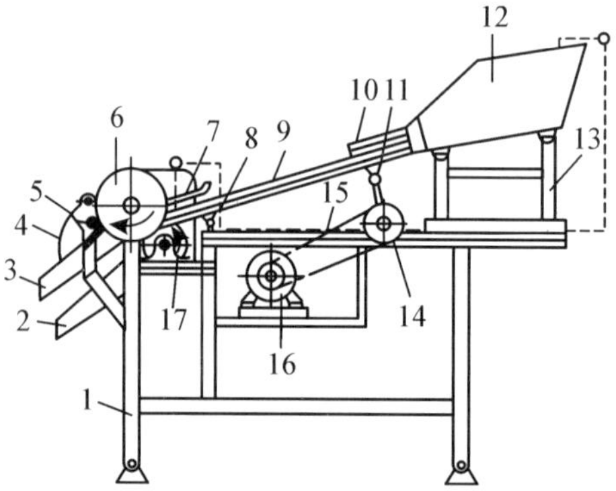

图3-1-8　蘑菇定向切片机

1.支架　2.边片出料斗　3.正片出料斗　4.护罩　5.卸料挡梳　6.圆盘切刀组　7.下定位板　8、11.铰链　9.弧槽滑料板　10.上定位板　12.进料斗　13.进料斗架　14.振动装置　15.供水管　16.电动机　17.垫辊卸料装置主要是挡梳板。与圆刀组相对应的一组卸料挡梳固定安装在机架上，且梳齿插入两圆刀刀片之间。当圆刀和垫辊转动时，对蘑菇进行切片，切下的蘑菇片由挡梳齿从圆刀片间卸下，分别落入正、边片出料斗中。

圆刀、挡梳和垫辊之间的装配关系见图 3-1-9。

工作时，首先开启水管阀门，向弧槽供水，然后开动机器，最后向料斗送料。送料时要求送料均匀，以减少堵塞现象。由于蘑菇的重心靠近菇盖一端，在弧槽振动、弧槽形状和水流等的共同作用下，使得蘑菇呈菇盖向下的稳定状态向下滑动，进入圆盘切刀的刀片中，将蘑菇切割成片，如图 3-1-10 所示。并将正片与边片分开，从各自出料斗排出。

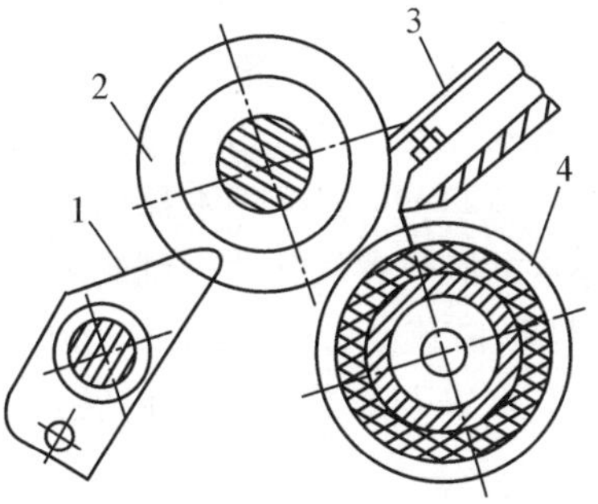

图 3-1-9　圆刀、挡梳和垫辊之间的装配关系

1. 卸料挡梳　2. 圆刀组　3. 下定位板　4. 垫辊

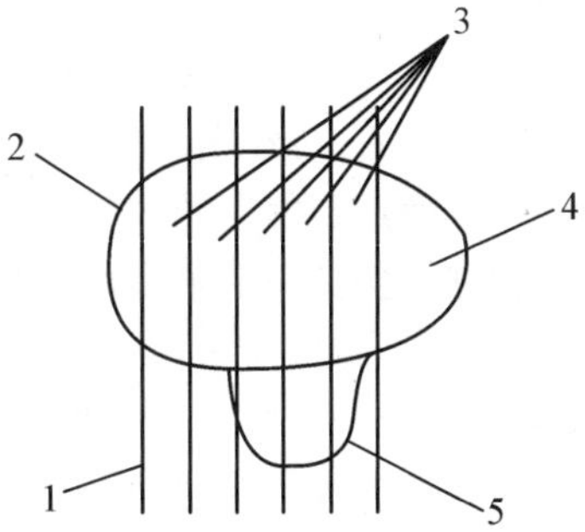

图 3-1-10　蘑菇同一方向切片示意图

1. 刀片切割线方向　2. 菇盖　3. 正片　4. 边片　5. 菇柄

在工作前，根据切片厚度调整圆刀之间的距离，以适应加工工艺要求。圆刀片间的间距小且刀片又薄，故工作中不能掉进硬物，以免损坏刀片。在使用时，要先将物料分级，然后按不同级别的物料，将定位弧槽和定位板适当调整后再进行切片。所以，使用时如发现所切物料不规则时，首先要检查定位装置调整是否合适。在使用前、后均应认真对机器进行清洗，清洗时先松开挡梳轴两端的螺栓，将挡梳片退出洗净，然后用水冲洗机器。安装挡梳轴时，挡梳板和刀轴之间的间隙以 2～5 mm 为宜。

任务二　离心分离机械与设备

离心机是利用惯性离心力进行固-液、液-液或液-液-固相离心分离的机械。离心机的主要部件是安装在竖直或水平轴上的快速旋转的转鼓。转鼓上有的有孔，有的无孔。料浆送入转鼓内随转鼓旋转，在惯性离心力的作用下实现分离。在有孔的转鼓内壁面覆以滤布，则流体甩出而颗粒被截留在转鼓内，称为离心过滤。对于转鼓壁上无孔，且分离的是悬浮液，则密度较大的颗粒沉于转鼓壁，而密度较小的流体集中于中央并不断引出，称为离心沉降。对于转鼓壁上无孔且分离的是浮浊液，则两种液体按轻重分层，重者在外，轻者在内，各自从适当位置引出，称为离心分离。

离心分离机在食品工业中应用的目的主要有：作为生产的主要阶段，如从淀粉液中制取淀粉；从牛奶中制取奶油或脱脂奶，将晶体从母液中分离制取纯净晶体食品等；提高制品的纯度，如牛奶净化除去微粒固体等；回收有价值的物质，如从含微粒固体气溶胶中分离出奶粉；为了安全生产，如分离生产中发生的烟雾、烟等有害物质。

一、卧式螺旋离心机

卧式螺旋离心机应用广泛，因主轴为水平布置而得名。

卧式螺旋离心机的主要结构和工作原理如图 3-2-1 所示。在外壳 4 内有两个同心装在主轴承上的回转部件，外边是无孔锥形转鼓 5，里面是带有螺旋叶片的螺旋推料器 7。电动机通过皮带轮带动转鼓旋转。行星差速器的输出轴带动螺旋推料器与转鼓作同向转动，但转速不同，其转差率一般为转鼓转速的 1%～2%（快或慢 20～50 r/min）。悬浮液从右端的中心加料管 10 连续送入机内，再经螺旋推料器筒壁上的进料孔 6 进入转鼓 5 内。由于转鼓回转所产生的离心力作用，物料聚集在转鼓大端，形成一沉降区。在沉降区里，重相固体颗粒离心沉降到转鼓内壁面上形成沉渣，由于螺旋叶片与转鼓的相对运动，沉渣被螺旋叶片送到转鼓小端的干燥区，从卸渣孔 3 甩出。在转鼓的大端盖上开设有四个圆形溢流孔 8，澄清液从此处流出，经机壳的排液室排出。调节溢流挡板溢流口位置、机器转速、转鼓与螺旋输送器的转速差、进料速度，就可以改变沉渣的含液量和澄清液的含固量。

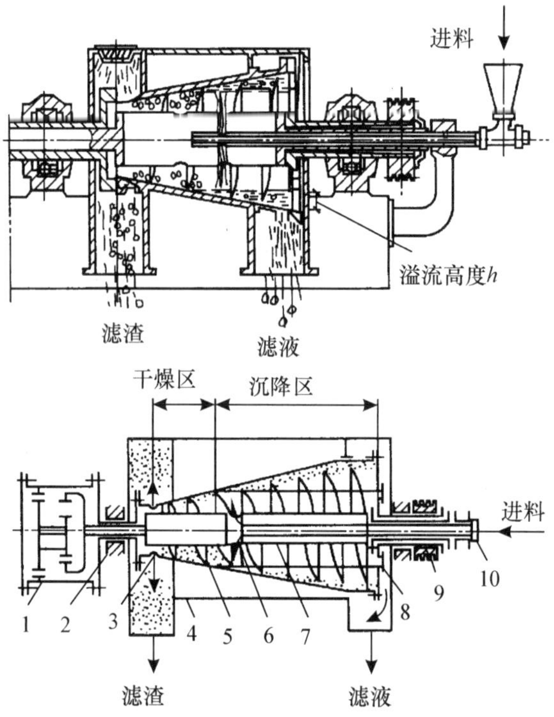

图 3-2-1　螺旋卸料离心机

1. 内啮合差动齿轮变速器　2. 空心轴　3. 卸渣孔　4. 外壳　5. 转鼓　6. 进料孔　7. 螺旋推料器　8. 溢流孔　9. 带轮　10. 中心加料管

溢流孔上装有可以调节出口位置的溢流挡板，改变此挡板位置，可以改变溢流出口直径。溢流出口直径加大时，沉降区缩短，干燥区加长，溢流液深度减小，因而沉渣含液量降低，但会有一部分小固体颗粒来不及沉降而被溢流的澄清液带走，使其澄清度降低。反之，如果溢流口直径减小，则沉降区加长，干燥区缩短，溢流液深度增加，使溢流液澄清度提高，沉渣含液量也相应增大，所以溢流挡板的调整应根据被分离物料的性质和工艺要求，通过试验来决定。

常用的卧式螺旋离心机按操作可分为脱水型和澄清型两种，其中，脱水型卧式螺旋离心机的分离因数一般小于 3 000，用于处理易分离物料（固体颗粒的自然沉降速度较快、排渣较容易的悬浮液）；澄清型卧式螺旋离心机的分离因数一般大于 3 000，用于固体粒子细微、滑腻的悬浮液的澄清。

卧式螺旋式离心机的特点：分离操作连续，分离效果好，操作费用低；对物料的适应性强，这类离心机可以分离固相颗粒粒度为 0.005～2 mm、固相浓度 1%～50%的悬浮液。在分离过程中，对固相颗粒粒度变化和固相浓度的变化不敏感，分离效果好；易于实现密闭，可以在加压和低温下操作；分离因数高，单机生产能力大；分离因数及转鼓长径比范围大，转鼓液池深度可调，应用范围广泛，可以完成易分离悬浮液的脱水、难分离悬浮液的澄清、液-液-固三相混合物的分离及固相颗粒粒度的分级。

卧式螺旋离心机的主要应用：对易于分离物料的固相脱水，可以得到含液量较低的固体。对那些用过滤机和离心过滤机不能进行分离或分离效果极差的物料，可通过选用适当工艺参数和结构参数的卧式螺旋离心机来完成分离过程；细粒极难分离悬浮液采用高分离因数、大长径比的卧式螺旋离心机来完成分离。例如活性污泥经絮凝处理后，用螺旋离心机分离，分离液的固相含量完全可以达到排放标准；对于液-液-固三相混合物的分离，固相浓度大的液-液-固三相悬浮液及固相介于两种液相之间的三相混合物，这类物料用碟式分离机无法分离，但可以采用特殊结构的卧式螺旋离心机来完成；对固相颗粒进行粒度分级，通过采用适当的分离因数和合理的结构来实现。

卧式螺旋式离心机的缺点：沉渣含液量较高，虽然能对沉渣进行洗涤，但效果不好。转速高，转动件加工精度要求高，结构复杂，造价高。

二、碟片式离心机

碟片式离心机的转鼓内装有许多互相保持一定间距的锥形碟片，液体在碟片间呈薄层流动而分离，减少了液体扰动和沉降距离，增加了沉降面积，从而大大提高分离效率和生产能力。碟片式离心机用于乳浊液的分离和含有少量固相的悬浮液的澄清。在分离乳浊液时，往往还包含着液-液-固三相分离。

碟片式离心机其传动结构如图 3-2-2 所示。转鼓 1 安装在垂直主轴 2 的上方，主轴为挠性系统，上轴承 3 为弹性支承，下轴承 5 为调心轴承。下部传动由电动机 11 通过离心摩擦联轴器 10 带动水平轴 8，通过安装在水平轴和主轴上的一对螺旋齿轮 6（主动轮）、4（从动轮）传动。润滑一般采用稀油飞溅润滑。

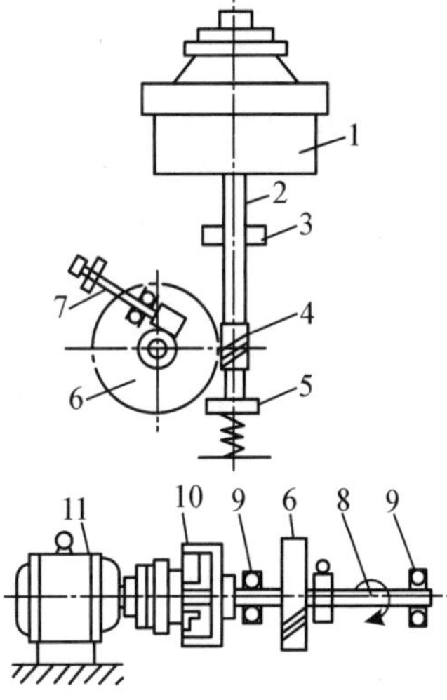

图 3-2-2　碟片式离心机传动结构

1. 转鼓　2. 主轴　3. 上轴承　4. 从动轮　5. 下轴承　6. 主动轮　7. 转速表　8. 水平轴　9. 轴承　10. 离心摩擦连轴器　11. 电动机

不同形式的碟片式离心机的主要区别在于转鼓结构,具体为转鼓内的碟片结构和出液口。

澄清用碟片式离心机转鼓如图 3-2-3 所示。其出液口只有一个,悬浮液从中心管加入,经碟片底架引到转鼓下方,密度大的固相颗粒沿碟片下表面沉积到转鼓内壁,定期停机排出。而澄清液则沿碟片上表面向中间流动,由转鼓上部的出液口排出。

分离用碟片式离心机转鼓如图 3-2-4 所示。每只碟片在离开轴线一定距离的中性圆周上开有几个对称分布的圆孔,当若干个碟片叠置起来后,对应的圆孔就形成垂直的孔道。待分离的混合液从转鼓底部进入,通过碟片上圆孔形成的垂直孔道分配到各碟片间隙中。轻重不同的两种液体就在转鼓高速回转时在碟片间隙中被分离。密度小的轻液沿下碟片的上表面向中心流动,由轻液口排出,重液则沿上碟片的下表面流向转鼓外层,经重液口排出。乳浊液含有少量固相时,它们则沉积于转鼓内壁上,定期排出。

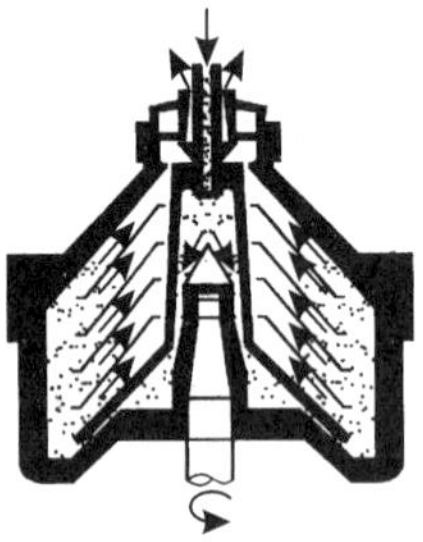

图 3-2-3　澄清用碟片式离心机转鼓

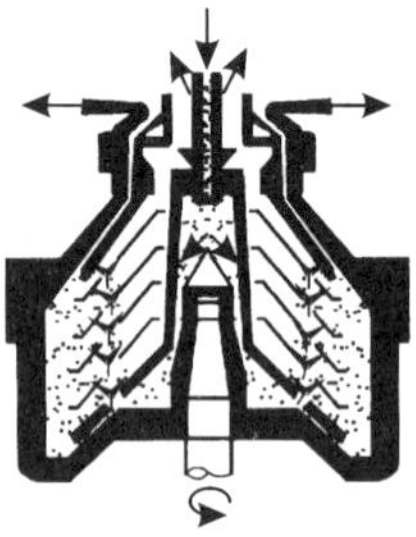

图 3-2-4　分离用碟片式离心机转鼓

碟片式离心机按其进料和排液方式分为敞开式、半密封式和密封式三种。按排渣方式又可分为人工排渣型和自动排渣(喷嘴排渣和环阀排渣)型。

碟片式离心机适用于连续分离两种密度不同、互不溶解的混合液体,也用于乳浊液和含有少量固相悬浮液的澄清。其生产能力大,能自动连续操作,并可制成密闭、防爆型,因此应用较广泛。如牛奶、啤酒、饮料、酵母、橘油、油脂、淀粉等分别都已有专用的碟片式分离机。

三、旋液离心分离器

旋液分离器提供了一个从液相中分离固相的廉价手段,比重力沉降法更有效率。食品工业中,经常用于玉米胚芽和玉米淀粉的分离。

旋液分离器由进料管、溢流管和旋液分离器壳体三部分组成。如图 3-2-5 所示。进料管沿旋液分离器壳体外缘切线安装在壳体上,溢流管安装在壳体中心,旋液分离器壳体上部是圆柱体,下部是圆锥体,尾部是底流口(排料口)。

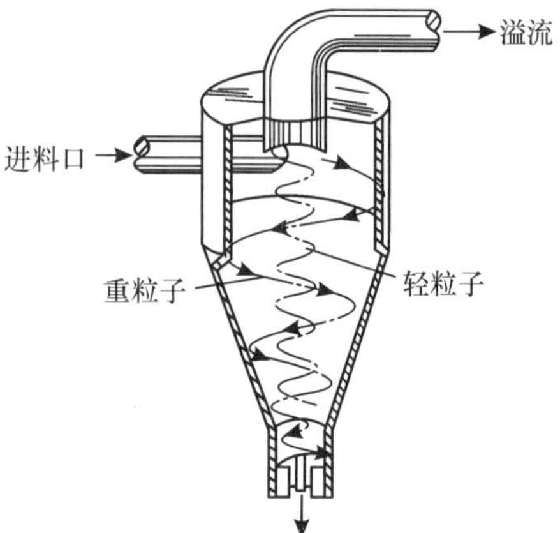

图 3-2-5　旋液分离器简图

如同离心分离一样,旋液分离的推动力是离心力和粒子与载体液体之间的相对密度差。在离心力场和重力场中，还存在着颗粒相对于介质的相对运动，即离心沉降和重力沉降。在旋液分离器中，带有悬浮粒子的液体被迫以环形或螺旋轨迹流动，同时还有离心向壳体运动的趋势，由于重力沉降的作用，相对密度较大的颗粒被载体液体夹带做下降运动的同时，还有相对于液体做向下运动的趋势。理论上颗粒绝对运动的轨迹为平面上的螺旋线。到达器壁的颗粒，与器壁相碰撞失去动能向下降落，从而相对密度较大的颗粒沿壁下滑从下部排料口排出；相对密度较小的颗粒及载体液体在旋流器中由中部溢流管流出。如果要完全分离载体液体中的颗粒，应采取几组旋液分离器串联形式或与其他分离装置组合完成。

四、离心机的选型

同类型的离心机有不同的特点和使用范围。选择离心机时要从分离物料的性质及分离工艺的要求、经济效果等方面进行综合考虑，并在样机上进行必要的试验后才能决定。

离心机的品种型号很多，而每一种离心机又各有不同的特点和适用范围。因此按照一定的工艺要求和技术条件正确地选用合适的离心机，是一个十分重要的问题。

离心机的选型主要从两方面来考虑。一是被分离物料的性质、组成和处理量大小，二是对分离过程的工艺要求及其经济合理性。

(一)从物料的性质/组成和处理量方面考虑

选型主要是根据被分离非均相系的类型来确定。例如对于液-液系统的乳浊液的分离，首先考虑使用离心分离机。对于液-固系统来说，当悬浮液的液相为黏度较小、固相浓度较大而且粒度较粗(>100 μm)的疏松物料，可以考虑采用各种过滤式离心机。一般来说，这种离心机可以得到较干的滤渣并有较好的洗涤条件。其次还要针对具体条件进一步选择合适的形式。

悬浮液若是液相黏度较大、固体粒度较细的物料，易使滤布或滤网堵塞，而又难以再生，故宜采用离心沉降式离心机。当固相浓度较大(5%～10%)时，可用螺旋卸料沉降式离心机。若固相浓度小于1%，可以采用管式高速离心机或室式离心机。若固相浓度为1%～5%，可采用碟片式离心机。自动排渣碟式离心机能获得流动状的浓缩沉渣，故常用于固相浓缩；对于液-液-固三相系统，一般含固量不高，就可以采用碟式离心机。

(二)从分离过程的工艺要求方面考虑

分离过程的工艺要求直接影响离心机选型，如分离过程要求间歇还是连续操作，要求分离出来的最小粒径、滤渣含液量、滤液澄清度、卸料方式、固体颗粒是否允许被破坏、洗涤要求、运转周期长短和是否需自动控制、自动控制的程度等。

总之，要选择价廉、适用(即符合工艺要求)且制造简单、维修方便的离心机。根据所需解决的主要矛盾进行选择，并作经济比较。既要考虑技术可能性，又要考虑经济合理性。

任务三　过滤机械与设备

一、过滤分离概述

(一)过滤分离原理与过程

过滤操作是分离悬浮液的一种最普通和最有效的单元操作,过滤操作原理是利用一种能将悬浮液中固体微粒截留而液体能自由通过的多孔介质,在一定的压力差的推动下,达到分离固、液二相的目的。按固体颗粒的大小和浓度来分类,悬浮液分为粗颗粒悬浮液、细颗粒悬浮液或高浓度悬浮液、低浓度悬浮液等。悬浮液的粒度和浓度对选择过滤设备有重要意义。与沉降相比,过滤分离更迅速;与蒸发干燥等非机械分离相比,能耗低得多。

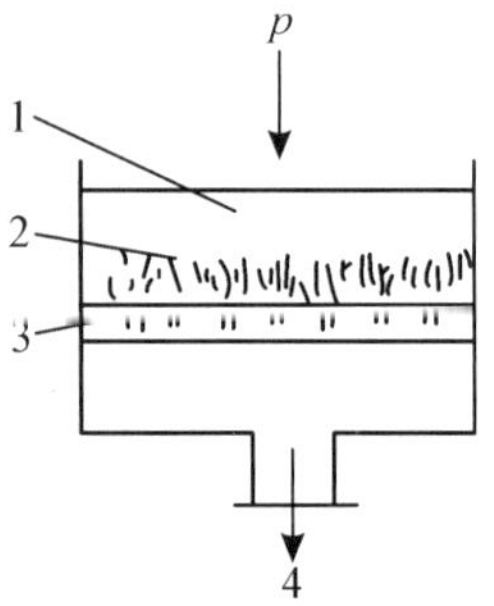

图 3-3-1　过滤操作示意图

1.滤浆　2.滤饼　3.过滤介质　4.滤液

图 3-3-1 为过滤操作示意图。用来实现过滤操作的外力,可以是重力或惯性离心力,但应用最多的还是多孔物质上、下游两侧的压强差。

过滤操作过程一般包括过滤、洗涤、干燥、卸料四个阶段。

(1)过滤　悬浮液在推动力作用下,克服过滤介质的阻力进行固液分离;固体颗粒被截留,逐渐形成滤饼,且不断增厚,因此,过滤阻力也随之不断增加,致使过滤速度逐渐降低。当过滤速度降低到一定程度后,必须停止过滤,转入下道工序。

(2)洗涤　停止过滤后,滤饼的毛细孔中包含有许多滤液,需用清水或其他液体洗涤,以得到纯净的固粒产品或得到尽量多的滤液。

(3)干燥　用压缩空气吹或真空抽吸,把滤饼毛细管中存留的洗涤液排走,得到含湿量较低的滤饼。

(4)卸料　把滤饼从过滤介质上卸下,并将过滤介质洗净,以备重新进行过滤。

实现此四个阶段的方式可以是间歇的,也可以是连续的。间歇式过滤,各阶段在相继的不同时间中进行,而连续式过滤,则各阶段同时在设备的不同部位上进行。

(二)过滤分离的应用

过滤分离在食品工业广泛应用于以下三个方面。

(1)含不溶性固体的悬浮液的过滤(即含量大于 1%～2%),如饴糖液中脱去糖渣;葡萄糖、食用油脱色后滤去活性炭、漂白土的操作等。这种过滤主要是以过滤介质上游所形成固体颗粒床层的渗滤作用为主要机理,称滤饼过滤。

(2)从液中除去少量不溶性固体的过滤,如啤酒、果汁、牛乳、色拉油的过滤等。这种过滤虽在过滤介质上游形成微薄的滤饼，但许多情况下，只是少量颗粒嵌入介质通道，一般称为深层过滤。

(3)从大量有价值的液体中除去少量极细小(小于 1 μm)物质的过滤，如从汽水、果汁中除去少量的微生物，这种过滤称为微滤。

二、板框压滤机

板框压滤机是间歇式过滤机中应用最广泛的一种。利用滤板来支承过滤介质，滤浆在加压下强制进入滤板之间的空间内，并形成滤饼。结构如图 3-3-2 所示，由许多块滤板和滤框交替排列而成，板和框通过支耳架在一对横梁上，利用压紧装置压紧或拉开。滤板和滤框形状多为正方形，数目由过滤的生产能力和悬浮液的情况而定，一般有 10～60 个，如图 3-3-3 所示，边长在 1 m 以下，框的厚度为 20～75 mm。板、框的角端均开有小孔，构成供滤浆或洗水流通的孔道。框的两侧覆以滤布，空框与滤布围成了容纳滤浆及滤饼的空间。滤板的作用是支撑滤布并提供滤液流出的通道，为此，板面制成各种凸凹纹路。滤板又分成洗涤板和非洗涤板。为了辨别，常在板、框外侧铸有小钮或其他标志。

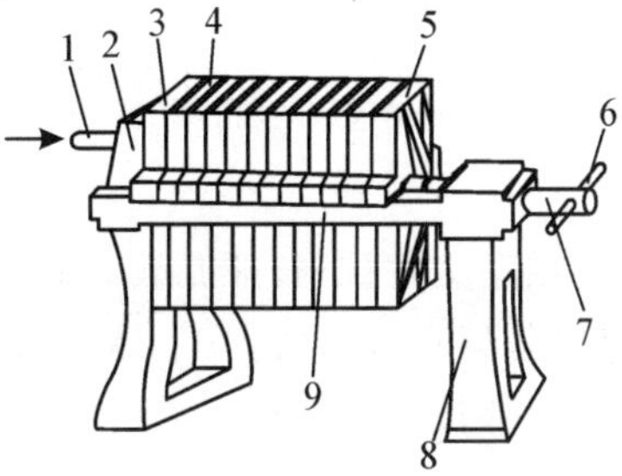

图 3-3-2 板框压滤机

1. 悬浮液入口 2. 左支座 3. 滤板 4. 滤框 5. 活动压板 6. 手柄 7. 压紧螺杆 8. 右支架 9. 板框导轨

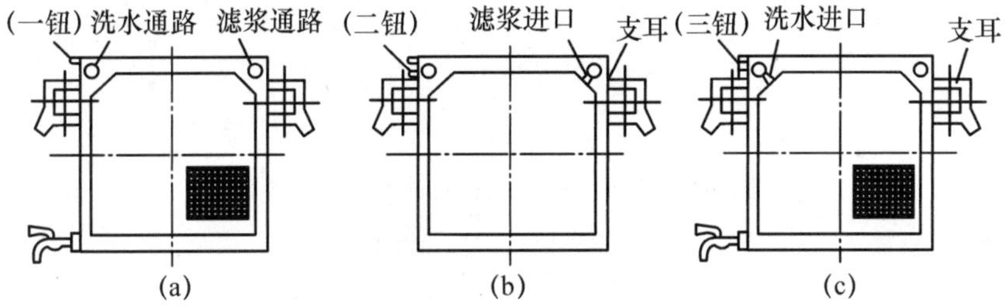

图 3-3-3 滤板和滤框

(a)非洗涤板 (b)框 (c)洗涤板

每台板框压滤机有一定的总框数，最多达 60 个，当所需框数不多时，可取一盲板插入，以切断滤浆流通的孔道，后面的板和框即失去作用。板框压滤机内液体流动路径如图 3-3-4 所示。

工作时滤浆由滤框上方通孔进入滤框空间，固粒被滤布截留，在框内形成滤饼，滤液则穿过滤饼和滤布流向两侧的滤板，然后沿滤板的沟槽向下流动，由滤板下方的通孔排出。排口处装有旋塞，可观察滤液流出的澄清情况。如果其中一块滤板上的滤布破裂，则流出的滤液必然混浊，可关闭旋塞，待操作结束时更换。当滤框内充满滤饼时，其过滤速率大大降低或压力超过允许范围，此时应停止进料，进行滤饼洗涤。如图 3-3-4 所示，在洗涤板的左上角的小孔有一与之相通的暗孔，专供洗液输入之用。此孔是洗涤板与过滤板的区分之处。它们在组装时

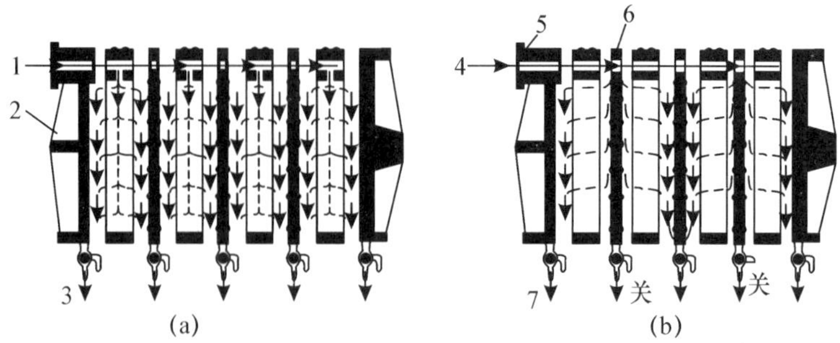

图 3-3-4 板框压滤机内液体流动路径

(a)过滤阶段 (b)洗涤阶段

1.滤浆入口 2.机头 3.滤液出口 4.清洗水入口 5.非洗涤板 6.洗涤板 7.洗涤水出口

必须按顺序交替排列，即滤板—滤框—洗涤板—滤框—滤板…。过滤操作时，洗涤板仍起过滤板的作用，但在洗涤时，其下端出口被关闭，洗涤液穿过滤布和滤框的容腔向过滤板流动，并从过滤板下部排出。洗涤完成后除去滤饼进行清理，重新组装进入下一循环操作。洗涤速率仅为过滤终了时过滤速率的 1/4，板框压滤机的操作压力一般为 0.1～1 MPa。板框压滤机的过滤和洗涤操作如图 3-3-5 所示。

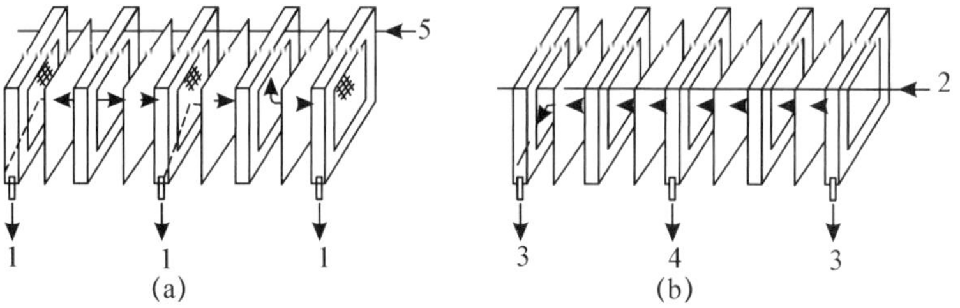

图 3-3-5 板框式压滤机的过滤和洗涤操作

(a)过滤操作 (b)洗涤操作

1.滤液出口 2.洗涤出口 3.洗液出口 4.洗涤时关闭 5.滤浆进口

板框压滤机结构简单、制造方便、造价低、过滤面积大、无运动部件、辅助设备少、动力消耗低、过滤推动力大(最大可达 1 MPa 以上，一般在 0.3～0.5 MPa)、管理方便、使用可靠、便于检查操作情况，适应各种复杂物料的过滤，特别适于黏度大、颗粒度较细、可压缩、腐蚀性的各种物料。但装卸板框的劳动强度大、生产效率低、滤饼洗涤慢、不均匀、滤布磨损严重。

板框压滤机在食品工业上有广泛应用，如饴糖、啤酒、麻油等生产中悬浮液的分离。特别适用于低浓度悬浮液、胶体悬浮液、分离液相黏度大或接近饱和状态的悬浮液的过滤。

三、转鼓真空过滤机

转鼓真空过滤机是一种可以连续操作的过滤设备，过滤、脱水、洗涤、卸饼、滤布再生等项操作工序同时在转鼓的不同部位进行，转鼓每回转一圈，完成一个操作循环。

转鼓真空过滤机主要由转鼓、料浆槽、搅拌器及分配头等部分构成，其操作原理如图 3-3-6 所示。

圆筒形转鼓直径一般为 0.3～4.5 m，长度为 0.3～0.6 m。转鼓外层覆盖滤布，内部被径向肋板分隔成若干彼此独立的小滤室，在每个小滤室的圆弧形外表面镶有长方形排水筛板，在筛板上覆以金属网和滤布，这样就形成了圆柱形过滤面。每个小滤室都有管路通向分配头，使小滤室与真空源或者与压缩空气源相通。搅拌器的作用是使滤浆不沉淀，保持均匀的浓度。

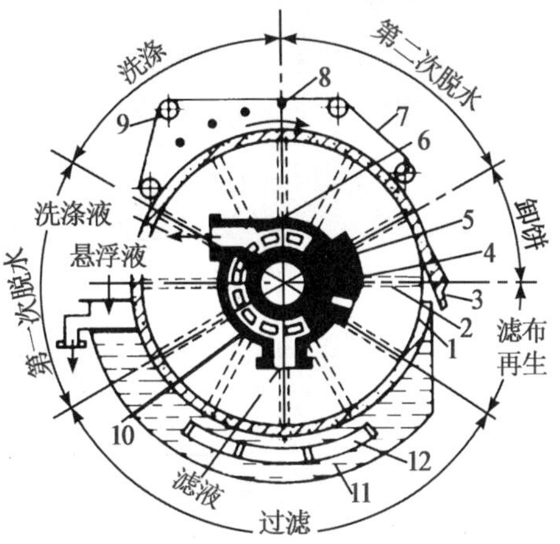

图 3-3-6　板框式压滤机的过滤和洗涤操作

1. 转鼓　2. 连接管　3. 刮刀　4. 分配头　5. 同压缩空气相通的阀腔　6、10. 同真空源相通的阀腔　7. 无端压榨带　8. 洗涤喷嘴　9. 导向辊　11. 滤浆槽　12. 搅拌器

分配头结构如图 3-3-7 所示。它由转动盘和固定盘组成。转动盘安装在转鼓上，与转鼓一起转动，端面上有许多通孔，与转鼓小滤室的管道相连接，固定盘固定在机架上，其端面开有一些长通孔与真空管、压缩空气管、洗液管等连接；转动盘和固定盘端面紧密接触，可以相对转动，但不得渗漏。当转鼓转动时，转动盘上的通孔依次与固定盘上的通孔对齐，与真空或压缩空气接通，从而使转鼓的某个小室依次轮流起到过滤、洗涤、干燥、卸料的作用。

转鼓真空过滤机能自动连续操作，节省人力；过滤适应性好，能处理黏性、具可压缩性滤饼及容易堵塞滤布的物料，但真空度受到热液体或挥发性液体的蒸汽压的限制，推动力小，设备费较贵。

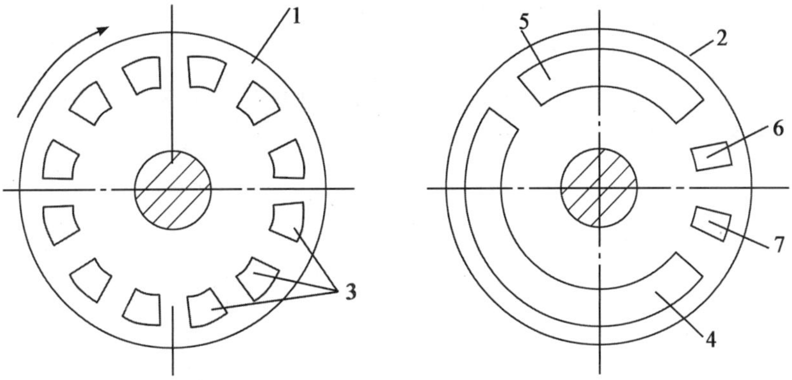

图 3-3-7　分配头

1. 转动盘　2. 固定盘　3. 转动盘上的孔　4、5. 同真空相通的孔　6、7. 同压缩空气相通的孔

四、硅藻土过滤机

它是利用硅藻土作助滤剂附着在织物介质上完成过滤操作的设备，实际上是利用织物介质和粒状介质构成的复合介质进行过滤。硅藻土是由海中硅藻类的遗骸沉积下来，经粉碎加

工而成的一种松散粉粒状微粒，主要成分是二氧化硅，其形状极不规则，所形成的滤饼空隙率大，具有不可压缩性，加之在酸碱条件下性能稳定，因而是优良的过滤介质，同时也是优良的助滤剂。较常用的一种硅藻土过滤机的结构如图 3-3-8 所示。

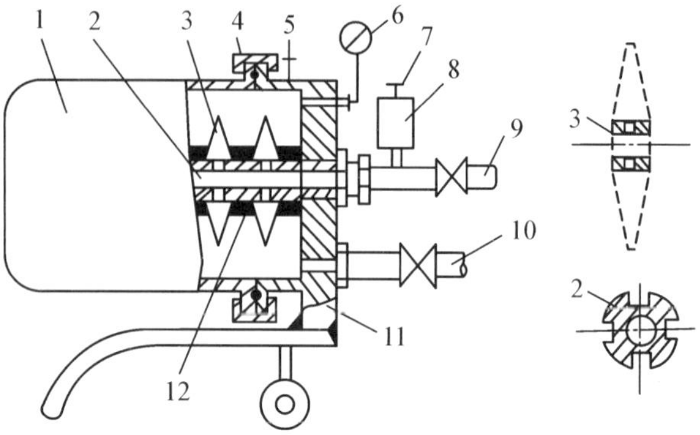

图 3-3-8　硅藻土过滤机

1.壳体　2.空心轴　3.过滤网盘　4.卡箍　5、7.排气阀　6.压力表　8.玻璃视筒
9.滤液出口　10.原液进口　11.支座　12.密封胶圈

该机工作时一般要配一个回流缸。在回流缸中按滤盘总过滤面积向原液中加入硅藻土助滤剂，搅匀后由进口进入过滤机，同时打开排气阀，排气完毕立即关掉排气阀，使机内充满液体。在压力推动下，滤液穿过滤布、滤网盘，随后进入空心轴的长槽中，通过槽中的孔进入空心轴，再由出口排入回流缸。一直循环到当硅藻土均匀涂布在滤布上为止(从视筒中观察滤液清澈为止)，硅藻土涂层在滤布上形成后，杂质便被截留，滤液从其微细孔道经过，达到过滤目的。该机应连续运行，若中途临时停机应先关出口阀再关入口阀，保持机内正向压力，以防硅藻土涂层裂口或脱落，影响再次启动后滤液质量。

硅藻土过滤机有很多优点，如性能稳定、适应性强、能用于很多液体的过滤；经过滤后物料的风味不变；无悬浮物和沉淀物，液汁澄清透明，滤清度高，液体损失少；该机清洗方便，占地面积小，轻巧灵活，移动方便。

五、加压叶滤机

图 3-3-9 所示的加压叶滤机由许多不同宽度的长方形滤叶装合而成。滤叶由金属多孔板或金属网制造，它内有空间，外罩滤布，被安装在密闭机壳内。滤浆用泵压送到机壳内，滤液穿过滤布进入滤叶内，汇集至总管后排出机外，颗粒则被阻挡在滤布外侧形成滤饼。若要洗涤滤饼，洗水的路线与滤液相同。洗涤后打开机壳上盖，拔出滤叶清除滤饼。加压叶滤机是密闭操作，比较卫生，过滤速度快，洗涤效果好，但造价较高，更换滤布比较麻烦。

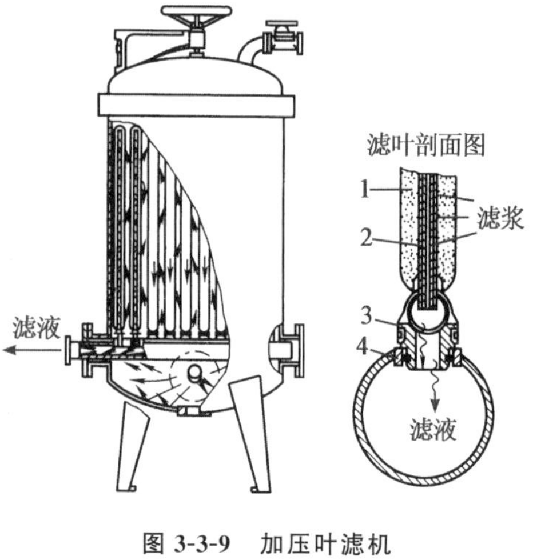

图 3-3-9　加压叶滤机

1.滤饼　2.滤布　3.拔出装置　4.橡胶圈

任务四 膜分离设备

用天然的或人工合成的高分子薄膜或其他具有类似功能的材料，以外界能量或化学位差为推动力，对双组分或多组分的溶质和溶剂进行分离、分级、提纯和富集的方法，统称为膜分离法。膜分离法可用于液体和气体。

膜大体可按来源、材料、化学组成、物理形态以及制备等多种方法来划分：按膜的来源分为天然膜和合成膜，按膜的材料分树脂膜、陶瓷膜及金属膜；按膜的化学组成可分为纤维素醋类膜、非纤维素醋类膜；按膜断面的物理形态或结构可分为对称膜、不对称膜（指膜的断面不对称）、复合膜（通常是用两种不同的膜材料，分别制成表面性层和多孔支撑层），按膜的形状可分为平板膜、管式膜和中空纤维膜等。目前醋酸纤维素膜和聚酞胺膜应用较为广泛。陶瓷膜和金属膜以其特有的性能和强度，在果蔬汁加工方面成为主导部件，但这些产品价格相对高分子聚合物膜贵得多。

膜分离的特点：风味和香味成分不易失散；易保持食品某些功效，如蛋白的泡沫稳定性等；不存在相变过程，节约能量；工艺适应性强，处理规模可大可小，操作维护方便，易于实现自动化控制。

一、膜组件

膜组件为以某种形式将膜组装形成的一个单元，它直接完成分离。对膜组件的基本要求为：装填密度高，膜表面的溶液分布均匀、流速快，膜的清洗、更换方便，造价低，截留率高，渗透速率大。工业上用的膜组件有平板式、管式、毛细管式、中空纤维式、螺旋卷式等。

（一）平板式膜组件

平板式的特点是制造、组装简单，膜的更换、清洗、维护容易，在同一设备中可按要求改变膜面积。当处理量大时，可以增加膜的层数。因原液流道截面积较大，原液虽含一些杂质，也不易堵塞流道，压力损失较小，原液流速可达 1～5 m/s。适应性较强，预处理要求较低。图 3-4-1 为 DDS 公司的平板式膜组件结构。

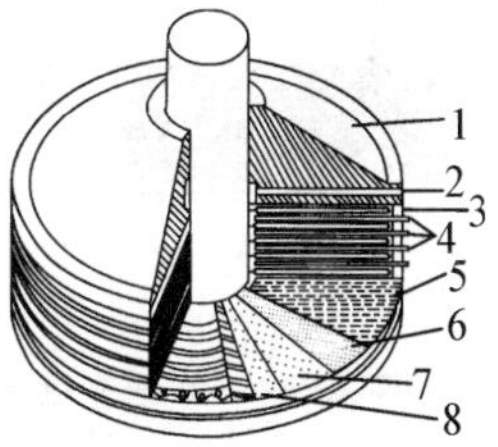

图 3-4-1 平板式膜组件

1. 盖板 2. 料液 3. 隔板 4. 滤过液 5. 膜 6. 滤纸 7. 膜支撑板 8. 隔板

（二）管式膜组件

常用的管式组件是由管状膜和支撑体构成。膜牢固地黏附在支撑管的内壁或外壁，管的直径在 12～14 mm。它由多段过滤管组成。外管为多孔金属管或玻璃纤维增强塑料管，中间为多层合成纤维布过滤层，内层为管状超滤或反渗透膜。原液在压力作用下在管内流动，产品液由管内透过管膜向外迁移。结构如图 3-4-2 所示。

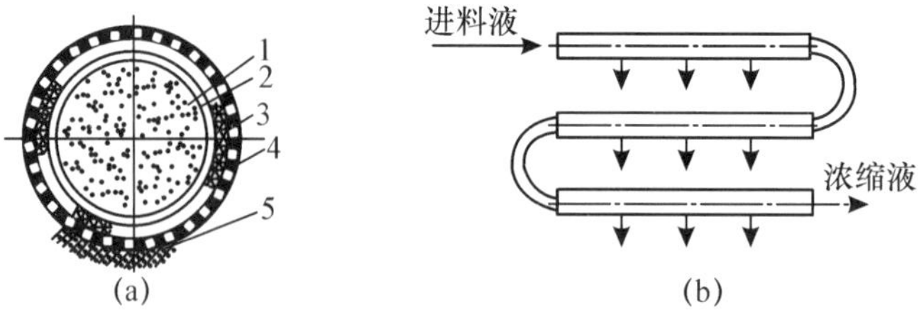

图 3-4-2　管式膜组件

(a)剖面结构　(b)组合设备

1. 原料液　2. 膜管　3. 多层合成纤维布　4. 多孔管　5. 透过液

(三)毛细管式膜组件

毛细管式膜组件由许多直径为 0.5～1.5 mm 的毛细管组成,其结构如图 3-4-3 所示。进料液从每根毛细管的中心通过,透过液从毛细管壁渗出。毛细管由纺丝法制得,无支撑部件。

毛细管式膜组件的纤维平行排列,两端均与一块端板黏合。与管式膜组件相比,毛细管式膜组件拥有高填充密度,但由于多数情况下是层流,物质交换性能较差。这种组件由于长度与内径的比值很大,故局部溶剂及溶质的流动速率差别也很大。

(四)中空纤维膜组件

结构如图 3-4-4 所示,具有 24～42 μm 内空直径的中空纤维膜束集装在一个管内即为中空纤维膜组件。该类膜组件单位体积内膜表面积大,极易小型化。中空纤维膜耐压,不易损坏,但一旦损坏便无法修复。另外表面去污困难,滤浆需经严格处理。

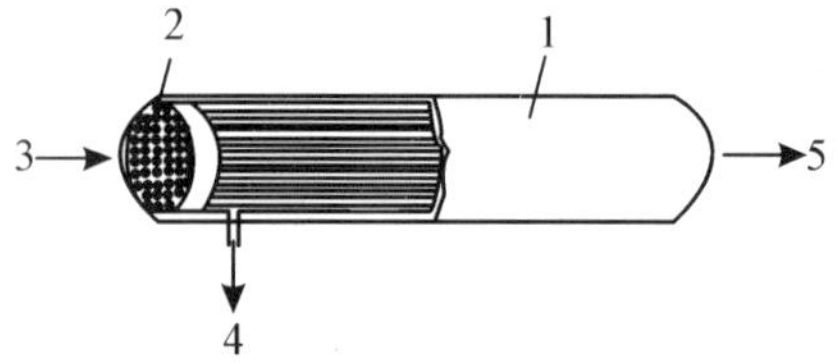

图 3-4-3　毛细管式膜组件

1. 外壳　2. 毛细管　3. 料液　4. 过滤液　5. 浓缩液

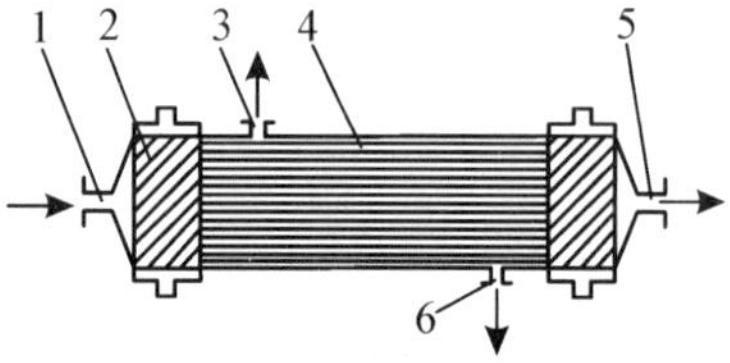

图 3-4-4　中空纤维式膜组件

1. 浆料进口　2. 固定端　3、6. 滤液出口　4. 中空纤维　5. 浓缩液出口

(五)螺旋卷式膜组件

螺旋卷式膜组件所用膜为平面膜,粘成密封的长袋形,隔网装在膜袋外,膜袋口与中心集水管密封。膜袋数目称为叶数,叶数越多,密封的要求越高。隔网为聚丙烯格网,厚度在 0.7～1.1 mm,其作用为提供原液流动通道,促进料液形成湍流。膜的支撑材料用聚丙烯酸类树脂或三聚氰胺树脂,其作用是使纤维不外露,衬料定形,方便刮膜,减少淡水流动时的阻力。支撑材料应具有化学稳定性及耐压等特性,厚度一般为 0.3 mm。最后将组件装入圆筒形的

耐压容器中。将多个卷式膜组件装于一个壳体内，然后将中心管相互连通，便组成螺旋卷式反渗透器，如图 3-4-5 所示。用于反渗透时，由于压力高，压力损失的影响较小，可多装组件。用于超滤时，连接的组件一般不超过 3 个。

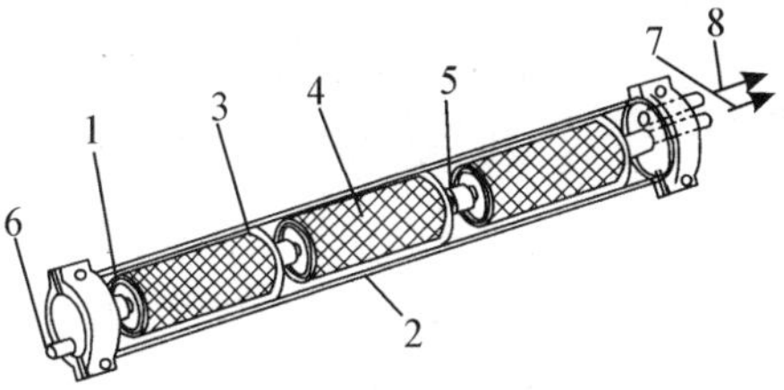

图 3-4-5　螺旋卷式反渗透器

1. 端盖　2. 耐压容器　3. 密封圈　4. 卷式膜组件　5. 联结器　6. 料液　7. 透过液　8. 浓缩液

二、膜分离方法

(一)电渗析

通常所称的电渗析是指使用具有选择透过性能的离子交换膜，在直流电场作用下，溶液中的离子有选择地透过离子交换膜所进行的定向迁移过程，如图 3-4-6 所示。离子交换膜是由高分子物质构成的薄膜，可以理解为薄膜状的离子交换树脂。离子交换膜按解离离子的电荷性质，可分成阳离子交换膜(简称阳膜)和阴离子交换膜(简称阴膜)两种。在电解质溶液中，阳膜允许阳离子透过而排斥阻挡阴离子，阴膜允许阴离子透过而排斥阻挡阳离子，这就是离子交换膜的选择透过性。

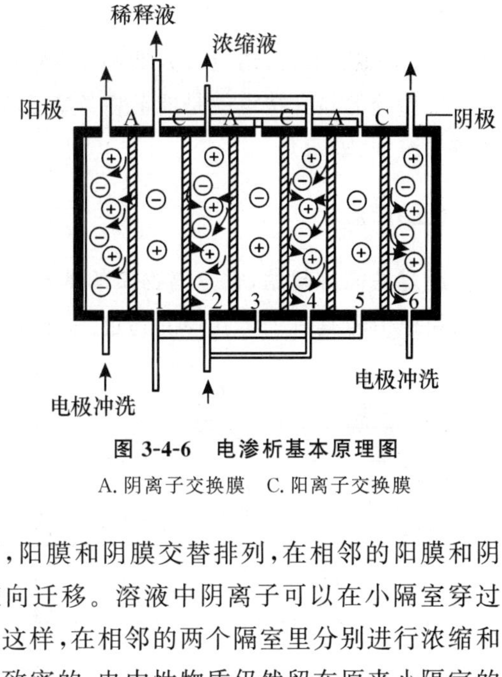

图 3-4-6　电渗析基本原理图

A. 阴离子交换膜　C. 阳离子交换膜

在电渗析操作单元中，在阳电极和阴电极之间，阳膜和阴膜交替排列，在相邻的阳膜和阴膜之间形成隔室。通直流电之后，水溶液中离子定向迁移。溶液中阴离子可以在小隔室穿过阴膜，向阴极移动；阳离子穿过阳膜，向阳极移动。这样，在相邻的两个隔室里分别进行浓缩和稀释，分别冲洗电极就可避免产生气体。如果膜是致密的，电中性物质仍然留在原来小隔室的溶液里。

电渗析主要用于咸水淡化，此外，电渗析其他方面的应用也很多，如将牛乳除盐接近人乳；从海带浸泡液中回收甘露醇；用于糖液精制、葡萄糖精制、酒及果汁的精制；氨基酸的分离与精制及溶菌酶、淀粉酶、肽、维生素 C、甘油、血清的提纯等。

(二)反渗透

反渗透是利用反渗透膜选择性只能透过溶剂(通常是水)的性质，对溶液施加压力以克服溶液的渗透压，使溶剂通过反渗透膜而从溶液中分离出来的过程，其原理如图 3-4-7 所示。

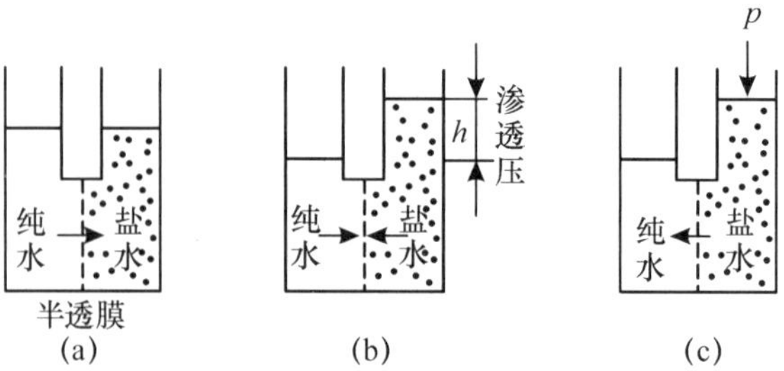

图 3-4-7　反渗透工作原理

(a)渗透　(b)渗透平衡　(c)反渗透

当纯水与溶液用一张能透过水的半透膜隔开时，纯水将自发地向溶液侧渗透。水分子的这种流动推动力，即是半透膜两侧水的化学势的差值，这种现象称为渗透。渗透要一直进行到溶液侧的压力高到足以使水分子不再流动为止。平衡时，此压力即为渗透压。

如果往溶液侧加压，使溶液侧与纯水侧的压差大于渗透压，则溶液中的水将通过半透膜流向纯水侧，此即反渗透过程。但在反渗透过程中，由于半透膜不可能对溶质具有 100％的脱除特性，所以一般而言，透过液并非纯水，而是含有溶质的稀溶液。

反渗透的最大特点就是能截留绝大部分和溶剂分子大小同一数量级的溶质，而获得相当纯净的溶剂（如水）。

(三)超滤

超过滤简称超滤，它分离物质的基本原理是：被分离的溶液借助外界压力的作用下，以一定的流速沿着具有一定孔径的超过滤膜面上的流动，让溶液中的无机离子、低相对分子质量物质透过膜表面，把溶液中高分子、大分子物质、胶体、蛋白质、细菌、微生物等截留下来，从而实现分离与浓缩的目的，超过滤的原理如图 3-4-8 所示。

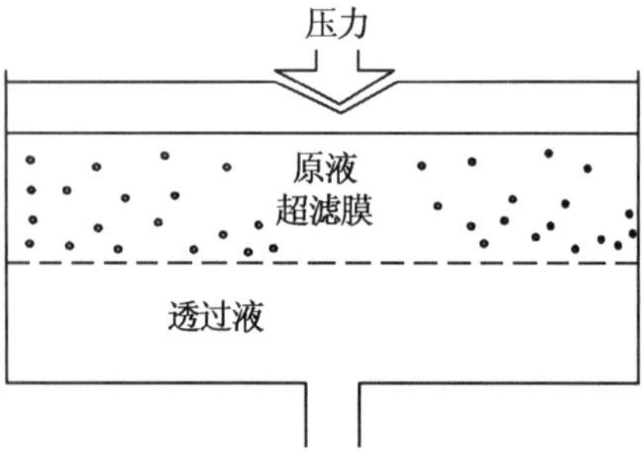

图 3-4-8　超滤原理示意图

超过滤法的作用过程与反渗透法基本相同，都是通过加压和半透膜来达到降低溶液中溶质浓度，但两者也有不同之处，主要表现在以下三个方面。一是操作压力，反渗透的操作压力高，一般要达 2.74～14.7 MPa，而超滤的操作压力为 49～588 kPa；二是所能截留的分子质量的大小，反渗透截留溶液中相对分子质量为 10～10 000 的溶质，所以一般小分子也不能通过，而超滤截留溶液中相对分子质量为 10 000～50 000 的溶质，因而小分子能够通过；三是使用的半透膜，反渗透用的是醋酸纤维或其衍生物，而超滤用的是聚丙烯腈和其他聚烯烃系的膜。

任务五　萃取设备

根据不同物质在同一溶剂中溶解度的差别，使混合物中各组分得到部分的或全部分离的分离过程，称为萃取。在混合物中被萃取的物质称为溶质，其余部分则为萃余物，而加入的第三组分称为溶剂或萃取剂。萃取过程中溶质从一相转移到另一相中去，所以萃取也是传质的过程。相间物质的传递是由扩散作用引起的，扩散的速度与温度、被萃取组分的理化性质以及在两相中的溶解度差有关。一个完整的萃取操作过程如图 3-5-1 所示。原料液与溶剂充分混合接触，使一相扩散于另一相中，以利于两相间传质；萃取相和萃余相进行澄清分离；从两相分别回收溶剂得到产品，回收的萃取剂可循环使用。萃取相除去溶剂后的产物称为萃取物，萃余相除去溶剂后的产物称为萃余物。

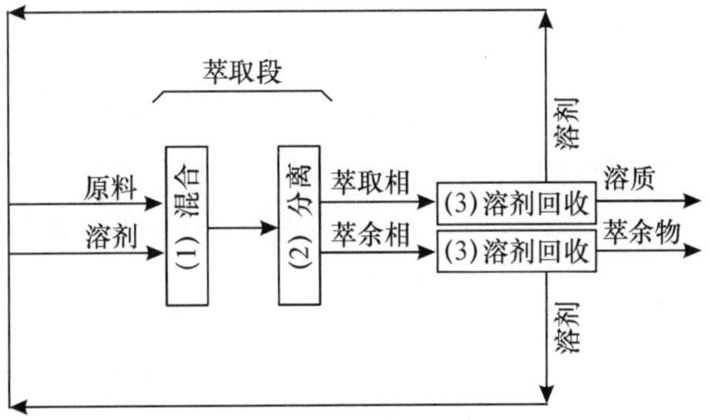

图 3-5-1　萃取过程

混合物料为液体的萃取称为液-液萃取，所用溶剂与被处理的溶液必须不互溶或很少互溶，而对处理溶液中的溶质具有选择性的溶解能力。例如可以用溶剂从色素和水的混合物中提取色素。

混合物料为固体的萃取称为液-固萃取（也称为浸出、提取或浸沥，当溶剂为水，被分离的溶质为人们不希望要的组分时，则可称为洗涤），为了增加接触面积，一般需将固体粉碎。例如香料制作中利用香草为原料，经过浸提过程分离出有用成分。

一、液-液萃取设备

液-液萃取属于分离均相液体混合物的一种单元操作，在食品工业上主要用于提取与大量其他物质混杂在一起的少量挥发性较小的物质。因液-液萃取可在低温下进行，故特别适用于热敏性物料的提取，如维生素、生物碱或色素的提取，油脂的精炼等。

液-液两相间传质是一个界面更新过程，所以萃取设备的形式从原理上包括实现不同相间膜状接触或将一相分散在另一相以及两相分离两部分。

在此类萃取设备中，分散相和连续相逆流流动，并在连续逆流流动过程中进行质量传递，分散相的聚合及两相的分离是在萃取柱的一端实现的。液-液萃取设备包括两个组成部分，一是混合设备，要求溶剂和料液充分混合，在短时间内接近萃取平衡；另一是分离设备，将萃取后的两相进行分离。

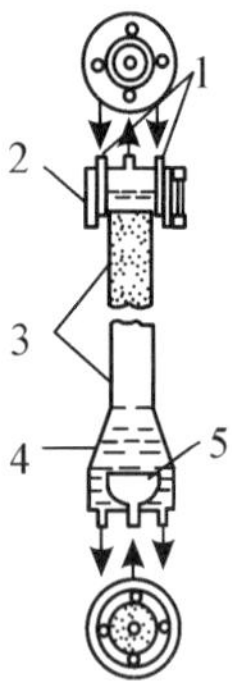

图 3-5-2　喷淋柱示意图

1.重相(连续相)进口　2.界面　3.主接触段　4.轻相(分散相)　5.分布器

喷淋柱(重力作用的萃取柱)如图 3-5-2 所示。重相连续相由柱顶引入，充满萃取柱，从柱底通过液封管流出；轻相从柱底进入，通过分布器分散成细小液滴，再通过重相，在柱顶聚合成轻相液层。柱的处理能力较大，随两相密度差和随重相黏度的增加而增大，随轻相黏度的增加而减小。分散相的液滴直径对处理能力影响较大。由于柱内无内部构件，因此两相接触时间短，传质系数小且连续相纵向混合严重，从而萃取效率低。但其结构简单，设备维修费用低，可用于简单的洗涤和溶剂处理过程。

二、固-液萃取设备

固-液萃取操作通常称为浸出或浸提。食品工业的原料多为动植物产品，固体物质是其主要组成部分。为了分离出其中的纯物质，或者除去其中不需要的物质，多采用浸提操作。随着近年来食品工业的发展，油脂工业、制糖工业、制造速溶咖啡、速溶茶、香料色素、植物蛋白、鱼油、肉汁和玉米淀粉等，都应用到浸提操作。

固体的浸提过程一般包括：溶剂浸润进入固体内，溶质溶解；溶解的溶质从固体内部流体中扩散达到固体表面；溶质继续从固体表面通过液膜扩散而到达外部溶剂的主体中。

影响浸提速度的因素包括：①可浸提物质的含量：物料中可浸提物含量高，浸提的推动力就大，因而浸提速率就快；②原料的形状和大小：物料形状和大小直接影响传质速率，其应在一定适宜范围内，太大太小都不适宜；③温度：在较高的温度下进行浸提操作，可以提高溶质的扩散速率，从而提高浸提速率，但浸提温度的确定还要考虑物料的特性，避免因温度过高而导致浸提液的品质劣变；④溶剂：溶剂的影响包括溶剂的溶解度、亲和力、黏度、分子大小等各种因素，比较复杂。

在食品工业中，固体浸提物料的粒径多大于 100 目，且富含纤维成分，常用的浸提装置为：单级浸提罐、多级固定床浸提器和连续移动床浸提器等。

(一)单级浸提罐

单级浸提罐为一开口容器，下部安装假底以支持固体物料，溶剂从上面均匀喷淋于物料上，通过床层渗滤而下，穿过假底从下部排出。物料由上方进入，残渣通过下排渣口排出，浸提液由泵排出。物料浸提有时需在高温下进行，溶剂多为挥发性的，且卫生要求高，故单级浸提罐常做成密闭式的，如图 3-5-3 所示。

单级浸提罐常用做中试设备或小规模的生产设备，可以从植物种子、大豆和花生等原料中提取油脂，从咖啡、干茶叶或中药材中提取浸出物等。

(二)多级固定床浸提器

多级固定床浸提器为将数个浸提罐依序排列，如图 3-5-4 所示。新溶剂由罐顶注入进行浸提，所得浸提液再泵入次一级的浸提罐，并依序连续操作。罐与罐间设置热交换器，以确保浸提液的温度，提高浸提效率。这样，所得浸提液的浓度逐罐提高，当第一罐物料内的溶质残存浓度低于经济极限时，停止浸提操作。新溶剂则改成从第 2 号罐注入。

这种类型的浸提系统可用于咖啡、茶精、油脂和甜菜汁的浸提操作。

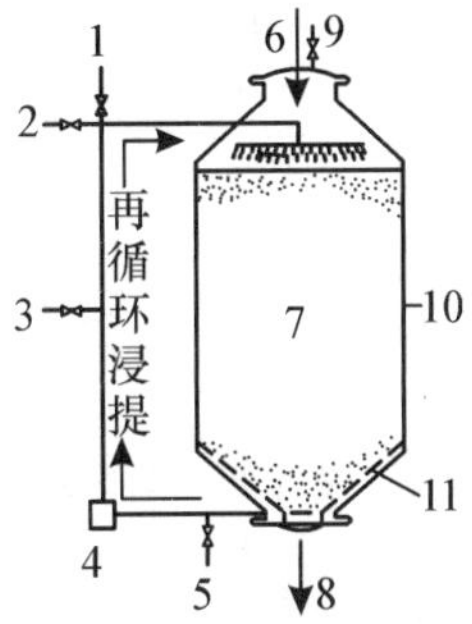

图 3-5-3　单级浸提罐

1.洗水入口　2.新溶剂　3.浸提液　4.泵
5.洗水出口　6.物料入口　7.固体物料槽
8.残渣出口　9.排气孔　10.罐体　11.假底

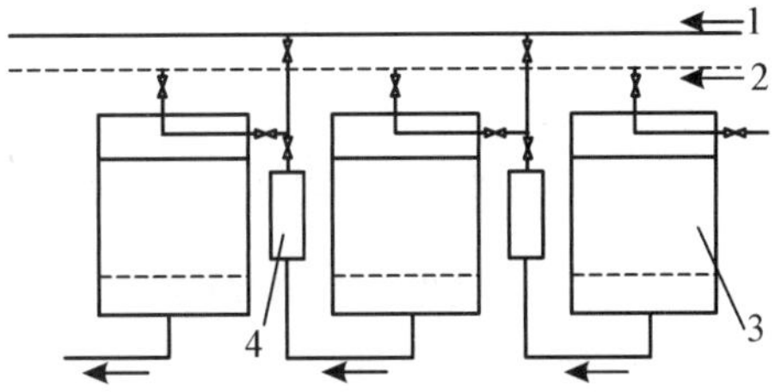

图 3-5-4　多级逆流固定床浸提罐

1.溶液管　2.溶剂管　3.浸提罐　4.加热器

(三)连续移动床浸提器

工业上大多采用连续移动床浸提系统，物料置于一连续移动床上，随其移动，溶剂则逆向流动。目前，连续移动床浸提设备主要有浸泡式、渗滤式及浸泡和渗滤混合式三种形式。

1.浸泡式连续移动床浸提器

物料完全浸没于溶剂之中进行连续浸提。如图 3-5-5 所示，此浸提器由两个垂直圆形塔，下端用短的水平圆筒连接而成。每段圆筒内均安装有螺旋输送器，螺旋片上均开有滤孔。螺旋输送器将固体物料从低塔的顶部移向底部，再经短距离水平移动而到达高塔的底部，而后上升到达塔顶的卸料口。新鲜溶剂在较高的塔顶附近引入，入口位置低于固体的卸料口，以保证固体残渣有一段沥出溶剂的距离。溶剂依靠重力向下流动，与物料进行流向相反的逆流接触。随着流动，溶剂中溶质浓度逐渐增加。溶液出口位于原料入口下方，并低于溶剂入口位置，排出前经过一特殊的过滤器过滤。这种浸出器常用于大豆和甜菜的浸提。

2.渗滤式连续移动床浸提器

溶剂喷淋于物料层之上，在通过物料层向下流动的同时进行浸提，物料不浸泡于溶剂中。

如图 3-5-6 所示，主要由转子、假底(活络筛网)、轨道、混合油收集格(油斗)、喷淋装置、进料和卸粕装置、传动装置等组成，整个设备由外壳密封。

浸出器的转动体被钢板间隔形成若干格子，称为浸出格。每个浸出格的下部均装有假底，假底的一侧通过铰链与隔板底侧连接，另一侧有两个滚轮支撑在底座上的内外轨道上。假底与料格吻合形成一个有底容器。假底由角钢、有孔筛板和丝网等构成，这样既能承托被浸物料，又能透过混合油。转动体外圈中间处装有齿条，通过链条和减速器传动，绕主轴做顺时针或逆时针方向转动。当假底合上时，浸出格开始装料，小滚轮就在圆形轨道上缓慢移动，并托住浸出格内的物料。物料经上部喷入的混合油浸泡提取，当其中的油脂被逐渐提取殆尽时，再被新鲜溶剂喷淋浸泡一次。随后即进入粕的最后滴干阶段。粕内低浓度的混合油自行滴干，

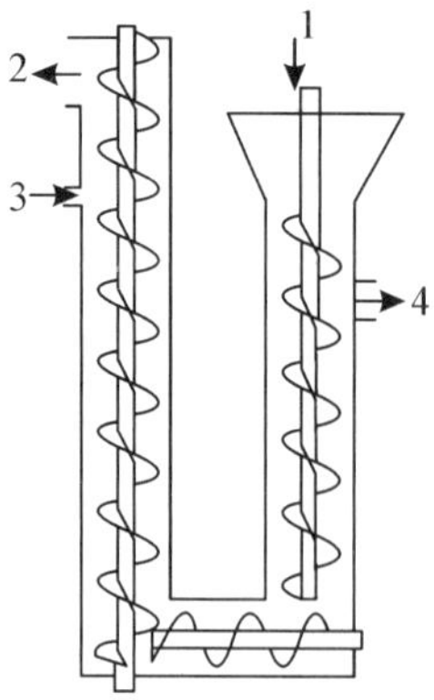

图 3-5-5　浸泡式连续移动床浸提器

1. 物料　2. 残渣　3. 溶剂　4. 浸提液

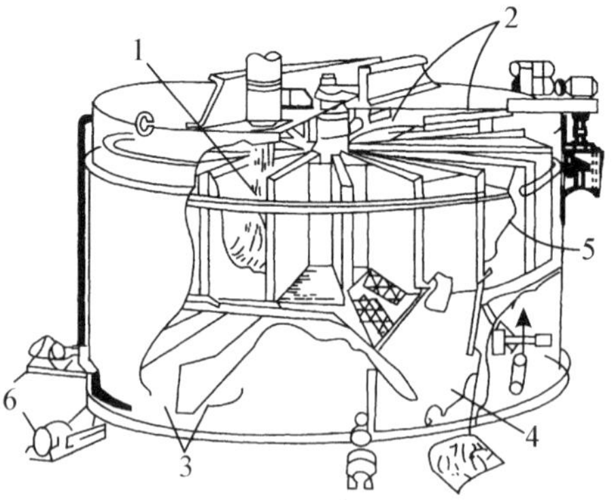

图 3-5-6　渗滤式连续移动床浸提器

1. 装料　2. 喷淋溶剂　3. 浸提液出口　4. 残渣出口　5. 残渣卸除　6. 溶剂泵

落入浸出器下部的混合油收集格内。滴干结束后，浸出格即旋转到了出粕处。在出粕处，圆形轨道中断，假底失去依托。由于粕和假底的重量，使假底自动脱开，湿粕随之落入出粕斗中，经绞龙或刮板输送机送去蒸脱以回收湿粕中的溶剂。

三、超临界萃取设备

超临界流体萃取(SCFE)是一种新型的萃取分离技术，是利用流体(溶剂)在临界点附近某一区域(超临界区)内，它与待分离混合物中的溶质具有异常相平衡行为和传递性能且它对溶质溶解能力随压力和温度改变而在相当宽的范围内变动的特性而达到溶质分离的一项技术。由于它具有低能耗、无污染、无残留和适宜处理易受热分解的热敏性物料等特点，使其在化学工业、能源、食品和医药等工业中广泛应用。

超临界流体萃取系统主要由四部分组成：溶剂压缩机(即高压泵)，萃取器，温度、压力控制系统，分离器和吸收器。

其他辅助设备包括：辅助泵、阀门、调节器、流量计、热量回收器等。

任务六　蒸馏设备

一、蒸馏原理

蒸馏是指根据液体成分的挥发度的不同，将混合液加热至沸腾，使液体不断汽化，产生的蒸汽经冷凝后作为顶部产物的一种分离、提纯操作。

(一)简单蒸馏

在蒸馏过程中，馏出液通常是按不同组成阶段分罐收集(图 3-6-1)。该蒸馏为不稳定过程，只适用于沸点相差较大而分离要求不高的场合，或者作为初步加工。

(二)平衡蒸馏

蒸馏过程中，原料连续进入加热器中，加热至一定温度，蒸汽与残液处于恒定压力与温度下，故气液两相成平衡状态，经节流阀骤然降压到规定压力，致使部分料液迅速汽化，气液两相在分离器中分开，而获得易挥发组分浓度较高的顶部产品与浓度较低的底部产品。与简单蒸馏比较，平衡蒸馏(图 3-6-2)为稳定连续过程，生产能力大，但仍不能得到高纯产物。平衡蒸馏常用于只需粗分离的物料。

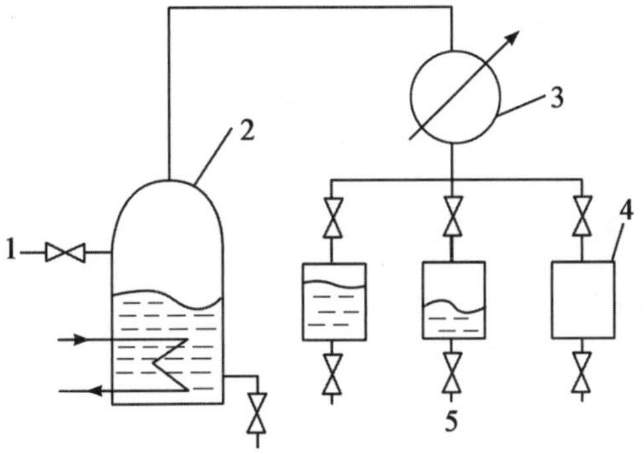

图 3-6-1 简单蒸馏

1.原料 2.蒸馏釜 3.冷凝器 4.容器 5.产品

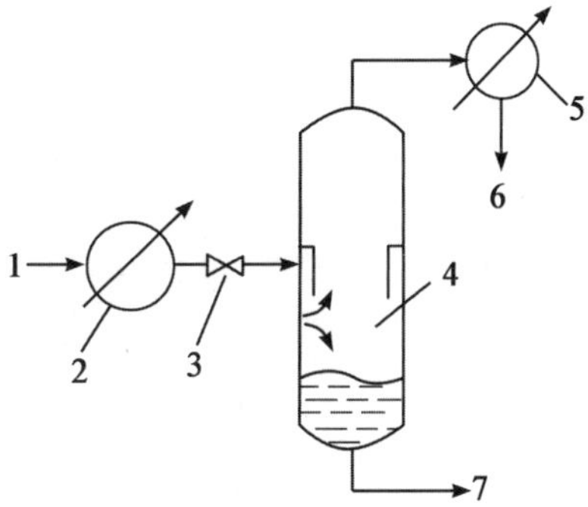

图 3-6-2 平衡蒸馏

1.原料 2.加热炉 3.节流阀 4.分离器 5.冷凝器 6.顶部产品 7.底部产品

(三)精馏

图 3-6-3 为板式精馏塔精馏过程示意图，原料在精馏塔(图 3-6-3)中同时多次地进行部分汽化和部分冷凝，将料液分离成所需高纯度组分。操作时，由塔顶可得到近于纯的易挥发组分的产品。塔中各级的易挥发组分浓度由上至下逐级降低，当某级的浓度与原料液的浓度相同或相近时，原料液就由此级引入。

精馏操作是在直立圆形的精馏塔内进行的，塔内装有若干层塔板或充有一定高度的填料。塔板的形式和填料的种类很多，塔板的液层和填料表面是气液两相进行热交换和物质交换的场所。

二、酒精蒸馏设备

醪液蒸馏和酒精精馏的主要设备是蒸馏塔，它把酒精从醪液中蒸馏分离出来，又把酒精蒸馏提浓到高浓度，同时分离出部分杂质。

酒精发酵的成熟醪液除含有固形物外，主要成分是酒精和水，并伴随醛、醇、酮、酸等许多微量物质。这些微量物质在酒精蒸馏系统中统称杂质。蒸馏过程中，酒精和低沸点物质挥发的同时高沸点物质经水蒸气蒸馏也汽化上升，造成酒精与杂质混杂。但是酒精和杂质的挥发系数不同，杂质在塔里分布和聚积的区域不同，运用杂质分布的规律便可在蒸馏操作中分离部分杂质。

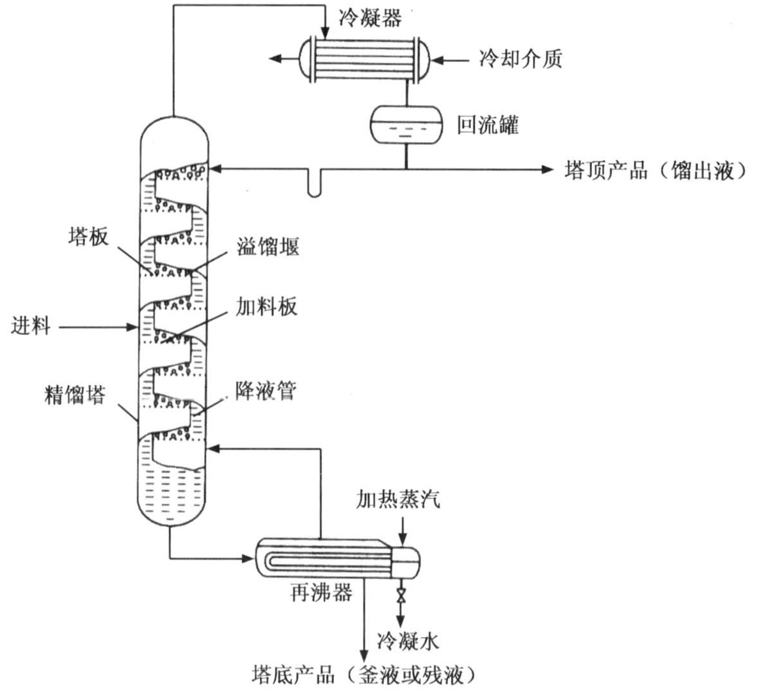

图 3-6-3　板式精馏塔精馏过程示意图

根据产品质量的不同要求和杂质的特性，宜选用不同的流程。常见的流程有单塔式、双塔式、三塔式和多塔式。

(一)单塔式酒精连续蒸馏流程

单塔式酒精连续蒸馏流程如图 3-6-4 所示，该流程只有一个蒸馏塔。该塔分上下两段：下

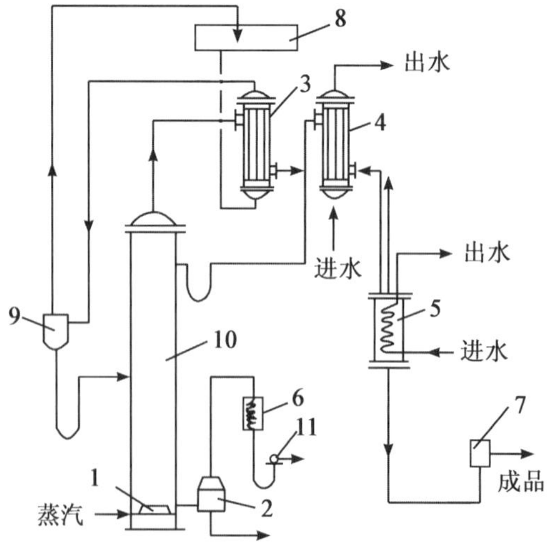

图 3-6-4　单塔式酒精连续精馏流程

1. 蒸汽加热器　2. 调节器　3. 分凝器　4. 冷凝器　5. 酒精冷却器　6. 酒糟蒸汽冷却器　7. 酒精检验器　8. 成熟发酵醪高位槽　9. 气液分离器　10. 塔　11. 废液检验器

段为提馏段，主要是把醪液中的绝大部分酒精蒸馏出来，保证酒糟中残留的酒精极少；上段为精馏段，主要是把酒精蒸馏提浓到成品要求的浓度。

醪液经塔顶上升的酒精蒸气在预热器内预热后，由塔中部提馏段上部进塔。进料层产生的酒精蒸气通过精馏段逐层蒸馏提浓，由塔顶上升到预热器，冷凝成为液体回流入塔内，未冷凝的气体通过分凝器再部分冷凝后回流入塔内，尚未冷凝的气体则经冷凝冷却器冷却至一定温度，作为工业酒精排出。不冷凝的气体即初级杂质从排醛器排出。从塔顶以下 3～4 层塔板上引出酒精液体，通过冷却器冷却，即为成品酒精。

由于单塔式分离杂质能力低，成品质量达不到医药酒精标准，加之经济性能差等不足，这种流程在酒精工业中基本已被淘汰，但在白酒制造中仍有采用。

(二)双塔式酒精连续精馏流程

双塔式酒精连续精馏流程由粗馏塔和精馏塔两个塔组成。粗馏塔相当于提馏段，从成熟醪中分离出稀酒精；精馏塔把稀酒精蒸馏提取到成品所需浓度，同时分离部分杂质，并使成品质量能达到部颁医药酒精质量标准。从粗馏塔来的稀酒精进入精馏塔有两种方式：一种叫气相过塔，即粗馏塔顶上升的酒精蒸气直接进入精馏塔；另一种叫液相过塔，即粗馏塔顶上升的酒精蒸气冷凝成为液体再流进精馏塔。气相过塔热效应好，可以节约蒸汽消耗。缺点是两塔直接联通，其中一个压力稍有波动，就互相影响。液相过塔由于酒精气经过冷凝可以排除部分初级杂质，对分离杂质能起一定作用，适于初级杂质较多的酒精精馏，但消耗蒸汽和冷却水较多。

因初级杂质在高浓度酒精中挥发较快，故初级杂质多聚积于塔顶气相中，实践也证明精馏塔顶层以下 3～4 层塔板上酒精液中初级杂质含量比顶层气相中少。因此，在这几层塔板上引出酒精液，冷却为成品酒精，质量较好。

双塔式酒精连续精馏气相过塔流程如图 3-6-5 所示。成熟醪经泵送至醒液箱，流经预

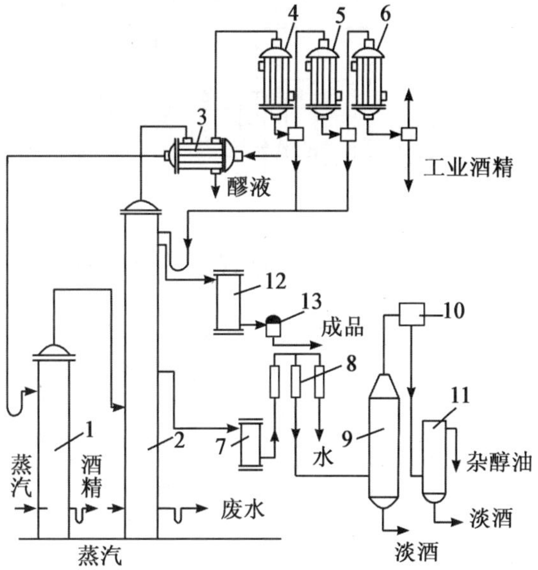

图 3-6-5 气相过塔双塔蒸馏流程

1.粗馏塔 2.精馏塔 3.预热器 4、5、6.冷凝器 7.冷却器 8.乳化器
9.分离器 10.杂醇油储存器 11.盐析罐 12.成品冷却器 13.检酒器

热器预热至 70℃，由粗馏塔顶层进塔。塔釜用蒸汽加热，酒精蒸气逐层上升，使酒精气化。由粗馏塔顶进入精馏塔的酒精蒸气，经精馏段蒸馏提浓，上升至塔顶，进入预热器，被成熟醪冷凝成为液体，回流至塔内。未冷凝气体大部分在分凝器内冷凝，也回流至塔内。少量未冷凝的酒精蒸气含杂质较多，冷凝后作为工业酒精。常温下不能冷凝的气体（初级杂质）从排醛器排出。从塔顶以下 3～4 层塔板上引出已脱除部分杂质的成品酒精，经冷却器冷却入库。

杂醇油的提取一般是液相提取。粗馏塔塔釜连接浮鼓式排糟器控制排糟。精馏塔塔釜则连接 U 形管排液器，控制排除废液。

这种流程设备简单，操作稳定，能提取杂醇油和排除部分初中级杂质，成品酒精质量能达到部颁医药酒精标准。设备热效应高，投资和生产费用低，故广泛使用。

（三）三塔式酒精连续精馏流程

三塔式酒精连续精馏流程可获得精馏酒精。

三塔式酒精连续精馏流程如图 3-6-6 所示，该流程由三个塔组成，即在双塔式的粗馏塔和精馏塔之间装置脱醛塔。脱醛塔的主要作用是脱除部分初级杂质和部分中级杂质。粗馏塔顶上升的酒精蒸气由脱醛塔中部进塔，逐层上升。脱醛塔顶上升的酒精蒸气经分凝器冷凝后，绝大部分酒精冷凝液回流入塔内，少量酒精蒸气和杂质冷凝后作为工业酒精排出，未冷凝的气体从排醛器排出。脱醛塔顶回流的酒精在下流的过程中，截留了杂醇油一起下流，并且浓度变稀。在稀酒精中初级杂质挥发度高。因此，塔底的稀酒精得以脱除较多的初级杂质。脱除部分杂质的稀酒精液从脱醛塔塔底流到精馏塔，再经精馏塔蒸馏提浓并抽提杂醇油和排除杂质。因此，成品酒精质量较高，能达到精馏标准。

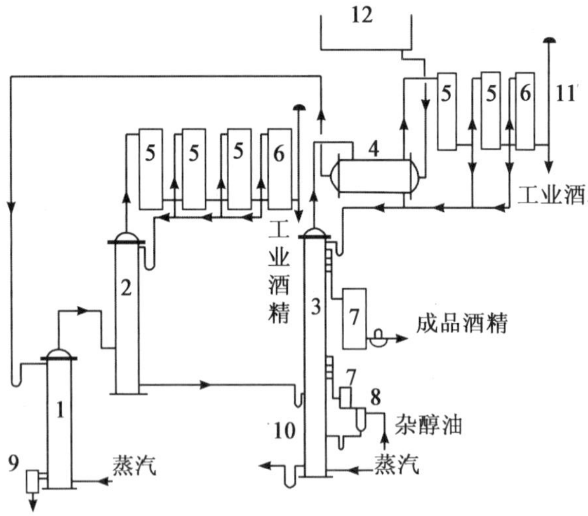

图 3-6-6　三塔式酒精连续精馏流程

1. 粗馏塔　2. 脱醛塔　3. 精馏塔　4. 预热器　5. 分凝器　6. 冷凝器　7. 冷却器　8. 杂醇油分离器　9. 酒糟排除控制器　10. U 形废液排除控制器　11. 排醛器　12. 醪液箱

三、白酒蒸馏设备

白酒的蒸馏一般采用简单蒸馏方法。操作时将成熟醪液放在一个密闭的蒸馏甑中加热，使料液沸腾，所产生的酒精蒸气通过引导管引入冷凝器冷凝，并冷却成低温的成品酒。用此法进行蒸馏时，由于随时不断地将产生的酒精蒸气移出，而蒸馏甑中又无醪液补充，故甑内液相中酒精成分的浓度逐渐降低，于是成品酒的浓度也愈来愈低，故需按要求将不同浓度范围的成品分别盛装。随着蒸馏过程的进行，甑中液体浓度下降到某规定值时，停止蒸馏，将酒糟排出，然后再加入新的醪液重新蒸馏。

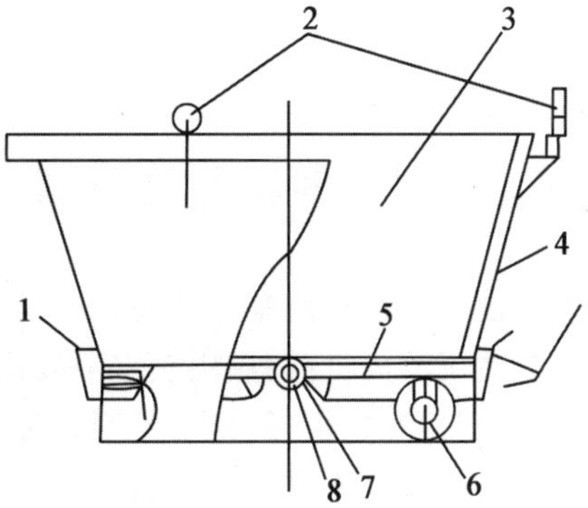

图 3-6-7　活底甑

1.活动销及销套　2.吊环　3.甑体　4.甑壁及填料　5.活页底和支承　6.支座　7.活页套　8.活页轴

传统的白酒蒸馏甑用钢板制造，甑桶的上缘有液封装置，为便于出糟，甑的底部为活动底板，结构如图 3-6-7 所示，由两个活动的半圆铁柜和筛板组成，晒板上盛放酒醅。其特点是以含酒分和具香味的酒醅作为填料层，采用边上气、边上料的加料方式，使得酒醅与酒精蒸汽间进行充分的接触，酒分不断汽化、不断冷凝，成品酒香味和口味成分得到很好的调和。

复习思考题

1.叙述果蔬去皮常用的方法。

2.说明绞肉机螺旋供料器的结构特点及作用。

3.蘑菇定向切片机的主要构件有哪些?

4.简述过滤分离原理、应用及对常用过滤介质的要求。

5.板框式压滤机的主要构件有哪些?

6.碟片式离心机的主要构件有哪些?

7.如何进行离心机的选型?

8.膜分离的方法有哪些?

9.什么是超临界萃取技术?简述超临界萃取系统的组成。

实验实训　绞肉机的观察和使用维护

一、目的要求

通过绞肉机的观察与使用维护，使学生进一步了解绞肉机的构造，掌握绞肉机的基本工作原理和使用方法,在生产中能够正确使用绞肉机。

二、设备与工具

(1)绞肉机1台;
(2)猪肉10 kg;
(3)电源;
(4)自来水源。

三、实训内容和方法步骤

(1)观察绞肉机的整体结构。

(2)使用绞肉机前,应用热水对其进行清洗消毒。装配绞肉机时,先将螺杆装入螺旋筒中,然后装上切刀和格板,最后用紧固螺母拧紧。

(3)接通绞肉机电源,并进行试运转。

(4)运转正常后,加入猪肉,进行绞肉,必要时用填料棒推送入绞肉腔内。

(5)绞肉完成后,要清洗绞肉机。按组装的相反顺序拆下格板、切刀和螺杆,清理表面的肉末,然后用热碱水或洗涤剂清洗上述部件及进料斗和机筒等。清洗干净后,擦去表面水分,正确地将刀具分组保管。

四、实训报告要求

(1)实训报告版面布局合理整洁、叙述严谨、文理通顺、书写简洁、符号标准、图表规范;
(2)对观察到的设备进行分析描述,可用文字描述也可绘图表示;
(3)写出本次实训的心得体会,以及改进的建议;
(4)独立完成实训报告,无抄袭现象。

项目四

粉碎、均质及混合机械与设备

学习目标

1. 了解粉碎、均质及混合机械与设备的种类及用途。

2. 理解各类粉碎、均质及混合机械与设备的工作原理，能够根据不同的工艺要求来选择相应的粉碎、均质及混合机械与设备。

3. 掌握各类粉碎、均质及混合机械与设备的操作要点及特性。

教学基本内容

1. 粉碎、均质及混合机械与设备的种类及用途。

2. 各类粉碎、均质及混合机械与设备的工作原理。

3. 各类粉碎、均质及混合机械与设备的操作要点及特性。

任务一 粉碎机械

一、概述

食品粉碎机械是食品加工前序预处理的一种手段。其功能是用机械的方法克服固体物料内部凝聚力并将其分裂，也就是将大块物料处理成尺寸较小的物料。

（一）粉碎的概念

根据所处理食品物料尺寸的不同，通常将粉碎分为破碎和粉磨。将大块物料处理成小块物料的过程称为破碎。其中物料被处理后的直径大于 100 mm 时称为粗碎，为 30～100 mm 时称为中碎，为 3～30 mm 时称为细碎。将小块物料加工成为细粉的过程称为粉磨。其中物料被处理后的直径为 3～0.1 m 时称为粗磨，为 0.1～0.03 mm 时称为细磨，为 0.03 mm 以下称为超细磨，将全部物料粉碎到微米级的粒度称为超微粉碎。

（二）粉碎的目的

（1）有利于不同组分物料的均匀混合。

（2）便于对原料颗粒成分进行剔除或分离。

（3）提高物料的流动性，可实现流态化操作。

（4）提高物料的工艺性能。

（三）粉碎的方法

食品原料的粉碎方法主要有 5 种，如图 4-1-1 所示。

（1）挤压　物料在两个工作构件之间受到缓慢增长的压力作用而被粉碎。

（2）撞击　物料在瞬间受到外来冲击力而被击碎。

（3）折断　物料在两个工作构件间承受弯曲应力而折断。

（4）研磨　物料在两个相对滑动的粗糙工作表面之间受到摩擦、剪切等作用而被磨削成细粒。

（5）剪切　物料受到相对运动的两个工作构件端面的作用而被切断。

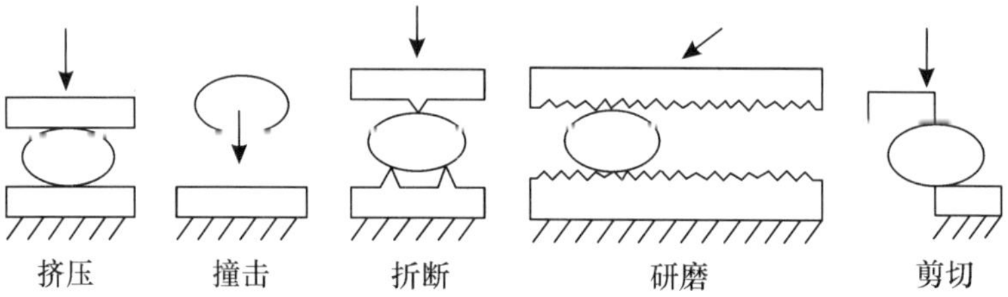

图 4-1-1　物料的粉碎方式示意图

（四）粉碎比

为了衡量粉碎机的粉碎效果，通常采用粉碎比这个概念。即：

$$i=\frac{D}{d} \tag{4-1-1}$$

式中，i—平均粉碎比；

D—物料粉碎前的平均直径，mm；

d—物料粉碎后的平均直径，mm。

对于粉碎机来说，为了简易地表示和比较这一特性，常用其允许的最大进料口尺寸与最大出料口尺寸之比作为粉碎比，称为公称粉碎比。

（五）粉碎操作

粉碎工艺的操作主要包括两个方面：

1. 粉碎的级数

当工艺要求的粉碎比较大时，由于一次粉碎比很大，常采用多级粉碎，使每一级负担一定的粉碎比。图 4-1-2 为典型的三级粉碎工艺。

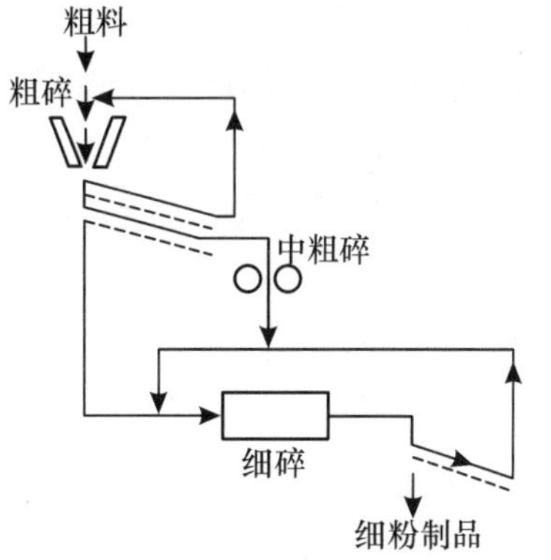

图 4-1-2　典型粉碎流程

实验证明，破碎时，粉碎比为 4 左右时操作效率最高，而粉磨时的粉碎比则需根据粉磨机械的性能来确定。

多级粉碎的总粉碎比为：

$$i_0 = i_1 \cdot i_2 \cdot i_3 \cdot \cdots \cdot i_n \qquad (4\text{-}1\text{-}2)$$

式中，i_0—总粉碎比；

$i_1, i_2, i_3, \cdots, i_n$—各级粉碎比。

2. 粉碎的流程

粉碎工艺的流程有开路粉碎和闭路粉碎两种，如图 4-1-3 所示。

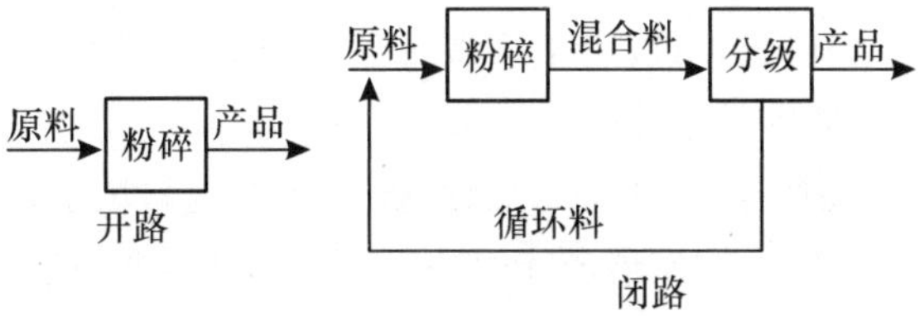

图 4-1-3　粉碎流程示意图

在开路粉碎流程中，一次粉碎后卸出的物料全部作为制成品。闭路粉碎流程是将粉碎后的物料进行分粒，不符合细度要求的物料再回流至粉碎机重新粉碎。图 4-1-4 的五辊式麦芽粉碎机流程即为典型的多级闭路粉碎流程。

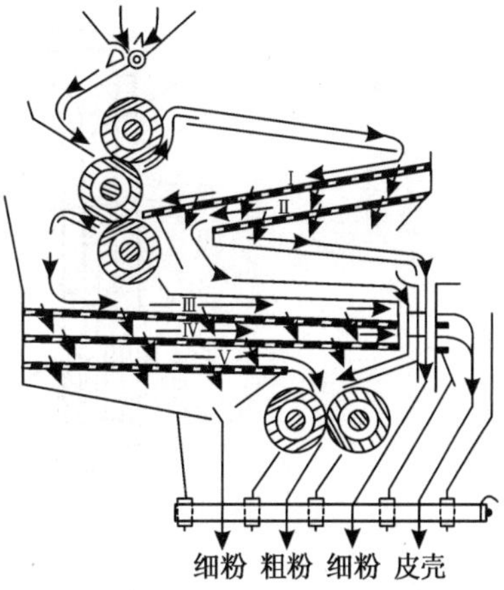

图 4-1-4　五辊式麦芽粉碎机流程

(六)粉碎机类型

按成品粒度分为：普通粉碎机（成品粒度＜80 目），微粉碎机（80％成品粒度＞80 目），超微粉碎机（成品平均粒度＞200 目）。

按粉碎作用形式分：最为常见的包括冲击式粉碎机、研磨式粉碎机等。

(七)选择粉碎机械的要求

(1)经粉碎后的物料，颗粒大小要均匀；

(2)已被粉碎的物料，要能立即从轧压部位排出；

(3)尽可能实现操作自动化，例如能不断地自动卸料等；

(4)可以调节和控制粉碎度;
(5)维修方便,易损件更换简单;
(6)设有安全装置,发生故障时能自动停车;
(7)节能,即每单位产量所消耗的能源要尽量小。

二、锤式粉碎机

(一)概述

锤式粉碎机是利用高速旋转的锤片对物料施以强烈作用而将物料粉碎的机器。其作用原理主要是撞击粉碎,同时机器中还存在着强烈的摩擦和剪切作用,所以锤式粉碎机既可以用作脆性物料的粉碎,也可以用作一些韧性物料的粉碎,故常被称为万能粉碎机。

锤式粉碎机的特点是结构简单、操作方便、生产效率高。但由于粉碎作用机理复杂,粉碎的粒度不能被严格控制,在不同的粉碎条件下其粉碎比可以在很大的范围内变化。锤式粉碎机在食品工业中的用途十分广泛,可以用于许多食品原料和中间产品,如薯类、玉米、大豆、咖啡、可可、糖、食盐、谷类、麦类等的粉碎。

常见的锤式粉碎系统如图 4-1-5 所示。该系统主要由进料装置、机壳、转子、齿板、筛板、风机和排料装置组成。在主轴上固定着若干个由轴套分隔定位的转盘,其上连接着锤片,组成了锤式粉碎机的转子。转子由主轴驱动,在由机壳和齿板、筛板等构成的粉碎室内旋转,破碎物料。转子的下部是筛板,侧面是风机,风机的叶片固定在主轴上。

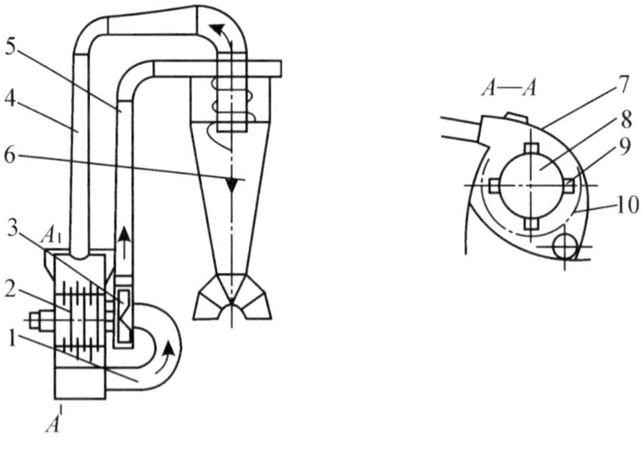

图 4-1-5 锤式粉碎系统

1.吸料管 2.锤架台 3.风机 4.回料管 5.出料管
6.集料筒 7.齿板 8.转子 9.锤片 10.筛板

(二)锤式粉碎机的工作过程

工作时,物料从进料口进入粉碎室,受高速旋转锤片的打击而粉碎,粉碎料以较高的速度飞向齿板,与齿板撞击而进一步破碎,随后弹回再次受到锤片的撞击作用。与此同时,物料也受到锤片端部与筛板的摩擦、剪切作用。物料被粉碎到一定程度时，小于筛孔的颗粒被排出粉碎室，大于筛孔的颗粒与新进入的物料一起继续进行粉碎。被排出粉碎室的物料由风机叶片旋转所造成的负压吸出，经由风机送入沉降设备。由风机造成的负压可以避免进料口和轴与侧壁的间隙等处粉尘的外溢，改善锤式粉碎机的工作环境。

(三)锤式粉碎机的主要结构

1. 锤片

锤片是锤式粉碎机的主要工作部件。锤片的形状尺寸、排列方式对粉碎机的性能有很大影响。

锤片的基本形状有 8 种，如图 4-1-6 所示，其中以矩形锤片最为普遍。锤片形状由被破碎的物料而定，锤片棱角多，粉碎力强，耐磨性差，尖角适合粉碎纤维性物料，环形锤片磨损均匀。锤片的长度一般不超过 200 mm。

锤片在转子上的排列方式会影响转子的平衡、物料在粉碎室内的分布以及锤片磨损的均匀程度。锤片工作应遵循以下原则：锤片的运动轨迹尽可能不重复，沿粉碎室工作宽度，锤片的运动轨迹分布均匀，物料不被推向一侧，有利于转子的动平衡。

由于工作时不断地与物料撞击、摩擦，锤片的磨损很大，一般寿命为 200～500 h。锤片的材料常为 10、20 低碳钢，为了延长使用寿命，一般要做表面渗碳和渗硼处理，或在工作面上堆焊碳化钨或耐磨合金等。

锤片在制造时有严格的精度要求，因为高速旋转的转子能否处于较好的平衡状态，关键在于锤片的尺寸和质量是否一致。在锤片安装时也必须注意，要使转子轴线对称方向的锤片质量也处于对称状态，力求减小振动和噪声。

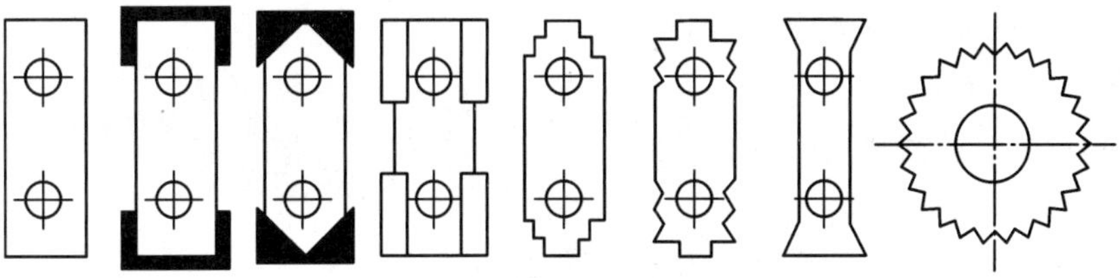

图 4-1-6　锤片的基本形状

2. 筛板

筛板是锤式粉碎机的排料装置，一般用 1～1.5 mm 厚的优质钢板冲孔制成。通常设在转子下半周的位置，为了提高粉碎机的排料能力，也可使筛板占整个粉碎室内周面积的 3/4 以上，或是将筛板置于粉碎室侧面。

粉碎后的物料经过筛板排出：比筛孔小得多的颗粒，被风机叶片旋转所造成的负压吸出；与筛孔尺寸相仿的颗粒，当其随锤片作高速旋转时，在离心力的作用下紧贴筛板，在滑过筛孔时即被筛孔锐利的边缘剪切，并被挤出孔外。

筛孔的形状和尺寸是决定粉料粒度的主要因素，对机器的排料能力也有很大的影响。筛孔的形状通常是圆孔或长孔。筛孔的直径一般分为四个等级，小孔 1～2 mm，中孔 3～4 mm，粗孔 5～6 mm，大孔 8 mm 以上。注意，筛孔的尺寸并不代表产品的粒度级别。因为在高速运动时，通过筛板的颗粒尺寸往往比孔径小得多。

(四)锤式粉碎机的形式

按粉碎机的进料口位置及进料方向，锤式粉碎机可分为三种形式：切向喂料式、轴向喂料式和径向喂料式，如图 4-1-7 所示。按转子的数目，锤式粉碎机还可以分为单转子式锤碎机和多转子式锤碎机。

(五)锤式粉碎机的主要性能参数

1. 粉碎比

锤式粉碎机有很高的粉碎比，单转子式锤碎机的粉碎比在 10～15。由于产品粒度的大小主要取决于筛孔的尺寸，缩小筛孔尺寸可加大粉碎比，减小产品粒度。

2. 转子的转速

锤式粉碎机的转速取决于锤片破碎物料时所需的动能。因此，转速的大小与锤片的质量有关，质量越大，则其破碎能力越强，但旋转时的离心力也越大。

3. 生产能力

锤式粉碎机的生产能力与转子的长度、筛板的孔隙大小、锤片的质量、转速、粉碎比、加料情况及物料的性状有关。根据经验，可用下式概略计算：

$$G=(30\sim45)DL\rho \tag{4-1-3}$$

式中，G—生产能力，kg/h；

D—按锤片外缘计算的转子直径，m；

L—转子长度，m；

ρ—物料粉碎前的密度，kg/m^3。

4. 功率消耗

锤式粉碎机的功率消耗一般也采用经验公式估算：

$$P=KD^2Ln \tag{4-1-4}$$

式中，P—粉碎机所消耗的功率，kW；

K—系数，大型机 $K=0.15\sim0.2$，中型机 $K=0.15$，小型机 $K=0.10$；

D—按锤片外缘计算的转子直径，m；

L—转子长度，m；

n—转子转速，r/min。

(六)锤式粉碎机的操作要点及注意事项

(1)操作锤式粉碎机时，应先起动机器，再投入物料。切忌在满负荷时起动。

(2)进入锤式粉碎机的物料，应通过电磁离析器去除金属杂质，以免损坏机件。

外形图　　原理图

(a)

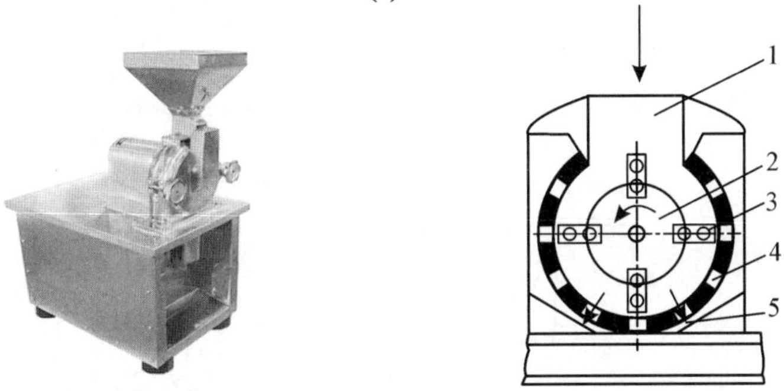

外形图　　原理图

(b)

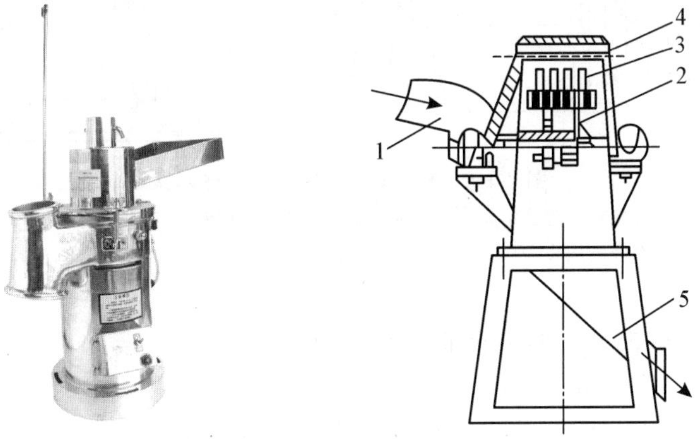

外形图　　原理图

(c)

图 4-1-7　锤片粉碎机及类型

(a)切向式　(b)径向式　(c)轴向式

1.进料斗　2.转子　3.锤片　4.筛板　5.出料口

(3)要根据产品的粒度选择筛板,筛板与锤片之间的间隙要根据物料性质加以调整。

(4)筛板和锤片工作时会因强大冲击力及磨损而损坏,要经常检查,随时更换。

(5)锤式粉碎机对湿度大的物料粉碎效果较差,故进入机器的物料湿度不要大于15%。

(6)停机前,应先停止进料,待机内物料基本排空后再停机。

三、辊式粉碎机

(一)概述

辊式磨粉机是食品工业中广泛使用的一种粉碎设备，最常见于面粉工业，在啤酒生产中的麦芽粉碎操作、油料的轧胚、方便食品的轧片操作、巧克力及糖粉的加工中均有使用。一般由机架、成对磨辊、喂料机构、松合闸机构、辊面清理装置、传动机构及吸风装置等组成。

下面以国产液压全自动控制的 MY 型辊式磨粉机为例(图 4-1-8 和图 4-1-9)，介绍其基本结构和工作过程。

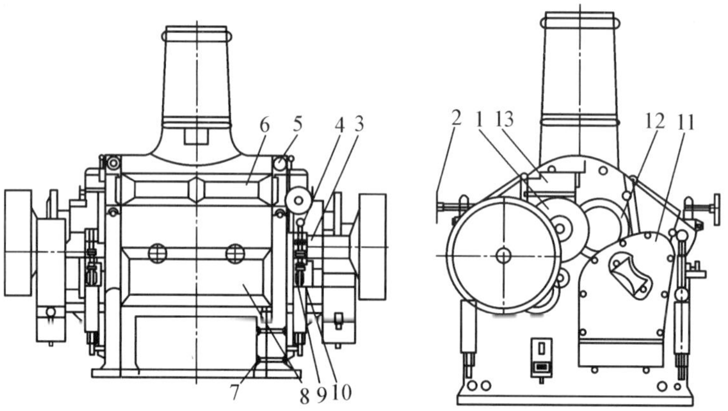

图 4-1-8　MY 型辊式磨粉机外形示意图

1. 喂料辊传动轮　2. 轧距总调手轮　3. 快辊轴承座　4. 轧距单边调节机　5. 指示灯　6. 上磨门　7. 机架　8. 下磨门　9. 慢辊轴承臂　10. 慢辊轴承座　11. 链轮箱　12. 油缸活塞杆端　13. 自动控制装置

MY 型辊式磨粉机具有两对磨辊，中间用隔板隔开。每对磨辊均呈 45°角倾斜布置，具有各自的喂料机构、轧距调节机构、松合闸机构和传动机构等，形成两个独立的系统。物料由上部进料筒进入，经喂料机构使物料连续均匀地进入辊轧之间，研磨粉碎后从下部排料斗排出。

1. 机架

MY 型磨粉机的机身采用大墙板拼装式结构，整个机身由 8 块铸铁件构成，即左右侧墙板、磨顶和 4 块墙板撑挡，全部用螺栓(定位销)连接固定。机身内部使用木质衬板保温，以防在工作过程中内腔壁结露而导致粉料结块甚至霉变。

2. 磨辊

磨辊是磨粉机的主要工作构件。根据磨辊表面特

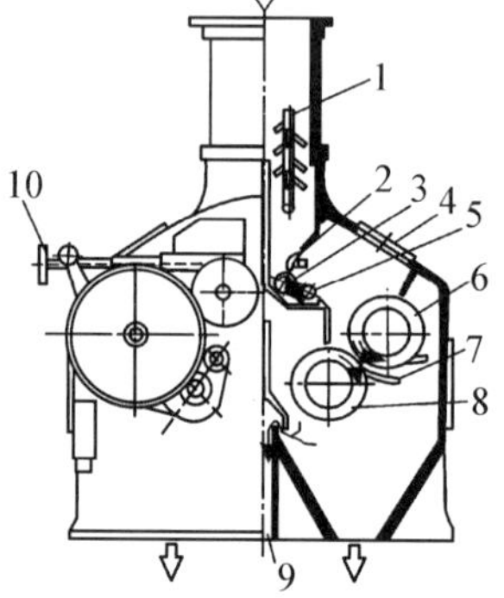

图 4-1-9　MY 型辊式磨粉机剖视图

1. 枝状阀　2. 扇形活门　3. 喂料定量辊　4. 视窗　5. 喂料分流辊　6. 快磨辊　7. 刮刀　8. 慢磨辊　9. 吸风口　10. 轧距调节手轮

性的不同，可以将磨辊分为齿辊和光辊两种，光辊外表面为经研磨加工的光滑圆柱面，主要对物料进行挤压和研磨；齿辊表面有一定斜度的齿状条纹，是在光辊表面拉出一定几何形状和参数的细槽，俗称“拉丝”。齿辊可对物料进行剪切、挤压和研磨。成对磨辊表面的线速度可以根据不同的需要进行选择。表面线速度相等时，对辊可用来进行轧片和轧坯操作；对辊用作研磨时则两辊表面线速度必须有速差，因此每对辊中的两磨辊的转速并不相同，通常称表面线速度较高的称为“快辊”，表面线速度较低的称为“慢辊”。MY 型辊式磨粉机的上磨辊为快辊，下磨辊为慢辊。一般快、慢辊的速比采用 2.5∶1

磨辊要求有足够的强度、刚度和高的硬度、表面耐磨性和均匀性。磨辊还应进行动平衡校验和保持较高要求的形位公差。

由于研磨过程中大量的机械能转变为热能，磨辊和机腔温度升高，如热量不能及时散发出去，会导致被粉碎物料升温、变质，降低制品的质量。所以磨辊应具有较好的导热性和较大的热容量以保证磨辊在工作时的温升不超过 60℃，大型磨粉机一般采用水冷磨辊(尤其是快辊)，以冷却磨辊，同时降低轴承温度，延长磨辊的使用寿命。中小型磨粉机的磨辊采用较小的空心以增大热容量。

3. 轧距调节

两磨辊辊面间的最小距离称为轧距，调节轧距可以控制被粉碎物料的粒度。当磨粉机空载时，为避免高速相向旋转的两磨辊互相摩擦、碰撞，轧距应放大，称为松闸；当磨粉机负载时，两辊间隙应回到调定的轧距，称为合闸。一般辊式磨粉机要求松、合闸和喂料机构的操作联动；有物料时，通过物料传感器使喂料机构先运转，物料进入两辊之间后再合闸；断料时，先松闸，再使喂料机构停止。这样不仅防止两辊碰撞产生火花，引起粉尘爆炸，而且避免齿辊表面的磨损。

轧距调节机构分总调和单调两个部分，总调是磨辊两端同时平行调节，可改变轧距；单调是调节磨辊一端的轧距，可用来调节磨辊的平行度，使磨辊在长度方向上轧距均匀。

4. 传动

MY 型辊式磨粉机在空载时，电动机通过传动带一级减速带动快辊旋转，快辊通过链轮箱带动慢辊旋转；负载时，快辊通过物料与慢辊接触，在摩擦力的作用下同速旋转，此时链轮箱限制慢辊的转速，起定速作用。快慢辊均由滑动轴承支承。快辊轴承座安装在墙板上。慢辊轴承座则安装在轴承臂上，垂直臂一端空套在机架的铰支轴上，另一端支承在轧距调节机构的拉杆上，调节拉杆的位置，可使慢辊轴承臂绕铰支轴旋转，借以调节快慢辊之间的间隙，即轧距的大小。为了调整轴承臂上慢辊轴承中心到铰支轴轴心的距离，上慢辊轴承中心到铰支轴轴心的距离，以保证快、慢辊轴线在同一平面内，在慢辊一端轴承臂的铰支轴上加了一偏心套。MY 型辊式磨粉机快慢辊的滑动轴承均有自位性能，为补偿慢辊在轧距调节过程中可能产生的轴承偏斜，慢辊两端轴承臂的铰支轴均设计成鼓形外表面。

5. 喂料机构

喂料机构的作用是保证小麦粒连续不断地以稳定的流量进入研磨区，并且均匀地分布在磨辊的全部长度上，同时要防止物料堵塞和磨辊空磨。常用的流量调整装置有两种，一种是弧形指示器形式，它由小手轮、流量控制板等部分组成。改变流量控制板和喂料辊之间的间隙，可改变流量的大小，调节范围为 0～6 mm。另一种是流量调整机构形式，它是由前滑板、壁板、流量调节板和慢辊组成。没有专设喂料辊而是以慢辊代替，由慢辊把物料喂入两辊之间，由流量调节板和慢辊之间间隙大小控制流量。

MY 型辊式磨粉机的喂料系统由上下两辊和喂料门及调节、控制系统组成。扇形料门用两个顶尖铰支在墙板上，其中一个顶尖轴有一可调偏心，用来调节料门与定量辊之间间隙的均匀度，使整个辊长方向上喂料量均匀一致。上料辊和下料辊同方向旋转，其间有一光滑导料板，使物料稳定过渡，不产生冲击。

料门调节螺杆用来调节料门与定量辊之间的间隙，即喂料量的大小。墙板上安装有挡料板，用来阻挡磨辊两端的漏粉。

6. 辊面清理

磨辊在研磨物料的过程中，辊面总会黏附一些物料，所以每个磨辊下方均设有辊面清理装置清理黏附物料。对于齿辊，一般采用硬毛刷清理。毛刷安装在可调的弹簧座上，用弹簧将毛刷压紧在辊面上；对于光辊，一般采用刮刀。刮刀安装在铰支的杠杆上，靠配重使刮刀紧贴在辊面上。当磨粉机停车时，用一根金属链将配重拉起，使刮刀离开辊面，以避免接触处的腐蚀。

7. 吸风装置

MY 型辊式磨粉机的吸风道位于磨粉机下部的中间位置，贯穿机膛全长。通风系统工作时，机膛始终处于负压状态，空气从上磨门的两条进风缝隙进入机膛内，绕过上磨辊与上撑挡之间的空间，穿过磨下物进入吸风道，起到吸收粉尘、降低粉温和辊温、排除湿气的作用。

8. 液压自动控制系统

MY 型辊式磨粉机的进料、台闸、松闸、卸料等动作由液压控制系统完成。液压系统固定在墙板上，各种动作由进料筒的枝形浮子传感器和杠杆系统控制。

(二)辊式磨粉机的特点及主要形式

1. 辊式磨粉机的特点

(1)适合热敏性物料的粉碎　辊式磨粉机对辊的轴线相互平行，同时磨辊的线速度较高，两辊间所形成的粉碎区很短，因而物料通过粉碎区的时间短，避免了粉碎过程中因物料温升过高而导致蛋白质热变性，故特别适合于热敏性物料的粉碎。

(2)可控制物料粉碎的粒度　辊式磨粉机能够通过调整轧距来控制物料粒度，避免过度粉碎，节省能源，保证粉碎质量。

(3)能够进行选择性粉碎　通过快慢辊速差的选择、磨辊表面几何形状和参数的选择、一次粉碎比的选择，辊式磨粉机能够实现对物料的选择性粉碎。

(4)粉碎过程稳定，便于控制　由于对辊表面上每一点的几何参数和运动参数均相同，整个粉碎区的工作条件一致，故而粉碎过程稳定，也便于控制并实现自动化生产。

2. 辊式磨粉机的形式

(1)等速旋转的光辊　以挤压的方法粉碎物料或使物料挤压成片状。典型设备是轧麦片机、轧米片机等。

(2)差速旋转的光辊　以挤压和研磨的方法粉碎物料。典型设备是面粉生产的心磨系统中使用的光辊磨粉机和巧克力精磨机等。

(3)差速旋转的齿辊　以剪切、挤压和研磨的方法粉碎物料。典型设备是磨粉生产的皮磨、渣磨及尾磨系统中使用的齿辊磨粉机。

(三)辊式磨粉机的主要性能参数

1. 磨辊速比和研磨长度

快慢辊线速度的比值称为速比,用 i 表示,两磨辊直径相等时有:

$$i=\frac{v_k}{v_m}=\frac{n_k}{n_m} \tag{4-1-5}$$

式中,v_k、v_m—快、慢辊的线速度,m/s;

n_k、n_m—快、慢辊的转速,r/min。

研磨长度是指在粉碎区内快辊面相对于物料的滑动距离,用 s 表示:

$$s=\frac{v_k-v_m}{v_m}l=l(i-1) \tag{4-1-6}$$

式中,l—粉碎区长度,m。

从上式可看出,速比 i 决定物料的研磨长度 s,速比 i 越大,磨辊辊齿对物料的剪切次数越多,一次粉碎比就越大。因此,辊式粉碎机需要有一个适当的速比 i。目前国内所用的磨粉机,快慢辊的速比 i 常为 1∶(1.12～2.5),国外粉碎玉米的磨辊速比有的高达 3.5。

2. 生产能力

辊式磨粉机的生产能力可由下式得到:

$$G=120\pi DnLB\rho\psi \tag{4-1-7}$$

式中,G—生产能力,kg/h;

D—磨辊直径,m;

n—磨辊转速,r/min;

L—磨辊长度,m;

B—轧距,m;

ρ—物料的密度,kg/m^3;

ψ—填充系数。

3. 功率

辊式磨粉机用于磨粉时,其功率可按下面经验公式计算:

$$P=\frac{0.735\ kQ}{dn} \tag{4-1-8}$$

式中,P—功率,kW;

k—系数,取 $k=100$～110;

Q—磨粉机生产能力,t/h;

d—被粉碎物料粒度,cm;

n—磨辊转速,r/min。

(四)辊式磨粉机的操作要点及注意事项

(1)要根据产品要求的不同粒度调整磨辊轧距。

(2)磨辊的转速应根据物料的性质状态来选择,被粉碎物料的粒度越大、硬度越大,则转速应越低。

(3)工作时喂料门开启程度需能阻止一定大小的异物通过,同时严防金属和硬杂物进入磨辊之间,以免造成机器的损坏。

(4)手动磨粉机开机时要先给料后合闸,停机时要先松闸后断料。

(5)磨辊的磨齿在长时间工作后会磨损变钝,降低磨粉效率,应将磨辊卸下重新拉丝,以保证磨粉机始终处于良好的工作状态。

四、其他粉碎机简介

在食品工业生产中,对固态物料进行粉碎的设备还有气流粉碎机、振动磨、冷冻粉碎机等。

(1)气流粉碎机　该类机器利用空气、蒸汽或者其他气体通过一定压力的喷嘴喷射产生高速的湍流和能量转换流,物料颗粒在这种高能气流作用下悬浮输送,相互发生剧烈的冲击、碰撞和摩擦,加上高速喷射气流对颗粒的剪切冲击作用,使得物料颗粒间得到充分的研磨而粉碎成细小粒子,如图 4-1-10 所示。

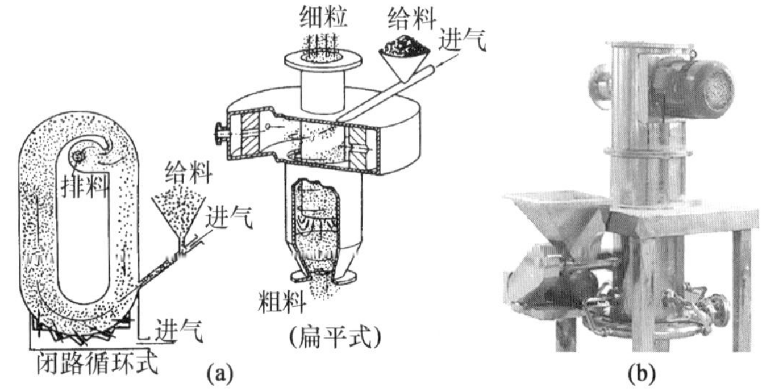

图 4-1-10　气流粉碎机

(a)工作原理图　(b)外形图

(2)振动磨　振动磨(图 4-1-11)工作时,筒体内装填着粒度较小的被粉碎物料和球状或圆柱状的研磨体,磨机系统作高频振动,利用筒体内的研磨体对物料的高频撞击和研磨将物料粉碎至超细。振动磨粉碎效率高、适应性强,可用于任何物料的超细磨,干磨、湿磨均可。

(3)冷冻粉碎机　有些物料在常温下具有热塑性或者非常强韧,粉碎起来非常困难。冷冻粉碎机(图 4-1-12)可将物料冷冻,使物料成为脆性材料然后再粉碎。

图 4-1-11　振动磨外形图

图 4-1-12　冷冻粉碎机外形图

任务二　均质机械

一、概述

均质是液态物料混合操作的一种特殊方式，兼有粉碎和混合两种功能，又称湿法粉碎。均质的目的在于既要获得均匀的混合物，又要使得产品的颗粒细微一致，不会产生离析。在乳制品的加工中，通过乳化均质处理，可使牛乳中的脂肪球破碎到直径小于 2 μm 以下，并充分乳化。均质后的牛乳不会出现脂肪球分离，易被人体消化吸收，而且降低了牛乳表面张力，增加了黏度，成为质地均匀的胶黏状混合物。如液体乳制品加工中防止产品脂肪分离与利于消化和吸收；奶粉加工中利于后期雾化；冰淇淋加工获得组织均匀、质地细腻的产品；果汁生产使小微粒破碎，减少沉淀，提高带肉浑浊果蔬汁稳定性等。均质机是食品精细加工机械，它往往与物料的混合、搅拌及乳化机械配套使用。

（一）均质机工作原理

1. 剪切

在液体物料高速流动时，若突然遇到狭窄的缝隙，就会造成极大的速度梯度，产生大的剪切力，使物料破碎。

2. 冲击

液体物料与均质阀产生高速撞击作用，从而将脂肪球等撞击成细小的微粒。

3. 空穴

液体在高速流经均质阀缝隙处时，产生巨大的压力降。当压力降低到液体的饱和蒸气压时，液体开始沸腾并迅速汽化，产生大量气泡。液体离开均质阀时，压力又会增加，使气泡突然破灭，瞬间产生大量空穴。空穴会释放大量的能量，产生高频振动，使颗粒破碎。

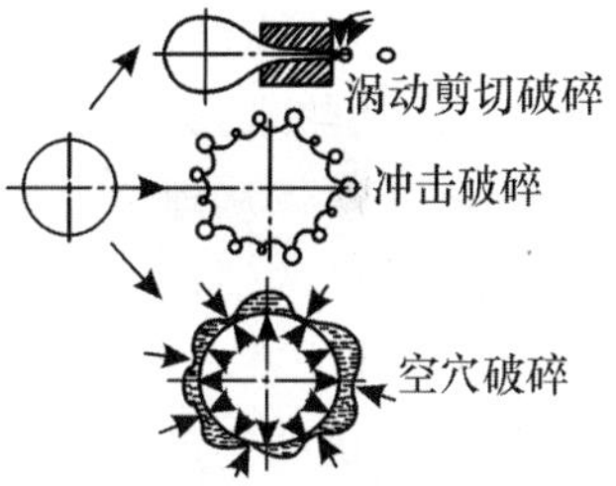

图 4-2-1　均质机工作原理示意图

剪切破碎、冲击破碎和空穴破碎三种协同作用，不同类型的均质机工作原理各有侧重，如图 4-2-1 所示。

（二）均质机的分类

均质机按其工作原理及构造可分为：高压均质机、离心式均质机、超声波均质机。由粉碎机演变而来的胶体磨，不仅能粉碎湿式物料，而且还具有均质功能，因此，也被归入均质设备。

（三）影响均质效果的因素

影响均质效果的主要因素有：物料的温度、物料的流速、物料的含脂率、均质压力及均质阀的几何形状等。

1. 温度对均质效果的影响

为了使脂肪球均质，球体内的乳脂肪必须呈液体状态，即均质时物料温度必须高于 35℃。物料温度在 35～50℃时，随着温度的增高均质效果有明显的增强。但是，当温度增高到一定程度后，再继续增高时对均质效果的影响越来越小。经试验证明均质时最佳温度为 60～70℃，超过 70℃就会在均质机中产生“汽窝”。

当物料含脂率较高时，均质效果随温度的升高而增强，这可以解释为：在较高的温度下，在新的脂肪球膜的形成过程中，增加了蛋白质的吸收速度，能很快形成新的脂肪球膜，从而降低了脂肪球破碎后重新聚集的倾向。

2. 均质压力对均质效果的影响

一般来说含脂率较低的物料，均质效果随均质压力的增大而增强。但当物料含脂率较高时，均质压力对均质效果的影响越来越小。

3. 物料含脂率对均质效果的影响

经实验证明，随着物料含脂率的增高，均质效果逐渐下降，而且随着均质压力的增大，这种下降幅度也增大。这种现象，只能用脂肪球的附聚作用来解释。

4. 流速对均质效果的影响

当物料含脂率较低时，均质效果几乎不受流速变化的影响。但是，当含脂率较高时，均质效果随流速的变化而变化。

二、高压均质机

相对于胶体磨、高剪切混合乳化机等均质机，高压均质机具有以下特点：

(1)细化作用更为强烈。这是因为工作阀的阀芯和阀座之间在初始位是紧密贴合的，只是在工作时被料液强制挤出了一条狭缝；而离心式乳化设备的转定子之间为满足高速旋转并且不产生过多的热量，必然有较大的间隙(相对均质阀而言)；同时，由于均质机的传动机构是容积式往复泵，所以从理论上说，均质压力可以无限地提高，而压力越高，细化效果就越好。

(2)均质机的细化作用主要是利用了物料间的相互作用，所以物料的发热量较小，因而能保持物料的性能基本不变。

(3)均质机能定量输送物料，因为它依靠往复泵送料。

(4)均质机耗能较大。

(5)均质机易损，维护工作量较大，特别在压力很高的情况下。

(6)均质机不适合于物料黏度很高的情况使用。

(一)高压均质机的构造和工作原理

高压均质机是特殊形式的高压泵，主要由使料液产生高压能量的高压泵和产生均质效应的均质阀两部分组成。高压泵是高压均质机的重要组成部分，是使料液具有足够静压能的关键。常用的料液均质压力为 25～40 MPa，而对于某些特殊需要的场合料液均质压力可达 70 MPa。

1. 高压泵

高压泵是一个往复式柱塞泵，由进料腔、吸入活门、排出活门、柱塞等组成，其结构见图 4-2-2。高压泵是一种恒定转速、恒定转矩的单作用容积泵，泵体为长方体，内有三个泵腔，柱塞 7 在泵腔内往复运动，使物料吸入加压后流向均质阀。当柱塞 7 向右运动时，泵腔容积增大，使泵腔内产生低压，物料由于外压的作用顶开吸入活门进入泵腔，这一过程称为吸料过程；当柱塞 7 向左运动时，泵腔容积减小，泵腔内压力逐渐升高，关闭了吸入活门，达到一定高压时又会顶开排出活门，将泵腔内液体排出，称为排料过程。这是一个柱塞的工作过程，单个柱塞泵往复一次中只吸入和排出料液各一次，它的瞬间排出流量是变化的。为了克服单作用泵流量起伏不均的缺点，使排液量比较均匀，通常采用三柱塞往复泵。三柱塞泵有三个泵腔，每个泵腔配有吸入活门和排出活门各一个，共六个活门。

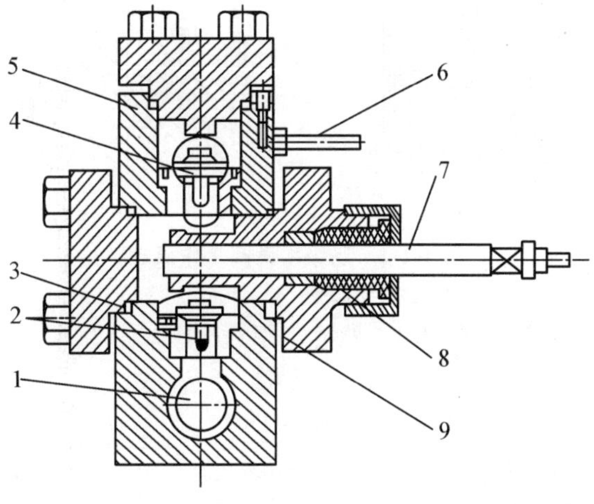

图 4-2-2　高压泵结构示意图

1. 进料腔　2. 吸入活门　3. 活门座　4. 排出活门　5. 泵体　6. 冷却水管　7. 柱塞　8. 填料　9. 垫片

往复泵主要适合于小流量，高压强的场合，不适宜输送高黏度物料。

高压泵柱塞的运动是由曲轴等速旋转通过连杆滑块带动的，其结构见图 4-2-3。

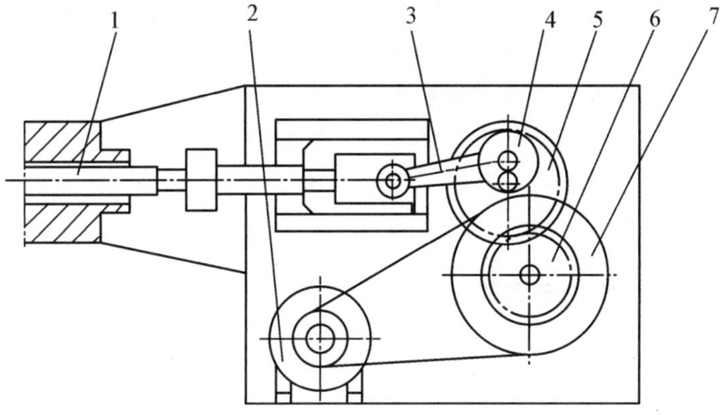

图 4-2-3　高压均质机传动系统

1. 柱塞　2. 电动机　3. 连杆　4. 曲柄　5. 大齿轮　6. 小齿轮　7. 带轮

2. 均质阀

均质阀是均质机的关键部件，由高压泵送来的高压液体，在通过均质阀时完成均质。均质阀安装在高压泵的排料口处，一般采用双级均质阀。双级均质阀主要由阀座、阀芯、弹簧、调节手柄等组成。其结构示意图见图 4-2-4。阀座和阀芯结构精度很高，两者之间间隙小而均匀，以保证均质质量；间隙大小由调节手柄调节弹簧对阀芯的压力来改变。由于物料高压、高速流动，阀座 1 和阀芯 2 耐腐蚀性是关键，且阀中接触料液的材质必须具备无毒、无污染、耐磨、耐冲击、耐酸、耐碱、耐腐蚀的条件。一般用坚硬耐磨的钨、铬、钴等合金钢制造，使用时需经常检查磨损情况。

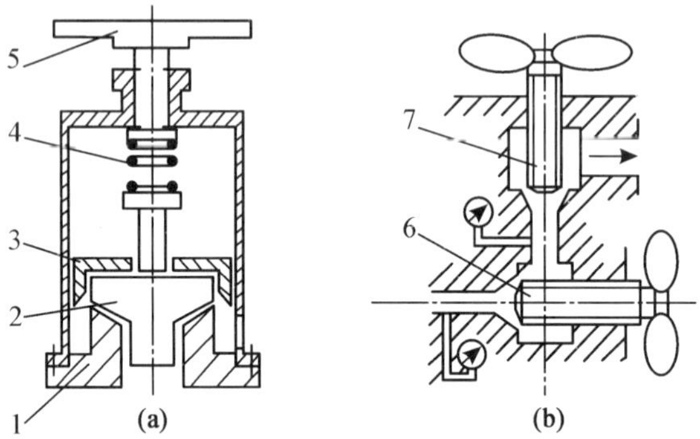

图 4-2-4　双级均质阀工作原理

(a)工作原理　(b)双级系统

1. 阀座　2. 阀芯　3. 挡板环　4. 弹簧　5. 调节手柄　6. 第一级阀　7. 第二级阀

第一级均质压力为 20～30 MPa，主要使大的颗粒得到破碎；第二级的压力在 35 MPa 左右，可以使料液进一步细化并均匀分散。

均质阀工作原理：料液以很高的速度（速度可高达 200～300 m/s）通过均质阀缝隙处受到强剪切作用而均质和乳化。工作时，在压力作用下，阀芯 2 被顶起，使阀芯与阀座之间形成极小的环形间隙（一般小于 0.1 mm），当物料在高压下流过此间隙时，脂肪球或细小颗粒在间隙处的受力情况见图 4-2-5。均质前脂肪球所受压力为 p_0，流速为 v_0，当通过均质阀的缝隙时，受到两个侧向的压力 p_1，速度达到 v_1，在缝隙中心处速度最大，而附在阀座与阀芯的表面上的物料速度最小，形成了急剧的速度梯度，由此产生强烈的剪切作用、空洞作用和湍流作用，使脂肪球被挤压伸长、变成波浪形，最后破碎成直径为 2 μm 以下的小球体。

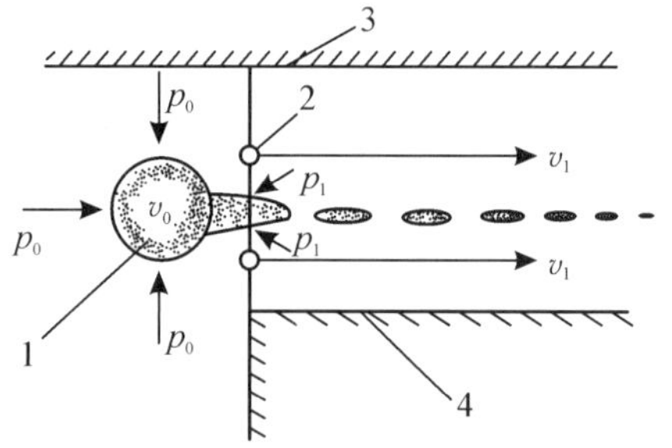

图 4-2-5　高压均质阀内脂肪球粉碎示意图

1. 脂肪滴　2. 增速区　3. 机盖　4. 机座

（二）高压均质机的主要技术参数

1. 生产能力

$$v=\frac{\pi d^2}{4}s \cdot n \cdot z \cdot \varphi \cdot 60 \tag{4-2-1}$$

式中，d—柱塞直径，m；

s—柱塞冲程，m；

z—柱塞个数，个；

n—柱塞往复次数，次/min；

φ—填充系数，0.8～0.9。

2. 功率

$$N=\frac{v \cdot \rho \cdot H}{3\,600 \times 102\eta}(\mathrm{kW}) \tag{4-2-2}$$

式中，H—泵的压头，m 液柱；

v—每小时物料体积，m^3/h；

ρ—液体密度，kg/m^3；

η—泵效率，0.7～0.8。

(三)操作要点及注意事项

1. 试机操作

(1)检查传动皮带的松紧程度，即在两带中间位置压皮带，以手指能压下 10 mm 左右为好。

(2)注意电动机转动方向须与所标记方向一致。

(3)传动箱内润滑油以超过油标中线位置为准。

(4)开机前，在保证切断电源的情况下，用手将皮带轮盘转几圈，应顺利无卡咬或碰撞的感觉。

(5)检查调压手柄是否处于完全旋松状态，冷却水是否已经开启，在这些条件满足后，方可开启电源。

(6)电机启动后，在无负荷的情况下运转几分钟，声音应正常，观察出料口出料充足并无明显的脉动情况下方可加压。加压的顺序是：先顺时针方向缓慢旋转二级调压手柄，再用同样方法调节一级调压手柄，在压力值分别为额定压力的 20%，40%，60%，80%的几个点上让设备运转 0.5 h 以上，然后在额定压力下运转 3 h 以上。并做好电流、压力记录，绘制成压力-电流曲线。

(7)关机。关机前先将调压手柄旋到放松状态后，然后关主电机，最后关冷却水。

(8)试机后，将润滑油更换。

2. 日常操作

(1)开机准备：先打开柱塞冷却水和油冷却器冷却水进水阀，再打开进料阀，然后检查调压手柄(须在放松无压力的状态下)，最后启动主电机。

(2)待出料口出料正常后，旋动调压手柄，先调节二级调压手柄，再调节一级调压手柄，缓慢将压力调至使用压力，整个过程视熟练程度 1～3 min。

(3)关机。先将调压手柄卸压，再关主电动机，最后关冷却水。

3. 操作注意事项

(1)调压时，当手感觉到已经受力时，须十分缓慢地加压。

(2)均质物料的温度以 65℃左右为宜，不宜超过 85℃。

(3)物料中的空气含量应在 2%以下。

(4)严禁带载启动。

(5)工作中严禁断料。

(6)进口物料的颗粒度对软性物粒在70目以上，对坚硬颗粒在100目以上。禁止粗硬杂质进入泵体。

(7)设备运转过程中，严禁断冷却水。

(8)均质阀组件为硬脆物质，装拆时不得敲击。

(9)停机前须用净水洗去工作腔内残液。

4.常见故障及其排除

(1)机器无法启动，其主要原因：

①停电或线路不通。需检查主电机动力安装线路是否有故障。

②如果管路中装配了自动安全控制系统，则需检查系统是否进料或出料故障。

(2)主电机反转：即主电机与规定转向不符，只需将三相电动机中的地线换一相。

(3)传动箱声响异常，其产生的原因及排除方法：

①检查传动箱内油位是否正常，如果油液不足需加油至油标刻度处。

②检查传动箱内各连接部位是否有松动，如果有松动，应逐个拧紧。

(4)造成不出料或出料不足的原因及排除方法：

①断料或进料不足，设备在运行过程中必须要保证进料充足。

②物料黏度过大，如发生这种情况，则需要用压力进料或稀释物料。

③主电机传动皮带打滑，需调紧皮带。

④柱塞密封圈泄漏，需更换密封圈，如属柱塞磨损则需更换柱塞。

⑤液流端处阀芯阀座磨损，则需要换阀芯阀座。

⑥液流端内6组阀芯阀座中有损坏现象或有杂质粘在密封线上，应检查损坏情况并及时调换，调换下来的零件可根据损坏情况进行研磨回用或报废。

(5)压力表指针摆动大于正负两格：

①柱塞与连杆连接处松动，需重新固定联轴器。

②连杆与十字头连接处松动，需要重新拧紧固定螺钉。

③压力表表座内机油量不足，将表座内柱塞压到底，然后加满机油。

④均质阀损坏严重，需更换均质阀。

⑤连杆或柱塞的联轴器松动。

⑥液力端(泵体)内六组阀芯、阀座有一组或一组以上卡死。

⑦对于带有密封件阀座，密封件有可能损坏。

(6)泵内没有压力或压力上不去的原因及故障排除方法：

①没有进料。

②主电机的传动皮带松动，需调紧皮带。

③压力表座内机油泄漏完，应加满机油。也有可能是压力表损坏，需更换压力表。

④均质阀密闭处有杂质或均质阀损坏；则需检查清洗均质阀，如损坏需更换。

⑤液力端内阀芯座损坏或阀座密封失效；需更换阀芯阀座或更换密封圈。

(7)卸压后压力表指针不回零：

①如果停机后压力表指针仍不回零，为压力表损坏，需更换压力表。

②调压顶杆密封圈损坏或过紧，需更换密封圈或调整配合间隙。

三、离心均质机

离心均质机常用于乳品生产，它不仅能进行均质，还可以去除牛乳中的杂质并分离细奶油，故称净化均质机，亦称离心均质机。

1. 离心均质机的工作原理

离心均质机有一个高速离心的转鼓，物料流至转鼓后受到强烈的离心作用，不同密度的组分便会被分离。例如，牛乳在离心均质机中会分成密度大、中、小三相，密度最大的物料成分（包括杂质）趋向鼓壁，应定期排渣；密度适中的脱脂乳从上部的均质出口排出；密度最小的稀奶油被导入稀奶油室，室内有一个带尖齿的圆盘恒速旋转，与稀奶油发生激烈的相对运动并产生空穴作用，将脂肪球打碎，均质后的稀奶油可同脱脂乳一起流出。

2. 离心均质机的主要结构

离心式均质机主要由分离转鼓和带齿圆盘组成。

(1)分离转鼓　离心均质机的主要工作部件是分离转鼓，如图 4-2-6(a)所示，它由转轴、碟片等组成。转轴上有数十块锥形碟片，使液体物料在碟片间形成薄层流动，由于碟片作用，减少了液体的搅动，减小了沉降距离，增加了沉降面积，从而大大增强了分离效率和生产能力。离心均质机一般工作时转鼓以 6 000 r/min 的速度转动。

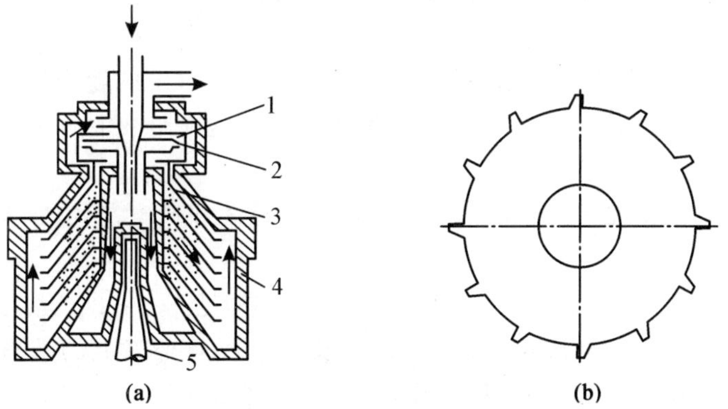

图 4-2-6　离心均质机结构

(a)分离转鼓　(b)带齿圆盘

1. 稀奶油室　2. 带齿圆盘　3. 碟片　4. 转鼓　5. 转轴

(2)带齿圆盘　带齿圆盘结构如图 4-2-6(b)所示。盘上有突出的尖齿，一般为 12 齿。齿的前端边缘呈流线型，后端边缘则削平。工作过程如下：圆盘随转鼓一起回转，转鼓的上方中心处是料液进口，料液由此进入转鼓，并充满容腔。在进口外侧是均质液出口。经带齿圆盘均质后的物料又回到碟片上，一边循环一边均质，均质后的物料则由其出口排出。

3. 离心均质机的特点

(1)在同一台设备内，一次操作可完成净化和均质两个过程，耗电为净化和均质两设备总和的 30%，投资也小。

(2)均质度非常一致，也不必像阀式均质机需精密阀头。

(3)对机器的材质要求高。即要求材料强度要高，重量要轻，才能提高转速，使均质效率提高。

四、超声波均质机

1. 超声波均质的工作原理

超声波均质是利用声波和超声波，在遇到物体时会迅速地交替压缩和膨胀的原理设计：物料在超声波的作用下，当处在膨胀的半个周期内，受到拉力，则料液呈气泡膨胀；当处在压缩的半个周期内，气泡则收缩，当压力变化幅度很大时，若压力振幅低于低压，被压缩的气泡会急剧崩溃，则在料液中会出现"空穴"现象，这种现象的出现，又随着振幅的变化和外压的不平衡而消失。在空穴消失的瞬时，液体的周围引起非常大的压力和温度增高，起着非常复杂而强有力的机械搅拌作用，以达到均质的目的。同时，对"空穴"产生有密度差的界面上，超声波亦会反射，在这种反射声压的界面上也产生激烈的搅拌。工作原理见图 4-2-7。

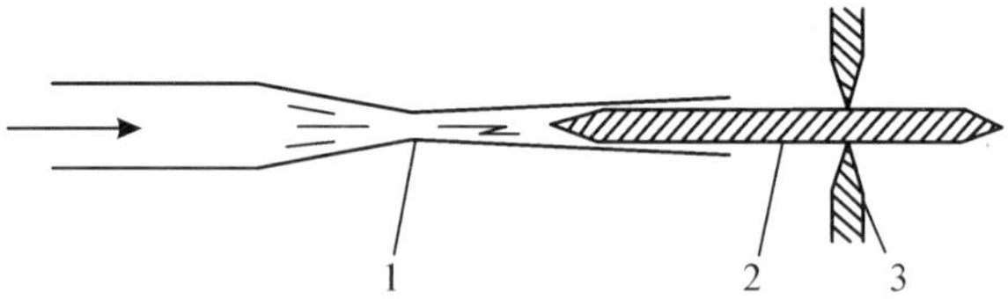

图 4-2-7 机械式超声波发生器原理示意图

1. 缝隙 2. 簧片 3. 节点

根据这个原理，超声波均质机是通过将频率为 20～25 kHz 的超声波发生器放入料液中(亦可以使用使料液具有高速流动特性的装置)，由于超声波在料液中的搅拌作用使料液均质。

2. 超声波均质的主要结构

超声波均质机按超声波发生器的形式：机械式、磁控式和压电晶体式，其中机械式的最为常用。

机械式超声波均质机主要由喷嘴和簧片组成，其结构见图 4-2-8。其工作原理是：簧片处于喷嘴的前方，它是一块边缘成楔形的金属片，被两个或两个以上的节点夹住。当料液在 0.4～1.4 MPa 的泵压下经喷嘴高速射到簧片上时，簧片便发生振动，其振动频率为 18～30 kHz。这种超声波立即传给料液，使料液即呈现激烈的搅拌状态，料液中的大粒子便碎裂，料液遂被均质化，均质后的料液即从出口排出。

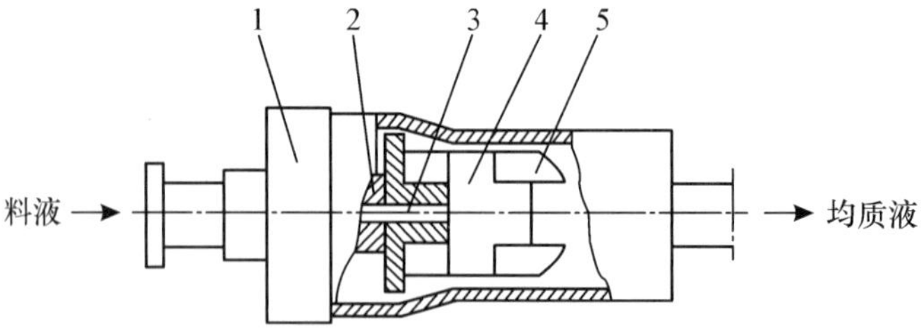

图 4-2-8 机械式超声波均质机结构简图

1. 本体 2. 调节器 3. 喷嘴 4. 簧片 5. 节点

机械式超声波均质机适用于牛奶、花生油、乳化油和冰淇淋等食品的加工中。

五、胶体磨

胶体磨是一种用于流体物料精细粉碎和微粒化处理，把物料加工成胶体或近似于胶状体的机械。以乳浊液为基础的组成物进行精细研磨、粉碎、均质、乳化和混合等处理。处理后物料粒度一般可达 2～50 μm，均质度达 90%以上，达到了混合、磨细、均质、乳化等效果，提高其营养价值和经济价值，代替了传统落后的搅拌工艺。胶体磨广泛应用于果酱、果蔬汁、豆乳、豆乳粉、雪糕、冰淇淋、大豆蛋白、蛋黄酱、豆馅、莲蓉、调味品、再制奶、人造黄油、麦乳精、营养剂、花生奶、鱼肉松、花生芝麻酱、巧克力等食品的精细加工。

1.胶体磨的工作原理

胶体磨的工作构件由固定磨体（定子）和高速旋转的转动磨体（转子）组成，两个磨体之间有可以调节的间隙。当料液通过这个间隙时，由于转子在高速旋转，使附着于转子面上的物料运动速度最大，而附着于定子面上的物料速度为零，在液流中产生巨大的速度梯度，使物料受到剧烈的剪切、摩擦和湍流作用，物料因而被磨碎、混合、分散和乳化。

2.胶体磨的主要结构

胶体磨按定子和转子材料可分为金属齿和非金属齿。按安装形式可分为立式和卧式。

卧式胶体磨：其转动件随水平轴旋转，结构见图 4-2-9。定盘和动盘之间的间隙一般为 50～150 μm，依靠动盘的水平位移来调节。动盘的转速为 3 000～15 000 r/min。卧式胶体磨适用于黏度较低的物料，而对黏度较高物料则要使用立式胶体磨。

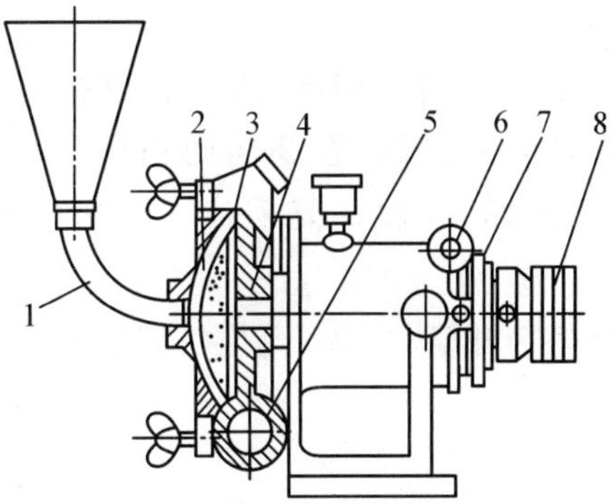

图 4-2-9 卧式胶体磨结构示意图

1.进料斗 2.工作面 3.转动磨体 4.固定磨体 5.卸料口 6.锁紧装置 7.调整环 8.带轮

立式胶体磨：其转动件垂直于水平轴旋转，结构见图 4-2-10。其转速为 3 000～10 000 r/min。

常用的胶体磨主要有以下几部分：进料斗、外壳、定子、转子、电动机、调节装置和底座等构成。

(1)定盘、动盘　工作时，物料通过定盘与动盘之间的圆环间隙，在动盘的高速转动下，物料受其剪切力、摩擦力、撞击力和高频振动等复合力的作用，达到粉碎、分散、研磨、细化和均质。动盘的外形和定盘的内腔均为锥体，锥度为 1∶2.5 左右。工作表面有齿，齿纹按物料流

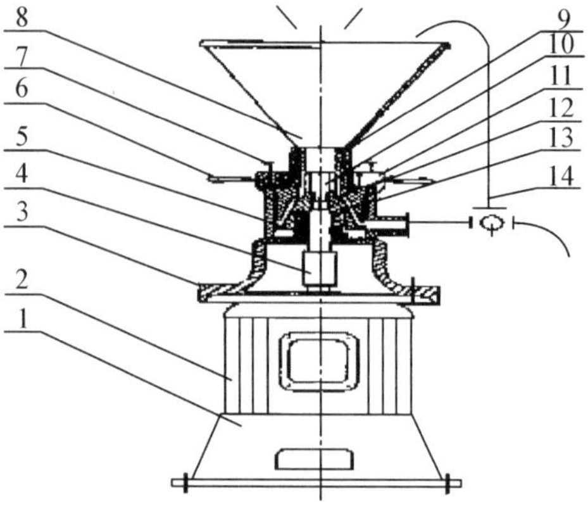

图 4-2-10　立式胶体磨结构示意图

1.底座　2.电动机　3.壳体　4.主轴　5.机械密封组件　6.手柄　7.定位螺丝　8.进料斗　9.进料通道　10.旋叶刀　11.调节盘　12.静磨盘　13.动磨盘　14.循环管

动方向由粗到密排列，并有一定的倾角。物料细化的程度由齿纹的倾角、齿宽、齿间间隙以及物料在空隙中的停留时间等因素决定。

(2)间隙调节装置　胶体磨均质机根据物料的性质、需要细化的程度和出料等因素进行调节。调节时可以通过转动调节手柄由调整环带动定盘轴向位移而使空隙改变。若需要大的粒度比，调整定盘往下移；定盘向上移则为粒度比小。一般调节范围在 0.005～1.5 mm。为避免无限度地调节而引起定、动盘相碰，在调整环下方设有限位螺钉，当调节环顶到螺钉时便不能再进行调节。

(3)回流冷却装置　由于胶体磨转速很高，为达到理想的均质效果，物料一般要磨几次。回流装置是在出料管上安装一碟阀，在碟阀的稍前一段管上另结一条管通向入料口。当需要多次研磨时，关闭碟阀，物料反复回流。当达到所需细度时，打开蝶阀排出物料。

磨制过程中物料会由于摩擦而升温，在定子与定子磨套之间形成一环形水槽，物料热量可由水槽中的冷却水带走。

3.生产能力的计算

生产能力按下列公式计算

$$G=2.2\cdot S\cdot R^{2.5}\cdot n\sqrt{\sin a} \tag{4-2-3}$$

式中，$S=\pi(D\lambda+\lambda^2)\approx 2\pi R\lambda$ 工作间隙截面积，m^2；

R—转子半径，m；

n—转子速度，r/min；

a—转子斜角，$3^\circ\sim 7^\circ$；

λ—工作间隙宽度，m。

任务三　混合机械与设备

一、概述

混合是指两种或两种以上不同组分的物料在外力作用下运动速度方向发生改变,使各组分的粒子均匀分布的过程。经过混合操作后得到的物料称为混合物。其目的在于获得均匀混合物,强化热交换过程,增强物理和化学反应。混合物的类型有:固体与固体、固体与液体、液体与液体、液体与气体相混合构成的混合物。

混合机械是指将两种或两种以上不同组分的物料混合在一起构成混合物的机械设备。根据混合物料的特性,可将混合机械分为三类:一是对粉粒状物料,低中黏度物料进行混合的机械称为混合机(多指固＋固)或者搅拌机(多指液＋液或液＋固);二是对高黏稠浆料和塑性固体物料进行混合的机械设备叫作捏合机;三是将液体与气体混合的设备叫气液混合机。

1. 混合机理

两种或两种以上不同组分构成的混合物在混合机或者料罐内,在外力作用下进行混合,从开始时的局部混合达到整体的均匀混合状态,在某个时刻达到动态平衡之后,混合均匀度不会再提高,而分离和混合则反复交替地进行。

2. 混合方式

整个混合过程存在着三种混合方式:对流混合、扩散混合和剪切混合。

对流混合:混合机工作部件表面对物料的相对运动,所有粒子在混合机内从一处向另一处作相对流动,位置发生转移,产生整体的流动称为对流混合。

扩散混合:在混合过程中,以分子扩散形式向四周作无规律运动,达到均匀分布状态。称为扩散混合。

剪切混合:由于物料群体中的粒子相互间形成剪切面的滑移和冲撞作用,引起局部混合,称为剪切混合。对于高黏稠度流变物料(如面团和糖蜜等),主要是依靠剪切混合,一般称为捏合。

事实上,物料在混合机里往往同时存在着上述三种混合方式,单一的混合方式是少见的,但是常以其中的一种混合方式为主。

二、粉料混合机

粉料混合机作用对象是两种或两种以上具有一定流动性的粉料颗粒,通过混合机的混合作用使其成为各组分浓度均匀的混合物。影响混合效果的一个主要因素是粉料的物料特性。实验表明,大小均匀的颗粒混合时,密度大的趋向器底;密度近似的颗粒混合时,最小的和形状近圆球形的趋向器底;颗粒的黏度越大,温度越高,越容易结块或结团,不易均匀分散。影响混合效果的另一个主要因素是搅拌方式。按混合容器是否旋转可分为旋转容器式混合机和固定容器式混合机。

(一)旋转容器式混合机

旋转容器式混合机是间歇操作的混合机械。这种混合机用驱动轴水平地支撑着容器,容器内放入两种以上的粉粒物料,驱动轴带动容器自身回转而完成物料的混合。

旋转容器式混合机的共同特点是混合容器是固定的,容器内没有搅拌工作部件,物料随着容器旋转依靠自身的重力形成垂直方向运动,物料在器壁或容器内的固定抄板上引起折流,造成上下翻滚及侧向运动,不断进行扩散,而达到混合的目的。所以容器的回转速度不能太高,否则会因离心力过大,物料紧贴容器内壁固定不动,将严重影响混合质量。由于其机构简单,混合效果良好,因此应用广泛。

正常工作时,容器支撑在水平轴上一起转动,物料在容器内应发生涡流运动。投入物料量为30%~50%,投料量过多,混合空间减小离析倾向于混合,混合效果不好。在容器旋转过程中,内部的物料会受到重力和离心力的双重作用。因容器的旋转速度低,动力消耗不大,故混合功率一般为配用额定电动机功率的50%~60%。

旋转容器式混合机的基本结构是由旋转容器及驱动转轴、机架、减速传动机构和电动机组成。其中旋转容器是此类混合机的重要构件,它的形状决定了混合操作的效果。容器的内表面要求光滑平整,以减少器壁对物料的摩擦、黏附作用。旋转容器内部无搅拌工作部件。正常工作时,容器内物料在容器的带动下向上运动,然后在自重下回落,造成上下翻动和侧向运动,从而不断进行扩散,达到混合的目的。为了加强物料的混合,减少混合操作时间,有时在容器内安装几个固定挡板。

旋转容器式混合机主要有倾斜形圆筒混合机、双锥形混合机、V形混合机、正方形混合机和轮筒形混合机。

1. 圆筒形混合机

圆筒形混合机按其回转轴线位置可分为水平型和倾斜型两种,其结构如图4-3-1所示。水平型混合机,其圆筒容器水平放置,驱动轴和圆筒中心线重合。其缺点是混合不彻底、效率低,现在一般不采用。倾斜型混合机,圆筒容器倾斜放置,驱动轴和圆筒中心线成一个小的夹角,因此粉料运动时有三个方向的速度,流型复杂,混合效果好。转速一般40~100 r/min,适用于调味料及啤酒的原料麦芽等混合。

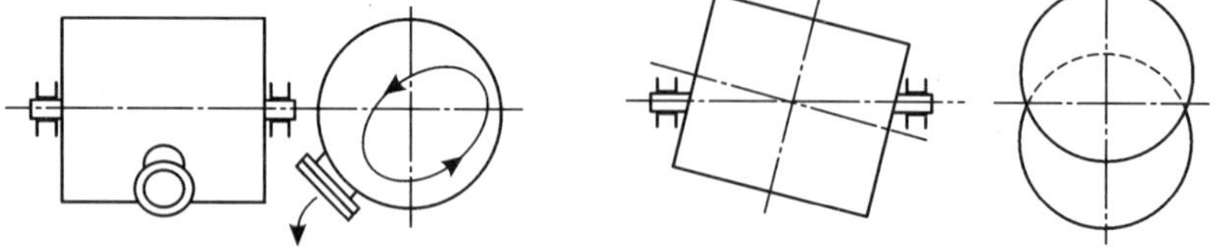

(a) (b)

图4-3-1 圆筒形混合机结构示意图

(a)水平型 (b)倾斜型

2. 双锥形混合机

双锥形混合机由两个锥底相连的圆锥体构成,驱动轴固定于锥底部分,其锥角有60°和

90°两种,其结构如图4-3-2所示。一个锥顶为原料的入口,另一个锥顶为已混合物料的出口。由于容器呈圆锥形,所以物料能产生强烈的滚动作用,具有易流动、混合较快、物料排出彻底和功率消耗低等优点。为了混合得彻底,容器内可设有搅拌桨叶。双锥形混合机的转速为5～20 r/min,混合时间为5～10 min,混合量占容器体积的50%～60%。

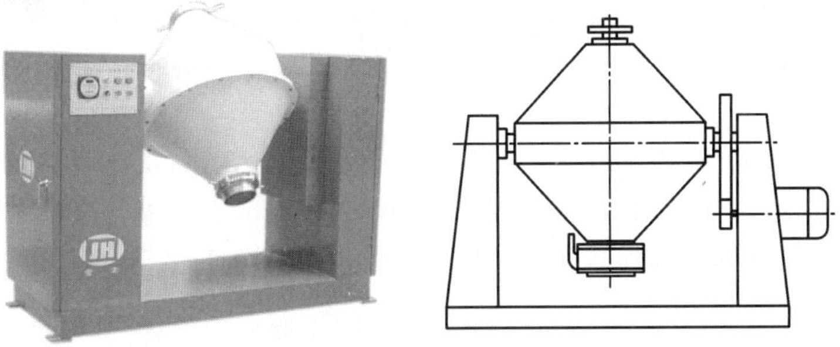

(a)　　　　(b)

图4-3-2　双锥形混合机

(a)外形图　(b)原理图

3. V形混合机

V形混合机又称双联混合机,其结构如图4-3-3所示。混合容器夹角为60°～90°,装料量为两个圆筒体积的10%～30%,两筒连接处剖面与回转轴垂直。其工作转速为6～25 r/min,混合时间为4 min/次。V形混合机旋转轴为水平轴,其工作原理与双锥形混合机类似。但由于容器与驱动轴非对称分布,操作时物料时聚时散,产生比双锥形混合机更好的混合效果。适用于各种干粉状食品(如面粉、玉米粉、麦麸等)的混合。

4. 正方体形混合机

混合容器呈正方体,转轴与正方体对角线相连,如图4-3-4所示。混合机工作时,物料在容器内受到三维以上的重叠混合作用,因而混合速度快,混合时间短。由于沿对角线转动,没有混合死角,因此较易卸料。与V形混合机、双锥形混合机相比,正方体形混合机混合性能更好,但生产能力较小。这种混合机适合于咖啡等贵重粉料食品的混合。

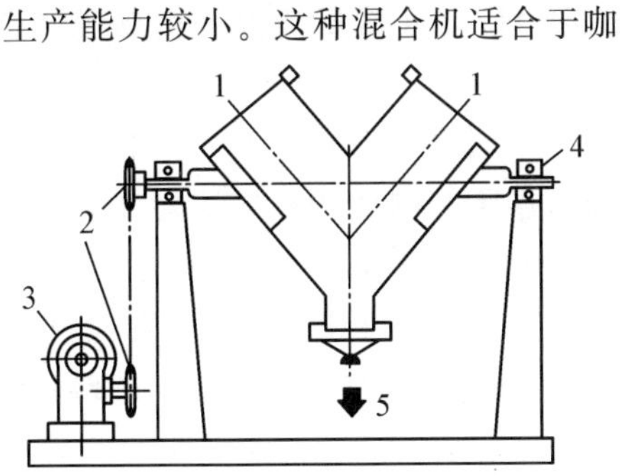

图4-3-3　V形混合机结构示意图

1. 原料投入口　2. 链轮　3. 减速器
4. 轴承　5. 排出口

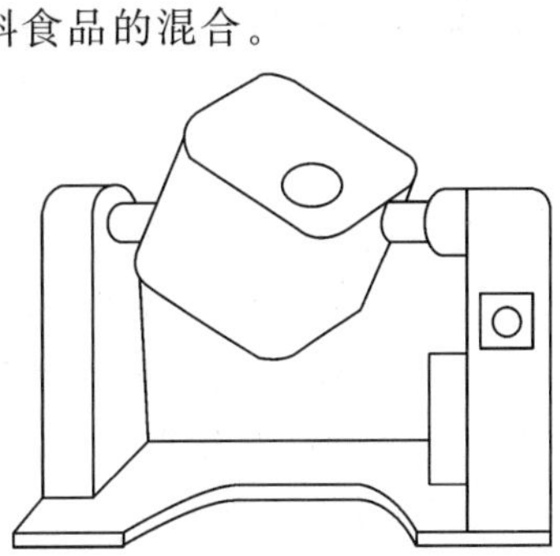

图4-3-4　正方体形混合机结构示意图

5. 轮筒形混合机

轮筒形混合机是圆筒形混合机的一种变形,结构如图4-3-5所示。圆筒变为轮筒,消除了

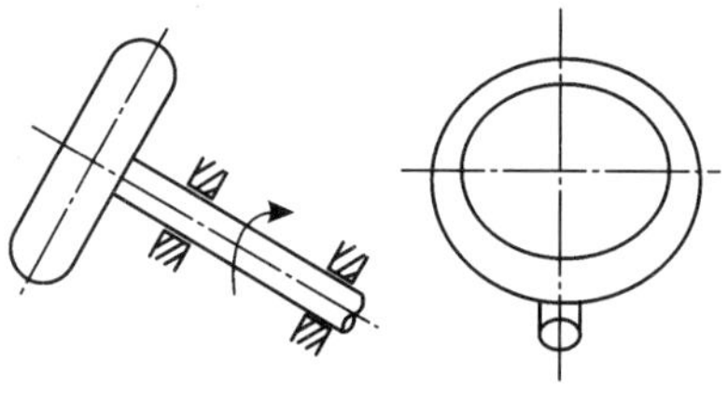

图 4-3-5　轮筒形混合机结构示意图

混合死角；轴与水平线有一定角度，起到和倾斜形圆筒混合机一样的作用。缺点是混合机容器较小，装料少；同时以悬臂轴的形式安装，会产生附加弯矩。适合于对小食品包裹调味料或者包糖衣的操作。

(1)此类混合机的一次投料量为容器体积的 30%～50%。如果投料量过大，则混合空间减小，搅拌效果不理想。

(2)在容器旋转过程中，内部的物料会受到重力和离心力的双重作用。当离心力大于重力时，固体颗粒会在离心力的作用下紧贴器壁不下落，达不到混合效果。设颗粒物料所受的离心力等于重力时容器的转速为临界转速，临界转速由下式计算：

$$n_{er}=\frac{42.3}{\sqrt{D}} \tag{4-3-1}$$

式中，n_{er}—临界转速，r/min；

D—容器内径，m。

为了获得好的混合效果，容器的转速应低于临界转速，最佳的转速一般等于临界转速的 80%。

(3)因容器的旋转速度较低，动力消耗不大，故混合功率一般为配用额定电动机功率的 50%～60%。

(二)固定容器式混合机

固定容器式混合机的特征是容器固定，内部有回转的搅拌桨叶或螺旋，强制性的分散、切割物料，物料在容器内有确定的流动方向，属于对流混合。适用于物料的性质差别较大及混合比较大，混合精度高的场合。由于容器固定，物料进出方便，有些类型的固定容器式混合机可以实现连续操作。

固定容器式混合机有螺带式混合机、垂直螺旋混合机、立式行星式混合机和瞬间连续混合机。

1. 螺带式混合机

螺带式混合机的内部有薄而细长的螺旋带状桨叶，靠桨叶的回转来完成对物料的混合操作。螺带式混合机工作转速为 20～60 r/min，装量体积为容器体积的 30%～40%。

此类混合机的形式较多，根据螺带的数目可分为单螺带混合机和多螺带混合机；根据螺带的安装位置可分为卧式螺带混合机、立式螺带混合机、螺带式锥形混合机和倾斜式螺带混合机等，其结构见图 4-3-6 至图 4-3-10。

卧式螺带混合机由 U 形容器、螺带搅拌叶片和传动部件组成；U 形的长筒体结构，保证了被混合物料(粉体、半流体)在筒体内的小阻力运动。正反旋转螺条安装于同一水平轴上，形成一个低动力高效的混合环境，螺带状叶片一般做成双层或三层，外层螺旋将物料从两侧向中央汇集，内层螺旋将物料从中央向两侧输送，可使物料在流动中形成更多的涡流，加快了混合速度，提高混合均匀度；采用皮带轮带动摆线减速机驱动，相对于齿轮减速机的大扭矩，皮带传动的弹性连接有在超载时保护传动部件的优势。

卧式螺带混合机出料方式:粉体物料采用气动大开门结构形式,具有卸料快、无残余等优点;高细度物料或半流体物料采用手动蝶阀或者气动蝶阀,手动蝶阀经济适用,气动蝶阀对半流体的密封性好,但造价比手动蝶阀高。在需要加热或冷却的场合,可配置夹套。加热方式有电加热和导热油加热两种方式可选:电加热方便,但升温速度慢,能耗高;导热油加热需要配置油锅和导油动力、管道,投资较大,但升温速度快,能耗较低。冷却工艺可直接向夹套内注入冷却水,夹套换热面积大,冷却速度快。电机与搅拌主轴之间通过摆线针轮式减速机直联,结构简单,运行可靠度高,维护方便。

卧式单螺带混合机结构见图 4-3-6,主要是靠物料的径向运动实现混合,而物料在轴向的运动变得很弱,因此混合精度不高。卧式双螺带混合机结构见图 4-3-7,在驱动轴上装有两条螺旋方向相反的螺带,两条螺带外缘回转半径不同,回转半径大的称为外螺带,回转半径小的称为内螺带。当驱动轴旋转时,两条螺带同时翻动物料,并且内、外螺带对物料的翻动速度不同,有利于物料的径向混合,同时内外螺带反向旋转,推动物料在混合容器内反复运动,产生较强烈的轴向混合,大大增强了混合效果。

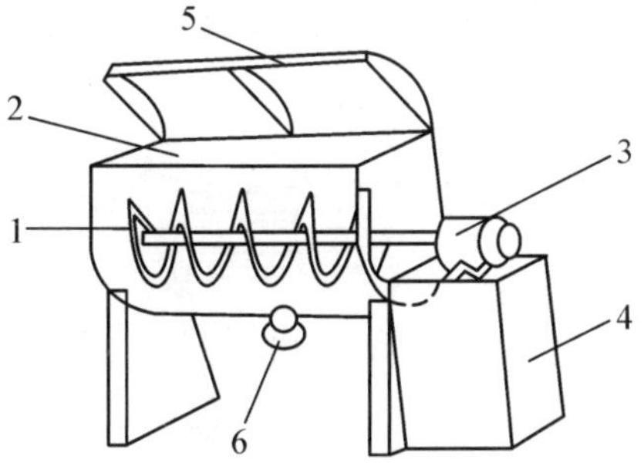

图 4-3-6 卧式单螺带混合机结构示意图

1.螺带 2.混合室 3.驱动装置 4.机架 5.上盖 6.卸料口

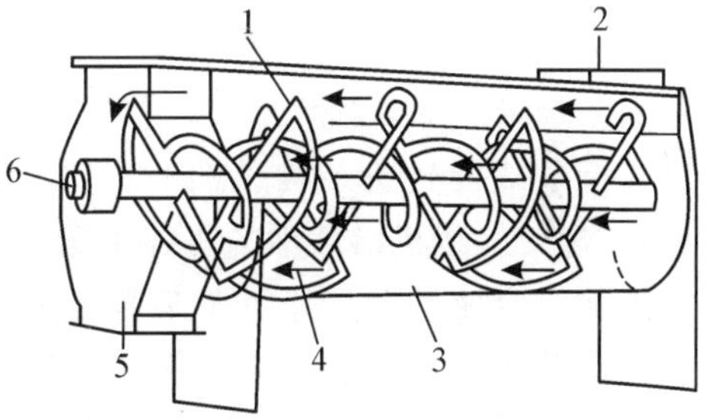

图 4-3-7 卧式双螺带混合机结构示意图

1.螺带 2.进料口 3.混合室 4.物料流动方向 5.卸料口 6.驱动装置

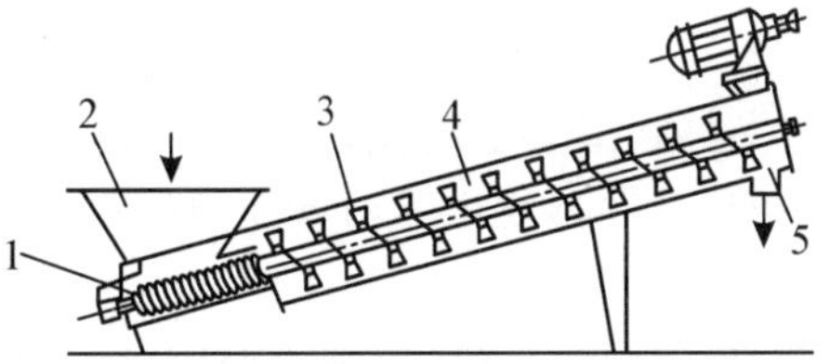

图 4-3-8 斜式单螺带混合机结构示意图

1.输送螺杆 2.加料斗 3.螺带 4.混合室 5.卸料口

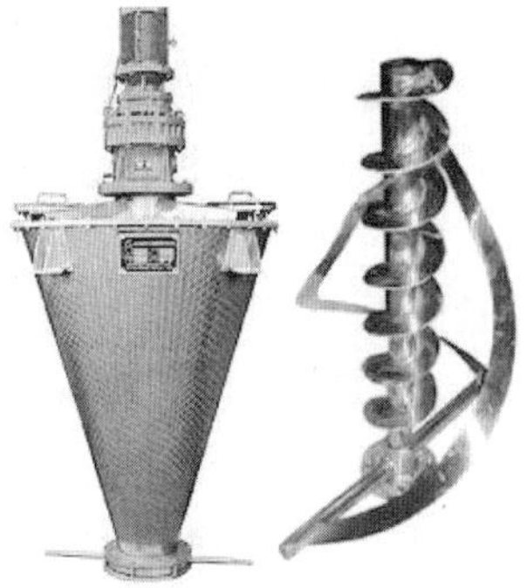

图 4-3-9 螺带式锥形混合机

2. 垂直螺旋混合机

垂直螺旋混合机结构见图 4-3-11,容器为立式,容器中央设有螺旋式的驱动轴(垂直螺杆),轴的四周是一个套筒,容器上部有一由驱动轴带动的甩料板。工作时,驱动轴将物料从套筒底部提升到上部,在甩料板的作用下被甩到容器四周,慢慢落下,到底部又被驱动轴提升。

如此循环往复，直至预定的混合效果，由下部出口排出。

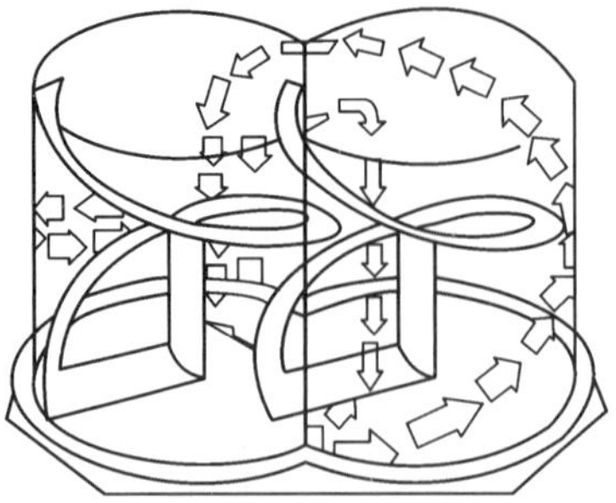

图 4-3-10　立式双螺带混合机结构示意图

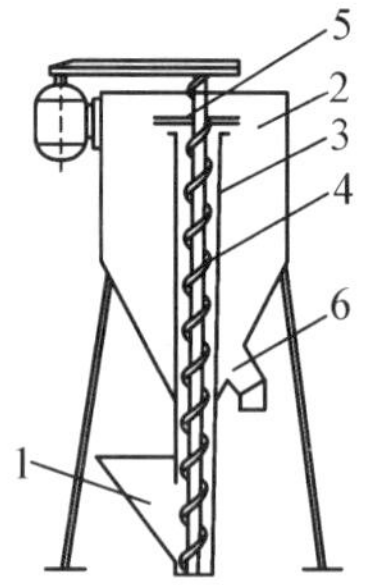

图 4-3-11　垂直螺旋混合机结构示意图

1.料斗　2.料筒　3.内套筒　4.垂直螺杆

5.甩料板　6.出料口

垂直螺旋混合机驱动轴转速一般为 200～300 r/min，混合时间为 10～15 min。其特点是配用动力小，占地面积小，一次装料多，但每批物料混合时间长，卸料后容器内物料残留量较多。

3. 立式行星式混合机

立式行星式混合机结构见图 4-3-12，混合容器呈倒圆锥形，螺旋输送机沿圆锥的母线置于容器的内部。容器的上部设有驱动装置带动螺旋输送机回转，螺旋输送机在摇臂的带动下边自转边沿圆锥的内表面慢慢地公转。

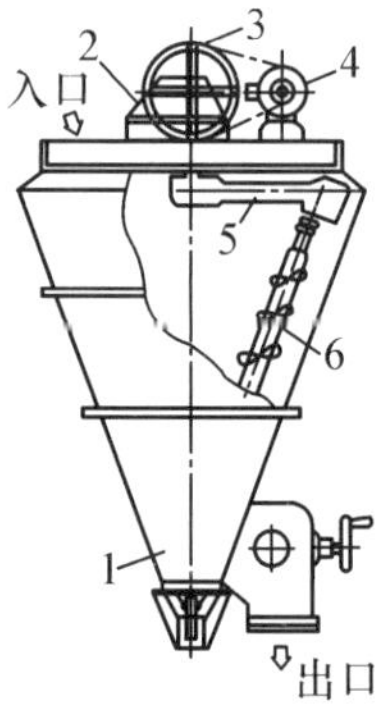

图 4-3-12　立式行星式混合机结构示意图

1.圆锥体　2.减速器　3.带轮　4.电动机

5.摇臂　6.混合绞龙

配制好的一批物料由进料口加入机内。启动电动机，通过减速机构驱动摇臂，带动混合螺旋，以 2～6 r/min 回绕轴线，与此同时，混合螺旋又以 60～100 r/min 速度自转。在机壳外壁可以加水套以加热或冷却腔内物料混合均匀后，打开排料口卸料。

立式行星式混合机工作时，搅拌器的行星运动使被混合的物料既能产生垂直方向的流动，又能产生水平方向的位移，而且搅拌器还能消除靠近容器内壁附近的滞留层。故而其混合速度快，混合效果好。适宜于高流动性粉料及黏滞性粉料的混合，不适宜易破碎物料的混合操作，这是因为螺旋搅拌器与容器内壁间隙很小，易磨碎物料。

立式行星式混合机在食品工业中应用广泛，如奶粉、小麦粉、砂糖、咖喱粉等的混合均可使用。

4. 瞬间连续混合机

瞬间连续混合机结构如图 4-3-13 所示，其作用原理是：驱动轴带动 C、D 两个圆盘做高速旋转运动，被混合的物料 B 和 A 分别从中心加料口和环形加料口进入混合室，并分别落在 C 盘和 D 盘上，在离心力的作用下被甩向四周布置的导流挡板 E，挡板将两种物料引至出口处混合后流出。

5. 无重力混合机

无重力混合机的结构如图 4-3-14 所示，电机通过减速机、链条、链轮带动两根主轴以一定的速度作等速反向转动，以一定角度安装在主轴上的桨叶将一部分物料抛洒到整个容器空间，物料在机内受机械作用而处于瞬间失重状态，广泛交错，产生对流、扩散、混合，因此在极短时间内达到均匀混合。进行固-液混合时液体由装在顶部的喷嘴雾化喷入。筒体上部选装分散棒可将结团的物料打散。

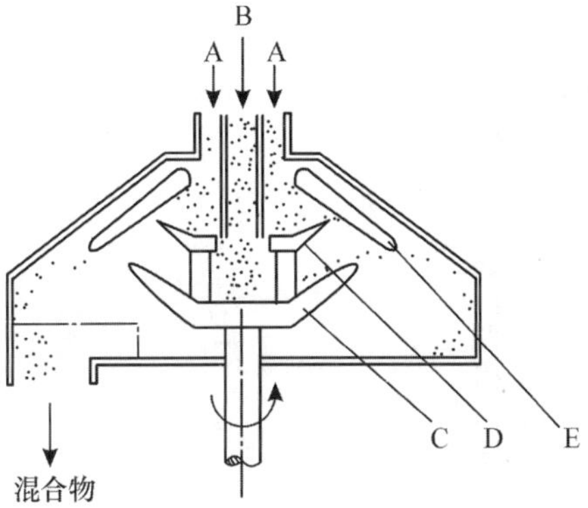

图 4-3-13　瞬间连续混合机结构示意图

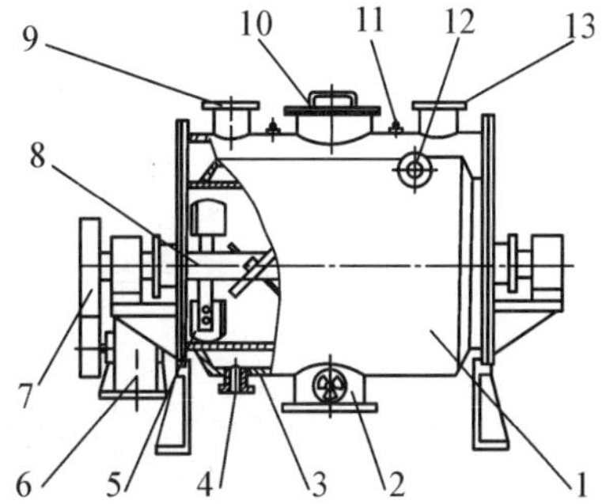

图 4-3-14　无重力混合机结构示意图

1. 筒体　2. 出料阀　3. 加热夹套　4. 热水进口　5. 搅拌桨　6. 减速机　7. 链轮　8. 搅拌轴　9、13. 加料阀　10. 入孔　11. 喷液喷头　12. 热水出口

无重力混合机性能特点：减速机带动轴的旋转速度与桨叶的结构会使物料重力减弱，随着重力的缺乏，各物料存在颗粒大小、比重悬殊的差异在混合过程中被忽略。激烈的搅拌运动缩短了一次混合的时间，更快速、更高效。即使物料有比重、粒径的差异，在交错布置的搅拌叶片快速剧烈的翻腾抛洒下，也能达到很好的混合效果。

无重力混合机广泛用于化工、化妆品、洗涤剂、农药、制药、染料、食品、味精、奶粉、麦片、食盐、香料、酿造、饲料、建材、陶瓷、涂料、树脂、精细化工、橡胶、添加剂的混合。

三、气液混合机

食品工业中最常见的气液混合操作是碳酸饮料生产中的碳酸化。碳酸化就是使 CO_2 与冷净水或糖浆充分接触，让其溶解在液体中，制成含 CO_2 的饮料。

生产碳酸饮料的气液混合设备叫作碳酸化器，常用有三种：薄膜式碳酸化器、喷雾式碳酸化器和喷射式碳酸化器。

1. 薄膜式碳酸化器

薄膜式碳酸化器的基本结构如图 4-3-15 所示，其主体是一个压力容器，经过滤、减压处理后的 CO_2 气体恒定地向压力容器输入，容器内 CO_2 的压力控制在 0.4～0.6 MPa。容器内部有多组圆盘，当水流过圆盘时，形成薄层，使充满在容器中的 CO_2 与水充分接触，可以延长水在 CO_2 气体中的停留时间，又扩大了接触面积，在水流动过程中完成碳酸化。

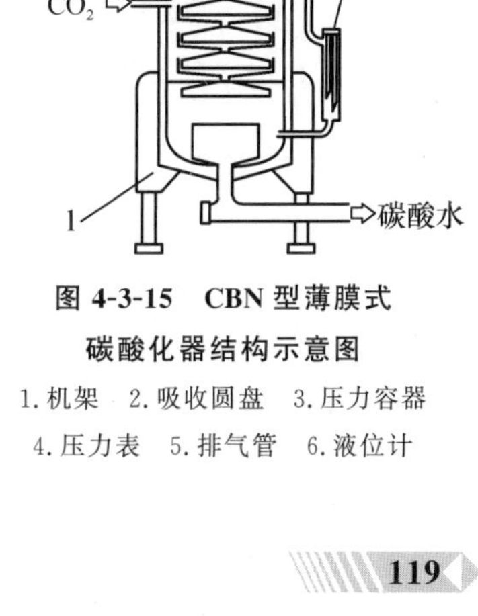

图 4-3-15　CBN 型薄膜式碳酸化器结构示意图

1. 机架　2. 吸收圆盘　3. 压力容器　4. 压力表　5. 排气管　6. 液位计

碳酸水由碳酸化器的底部出口流出，被送往灌装机。

2.喷雾式碳酸化器

喷雾式碳酸化器的基本结构如图 4-3-16 所示，主要由双作用式活塞泵、碳酸化罐、机座和管道组成。在工作时，CO_2 充满罐内，活塞泵将水泵入碳酸化罐中央的竖管，形成高压水，通过喷雾器将水喷成小水滴，在 CO_2 气体中落下，与 CO_2 气体充分接触，形成碳酸水。其特点是管道密封好，便于拆装及清洗，结构简单，混合效果好。

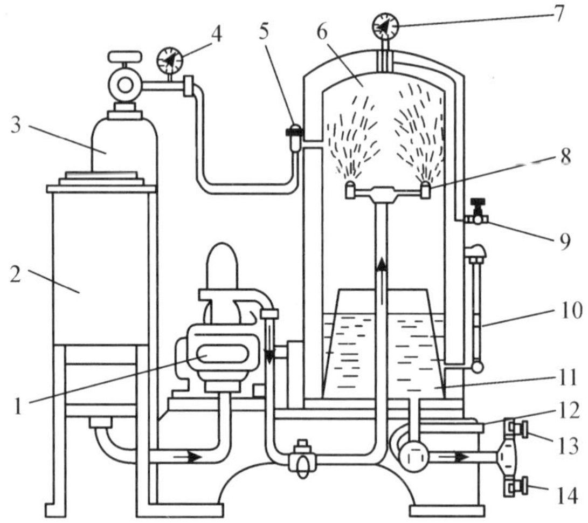

图 4-3-16 喷雾式碳酸化器结构示意图

1.双缸活塞泵 2.贮水缸 3.二氧化碳钢瓶 4.压力表 5.止逆阀 6.碳酸化罐 7.压力表 8.喷嘴 9.入气阀 10.液位显示控制器 11.碳酸水 12.接安全阀 13.放碳酸水截止阀 14.排放阀

3.喷射式碳酸化器

喷射式碳酸化器的基本结构如图 4-3-17 所示，是一种高效气液混合设备，其主要构件是文丘里管，见图 4-3-18。其工作原理是处理水经过加压后进入流体通道，当水流至收缩的喷嘴处时，流速增加。随水流增加，水的内部压力迅速下降，形成低压区，这样就不断吸收 CO_2。当水离开喷嘴时，周围的环境压力与水的内部压力形成较大的压差。为了维持平衡，水会爆裂成细小的水滴，同时，水与气体间有很大的相对速度，使水滴变得更加细微，增加水与 CO_2 的接触面积，提高了混合效果。

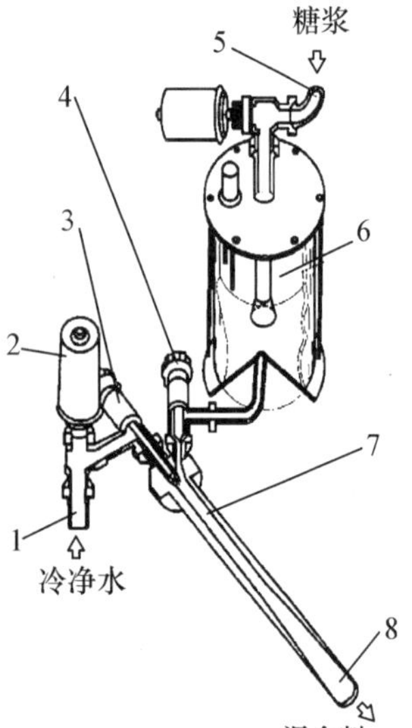

图 4-3-17 喷射式碳酸化器结构示意图

1.水进口 2.压缩空气阀 3.节流阀(调节水量) 4.调节阀(调节贮浆) 5.糖浆进口 6.平衡量 7.文丘里管 8.喷嘴

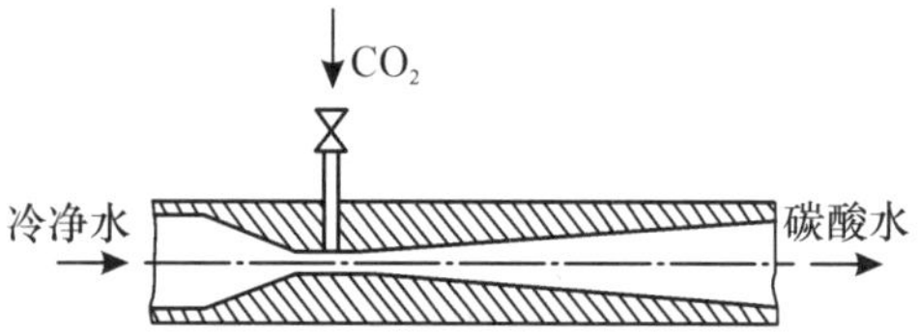

图 4-3-18 文丘里喷射管结构示意图

4. 碳酸化器的使用

(1)工作时要定时开启气阀,以排出罐内空气,并定时检查成品含气量。

(2)经常观察玻璃液位计显示的罐内水位。

(3)注意压力表读数在正常工作时应不大于 0.8 MPa。

(4)定时检查安全阀,防止调整弹簧失灵,发生事故。

(5)注意二氧化碳瓶的放置位置,避免阳光直射,远离明火,搬运时要轻拿轻放。

(6)随时用温水或凉水浇洒,除去二氧化碳钢瓶减压阀上的霜。

任务四　调和机械

调和机械又称捏合机。它主要加工高黏度糊状、膏状物料及黏滞性固体物料。例如在粉状物料中掺入少量液体,制备成均匀的塑性物料或糊状物料;在高黏稠物料中加入少量液体或粉体制成均匀混合物。除混合物外,还可根据调制物料的性质及工艺要求,完成某种特定操作,如打蛋、调和糖浆等。调和机的性能直接影响到制品的产量和质量。

一、调和机理

调和机的捏合操作目的是获得均匀的混合物,所处理的物料大多是黏度极高的非牛顿型流体,一般黏度在几百帕秒至几十万帕秒之间,流动性极小。桨叶搅拌形成的局部物料运动不能波及整个容器,因此,不能像搅拌低黏度液体那样利用对流混合或分子扩散,而是剪切混合。桨叶移动产生剪切力,将物料拉延撕裂,同时这部分物料受搅拌桨叶推挤而被压向邻近物料,千百次折叠、包裹,如此反复,经过一段时间强制均匀混合,得到合格产品。

调和操作有以下特点:

(1)调和操作比其他混合操作困难,混合时间长。

(2)调和操作需要在单位容积下加入较多能量。因此,调和机工作容量小,消耗功率大。

(3)桨叶与调和机容器壁间隙大小及桨叶形状对调和效果影响很大。桨叶必须与物料尽量多接触,因此,桨叶与器壁间隙很小,才能产生很强的剪切力,促使物料分散。桨叶形状要适合待处理物料的性质才能控制物料运动路径和运动范围,将物料不断地带到有效调和区。一般来说,物料黏度越大,调和机作用面积要求越大,桨叶轴转速就应该越低。

(4)调和操作若伴有传热过程,则高黏度物料易黏着在壁面上,降低传热能力,恶化操作性能。为保证传热速率,控制操作温度,调和机单位容积的传热面积应很大,叶片能稳定快速地刮除传热面上的黏着物料,并及时送回到有效调和区。

调和机专用性强,往往根据其特殊要求来选择。调和操作则是按食品加工的生产需要来决定的。按调和容器轴线位置分,有立式调和机和卧式调和机;按搅拌轴数量分,有单轴式调和机和多轴式调和机;按工作情况分,有间歇式调和机和连续式调和机;按在仪器加工中的主要用途分,有打蛋机和和面机;按搅拌桨转速分,有高速调和机和低速调和机。

二、打蛋机

(一)打蛋机工作原理

打蛋机在食品加工中常用来搅打多种蛋白液。搅拌物料主要是新稠浆体,如软糖、半软糖生产所需的糖浆,各种蛋糕生产所需的面浆及各式花样糕点上的装饰乳酪等。

打蛋机操作时,搅拌器高速旋转,强制搅打,被调和物料充分接触并剧烈摩擦,从而实现混合、乳化、充气及排出部分水分的作用。如在制备砂型奶糖的生产中,搅拌使蔗糖分子形成微小结晶体。又如充气糖果生产中,将浸泡的干蛋白、蛋白发泡粉、浓糖浆、明胶液等混合后得到洁白、多孔结构的充气糖浆。

由于浆体物料黏度低于和面机搅拌的物料,因此,打蛋机转速高于和面机转速,常在 70～270 r/mim 范围内,被称为高速调和机。

(二)打蛋机结构及主要零部件

打蛋机有立式与卧式两种,以立式打蛋机(图 4-4-1)应用居多。

图 4-4-1　立式打蛋机

立式打蛋机一般由搅拌器、容器、传动装置及容器升降机构等组成。其工作过程为:电机把动力通过传动机构传到搅拌器,搅拌器与容器间获得一定规律的相对运动,使物料得以搅拌,搅拌效果的好坏由搅拌器运动规律限制。

1. 搅拌器

立式打蛋机的搅拌器由搅拌桨和搅拌头组成。搅拌桨在运动中搅拌物料,搅拌头则使搅拌桨相对于容器形成公转和自转的运动规律。打蛋机搅拌桨的结构形状根据被调和物料的性质以及工艺要求决定。较为典型的有三种结构:钩形搅拌桨、网形搅拌桨和鼓形搅拌桨,如图 4-4-2 所示。

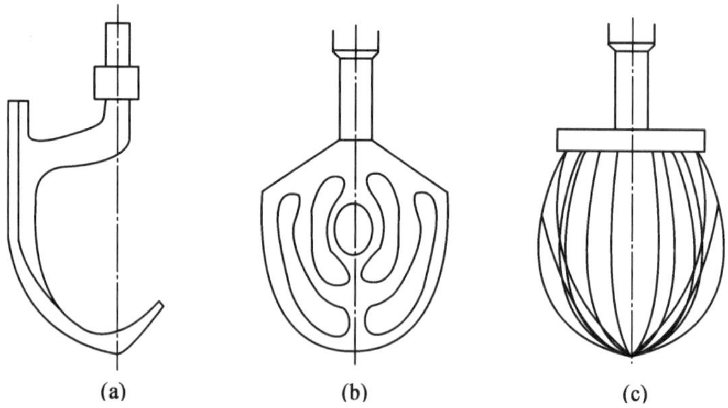

图 4-4-2　打蛋机典型搅拌桨

(a)钩形　(b)网形　(c)鼓形

2. 调和容器

立式打蛋机的调和容器也叫"锅",上部为圆柱形,下部接椭圆锅底,两体焊接成型,与搅拌桨的运动轨迹相适应。

3.容器升降机构

立式打蛋机都装有升降系统,机架上的固定容器只要做少量的升降移动并定位自锁,可达到快速装卸的要求。

4.机座

立式打蛋机的机座承受搅拌操作的全部负荷。搅拌器高速行星运动,使机座受到交变偏心力矩和弯扭的联合作用,因此,采用薄壁大断面轮廓铸造箱体结构来保证机器的刚度和稳定性。

5.传动装置

立式打蛋机的转动装置是通过电动机经带轮减速传到调速机构,在经过齿轮变速、减速及转变方向,使搅拌头正常工作。低速 70 r/min,中速 125 r/min,高速 200 r/min。

三、和面机

和面机一般用来调制黏度极高的浆体或塑性固体,常用来捏合各种不同性质的面团,如酥性面团、韧性面团、水性面团。

1.和面机的工作过程

和面机分立式和卧式两种,主要由搅拌容器、搅拌器、传动装置、容器翻转器和机架等组成。

和面机在工作时,首先将面粉、水等物料倒入搅拌容器,然后开机使搅拌器转动,搅拌器先是对物料进行局部混合,进而达到整体混合,使物料形成整体团块,然后由搅拌器移动产生剪切力,使物料被拉延撕裂,一部分物料受到推挤而压向邻近物料,另一部分物料被抛出,打向容器内壁,经过反复多次的拉、压、揉、打得到要求的塑性物料。

2.卧式和面机

卧式和面机(图 4-4-3)的搅拌容器轴线与搅拌器的回转轴线处于水平位置,其结构简单,卸料、清洗、维修方便,造价低,结构如图 4-4-3a 所示。

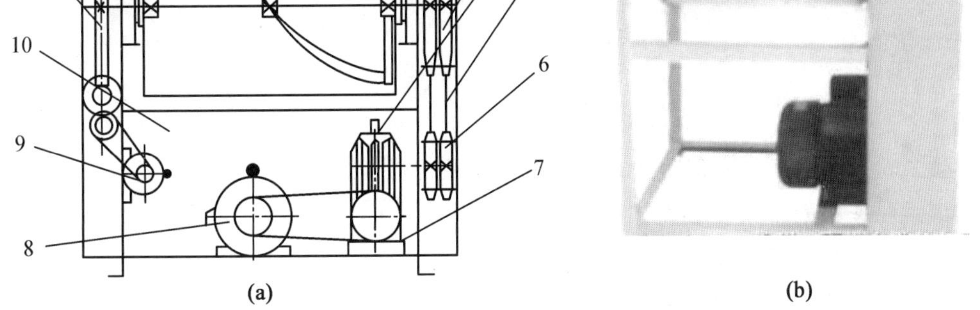

图 4-4-3 卧式和面机

(a)结构图 (b)外形图

1.面斗 2.加油点 3.大链轮 4.加油处 5.链条 6.小链轮 7.减速机 8.主电机 9.翻斗电机 10.机架 11.蜗轮 12.搅拌器

搅拌器也称搅拌桨，是和面机的重要构件，它的结构和形状直接影响调和操作的效果。搅拌器有不同的类型(图 4-4-4)，常用的有桨叶式搅拌器(在和面过程中桨叶对物料的剪切作用很强，拉伸作用弱，对面筋的形成具有一定的破坏作用)、∑形和 Z 形搅拌器(∑搅拌器调和能力强，卸料与清洗均很方便，应用广；Z 形搅拌器调和能力略低，但可生产较强的压缩剪力，多用于细颗粒与黏滞物料的调和)、滚笼式搅拌桨(主要由连接板 3～6 个直辊及搅拌轴 1 个组成，直辊可以平行于搅拌轴，也可以倾斜安装。滚笼式搅拌桨作用力柔和，适合于水面团、韧性面团等调制)和其他搅拌器。

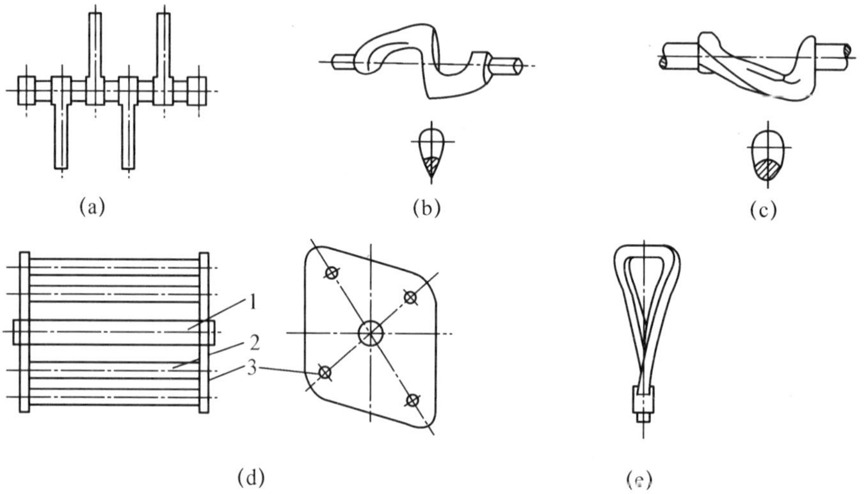

图 4-4-4 不同类型搅拌器

(a)桨叶式 (b)∑形 (c)Z 形 (d)滚笼式 (e)扭环式

1. 轴 2. 直辊 3. 连接板

3. 立式和面机

立式和面机的搅拌容器轴线沿竖直方向布置，搅拌器竖直或倾斜安装，结构简单，制造成本低，占空间大，卸料、清洗不如卧式和面机方便。

立式和面机的搅拌器有桨叶式、扭环式、象鼻式等。其搅拌容器有固定式和可移动式两种。

复习思考题

1. 锤式粉碎机的工作原理是什么？主要由哪些部件构成？
2. 滚式粉碎机的特点及形式有哪些？
3. 均质机的分类及其工作原理是什么？
4. 简述影响均质效果的因素。
5. 高压均质机的工作原理是什么？主要由哪些部件构成？
6. 离心均质机的工作原理是什么？
7. 胶体磨的工作原理是什么？主要由哪些部件构成？

8. 简述粉料混合机的构造及工作原理。
9. 调和操作工序有哪些特点？

实验实训一　均质机械的使用维护

一、目的要求

通过对均质机的观察和使用维护，使学生了解均质机的种类、结构及应用现状，掌握高压均质机的工作原理和操作方法，能够熟练使用设备并能按照操作规程清洗、维护设备。

二、设备与工具

(1)高压均质机 1～2 台；
(2)待均质物料(浑浊果汁或新鲜牛奶)；
(3)蒸汽源或者电加热源；
(4)自来水源。

三、实训内容和方法步骤

1. 试机操作

(1)检查传动皮带的松紧程度，即在两带中间位置压皮带，以手指能压下 10 mm 左右为好。

(2)注意电动机转动方向须与所标记方向一致。

(3)传动箱内润滑油以超过油标中线位置为准。

(4)开机前，在保证切断电源的情况下，用手将皮带轮盘转几圈，应顺利无卡咬或碰撞的感觉。

(5)检查调压手柄是否处于完全旋松状态，冷却水是否已经开启，在这些条件满足后，方可开启电源。

(6)电机启动后，在无负荷的情况下运转几分钟，声音应正常，观察出料口出料充足并无明显的脉动情况下方可加压。加压的顺序是：先顺时针方向缓慢旋转二级调压手柄，再用同样方法调节一级调压手柄，在压力值分别为额定压力的 20%，40%，60%，80%的几个点上让设备运转半小时以上，然后在额定压力下运转 3 h 以上。并做好电流、压力记录，绘制成压力-电流曲线。

(7)关机。关机前先将调压手柄旋到放松状态后，然后关主电机，最后关冷却水。

(8)试机后，将润滑油更换。

2.日常操作

(1)开机准备。先打开柱塞冷却水和油冷却器冷却水进水阀,再打开进料阀,然后检查调压手柄(须在放松无压力的状态下),最后启动主电机。

(2)待出料口出料正常后,旋动调压手柄,先调节二级调压手柄,再调节一级调压手柄,缓慢将压力调至使用压力,整个过程视熟练程度 1～3 min。

(3)关机。先将调压手柄卸压,再关主电动机,最后关冷却水。

3.操作注意事项

(1)调压时,当手感觉到已经受力时,须十分缓慢地加压。

(2)均质物料的温度以 65℃左右为宜,不宜超过 85℃。

(3)物料中的空气含量应在 2%以下。

(4)严禁带载启动。

(5)工作中严禁断料。

(6)进口物料的颗粒度对软性物料在 70 目以上,对坚硬颗粒在 100 目以上。禁止粗硬杂质进入泵体。

(7)设备运转过程中,严禁断冷却水。

(8)均质阀组件为硬脆物质,装拆时不得敲击。

(9)停机前须用净水洗去工作腔内残液。

4.保养维护

(1)每日维护

①检查油位,以保证润滑油量充足。

②随时注意油压是否正常,油压在 0.2 MPa 以下须检查零件是否温度过高(如连杆瓦、十字头盖等)、润滑油泵是否正常,油泵安全阀压力调定螺钉是否松动,滤油器是否脏堵。

③随时注意冷却水供应是否正常。

④注意任何密封处的泄漏,如有泄漏,须更换相应的密封圈组件。

⑤运行中随时注意是否有异常声音。

⑥每日开机前,必须做好传动箱体的放水工作,由于柱塞往复带入和空气的冷凝作用,传动箱内不可避免有水渗入,及时放水可避免润滑油过早失效,放水旋钮在传动箱的背后。

(2)每月检护　在每日检护项目的基础上进行每月检护:

①检查所有螺纹是否松动。

②润滑油是否失效,如已失效,更换新润滑油(正常情况下 1～2 个月更换 1 次)。

③检查传动皮带,如过松需调紧。

④检查均质阀等易损件是否损坏,如损坏,应更换。

(3)半年检护　在月检护的基础上进行半年检护:

①放掉润滑油,清洗油箱、曲轴箱、过滤器。

②将泵体所有紧固件重新上紧一遍。

③再将设备当作新到的机器重新调试一遍,观察各项性能。

四、实训报告要求

(1)绘制设备结构简图。
(2)描述设备使用过程及注意事项。
(3)简述影响均质效果的因素有哪些。

实验实训二　调和机械的使用维护

一、目的要求

通过对调和机械的观察和使用维护,使学生了解调和机械的种类、结构及应用现状,掌握调和机械的工作原理和操作方法,能够熟练使用设备并能按照操作规程清洗、维护设备。

二、设备与工具

(1)和面机 1～2 台;
(2)面粉;
(3)自来水源。

三、实训内容和方法步骤

1.操作方法
(1)原料,搅拌器放入缸中,将缸放入搅拌支架上定位。
(2)确定定位后旋转固定把手将缸固定好。
(3)搅拌器往上装入定位,并将搅拌缸升至最高,选用适当的速度挡,合上开关进行搅拌。
(4)完成后以反顺序降下搅拌缸,同时取下搅拌器,此时搅拌器尚在缸中。
(5)转开搅拌缸固定把手将搅拌缸搅拌器一同抬离机器再把搅拌器由缸中取出,将搅拌好的材料取出或倒出。
(6)完成之后,请务必将搅拌器清洗干净。挡位使用条件:糊状、奶油、馅料、使用 1、2、3 挡。搅拌工具使用球形搅拌器。液态蛋糕,沙拉类,搅拌工具使用球形搅拌器。
2.注意事项
(1)机器工作必须可靠接地保护,机器运转时严禁将手伸入搅拌缸内。
(2)换挡必须停机。
(3)严禁使用色拉油作润滑油使用。

(4)如果换挡有困难时,请转动一下搅拌器。

(5)尽量避免用打蛋机搅面团。

(6)如搅拌面团请用低挡,禁用中、高速挡,最大负荷面粉 3 kg,50%~55%的水分。

(7)搅拌进行时严禁用手抬高缸体,以防搅拌器与缸底发生摩擦而断裂。

四、实训报告要求

(1)绘制设备结构简图。

(2)描述设备使用过程及注意事项。

项目五

杀菌机械与设备

学习目标

1. 了解立式杀菌锅、卧式杀菌锅、超高温瞬时杀菌设备的结构与应用范围。
2. 掌握电阻超高温杀菌设备、连续杀菌设备的工作原理及特点。

教学基本内容

1. 立式杀菌锅、卧式杀菌锅、超高温瞬时杀菌设备的结构与应用范围。
2. 电阻超高温杀菌设备、连续杀菌设备的工作原理及特点。

任务一　概　　述

杀菌是按商品要求的杀菌，其含义是杀死致病菌，使大肠杆菌、一般细菌在微生指标规定的范围内。因此杀菌是确保食品质量和食用安全的一项极重要措施。杀菌机械与设备也是食品工厂中的重要设备之一。

根据不同产品的加工特点，在食品工厂常采用如下一些杀菌方法与机械设备。

(1)过滤杀菌　可用于澄清型液体类产品的杀菌，如水、果酒、果汁等。一般用砂芯过滤器、微滤及超滤设备。

(2)蒸汽或热水加热杀菌　是当前食品工厂内常用的杀菌方法，它的适用范围广，机械设备种类较多，其杀菌温度在100℃以下的为常压巴氏杀菌设备；杀菌温度大于120℃、压力大于常压的为高温高压瞬时杀菌设备。

(3)辐射杀菌　可用于液体、固体类产品杀菌，如果汁、牛奶、果脯、干果等。常用钴60、微波设备。

(4)静电杀菌　可用于一般液体类产品的杀菌，如果汁、油类等。

(5)火焰连续杀菌　可用于带汁液的蔬菜罐头，如蘑菇、甜玉米、青豆等。常用的燃料有煤气、丁烷、丙烷等。

上述杀菌方法中，蒸汽或热水加热杀菌是许多食品工厂中最常用方法。设计和操作热力杀菌机械与设备时，即使包装容器的物料中心部位达到要求的杀菌温度和时间，也必须控制好杀菌温度和时间两个重要参数。为此，在工作中要根据以下影响热传导因素调试杀菌机械与设备。

(1)包装容器的性质 食品的包装容器材料一般为金属、玻璃或塑料制品，导热能力以金属最好，玻璃和塑料次之。一般马口铁是玻璃的13倍，玻璃是聚氯乙烯的4～8倍。

(2)食品的性质 一般pH低的酸性食品可以降低微生物的抗热能力，而具有形成胶体性质的食品有阻碍热传导的作用。

(3)加热介质的传热效率 最常用的加热介质是水和蒸汽。二者的传热系数虽然在理论上差别很大，100℃时水为58.7，过热水蒸气为213，但实际操作中却没有显著差别。空气导热能力最差，它常存在于包装容器的周围，形成绝热层，严重影响杀菌效果，因此，在使用杀菌机械设备时，排气至关重要。

(4)包装容器的大小与放置方法 同样内容物和同一杀菌温度下，包装容器的大小不同，其中心部分达到要求的杀菌温度和时间必然不同，小者快，大者慢。而放置方法主要考虑加热介质与包装容器的热交换路线畅通并均匀一致。为此，要注意包装容器在杀菌时的排列方法与紧密度。

(5)杀菌时包装容器是静止还是运动 包装容器静止不动杀菌主要靠热传导升温，包装容器运动特别是回转运动，增加了对流作用，故传热速度快，操作时间短。

(6)杀菌的温度 热杀菌主要靠温度作用，提高温度可以缩短杀菌时间，在同等杀菌效果前提下，温度每增加10℃，则杀菌时间缩短至原来的1/10。因此，在条件允许下尽可能应采用高温杀菌。另外，杀菌前的温度也直接影响杀菌的升温时间，故在杀菌前的温度越接近杀菌温度越好，这在提高工作效率和节省能源方面有很大意义。

杀菌设备是罐头工厂的重要设备之一。杀菌设备形式很多，大体上可用如下方法来分：

根据杀菌温度不同可分为常压杀菌设备和加压杀菌设备。常压杀菌设备的杀菌温度为100℃以下，用于pH小于4.5时的酸性产品杀菌。用巴氏杀菌原理设计的杀菌设备亦属这一类。加压杀菌一般在密闭的设备内进行，大于一个大气压，杀菌温度常用120℃左右，用于肉类罐头等的杀菌。

根据操作方法不同可分为间歇操作和连续操作杀菌设备。前者常用立式、卧式杀菌锅和间歇式回转杀菌锅等。后者有常压连续杀菌机、静水压式连续杀菌机和水封式连续杀菌机等。连续杀菌设备一般有：进罐机构、运载装置、机械传动和安全装置、加热(杀菌)装置、冷却装置、出罐装置和自控系统等。

根据杀菌设备所用热源不同可分为直接蒸汽加热杀菌设备、热水加热杀菌设备、火焰连续杀菌机及照射杀菌设备等。

任务二 直接加热超高温短时杀菌设备

一、蒸汽加热式杀菌设备

直接加热法超高温短时杀菌是用高压蒸汽直接加热物料，接着是急剧冷却，闪蒸过程中将注入的蒸汽蒸发，恢复物料原来组成。直接加热法超高温短时杀菌又有喷射式和注入式两种形式，喷射式是把蒸汽喷射到物料流体里，注入式则是把物料注入热蒸汽环境中。喷射器的体积通常较小，价格也比注入器低，而注入器使用的操作蒸汽压力较低，蒸汽和物料之间的温差比较小，这对热敏性制品的加热比较有利。直接加热法最大优点是快速加热和快速冷却，最大限度地减少超高温处理过程中可能发生的物理变化和化学变化，如蛋白质变性、褐变等。

（一）喷射式超高温杀菌设备

喷射式超高温杀菌设备是用高压蒸汽直接向食品喷射，使食品以最快速度升温，几秒钟内达到 140～160℃，维持数秒钟，再在真空室内除去水分，经无菌冷却机冷却到室温。喷射式超高温杀菌装置有不同的结构组成，如利乐拉伐公司的真空瞬时加热杀菌装置、英国 APV 公司的直接蒸汽喷射杀菌装置、美国彻里-伯勒尔公司的大气-真空装置等。以利乐拉伐公司的真空瞬时加热杀菌装置为例，其操作流程见图 5-2-1。

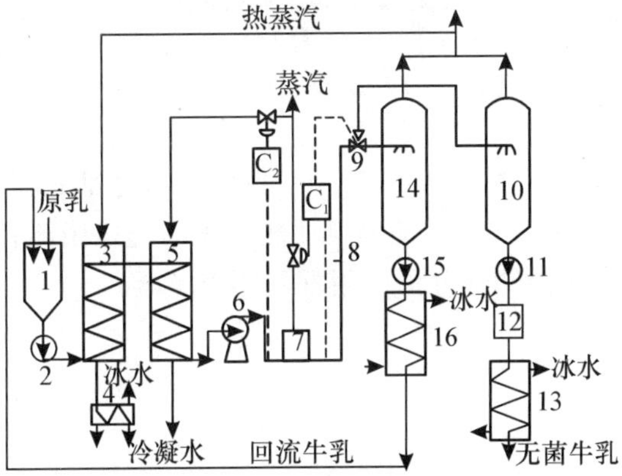

图 5-2-1　真空瞬时加热杀菌装置流程

1. 平衡槽　2. 离心泵　3、5. 片式预热器　4、16. 片式热交换器　6. 高压离心泵　7. 喷射泵　8. 保温管　9. 转向阀　10、14. 真空罐　11、15. 无菌泵　12. 无菌均质机　13. 无菌冷却器

（二）注入式超高温杀菌设备

注入式超高温杀菌设备是将物料注入充满过热蒸汽的加热器中，由蒸汽瞬间加热到杀菌温度而完成杀菌过程。冷却方法与蒸汽喷射式相似，也是在真空罐中通过膨胀来实现的。采用注入式的原理进行杀菌的装置有英国 APV 公司的蒸汽注入杀菌装置、法国的拉吉奥尔装置、丹麦的帕拉莱斯托尔装置等。

英国 APV 公司的蒸汽注入式杀菌器如图 5-2-2 所示。

二、电阻式超高温杀菌设备

电阻式加热超高温杀菌是借助大部分配制食品含有适度溶解的盐离子的游离水分，具有较好的导电性原理，根据欧姆定律，将电流通过连续流动的物料通道即可对物料进行加热，其加热范围与食品导电率均匀性和食品在电阻加热器中停留时间有关。这种直接加热的超高温杀菌系统称电阻加热系统。

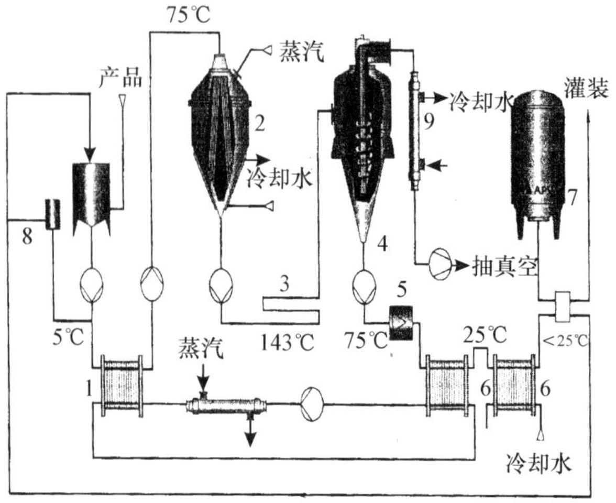

图 5-2-2　蒸汽注入式杀菌器流程

1. 板式预热器　2. 蒸汽注射腔　3. 保温管　4. 闪蒸罐　5. 无菌均质机
6. 板式冷却器　7. 无菌贮罐　8. 杀菌环路　9. 冷凝管

图 5-2-3 是电阻加热器原理图，主要部件是一根加塑料衬里的不锈钢管，由 4 个或多个电极座 1 及中间连接管 3 组成。图 5-2-4 是电阻加热器超高温杀菌流程图。该系统的特点是物料加热部分采用电阻加热，而冷却部分仍采用常规热交换器。

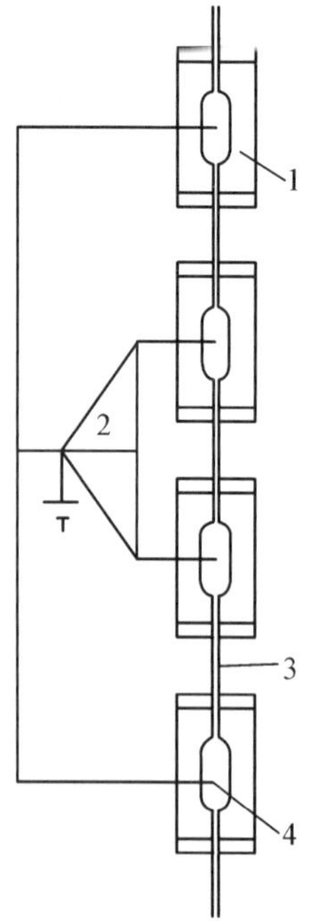

图 5-2-3　电阻加热器原理

1. 电极座　2. 50 Hz 三相电源
3. 中间连接管　4. 电极

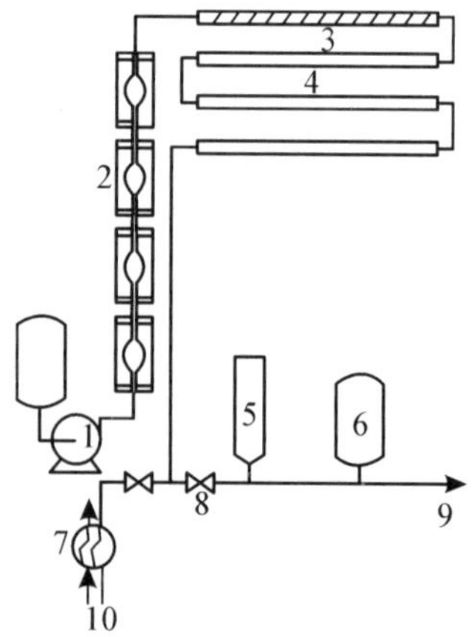

图 5-2-4　电阻加热器超高温杀菌流程

1. 进料泵　2. 电阻加热器　3. 恒温管　4. 冷却热交换器　5. 无菌集液罐
6. 无菌产品贮罐　7. 杀菌消毒液冷却热交换器　8. 通入无菌包装机管道　9. 接无菌包装机　10. 杀菌液回流

系统在投产前须进行预先灭菌。系统中无菌集液罐 5、无菌产品贮罐 6 以及连接管阀等用高温蒸汽灭菌。对电阻加热器 2、恒温管 3 和冷却热交换器 4 的预消毒杀菌则采用一定浓度的硫酸钠溶液(溶液浓度以导电率与加工物料接近为宜)作杀菌液。杀菌液由进料泵 1 通过电阻加热器 2、恒温管 3、冷却热交换器 4 及杀菌消毒液冷却热交换器 7 回流到进料泵,循环加热且消毒器具。杀菌液的温度由电阻加热器的电流进行调节控制,并由背压阀控制系统背压。消毒杀菌结束后,杀菌液经由杀菌液冷却热交换器冷却后排放或另行收集。

加热杀菌时,物料由进料泵送入电阻加热器,被加热至设定的杀菌温度后进入恒温管 3,然后进入冷却热交换器 4 冷却,冷却物料进入无菌产品贮罐 6 贮存或直接送至无菌包装机。杀菌开始阶段由于物料与残留杀菌液混合,须将过渡阶段混合液送入无菌集液罐 5 贮放,同时通入无菌空气或氮气调节无菌集液罐的内压,以控制加热杀菌温度。

图 5-2-5 是伊莱克斯特电阻加热超高温杀菌流程图。高温杀菌系统由均质机、乳泵、电阻加热管、三台螺旋管热交换器、平衡桶等组成。乳平衡桶 1 的牛乳经过滤器 3 后由乳泵 4 送入预热器 6 与已杀菌高温乳热交换,加热至 70℃;经预热的乳进入均质机 7 在 15 MPa 压力下均质后进入第二预热器 10 被加热到 110～120℃,并流经保温管 11 保温。然后,进入电阻加热管 12 在 9 s 内加热到 145℃,并经保温管 13 保温,后流经 6、10 两台热交换器被未杀菌乳冷却。冷却乳进入冷却热交换器 14,用 5～10℃冷水冷却至 15～20℃后,送至无菌包装机包装。

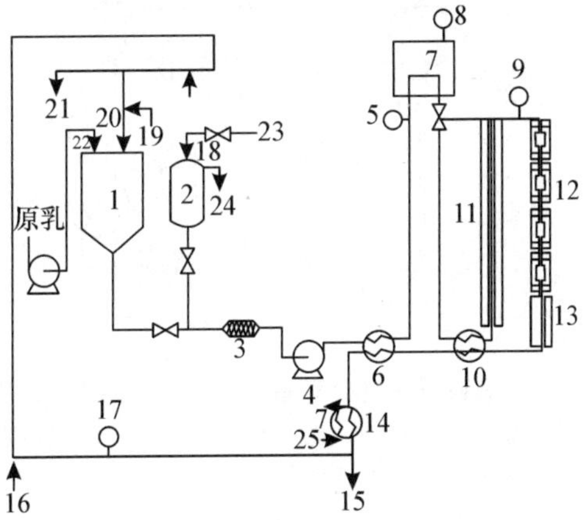

图 5-2-5 伊莱克斯特电阻加热超高温杀菌流程图

1.乳平衡桶 2.水平衡桶 3.过滤器 4.乳泵 5、8、9、17.压力表 6、10.预热/冷却热交换器 7.均质机 11.保温管 12.电阻加热管 13.保温管 14.冷却热交换器 15.送至包装机 16.包装机返回乳 18.水返回 19.返回乳送出 20.返回乳 21.排放 22.进乳 23.冷却水进口 24.预杀菌水溢流管 25.冷却水进口

该设备装有低温监控系统,杀菌乳温度低于 136℃时,控制信号灯亮,进乳阀自动关闭,水平衡桶 2 的水进入设备内循环,包装机自动停止操作;当杀菌乳温度低于 134℃时信号灯亮、报警铃响。两种低温情况均须人工调节后方可恢复整体系统生产。此外,电阻加热管超过 150℃、电源电压过高、原乳输送压力不足或包装机出现故障时,均可通过自动控制装置停机,以保证牛乳达到杀菌所需的高温。

任务三　间接式超高温杀菌设备

间接加热法超高温短时杀菌是通过热交换器间接加热制品的过程。间接加热法可以采用比直接加热法更高的温度，使用更短时间的工艺来处理制品。同样，制品冷却也可通过各种冷却剂来实现。加热介质包括过热蒸汽、热水和加压热水，而冷却剂常见的是冷水或冰水。

一、板式杀菌机械与设备

（一）薄板超高温杀菌设备

薄板超高温杀菌设备由数组薄板热交换器组成，对流体物料连续预热、杀菌和冷却。英国巴拉弗洛公司间接加热超高温杀菌设备的工艺流程图如图 5-3-1 所示。

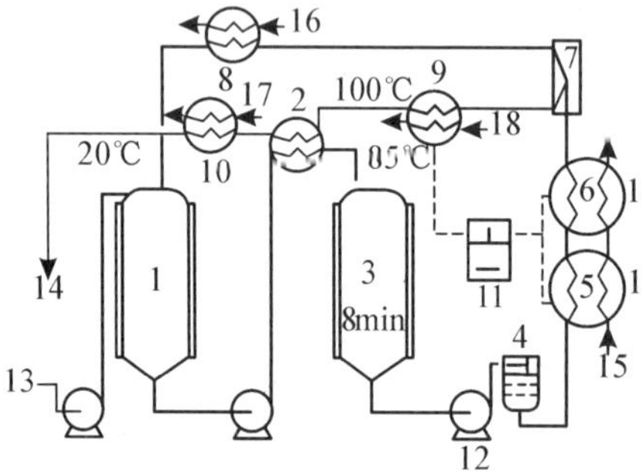

图 5-3-1　英国巴拉弗洛公司间接加热超高温杀菌设备流程

1. 平衡槽　2. 热交换器（预热）　3. 贮槽　4. 均质机　5、6. 热交换器（高温）　7. 转向阀　8. 分离冷却器　9、10. 热交换器（冷却）　11. 控制箱　12. 不锈钢泵　13. 原乳　14. 去灌装系统　15. 过热蒸汽　16、17、18. 冰水

（二）APV 的超自动控制装置

APV 的超自动控制装置处理过程见图 5-3-2。

二、管式杀菌机械与设备

常用的管式换热器有蛇管式、套管式、列管式和翅片管式等类型。

（一）列管式换热器

列管式换热器是目前使用较多的一种换热器，其优点是易于制造，成本低，适应性强，维修、清洗都比较方便，特别是对高压流体更为适用。列管式换热器的形式比较多，但它们的主要结构和原理都相类似，图 5-3-3 是一种简单刚性结构的列管式换热器。

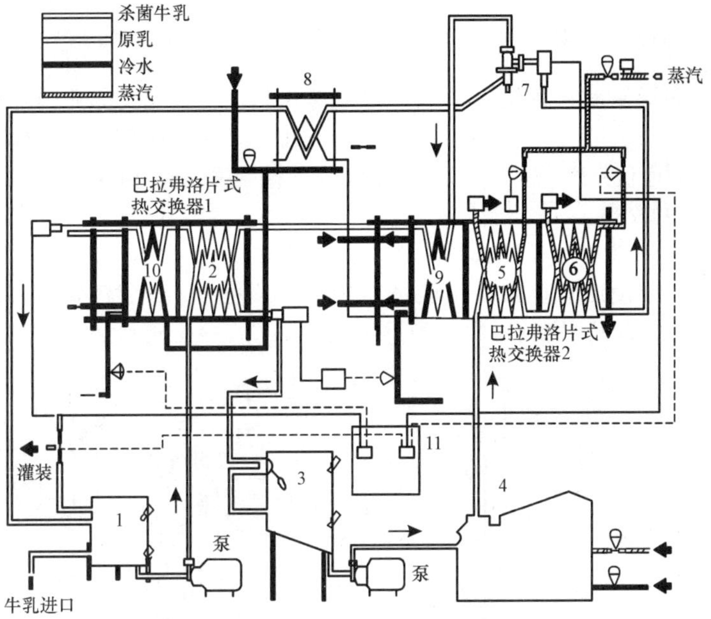

图 5-3-2 超自动控制装置流程

1. 平衡槽 2. 热交换器(预热) 3. 减速容器 4. 高压均质机 5、6. 热交换器(加热) 7. 转向阀 8. 分离冷却器 9、10. 热交换器(冷却) 11. 控制箱

在列管式换热器的两端封头处，分别设有流体物料的进口和出口，物料自一端进入后，一次通过全部管道而到达另一端排出，这种列管式换热器称为单程式。如果将管束分成若干组，并在封头处加装隔板，使之多次的曲折往复流动即可成为多程式。我国国产的列管式换热器有二程、四程、六程等多种。图 5-3-3 即为二程式。程数为偶数的换热器，流体物料的进出口都在同一端封头上。进行液体杀菌时一般采用多程式。在物料的进出口都安装有温度表，测定杀菌前后的温度，用阀门控制流量和杀菌时间。没有满足杀菌温度和时间要求的物料经三通阀和管道返回进料口重新加热。在自动化较高的设备中，杀菌的温度、时间等都用自动控制阀门调节，在出口处没有达到杀菌要求时，阀门不打开，自动循环工作。

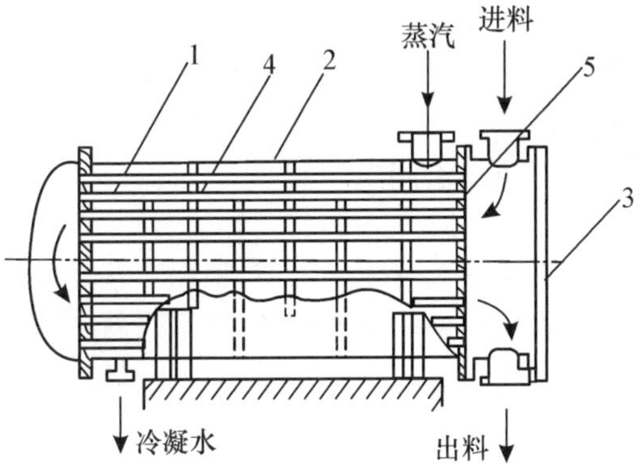

图 5-3-3 列管式换热器

1. 管束 2. 外壳 3. 封头 4. 折流板 5. 管板

(二)RP6L20 型超高温瞬时灭菌机

RP6L20 型超高温瞬时灭菌机是采用一组蛇管式和一组套管式串联作业的换热器。热源使用蒸汽压力小于 0.78 MPa，杀菌温度可达 115～135℃，杀菌时间 3 s 左右，杀菌后液体冷却温度小于 65℃。适用于果汁、蔬菜汁、牛奶等液体的高温杀菌。由于杀菌的温度高、时间短，对营养物质破坏损失较小。

1. RP6L20 型超高温瞬时灭菌机的构造与工作原理

RP6L20 型超高温瞬时灭菌机是由壳体、进料泵、高温桶、双套盘管、循环贮槽和物料、蒸汽、冷却水的管道阀门以及温度、压力仪表等组成。如图 5-3-4 所示。

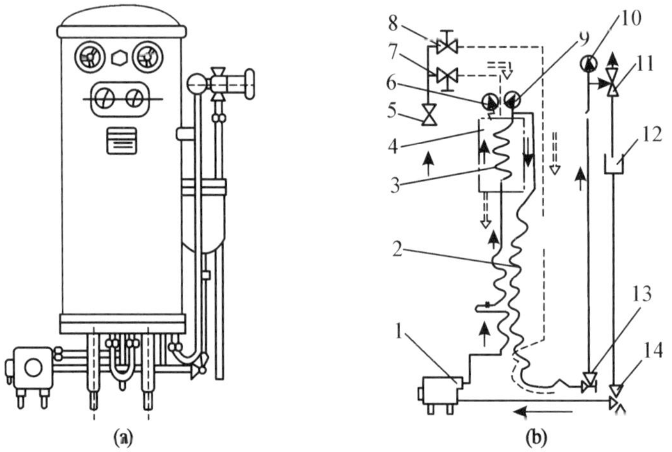

图 5-3-4　超高温瞬时灭菌机

(a)外形图　　(b)原理图

1. 进料泵　2. 双套盘管　3. 高温盘管　4. 高温桶　5. 截止阀　6. 压力表　7、8. 角式截止阀　9、10. 温度表　11. 出料三通旋塞　12. 循环贮桶　13. 节流阀　14. 进料三通旋塞

2. RP6L20 型超高温瞬时灭菌机的使用

安装 RP6L20 型超高温瞬时灭菌机时无须打水泥基础，只用设备本身的四只支脚螺栓将灭菌机调平即可。安装进料泵时应保持泵轴水平，否则使用中将引起设备的振动而工作不稳。在循环贮槽的放水竖管处应与地沟相接通，以免洗涤时洗液流出腐蚀损坏车间地面。

使用前还要检查安全阀、压力表、温度表是否正常，设备的阀门是否畅通无阻。在确认一切正常后，应按下列程序操作：

(1)在循环水槽中注满水，开启清水阀门；

(2)启动进料泵；

(3)打开蒸汽阀门，观察压力表和温度表的数值，根据工艺要求进行调节；

(4)关闭清水阀门，当循环水槽中的水将放尽时，打开进料三通旋塞开始进料；

(5)当旋转管排出物料时，即转动旋转管，使物料流入循环水槽中，与此同时打开三通旋塞开始排料；

(6)经常观察杀菌温度，调节蒸汽阀，以防温度过高引起积垢和堵塞；

(7)控制节流阀，保证物料在预定温度内不断地在管内流过，避免积垢和堵塞；

(8)每次杀菌结束时，待最后的物料通过进料三通旋塞后，立即将此旋塞转换，使贮槽内的水代替物料流入，并打开贮槽上的供水阀门进行清洗，一直到排出水变清为止。与此同时关闭蒸汽入口截止阀，开启放水截止阀放净高温桶内加热蒸汽，然后关闭。

RP6L20 型超高温瞬时灭菌机连续使用 6～8 h 后，需要进行一次清洗，清除盘管壁上的污垢，以提高设备热交换能力。

任务四　罐装食品杀菌设备

一、软罐头杀菌装置

塑料薄膜或金属箔多层复合材料作包装制成的食品，经热熔密封后，又经过高温高压蒸汽加热杀菌处理，可以长期贮存，起着金属罐头容器的作用，因为它是用软包装材料包装食品的，又称为软罐头。

软罐头食品一般的杀菌条件是 120℃，30 min；杀菌温度为 135℃时，时间 5～10 min，杀菌温度为 150℃时，时间为 2 min。具体的工艺要根据内容物和杀菌设备而定。

图 5-4-1 为高压蒸煮复合薄膜袋的包封、杀菌生产线示意图。

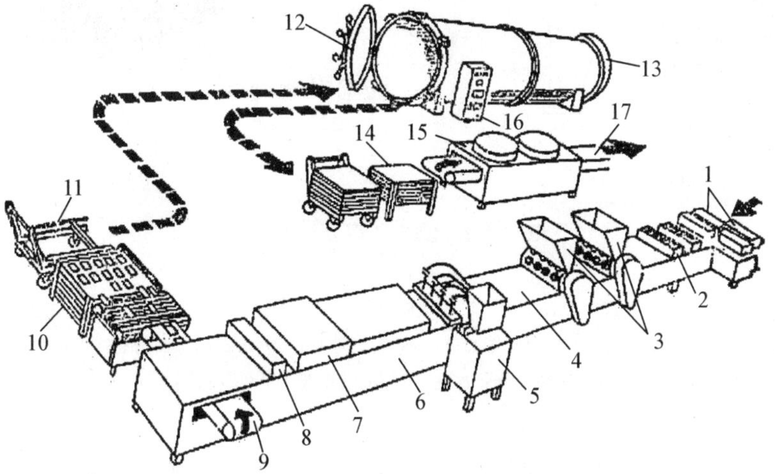

图 5-4-1　高压蒸煮复合薄膜袋包封和杀菌生产线示意图

1.空袋箱　2.空袋输送装置　3.回转式装料机　4.手工排列位置　5.活塞式液体装料机　6.蒸汽汽化装置　7.热封装置　8.冷却装置　9.输送器　10.堆盘　11.杀菌车　12 杀菌锅门　13.杀菌锅　14.卸货车　15.干燥器　16.控制台　17.输送器

二、间歇式杀菌设备

(一)立式杀菌锅

立式杀菌锅适用于金属罐和玻璃罐的罐头杀菌，装罐容量有 200～720 罐/次(500 g/罐)

多种型号，能够满足多品种，小批量生产的需要，是目前一些中小型食品厂的常用设备。

1. GT7C3 型立式杀菌锅的构造

GT7C3 型立式杀菌锅（图 5-4-2）主要由锅体、锅盖、转环、平衡锤、冷却水盘管、锁紧装置、密封圈、锅底、蒸汽通道、吹泡管、排水管等组成。与之配套的附属设备还有杀菌篮、电动葫芦、空气压缩机和检测仪表等。

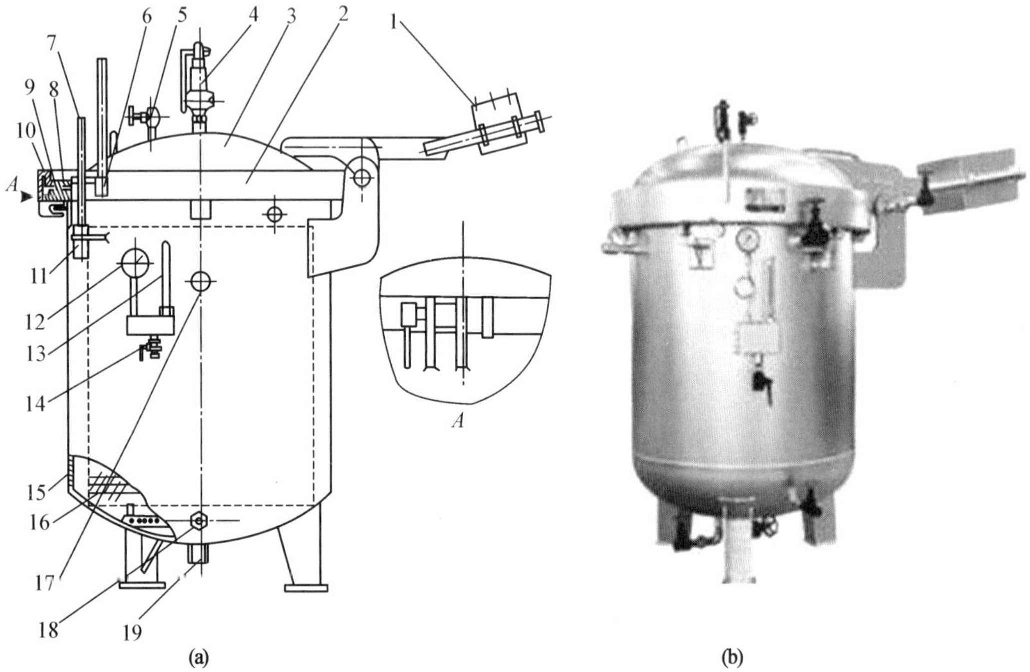

图 5-4-2　GT7C3 型立式杀菌锅

(a)结构图　(b)外形图

1. 平衡锤　2. 转环　3. 锅盖　4. 安全阀　5. 放气阀　6. 上绞紧器　7. 手摇铁棒　8. 锅体法兰　9. 密封圈　10. 嵌紧块　11. 下绞紧器　12. 压力表　13. 温度计　14. 放水螺旋　15. 锅体　16. 杀菌篮　17. 压缩空气管接头　18. 蒸汽管接头　19. 排污口

2. GT7C3 型立式杀菌锅的使用

常压杀菌一般用于 pH 小于 4.5 的酸性产品杀菌，根据巴氏杀菌原理杀菌温度在 100℃以下。操作时，将锅盖打开至全开启位置，装罐后水（最好是与罐温相近的热水）由锅体上部进水管输入，同时蒸汽由下部进气管输入。当水位加至溢流管位置（高于装罐篮上顶面处）则停止加水。蒸汽不断输入后，水温逐渐升高，直至沸点。按工艺要求保持一定时间进行杀菌。杀菌完成后，关闭蒸汽输入阀门，打开进水阀门，冷水不断输入使温度逐渐下降，上部热水从溢流管排出。当水温至出罐温度时，即可吊出杀菌篮，然后再装入另一批罐头进行杀菌。若不再装罐头杀菌，在温度达到出罐温度时，可打开排水阀将锅内水排净再出罐。

(二)卧式杀菌锅

卧式杀菌锅的容量一般比立式杀菌锅大，装罐容量有 600、800、1 000、1 500 罐/次

(1 000 g/罐)等多种。杀菌罐头用小车装入和运出,不必用电葫芦,故常用于大中型罐头厂。只作高压杀菌用。

1. GT7C5 型卧式杀菌锅的构造

GT7C5 型卧式杀菌锅主要由锅体,锅门,进、排气管,进、排水管,空气压缩机,进、出料小车,控制仪表和安全阀等组成。如图 5-4-3 所示。

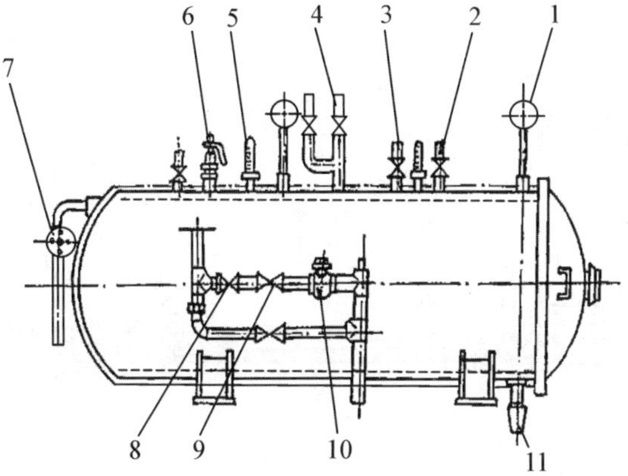

图 5-4-3　GT7C5 型卧式杀菌锅

1. 压力表　2. 放气截止阀　3. 压缩空气截止阀　4. 冷却水管闸阀　5. 温度计　6. 安垒阀　7. 溢流管闸阀　8. 蒸汽管路截止阀　9. 薄膜阀门　10. 蒸气管路止回阀　11. 污水旋塞

2. GT7C5 型卧式杀菌锅的使用

GT7C5 型卧式杀菌锅一次可容纳 4 辆小车,为了能够不间断工作,每台杀菌锅最少应配 8 辆小车,以便能及时装送杀菌罐头。

将一批罐头装进杀菌锅后锁紧锅门。把所有排气阀、冷凝水排放阀、泄气阀全打开,关闭冷却水阀门和压缩空气阀门,上述准备工作完成后,将蒸汽阀门开到最大,按规定的排气规程排气。排气结束后,杀菌锅升温到预定的杀菌温度和压力时,关闭蒸汽阀,按杀菌工艺 要求保持一段恒温时间,一直到高压杀菌结束。在喷入冷水降温冷却时,要先通入压缩空气增压,压缩空气的压力应使杀菌锅内的压力略高于罐头内的压力,以防止罐头内压膨胀,最后通过喷水管放入冷却水,使水均匀地分布冷却。冷却水和蒸汽相遇将产生大量气体,这时必须打开排气阀排气。排气结束后,关闭所有排气阀门。冷却完毕,由排水管放净冷却水,然后开启锅门,推出小车,再装入下批罐头杀菌。

(三)回转式杀菌设备

静止式杀菌设备最大的缺点之一是由于它静止不动而降低热的传递效率。在杀菌升温过程中存在“冷点”的影响很大,所说“冷点”,是指食品杀菌时升温最慢的一点。

1. 回转式杀菌设备的构造

图 5-4-4 为回转式杀菌锅,其构造如图 5-4-4a 所示。在杀菌锅后端装有传动系统,由电动机、无级变速器和齿轮等组成。通过大齿轮驱动固定在轴上的转体和杀菌篮回转,转动方向可正可反,也可正反交替运动。转速可在 5～45 r/min 范围内选用。在传动装置的旋转部件上

还设有定位器，能使回转体停留在便于从杀菌锅内取出杀菌篮的位置。回转轴是空心的，从中间通过导线测量罐头层中心温度。

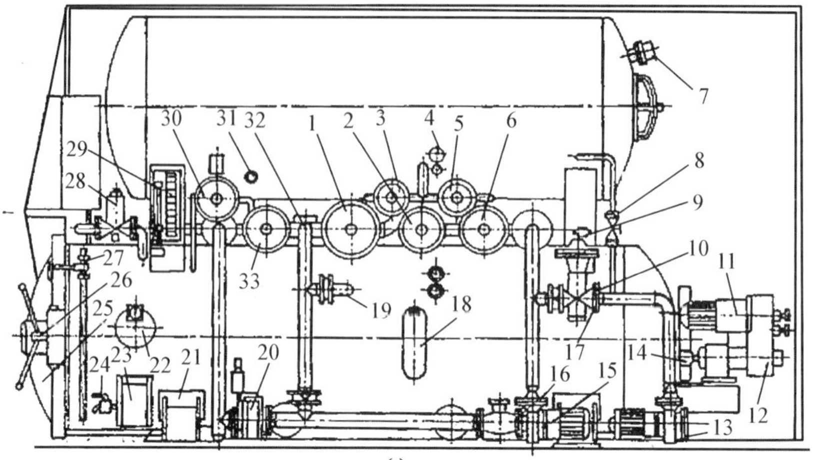

(a)

(b)

图 5-4-4　回转式杀菌锅

(a)结构图　(b)外形图

1.上下锅连接阀　2.下锅加热阀　3.减压阀　4.压力计　5.增压阀　6.上锅加热阀　7.上锅进水手阀　8.液位控制器　9.速度指示转向阀　10.单向阀　11.无级变速器　12.冷却水进口单向阀　13.过滤器　14.循环泵　15.主电动机　16.背齿轮　17.下锅压力、温度测试点　18.冷却水节流阀　19.冷却水节流泵　20.自动关闭和打开排泄阀　21.液位控制器　22.出水管口　23.托轮　24.加润滑脂接头　25.锅盖　26.快动锁把手　27.安全塞　28.安全阀　29.电控气阀　30.下锅溢水阀　31.冷却水放流阀　32.碟阀　33.压力变送器

贮水锅与杀菌锅之间用连接阀和管道相通，分别安装有蒸汽管、进水管、排水管和空气压缩管等。其管路流程图如图 5-4-5 所示。循环泵使杀菌锅的水呈 W 形强制循环，即杀菌锅上方有三个进水口，而下方有两个出水口。这样锅内的水能形成强烈涡流，有利于水温均匀一致，提高杀菌效率。冷水泵主要是用来向贮水锅和杀菌锅内加入冷水。

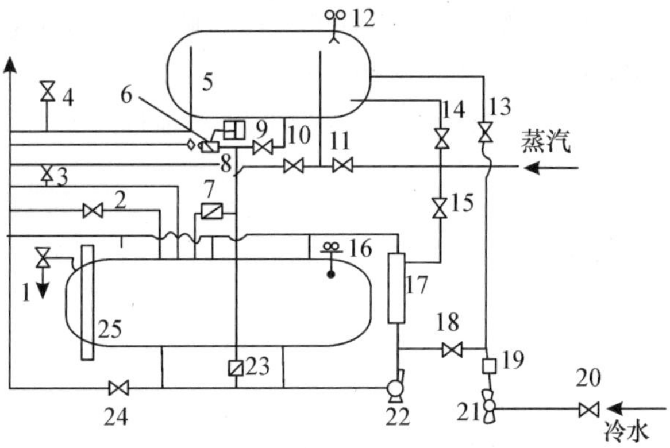

图 5-4-5　回转式杀菌设备管路流程图

1.安全塞　2.下锅溢出阀　3.下锅安全阀　4.上锅安全阀　5.上锅　6.冷却水放流阀　7.单向阀　8.碟阀　9.上下锅连接阀　10.减压阀　11.增压阀　12.液位控制器　13.手阀　14.上锅加热阀　15.下锅加热阀　16.液位控制阀　17.汽水混合器　18.冷水节流阀　19.单向阀　20.冷水阀　21.冷水泵　22.循环泵　23.单向阀　24.排泄阀　25.下锅

2.回转式杀菌设备的工作过程

回转式杀菌设备的工作可以自动控制，操作者必须事先按加工工艺要求，将各项控制参数(温度、时间、压力等)编制在整个杀菌过程的各阶段工作程序中。一般每完成一次杀菌周期，都经过制备过热水→向杀菌锅送水→加热升温→杀菌→热水回收→冷却→排水→启锅八个工作程序。

3.回转式杀菌设备的特点

和静置式杀菌设备相比较，回转式杀菌设备具有如下优点：

(1)回转式杀菌锅内的水温分布均匀，能达到产品杀菌均匀的效果。这是由于杀菌回转具有搅拌作用，再加上热水是用泵强制循环。

(2)回转式杀菌锅可以使杀菌加热和冷却时间缩短，这点对内容物为流体或半流体的罐头提高传热效率的作用更为明显。这是由于杀菌篮回转提高了传热效率。

(3)由于罐头回转而缩短了杀菌时间，对提高产品质量有重要意义，它不仅提高了产品的色、香、味程度，而且减少营养成分的损失。对于高黏度、半流体和热敏性食品，不会产生罐壁部分过热黏结等现象。

表 5-4-1 是一些产品采用回转式杀菌设备和静置式杀菌设备的杀菌情况比较。

表 5-4-1　回转式和静置式杀菌情况比较

物料	罐型	回转式		静置式	
		杀菌时间/min	杀菌温度/℃	杀菌时间/min	杀菌温度/℃
青豆	307×409	4.9	126.7	35	115.6
胡萝卜	307×409	3.4	126.7	30	115.6
甜菜	307×409	4.1	126.7	30	115.6
芦笋	307×409	4.5	132.2	16	120
芦笋(片、段装)	307×409	4.0	132.2	15	120
盐水芦笋	307×409	5.2	126.7	50	115.6
卷心菜	307×409	2.75	132.2	40	115.6

(4)由于热水的重复利用,节省了蒸汽。对于同样的罐头,回转式的杀菌时间为静置式的1/4,热水的反复使用愈多,两者消耗蒸汽量的差额就愈大。

(5)由于整个操作都是按工艺设计自动控制的,劳动强度小,产品质量稳定一致。成品率高。

三、连续式杀菌设备

(一)卧式链带杀菌机

卧式链带杀菌机是常压连续杀菌设备,用于果酱、果汁及一些蔬菜类圆形罐头杀菌。卧式链带杀菌机有 1 层、3 层、5 层等,现以 3 层为例说明其工作原理。图 5-4-6 为三层卧式链带杀菌机。

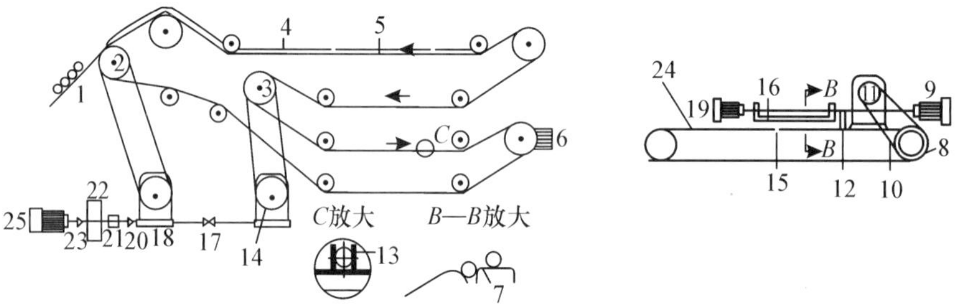

图 5-4-6　三层卧式链带杀菌机

1.出罐滑轨　2、3.驱动轴　4.链带　5.槽体　6.进罐机构　7.进罐带　8、9.进罐带驱动电动机　10.联轴器　11.减速机　12.挡板　13.刮板　14.减速机　15.投罐起动电钮　16.拨杆　17.减速机调节器　18.减速机　19.拨罐微电动机　20、23.联轴器　21.安全离合器　22.减速机　24.光电管　25.电动机

(二)静水压连续杀菌设备

静水压连续杀菌设备属于连续加压杀菌设备,用于杀菌温度高于 100℃时的杀菌。静水压连续杀菌设备设计原理是在杀菌设备的进出罐处分别设有两个上水柱,利用水柱高度形成的压力决定饱和蒸汽的压力,以维持所需要的温度。由于利用水柱的压力,故不需要机械密封装置,结构相对简单,罐头的连续进出可以在开口的情况下进行。

1.静水压连续杀菌设备的结构

图 5-4-7 为静水压连续杀菌设备装置示意图,图 5-4-8 为该设备工作原理示意图。

2.静水压连续杀菌设备的优点

静水压连续杀菌设备的主要优点:

(1)连续杀菌代替间歇杀菌。

(2)节省运转费用。在相似条件下,与一般杀菌锅相比,可节省用汽量 70%以上,节约用水量 80%以上,仅需一人操作,节约劳动力,占地面积小,具有同等生产能力时设备占地面积为 20 m^2,而间歇式的需 648 m^2。

(3)生产能力大。每分钟可达 660 罐,最高每分钟可达 1 000 罐。

(4)容罐量大。一般可达 36 000 余罐,而间歇式杀菌锅(双网篮)仅有 1 700 罐。

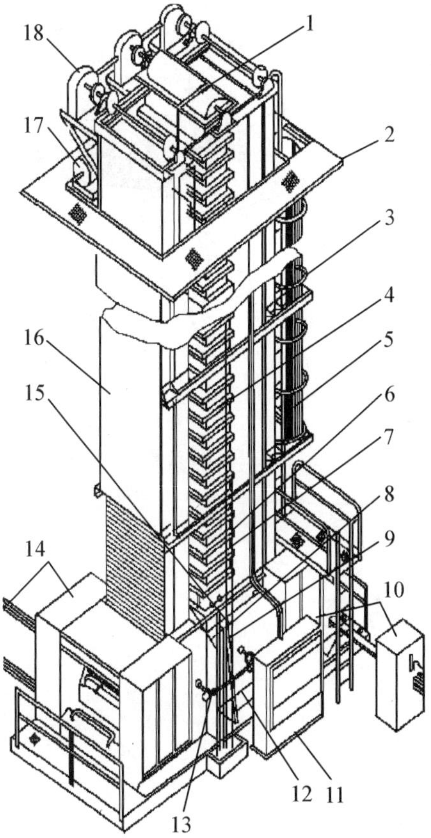

图 5-4-7　静水压连续杀菌设备装置示意图

1.顶部真空阀　2.顶部平台　3.出罐柱　4.蒸汽室　5.铁梯　6.水平面控制管道　7.溢流管　8.放空气管　9.出气管　10.出罐箱　11.控制仪表　12.冷凝水管　13.蒸汽管　14.进罐箱　15.喷淋器管　16.升温柱(水柱管)　17.无级变速器　18.变速器

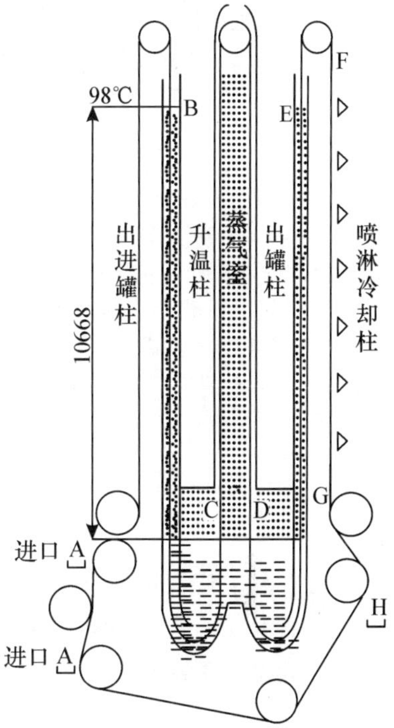

图 5-4-8　静水压连续杀菌设备工作原理示意图

(5)罐头的传送平稳。

(6)罐头的温度及压力的上升和下降是由于水柱造成的温度梯度而逐步变化的,这样可避免受温度和压力的剧烈变化所引起罐头的变形或外伤,产品质量好。

(7)适用性强。如果蔬、肉类、鱼类、汤汁和玉米等罐头和婴儿食品、牛奶、炼乳、牛奶咖啡、牛奶巧克力和奶油等乳制品的杀菌。对罐、瓶、塑料罐及软罐头等容器都可适用。

(8)根据制品不同,可选用使罐头回转或静置的传送器。

(三)水封式连续高压杀菌设备

近年来,罐头生产线正向高速度处理产品方向发展,最快杀菌速度已达 1 000 罐/min 以上,还有一个特点以高温瞬时杀菌为主。图 5-4-9 为水封式连续杀菌设备结构示意图。

罐头从自动供罐装置 1 进入输送链带上,然后进入鼓形阀 4,鼓形阀浸没在水中,因此称为水封式。鼓形阀如图 5-4-10 所示。

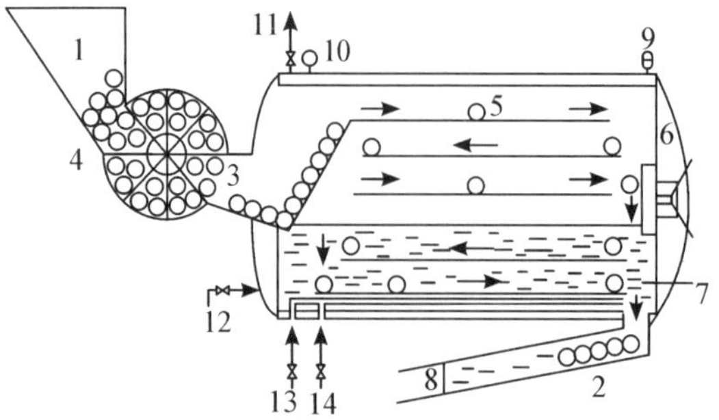

图 5-4-9　水封式连续杀菌设备结构示意图

1.自动供罐装置　2.自动排罐装置　3.罐头由鼓形阀中排出　4.鼓形阀中进罐　5.罐头　6.杀菌室与冷却槽之间的隔板　7.冷却槽　8.传送器　9.安全阀　10.压力表　11.排气阀　12.冷却水　13.蒸汽管(主)　14.蒸汽管(副)

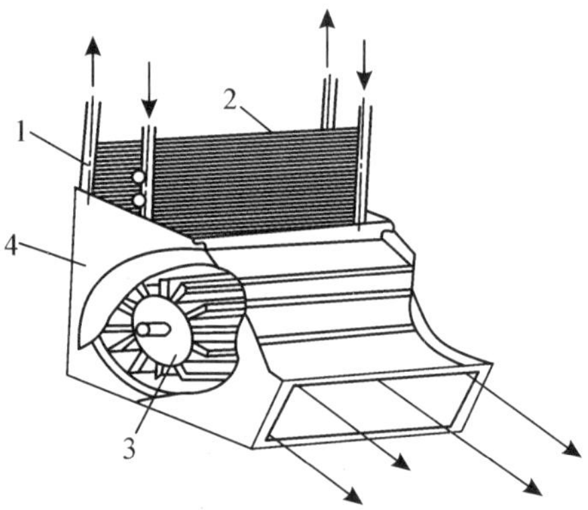

图 5-4-10　鼓形阀结构示意图

1.输送链　2.运送器　3.鼓形阀密封部　4.外壳

复习思考题

1.食品工厂常用的杀菌方法与设备有哪些？
2.高温瞬时灭菌机的构造与工作原理是什么？
3.软罐头杀菌设备和普通的杀菌设备有何不同？
4.立式杀菌锅的构造与使用方法是什么？
5.卧式杀菌锅的构造与使用方法是什么？
6.和静置式杀菌设备相比较，回转式杀菌设备有哪些特点？
7.常用的连续式杀菌设备有哪些？
8.举例说明典型的直接杀菌和间接杀菌设备。
9.简要说明板式杀菌设备的工作原理和设备简图。
10.简要说明微波杀菌设备简图与工作过程描述。
11.辐照杀菌设备的优缺点是什么？

实验实训　杀菌锅的观察和使用维护

一、目的要求

通过对杀菌锅的观察和使用维护，使学生了解杀菌锅的种类、结构及应用现状，掌握立式杀菌锅的工作原理和操作方法，能够熟练使用设备并能按照操作规程清洗、维护设备。

二、设备与工具

(1)立式或卧式杀菌锅 1～2 台；
(2)待杀菌物料(软罐头、瓶装罐头若干)；
(3)蒸汽源或者电加热源；
(4)自来水源。

三、实训内容和方法步骤

(1)观察杀菌锅的外部结构；
(2)打开杀菌锅锅盖，取出杀菌车或杀菌篮；
(3)将封口后的罐头装入杀菌车或杀菌篮内，然后将杀菌车或杀菌篮放入杀菌锅内，关上杀菌锅锅盖；
(4)向杀菌锅注满水，然后打开蒸汽阀门加热(也可用电加热)，并记录预热时间。注意观察压力表和温度表的变化情况；
(5)达到杀菌温度后，开始记录杀菌时间，并关小蒸汽阀门，保持杀菌温度。随时注意压力盒温度的变化，做好压力、温度记录；
(6)达到杀菌时间后，停止加热，并排出杀菌水；
(7)根据实验室条件，对罐头进行加压冷却(用空气或蒸汽加压)、常压冷却或空气冷却，并记录冷却时间；
(8)冷却后，打开锅盖，取出罐头，检验罐头杀菌情况，剔除胀罐、凸角、跳盖等残缺罐头，并计算成品比例；
(9)清洗杀菌锅，整理实验器具。

四、实训报告要求

(1)绘制设备结构简图。
(2)描述设备使用过程及注意事项。
(3)杀菌操作对物料的影响。

项目六

食品浓缩、干燥机械与设备

学习目标

1. 掌握常用干燥方法(真空干燥、喷雾干燥、流化床干燥、冷冻干燥)的工作原理及特点。
2. 理解常用浓缩与干燥设备的操作流程。
3. 了解常用浓缩与干燥设备的基本构造与操作要点。

教学基本内容

1. 会正确使用和维护喷雾干燥设备。
2. 熟练使用和维护真空浓缩设备和真空干燥设备。

任务一　食品浓缩机械与设备

一、真空浓缩机械与设备

(一)真空浓缩设备的工作原理与特点

1. 真空浓缩的原理

溶液受热时,溶剂分子获得动能,当某些溶剂分子获得的能量足以克服分子间的吸引力时,溶剂分子就会逸出液面进入上部空间,成为蒸汽分子。如果热能不断地供给,生成的蒸汽被不断的排除,则可打破溶剂气相与液相之间的原有平衡,溶剂的气化将持续地进行。工程上为了提高这种气化速度,大多采用在沸腾状态下的气化过程,这种将溶液加热至沸腾,使溶液中部分溶剂气化并排除的过程就是蒸发。食品工业中广泛应用真空蒸发进行浓缩操作。

2. 真空浓缩的特点

(1)优点

①在真空状态下料液的沸点降低,加速水分蒸发,避免了使加热蒸汽与沸腾液体之间的温

度差增大，可相应减少蒸发器的传热面积。

②可以采用低压蒸汽或废蒸汽作为加热蒸汽。

③由于蒸发温度较低，有利于保存食品中的营养成分及色、香、味，特别适用于处理热敏性料液。

④由于溶液沸点较低，使浓缩设备的热损失减少。

⑤对料液起加热杀菌的作用，有利于食品的保藏。

(2)缺点

①真空浓缩必须有抽真空系统，增加了附属机械设备与动力。

②由于蒸发潜热随沸点降低而增大，所以热能消耗大。

(二)真空浓缩设备流程图

1.单效真空浓缩设备流程图

单效就是二次蒸汽直接冷凝，不再利用其冷凝热的蒸发浓缩操作过程。如图 6-1-1 所示，是由一台浓缩罐、冷却器和真空泵组成的。料液进入浓缩罐后，加热蒸汽对溶液进行加热浓缩，二次蒸汽进入冷凝器冷凝，不凝缩气体由真空泵抽出，使整个浓缩装置处于真空状态。料液根据工艺要求的浓度，可间歇或连续排出。目前，果酱类食品生产中，采用这种流程较多。

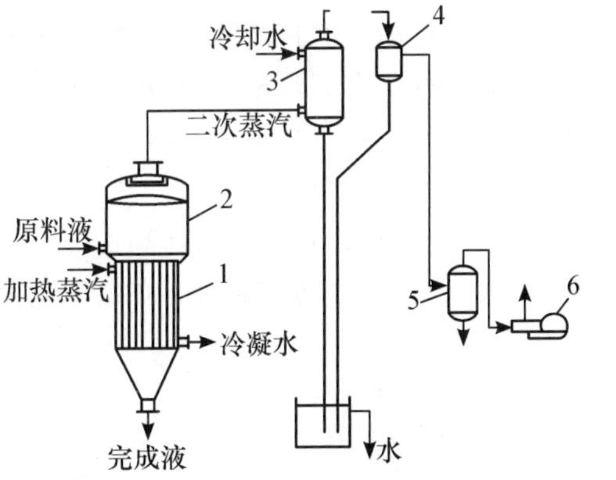

图 6-1-1　单效真空浓缩设备流程图

1.加热室　2.分离室　3.混合冷凝器　4.分离器　5.缓冲罐　6.真空泵

2.多效真空浓缩设备流程图

多效就是将二次蒸汽引入下一浓缩器作为加热蒸汽，再利用其冷凝热的蒸发浓缩操作过程。根据加料方式不同，多效蒸发操作的流程有以下几种。

(1)顺流法　顺流又称并流，其流程如图 6-1-2 所示，是工业上常用的一种多效流程。其料液与蒸汽的流动方向一致，即均由第一效顺序至末效。优点：原料液由泵泵入一效罐。由于蒸发室压力由一效至末效依次递减，故料液在效间流动不需用泵；由于料液沸点依效序递降，因而当前效料液进入后效时，便在降温的同时放出其显热，供一小部分水分汽化，增加蒸发器的蒸发量。缺点：由于后效溶液浓度较前效大，且温度低，使传热系数降低，影响传热，给末效蒸发增加困难。但高浓度料液处于低温对浓缩热敏食品是有利的。

(2)逆流法　逆流的流程是料液和蒸汽流动的方向相反，如图 6-1-3 所示。即料液由最后一效进入，依次用泵送入前一效，最后的浓缩液由第一效排出。而蒸汽仍由第一效依次至末效。优点:随着料液向前效流动,浓度越来越高,而蒸发温度也越来越高,因此,各效溶液的黏度较为接近,故黏度的增加没有顺流法的显著。这可以提高传热系数,改善循环条件。但要注意高温加热面上浓溶液的局部过热有引起结焦和营养物质被破坏的危险。缺点:效间料液的流动要用泵输送,能耗较高,同时与顺流法相比,水分蒸发量稍减。另外,料液在高温操作的浓缩器内停留的时间较顺流长,适宜处理黏度随温度和浓度变化较大的溶液,不宜处理热敏性物料。

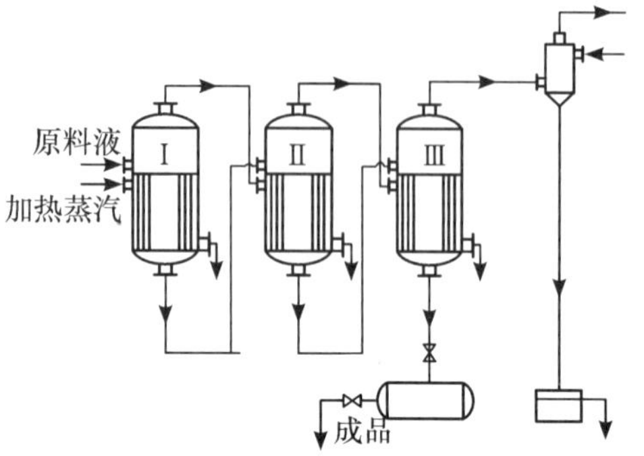

图 6-1-2　顺流多效设备流程图

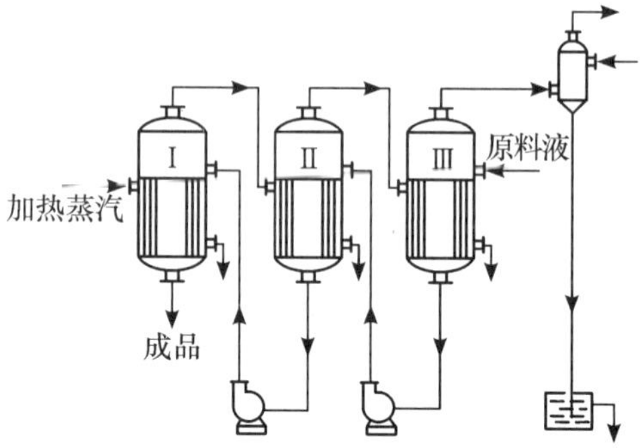

图 6-1-3　逆流多效设备流程图

(3)平流法　这种方法每效都平行加入原料液和排出成品,蒸汽的流向由一效至末效依次流动,该浓缩设备各效的浓度相同,而加热蒸汽的流向仍由第一效流向末效。如图 6-1-4 所示。此设备适用于在蒸发过程中伴有结晶析出的物料,如食盐溶液的浓缩。该法对结晶操作较易控制,并省掉了黏稠晶体悬浮液的效间泵送。

(4)混流法　如图 6-1-5 所示,主要适用于黏度相当高的料液,对于效数多的蒸发也有采用顺流和逆流并用,有些效间用顺流,有些效间用逆流。在料液黏度随浓度而显著增加的场合下,可采用混流。

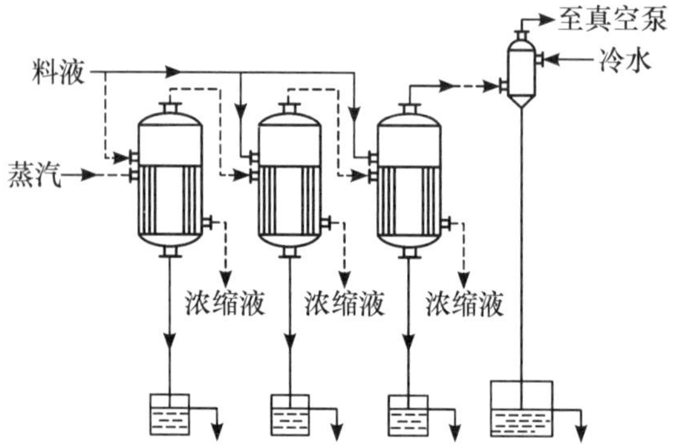

图 6-1-4　平流多效设备流程图

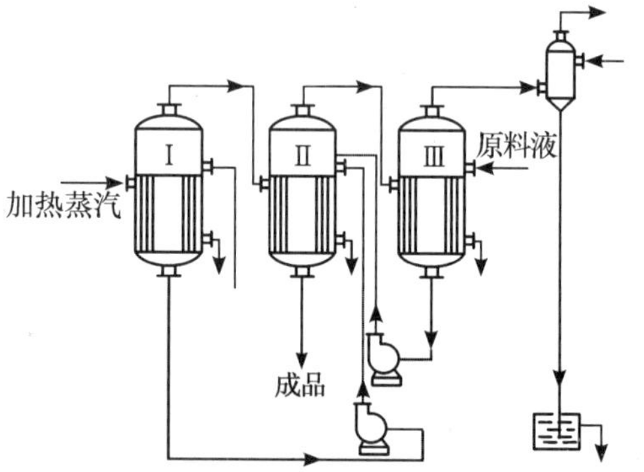

图 6-1-5　混流多效设备流程图

(三)单效真空浓缩设备的类型

1. 中央循环管式(标准式)浓缩器

中央循环管式浓缩器又称标准式蒸发器,是一种非膜式自然循环蒸发器,其结构如图 6-1-6 所示。食品料液经过由沸腾管和中央循环管所组成竖式管加热面进行加热,由于单位体积内物料传热的不均匀，导致产生密度差，从而形成自然循环，水分不断蒸发，达到浓缩的目的。

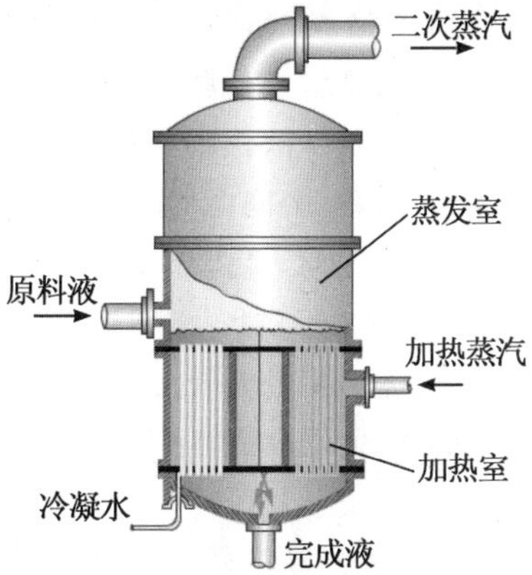

图 6-1-6　中央循环管式浓缩器

中央循环管式浓缩器的结构如图 6-1-6 所示，主要由外壳、加热室和蒸发室构成。其加热室由垂直管束组成，中央一根直径较大的管子，称为中央循环管，其截面积一般为其他加热管总截面积的 40%～100%。沸腾加热管多采用直径在 25～75 mm 的管子，长度一般为 0.6～2 m，材料为不锈钢或其他耐腐蚀材料。

当加热蒸汽通入管间加热时，由于中央循环管直径较大，其中单位体积溶液占有的传热面积比其他沸腾加热管内溶液占有的要小，因而，两管内的溶液受热程度不同。沸腾管内物料受热较好，溶液汽化较多，因而形成的气液混合物的密度比在中央循环管内料液的密度小，使蒸发器中的溶液形成由中央循环管下降，沸腾管上升的循环流动，即由于溶液密度差引起的自然循环。在反复循环过程中，将水分蒸发掉，达到浓缩的目的。

标准式蒸发器优点是：结构简单、操作方便、传热效果好、投资费用少、锅内液面容易控制，热能利用率高，沸点高。缺点是：清洗和维修比较困难，二次蒸汽未充分利用，料液在管内的循环流速低为 0.3～1.0 m/s，黏度大时循环效果更差。标准式蒸发器在果酱、果汁和炼乳等生产中应用十分广泛。

使用注意事项：一般开始操作时，先通入加热蒸汽于锅内排出冷空气，后开启抽真空系统，造成锅内真空；待加热器体内充满液体后，再开蒸汽阀门；取样检验，达到所需浓度时，解除真空即可出料；加热蒸汽压力应视不同物料选择，不宜太高，否则易发生焦管现象。

2. 盘管式浓缩器

亦称盘管式蒸发器，是乳品厂较早使用的一种单效真空浓缩设备。该设备主要由加热盘管、蒸发室、冷凝器、抽真空装置、雾沫分离器、进出口料阀及各种控制仪表组成，其结构如图 6-1-7 所示。

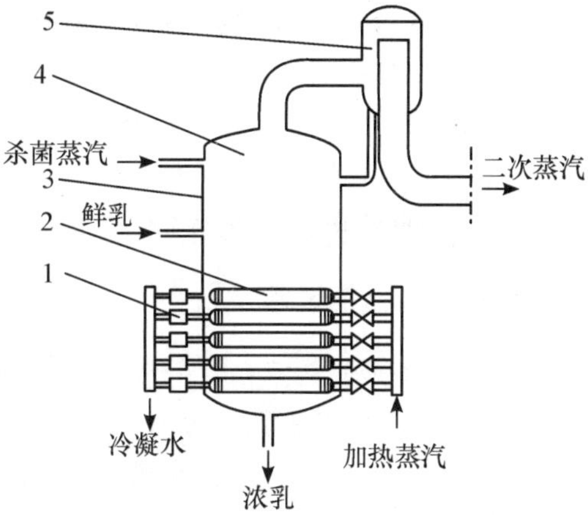

图 6-1-7　盘管式浓缩设备

1. 汽水分离器　2. 加热盘管　3. 锅体　4. 蒸发室　5. 泡沫捕集器

该设备的锅体为立式圆柱体，两端为半圆形封头，锅体上部空间为蒸发室，下部空间为加热室，加热室底部装有 3～5 组加热盘，分层排列，每盘 1～3 圈，各组盘管分别装有蒸汽进口及冷凝水出口，可单独操作。盘管的进出口排列有两种：异侧进出口和同侧进出口。由于管段较短，盘管中的温度也较均匀，冷凝水能及时排除，传热面的利用率较高。

这种浓缩锅在开始操作时，应待料液浸没盘管后，才能打开蒸汽阀门，当液面降低使盘管露出时，应立即关闭该蒸汽阀。故多层管的作用在于可跟随罐内物料液面高低而调节加热面，在正常操作时，应控制进料量，使其蒸发速度与进料速度相等保持罐内液面维持在一定高度。

加热蒸汽的压力，一般保持在 0.07～0.1 MPa 或 0.12～0.15 MPa，但不宜过高，否则易发生焦管现象。

设备工作时，物料自设备中部进料口切线进料管进入锅内，物料完全浸没管盘后，打开管盘的蒸汽阀进行加热。加热蒸汽在盘管内对管外物料进行加热，物料受热后体积膨胀，密度减小，浮力而上升。但浓缩盘管中心处的物料，相对来说距加热管较远，与同一液位物料相比，密度较大，呈下降趋势，故受热蒸发的那部分物料不但密度大，而且液位又高，必向盘管中心处下落，从而形成了料液自锅壁及盘管处上升，又沿盘管中心向下的反复循环状态。蒸发产生的二次蒸汽，从浓缩锅上部中央，以切线方向进入分离器，产生漩涡，在离心力作用下，物料微粒撞击在分离器的壁上积聚在一起流回锅中，物料微粒与蒸汽分离后，蒸汽则盘旋上升，经立管辗转向下，进入冷凝器，经冷凝器冷凝成水而排除。当浓缩锅内的物料浓度经检测达到要求时，即可停止加热，打开锅底出料阀出料。

该设备连续进料、间歇出料，优点是：结构简单、体积小、操作方便，适合黏度较大的物料浓缩。其缺点是：相对传热面积较小，料液循环差，盘管表面易结垢，生产能力有限，不能连续操作，二次蒸汽未能很好利用。它是乳品厂较早使用的一种单效浓缩装置，现在规模企业很少使用，但在有一定黏稠度制品的最后阶段使用该装备。

3. 带搅拌的夹套式真空浓缩器

带搅拌的夹套式真空浓缩器如图 6-1-8 所示。由上锅体和下锅体组成，下锅体的底部为夹套，内通蒸汽加热，锅内装有搅拌器，以强化物料循环，不断更新加热面外的料液。上锅体设有料孔、视镜、照明、仪表、气液分离器等装置。

操作开始时，先通加热蒸汽于锅内赶出空气，然后开动抽真空系统，造成锅内真空，当料液被吸入锅内，达到容量要求后，即开启蒸汽阀门和搅拌器。经取样检验，达到所需浓度时，解除真空即可出料。

该设备的优点是结构简单，操作控制容易，缺点是加热面积小，受热时间较长，生产能力低，不能连续生产，适用于浓料液和黏度大的料液增浓，如果酱、牛奶等。

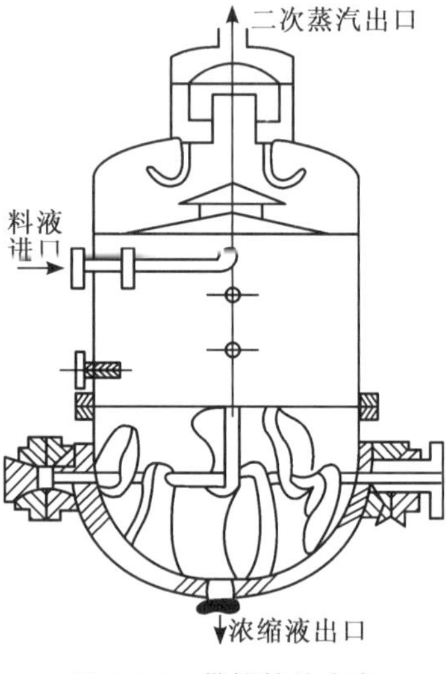

图 6-1-8 带搅拌的夹套式真空浓缩器

(四)膜式浓缩设备

这类设备是使料液在管壁或器壁上分散成液膜的形式流动，从而使得蒸发面积大大增加，提高蒸发浓缩效率。膜式真空浓缩设备按照液膜形成的方式可以分为自然循环式和强制循环式浓缩设备。而按液膜的运动方向又可分为升膜式、降膜式及升降膜式浓缩设备。

1. 升膜式浓缩设备

升膜式浓缩设备主要由加热器、分离器、雾沫捕集器、水力喷射器、循环管等部分组成，其结构如图 6-1-9 所示。

加热器为一垂直竖立的长圆形容器，内有许多垂直长管。加热管的直径一般为 30～50 mm，长管式的管长为 6～8 m，短管式的管长为 3～4 m，管长与管径之比为 100～150，这样才能使加热面供应足够成膜的气流速度。

工作时，料液自加热器底部进入加热管，其在加热管内的液位仅占全部管长的 1/5～1/4，加热蒸汽在管外对料液进行加热沸腾，迅速汽化，所产生的二次蒸汽及料液在管内高速上升（常压下，管出口处二次蒸汽速度为 20～50 m/s，在减压真空状态下，可达 100～160 m/s），浓液被高速上升的二次蒸汽所带动，沿管内壁成膜状上升不断被加热蒸发。这样料液从加热器底部至管子顶部出口处，逐渐被浓缩，浓缩液并以较高速度沿切线方向进入蒸汽分离器，在离心力作用下与二次蒸汽分离。二次蒸汽从分离器顶部排出，浓缩液一部分通过循环泵再进入加热器底部继续浓缩，另一部分达到浓度的浓缩液，可从分离室底部放出。二次蒸汽夹带的料液液滴从分离器顶部进入雾沫捕集器进一步分离后，二次蒸汽导入水力喷射器冷凝。

操作时要注意控制进料量和温差。如果进液量过多，加热蒸汽不足，则管子的下部积液过多，会形成液柱上升而不能形成液膜，失去液膜蒸发的特点，使传热效果大大下降。如果进液量过少，会发生管壁结焦现象。另外，温差过大，蒸发量大，就易产生结焦，降低传热效果。因此，料液最好预热到接近沸点状态时进入加热器，以增加液膜在管内的比例，从而提高沸腾和传热系数。

该设备具有占地面积小、传热速率高、加热时间短的优点，适合于热敏性、易起泡和黏度低的料液。由于料液薄膜在管内上升时要克服自身重力和管壁的摩擦阻力，对于黏稠度较大的溶液不太合适。缺点主要是一次浓缩比低，操作时要预热并严格控制进料量。在食品工业中多用于果汁及乳制品浓缩，一般组成双效或多效流程使用。

2. 降膜式浓缩设备

降膜式浓缩设备是在升膜式浓缩设备的基础上发展起来的。它与升膜式浓缩设备一样，都属于自然循环的液膜式浓缩设备，结构如图 6-1-10 所示。

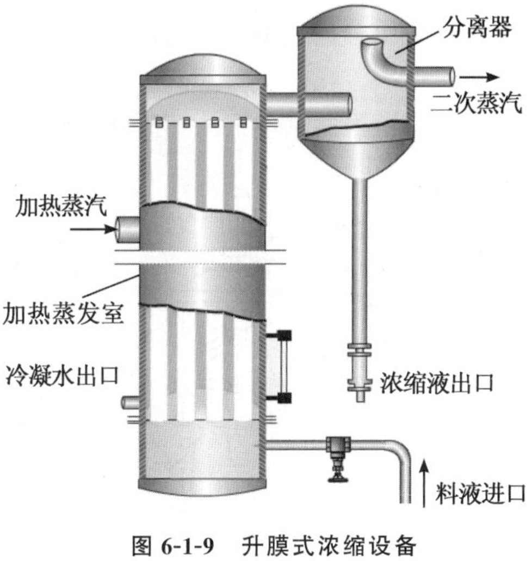

图 6-1-9　升膜式浓缩设备

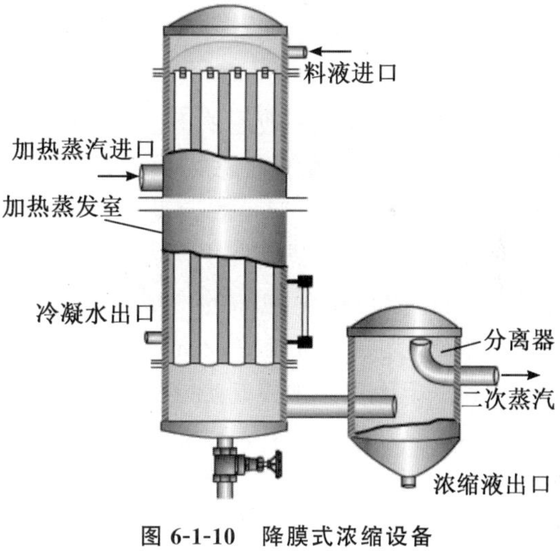

图 6-1-10　降膜式浓缩设备

降膜式与升膜式浓缩设备的结构相似，主要区别是料液从加热器顶部加入，经分配器导流管分配进入加热管，沿管壁成膜状向下流，故称降膜式。为使料液能均匀分布于各管道，并使料液在重力作用下沿管内壁流下时成膜状分布，在管顶部或管内安装有降膜分布器（成膜器）。常见的分布器主要有以下四种：①导流管是具有螺旋形沟槽的圆柱体，料液沿螺旋沟槽均匀分布于管内壁；②导流管下部是圆锥体，此锥体底部向内凹陷，以免沿锥体面流下的液体再次向中央聚集；③齿形导流装置，利用加热管上端管口的齿缝分配液体；④用于强制循环降膜蒸发的旋液分布器，使料液沿切线方向加入管中，呈螺旋下降方式布料。此外还有筛孔版式、喷雾型、筛板与导流管相结合的形式等。图 6-1-11 为常见的几种降膜分布器。

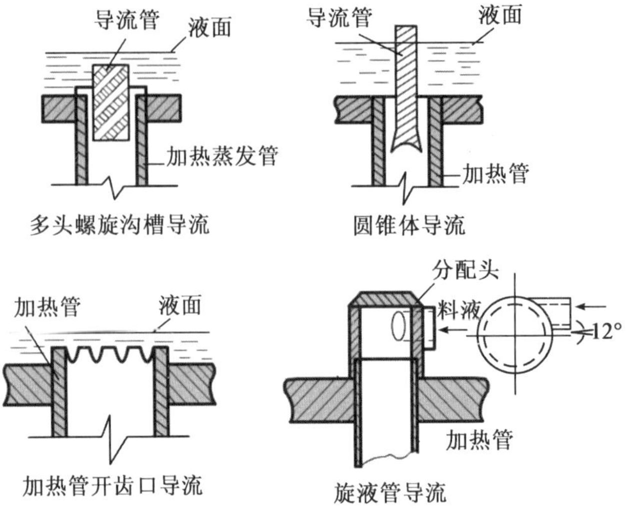

图 6-1-11　降膜分布器

该设备工作时，料液自加热器顶部加入，在降膜分布器的作用下，均匀地进入加热管中，液膜受生成的二次蒸汽快速流动的诱导及本身的重力作用，沿管内壁成液膜状向下流动。由于向下加速，克服加速压头比升膜式小，沸点升高也小，加热蒸汽与料液温差大，所以传热效果较好。浓缩的料液连同二次蒸汽进入分离室分离后，二次蒸汽由分离室顶部排出，浓缩液则由底部抽出。

降膜式浓缩设备一般是单程型，即料液一次通过加热管蒸发就基本上达到所需浓度，故管子要有足够长度，才能保证浓缩效果，其长径比一般为 100～250。部分短管式浓缩设备可加配流体泵，以使料液循环浓缩至满足工艺要求。由于蒸发时以薄膜状进行，故可避免泡沫的形成，清洗较为方便。传热效率高，受热时间较短(2 min 左右)，适用于热敏性物料。但液量必须控制足够大且均匀，否则易蒸干，降低传热效果。在食品工业中，降膜蒸发器大多组成双效、多效流程，彻底消除因液体积聚所造成的静压效应，物料沸点均匀，使用广泛，例如牛奶、果汁和糖浆以及蒸发量小的浓黏料液生产。

3. 刮板式薄膜浓缩设备

刮板薄膜蒸发器或称搅拌薄膜蒸发器，是一种利用外加动力成膜的单程浓缩设备，有立式和卧式两种类型。由转轴、料液分配盘、刮板、蒸发室和夹套加热室等所组成，图 6-1-12 为立式刮板薄膜浓缩设备。

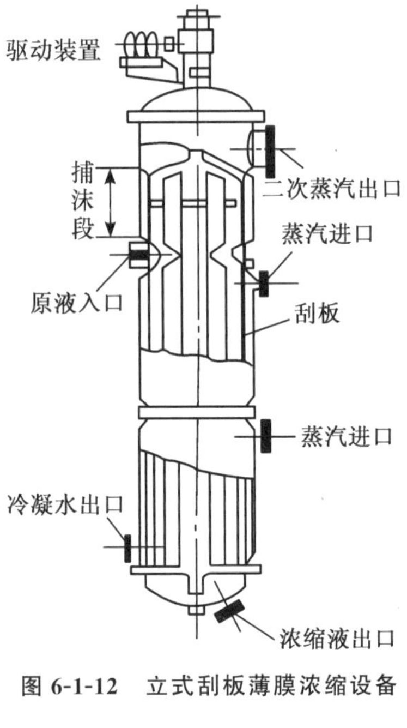

图 6-1-12　立式刮板薄膜浓缩设备

加热室是一夹套圆筒体，其根据工艺要求与加工条件而进行设计。当浓缩比较大时，可增加加热室长度，分成几段加热区，采用不同压力的加热蒸汽进行加热，这有利于保证产品质量。但加热室过长，对加工精度和安装等要求较高。此外，圆筒直径一般控制在 300～800 mm。增大圆筒直径，虽可增加传热面积，但却增大了转轴传递的力矩，从而增加了功率损耗；圆筒直径过小，则会减少加热面积和蒸发空间，造成二次蒸汽流速过大，增加了液沫夹带量，从而影响蒸发效果。

加热室圆筒体内表面必须经过精加工，保证刮板与加热面之间的最小间隙在(1.5±0.3) mm。转轴转速一般在 350～800 r/min。刮板一般有 4～8 块，最好加工成对称，以保证转轴力矩平衡。刮板与转轴之间约有 10°的夹角（导向角），大小因物料的性能而变化，有时为方便安装可采用分段变化的导向角。

工作时，料液从上部进料口以稳定流量进入，落在随轴转动的料液分配盘上，离心力作用下，料液被甩到器壁加热面上，因刮板与加热面之间的间隙很小，料液在此被刮板刮成薄膜，同时在重力作用下，沿着器壁向下流动，受加热面的加热而蒸发。料液在重力及离心力作用下不断更新液膜，最后流集于底部。浓缩过程中产生的二次蒸汽，可与浓缩液并流进入汽液分离器，或以逆流方向上升到浓缩器顶部，经气液分离器分离排出。

该设备由于利用机械搅拌成膜，滞留层薄，热阻影响小，传热系数大，蒸发效率高；操作弹性大，浓度调节方便，可以实现自动化操作；适用的黏度范围宽广，既可以处理黏度高达 100 Pa·s 的黏性料液，也可以处理含固体粒子的溶液；物料在浓缩器内停留的时间短，一般为 2～45 s，不结焦、不结垢、不需清洗去垢，特别适合于浓缩黏度大且具有热敏性物料的浓缩，如番茄酱、咖啡、牛奶、蜂蜜等。缺点是结构复杂、设备投资和操作费用较大，设备加工精度要求高，加热面积相对较小，耗气量大，清洗不便等。

4. 离心式薄膜浓缩设备

离心式薄膜浓缩器的结构，如图 6-1-13 所示。它与碟式分离机相似，但这里的碟片是中空夹层的，若干个空心锥形碟片组装在转鼓内，转鼓底与空心主轴相连。锥形碟片的小端封

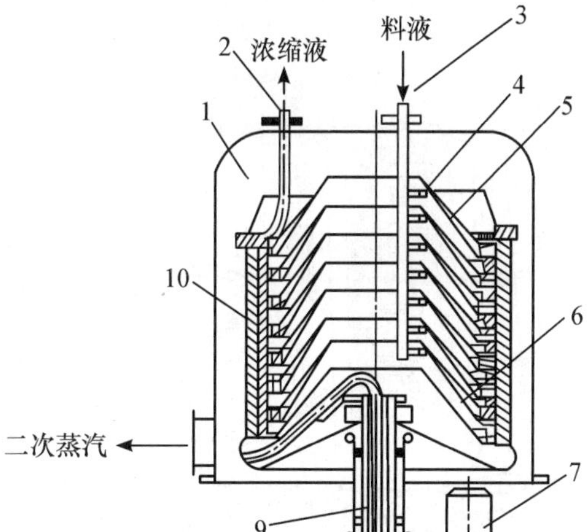

图 6-1-13　离心式薄膜浓缩设备

1. 浓缩器　2. 浓缩液出口　3. 料液进口　4. 锥形碟片　5. 转鼓　6. 冷凝水排出管　7. 电机　8. 三角皮带　9. 空心转轴　10. 输液管

闭，大端则与一环箍相连。环箍上钻有若干个径向和轴向的小孔，径向孔通向碟片的中空夹层，用来引入蒸汽和排出冷凝水；轴向孔在若干个碟片组装后，由于上下对准而形成一个由底到顶的轴向孔道，用于浓缩液的流通。两个相邻的碟片之间有一定的间隙，形成料液加热蒸发空间。当碟片中空夹层通入蒸汽后，对其外表面液膜进行加热蒸发。

工作时，料液由加料管引入，经分配管喷嘴喷入各碟片间隙内，在离心力作用下，均匀分布成薄膜状，并沿碟片向周边流动，在流动过程中进行加热蒸发。经浓缩的料液在离心力和本身重力作用下沿碟片下表面移动到碟片外缘下部，并沿环箍的轴向孔上行到最上部碟片周边的液槽里，由吸料管通过真空泵吸出。二次蒸汽经碟片中央孔汇集上升，冷凝后由真空系统抽出。加热蒸汽由底部中间空心转轴进入，经通道进入碟片中空夹层。

该设备是一种传热效率很高，蒸发强度大的较新型浓缩设备。料液受热时间很短，1～2 s，液膜约 0.1 mm 厚，制品品质优良，能较好保持原有色、香、味和营养成分，特别适合热敏性物料的浓缩。但由于碟片间的距离小，故不适用于黏度大、易结晶、易结垢的物料。目前在食品工业中常应用于鲜果汁、咖啡、蛋白、酵母等物料的浓缩。缺点是结构复杂，造价高。

5. 板式浓缩设备

板式浓缩器由板式加热器和气液分离器组合而成的一种蒸发器，也是一种薄膜式蒸发器，如图 6-1-14 所示。板式加热器与板式换热器结构相似，其加热过程如图 6-1-15、图 6-1-16 所示。一般由四片传热板组成一个单元，料液由泵强制通入加热器，在板 1 与板 2 之间上升（升膜部分），然后从板 3 与板 4 之间下降（降膜部分）。加热蒸汽则通入板 2、3 和 1、4 之间，通过板壁对料液加热。二次蒸汽与浓缩液一起由底部通入汇集槽及出口再进入分离器进行气液分离。

此种浓缩器的优点是体积小，料液在器内停留时间短（仅数秒），传热系数高，液流分布均匀，不易结垢，易清洗，加热面积可随意调整。缺点是密封垫片易老化而泄露，使用压力有限等。板式蒸发器在国外使用已很普遍，早在 1928 年已运用板式热交换器的原理作成第一台板式蒸发器，并用于果酱的浓缩。随着食品浓缩低温、短时的要求愈来愈高，板式蒸发器已广泛应用于食品工业，特别适用于牛奶、果汁等热敏性料液的浓缩。

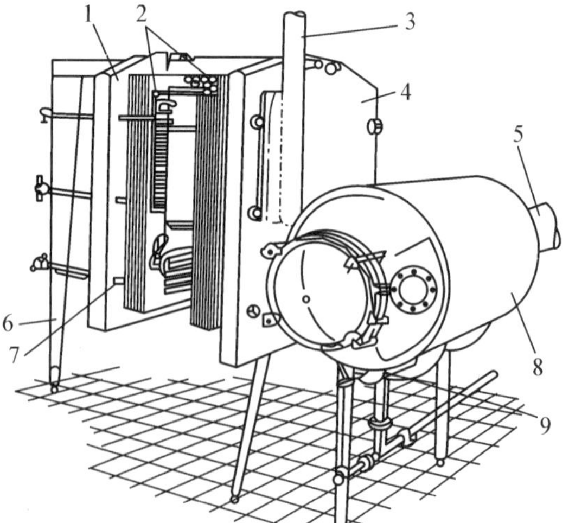

图 6-1-14　板式浓缩设备

1. 随动板　2. 传热板　3. 蒸汽进口集气管　4. 端面板　5. 二次蒸汽出口　6. 后端支架　7. 紧固螺丝　8. 分离器　9. 浓缩液汇集槽及出口

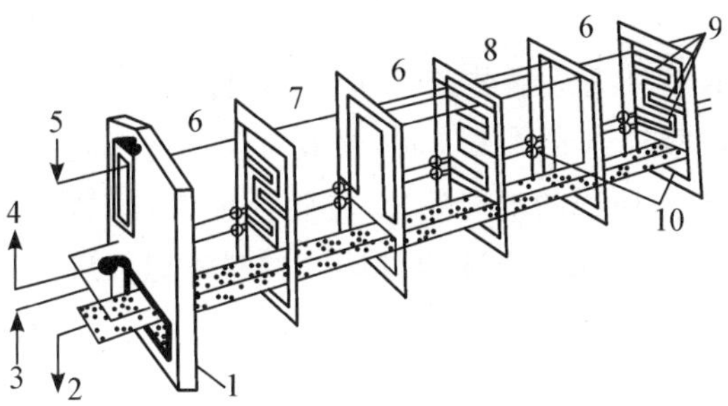

图 6-1-15　板式浓缩器的传热板组合

1.盖　2.浓缩液进入分离器　3.料液入口　4.冷凝水出口　5.蒸汽入口　6.蒸汽段　7.入口部　8.出口部　9.蒸汽间隔　10.密封垫圈

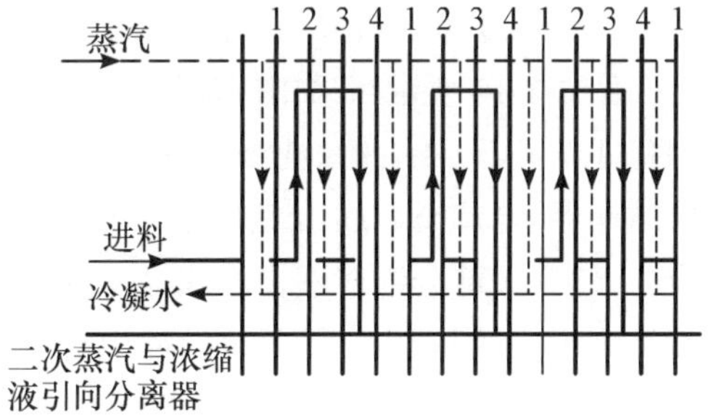

图 6-1-16　加热板间蒸汽与物料之流程

二、冷冻浓缩机械与设备

(一)冷冻浓缩的原理和特点

冷冻浓缩是利用冰与水溶液之间的固液相平衡原理的一种浓缩方法。将稀溶液(浓度低于低共熔点浓度)中作为溶剂的水冻结并分离冰晶,从而使溶剂减少,溶液的浓度增加。

该方法特别适用于主要应用于原果汁,高档饮品、生物制品、调味品等热敏性食品的浓缩。由于溶液中水分的去除不是采用加热蒸发方法,而是靠从溶液到冰晶的相间传递,所以可避免芳香物质因加热所造成的挥发损失。为更好地预防操作时形成的冰晶混有溶质,分离时冰晶夹带溶质,结晶操作应避免局部过冷,分离操作要很好地加以控制。只有此情况下,冷冻浓缩才能充分显示出独特的优越性。对于含挥发性芳香物质的食品采用冷冻浓缩,其品质明显优于蒸发浓缩和膜浓缩。

冷冻浓缩的主要缺点是:①在加工过程中,细菌和酶的活性得不到抑制,所以制品还必须经热处理或加以冷冻保藏。②采用此种方法,不仅受到溶液浓度的限制,而且还取决于冰晶与浓缩液的可分离程度。一般来说,溶液黏度越高,分离越困难。③浓缩过程中会造成不可避免的溶质损失。④成本过高。

(二)冷冻浓缩装置系统

冷冻浓缩装置系统主要由结晶设备和分离设备两部分组成。结晶设备包括管式、板式、搅拌夹套式、刮板式等热交换器,以及真空结晶器、内冷转鼓式结晶器、带式冷却结晶器等设备。分离设备有压滤机、过滤式离心机、洗涤塔及其组成的分离装置。通常采用的压滤机有水力活塞压滤机和螺旋压滤机。考虑到溶质损失率,压滤机只适用于浓缩比接近 1 的场合。

冷冻浓缩用的结晶器有直接冷却式和间接冷却式两种。直接冷却式可利用水分部分蒸发的方法,也可利用辅助冷媒(如丁烷)蒸发的方法。间接冷却式是利用间壁将冷媒与被加工料液隔开的方法。食品工业上所用的间接冷却式设备又可分为内冷式和外冷式两种。

原料不同,冷冻浓缩的装置系统及操作条件也不相同,大致分两类:单级冷冻浓缩和多级冷冻浓缩。

1. 单级冷冻浓缩装置系统

图 6-1-17 所示为采用洗涤塔分离方式的单级冷冻浓缩装置系统示意图。它主要由旋转刮板式结晶器、混合罐、洗涤塔、融冰装置、储罐、泵等组成。操作时，料液由泵 7 进入旋转刮板式结晶器，冷却至冰晶出现并达到要求后进入带搅拌器的混合罐 2，在混合罐中，冰晶可继续成长，然后大部分浓缩液作为成品从成品罐 6 中排出，部分与来自储罐 5 的料液混合后再进入旋转刮板式结晶器 1 进行再循环，混合的目的是使进入旋转刮板式结晶器的料液浓度均匀一致。从混合罐 2 中出来的冰晶夹带部分浓缩液，经洗涤塔 3 洗涤，洗下来的一定浓度的洗液进入储罐 5，与原料液混合后再进入旋转刮板式结晶器，如此循环。洗涤塔的洗涤水是利用熔冰装置(通常在洗涤塔顶部)冰晶熔化后再使用，多余的水被排走。

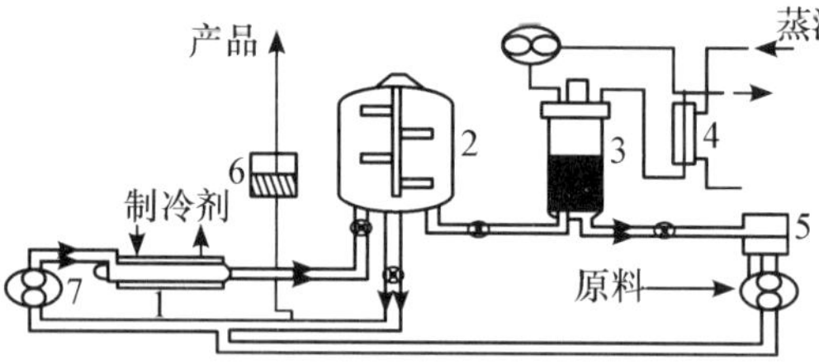

图 6-1-17　单级冷冻浓缩装置示意图

1. 旋转刮板式结晶器　2. 混合罐　3. 洗涤塔　4. 融冰装置　5. 储罐　6. 成品罐　7. 泵

采用单级冷冻浓缩装置可以将浓度为 8～14°Bx 的果汁原料浓缩至浓度为 40～60°Bx 的浓缩果汁，产品品质优良。

2. 多级冷冻浓缩装置系统

该系统是将上一级浓缩液作为下一级的原料进行再浓缩的一种冷冻浓缩操作。现较成功地应用于速溶咖啡的生产领域。

图 6-1-18 所示为咖啡的二级冷冻浓缩装置流程示意图。咖啡料液(浓度为 26%)经进料管 6 进入储料罐 1，被泵送至(一级)结晶器 8，然后冰晶和一次浓缩液的混合液进入(一级)分离机 9 离心分离，浓缩液(浓度＜30%)由管进入储料罐 7，再由泵 12 送入(二级)结晶器 2，经二级结晶后的冰晶和浓缩液的混合液进入(二级)分离机 3 进行离心分离，浓缩液(浓度＞37%)作为产品从成品管排出。为了减少冰晶夹带浓缩液的损失，分离机 3、9 内的冰晶需洗涤，若采用熔冰水(沿管进入)洗涤，洗涤下来的稀咖啡液分别通过管，进入储料罐 1，所以储料罐 1 中的料液浓度实际上低于最初进料液浓度(＜24%)。为了控制冰晶量，结晶器 8 中的进料浓度需维持一定值(高于来自管 15 的)，这可利用浓缩液分支管 16，用调节阀 13 控制流量进行调节，也可通过管 17 和泵 10 来调节。但通过管 17 与浓缩液分支管 16 的调节应该是平衡控制，以使结晶器 8 中的冰晶含量在 20%～30%(质量分数)之间。实践表明，当冰晶含量为 26%～30%时，分离后的咖啡损失小于 1%。

(三)冷冻浓缩的应用

由于冷冻浓缩具有浓缩温度低、挥发性芳香物质损失少、能耗少等优点，因而是液体食品及生物制品浓缩的最佳方法之一，该方法还可与其他单元操作组合使用，现已在国内外进行了多范围的研究和初步的利用。与食品相关的应用对象主要包括啤酒浓缩、橙汁浓缩、果品糖浆、速溶咖啡、葡萄酒浓缩以及海水脱盐等，还有生化等多个领域，但目前真正发展到应用阶段的实例仍较为有限，限制因素除了设备投资大和日常操作及维护费用高以外，还与现阶段人们对冰核生成及冰晶成长机理的研究和数据积累不足有很大关系，致使可操作性和操作的稳定性较差。随着人们对产品质量要求的提高，冷冻浓缩这一低能耗、产品产值高的技术将来定会得以发展应用。

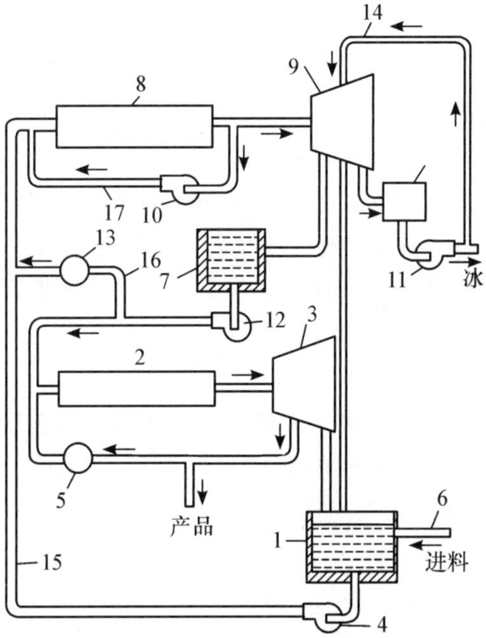

图 6-1-18　二级冷冻浓缩装置示意图

1、7. 储料罐　2、8. 结晶器　3、9. 分离机　4、10、11、12. 泵　5、13. 调节阀　6. 进料管　14. 熔冰水进料管　15、17. 管　16. 浓缩液分支管

三、浓缩设备常见故障

由于操作条件、使用方法等因素的变化，常导致浓缩设备不能正常工作，严重时甚至使浓缩过程中断。因此，了解浓缩设备的正常操作使用方法和常见故障产生的原因是设备操作和维护人员必须具备的基本条件。

（一）真空度过低

真空度过低使浓缩的沸点和二次蒸汽的温度升高，降低了加热蒸汽和浓缩液之间的有效温度，既减少了传热量和蒸汽蒸发速度，又使料液加热温度升高，影响有效成分的保存。最主要的是真空度的降低影响了设备的正常生产能力。造成真空度过低的主要原因有：

（1）浓缩设备泄露有空气渗入。空气的渗入使真空设备的工作负担加重。

（2）冷却水量不足。除了水泵的因素外，管道的堵塞和阀门的故障也会造成冷却水量不足。

(3)冷却水温度过高。冷却水的进水温度过高,浓缩加热产生的二次蒸汽不能及时得到冷凝,设备内的真空度急剧下降。这在使用水力喷射泵作冷凝的浓缩设备中表现特别明显。

(4)使用蒸汽压力过高。蒸汽压力过高使蒸发速度迅速升高,产生大量的蒸汽降低了设备内的真空度。既影响产品的质量又降低了设备的生产能力。

(5)真空设备有故障。用于浓缩生产的真空泵故障;浓缩设备的水力喷射器喷嘴堵塞,使冷却水流量降低,使浓缩真空设备无法达到工艺要求。

(二)真空度过高

(1)浓缩设备冷却水的进水温度过低。

(2)加热蒸汽使用压力过低或蒸汽流量不足。

(3)使用汽水分离器的浓缩设备中,汽水分离器堵塞或者分离器选择不当造成冷凝水排水不畅,加热器积水严重造成真空温度过高。

(4)加热器表面严重结焦降低加热面的传热系数,使蒸发速度降低而使锅内真空度超标。

(三)冷却水倒灌入浓缩设备

(1)突然停电使锅内真空度高于真空系统。此时未能及时关闭蒸汽,锅内真空度受到破坏,真空系统内的冷却水将会倒灌进入浓缩设备。

(2)违规操作(在设备停运时先关闭真空设备后破坏锅内真空度),使锅内真空度瞬时高于真空系统,冷却水倒灌。

(3)真空设备故障原因使真空系统抽气速率急剧下降,此时,如果不能及时采取破坏锅内真空的措施,冷却水将会倒灌。

(四)加热器表面结焦

(1)进料时浓缩设备内部物料量不多,加热器表面未被物料全部浸没就打开蒸汽阀门,使加热表面裸露而结焦。同时运行过程中供料突然中断以及生产过程中加热蒸汽压力突然升高,都可能导致加热面严重结焦。

(2)不按顺序停车,在停车时没有先关闭加热蒸汽阀而是先破坏真空,使物料液位下跌,使加热面结焦。

(3)在正常操作过程中,进料量小于出料量和蒸发水分之和,使正常液位不能维持,从而使加热表面结焦。

(五)浓缩设备跑料

(1)启动设备时一次进料过多,使分离器内料液液位过高,造成操作困难而跑料。

(2)正常操作时,进料量大于出料量和蒸发水分之和,使分离器内液位过高而跑料。

(3)在浓缩过程中真空度过高或真空度突然升高,产生跑料现象。

(4)间歇操作浓缩设备底部或者升降膜式浓缩设备底部泄露,使料液跳动严重而跑料。

(5)连续式浓缩设备出料突然中断,使料液液面升高产生跑料现象。

任务二 食品干燥设备

一、真空干燥机械与设备

(一)箱式真空干燥机

真空干燥箱是一种在真空密封条件下进行操作的干燥器,如图 6-2-1 所示。箱式真空干燥机是在常压箱式干燥机基础上加装密封和增加真空泵,使物料在干燥箱内在一定的真空度下进行干燥。由箱体、加热板、门、管道接口和仪表等组成。箱体是用钢板制作的,箱体内装有数块夹层加热板,内通蒸汽、热水等。箱体上端装有真空管接口与真空装置相通,还设有压力表、温度表和各种阀门,以控制操作条件。工作时,先将预处理过的物料置于烘盘内,再将烘盘放入箱内加热板上,打开抽气阀,达到一定真空度,然后打开蒸汽阀使箱内达到一定温度,再逐步降温,达干燥要求后,关闭蒸汽阀、抽气阀,开启充气阀,打开箱门,卸出产品。

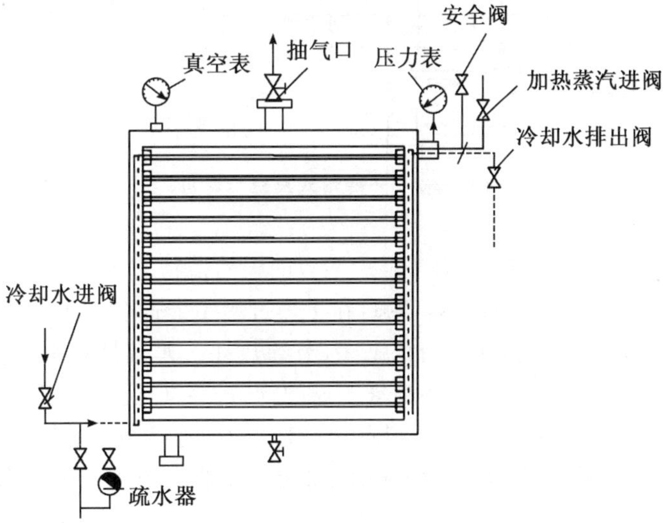

图 6-2-1 箱式真空干燥机

箱式真空干燥机是一种间歇式干燥设备,适用于固体或热敏性、氧敏性液体食品物料。这种干燥机,初期干燥速度很快,但当物料脱水收缩后,则由于物料与干燥盘的接触逐渐变差,传热速率也逐渐下降。操作过程中,加热面温度需要严格控制,以免与干燥盘接触的物料局部过热。由于是接触式传热,考虑到食品的卫生作为接触元件的料盘选择传热系数高的铝板或不锈钢板制成。

真空干燥箱适用于液体、浆体、粉体和散粒食品的干燥。但对于块状、条状的食品则必须使被干燥物料与料盘具有平滑表面接触,以保证传热效果。

(二)带式真空干燥机

带式真空干燥机为连续式真空干燥设备,主要用于液状与浆状物料的干燥室一般为卧式封闭圆筒,内装钢带式输送机械。带式真空干燥机有单层和多层两种形式。多层带式真空干燥机如图 6-2-2 所示,由干燥室、加热与冷却系统、原料供给、输送和抽气系统等部分组成。工作过程是:对液状或浆状的原料先行预热,经供料泵均匀地置于干燥室内的输送带上,带下有加热和冷却装置,分为蒸汽加热、热水加热和冷却三个区域,加热区域又分为四或五段,一、二段用蒸汽加热为恒速干燥段,三、四段为减速干燥,第五段为制品均质段,后三段采用热水加热。按原料性质和干燥工艺要求,各段的加热温度均可调节。原料在输送带上边移动边蒸发水分,干燥后形成泡沫片状物品,之后通过冷却区,再进入粉碎机粉碎成颗粒状制品,最后由排出装置卸出。干燥室内的二次蒸汽用冷凝器冷凝成水排出。

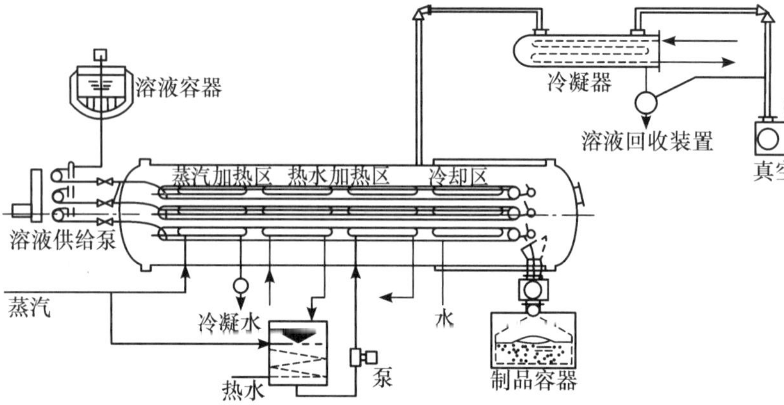

图 6-2-2 多层带式真空干燥机

带式真空干燥机的适应范围广,对于绝大多数的天然植物的提取物,都可以适用。干燥时间短,为 5～25 min,能形成多孔状制品,物料在干燥过程中能避免混入异物防止食品污染,可直接干燥高浓度、高黏度的物料,从而简化工序,节约热耗。尤其是对于黏性高、易结团、热塑性、热敏性的物料,不适宜或者无法采用喷雾干燥的物料,用带式真空干燥机干燥是最佳选择。

BVD 系列数字化带式真空干燥机组(图 6-2-3)是一种连续进料、连续出料形式的高真空度干燥设备,它是将待干燥的物料通过变频螺杆泵送入高度真空的干燥机内部,物料被连续地

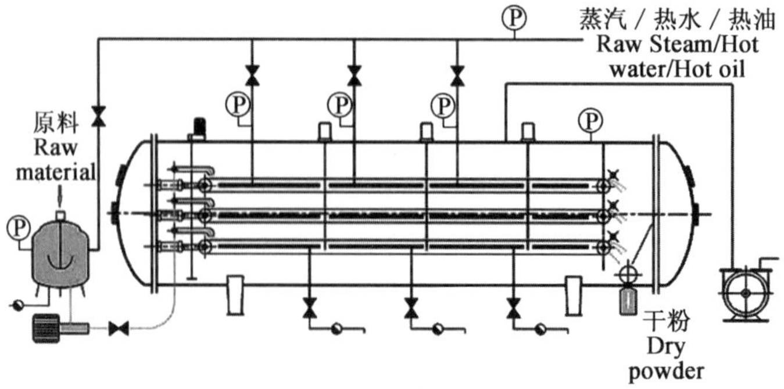

图 6-2-3 BVD 系列数字化带式真空干燥机

被涂布在缓缓移动的干燥机内的多条干燥带上，干燥带在调速电机驱动下以设定的速度向前运动，每条干燥带的下面都有三段独立的加热板和一段冷却板，干燥带与加热板、冷却板紧密接触，以接触传热的方式将干燥所需要的能量传递给带上物料。当干燥物料从机组筒体的一端运动到另一端时，物料已经干燥并经过冷却，干燥后的物料从干燥带上剥离，然后通过一个粉碎装置粉碎后，再通过真空蝶阀出料到料桶中。

(三)圆筒搅拌型真空干燥机

圆筒搅拌型真空干燥机又称耙式真空干燥器，是间歇式干燥机。如图 6-2-4 所示，由卧式圆筒、传动轴、搅拌桨(或称耙齿)及各管道接口等组成。筒壁为夹层，内通蒸汽、热水或热油。传动轴上安装有两组耙齿，一组为左旋，另一组为右旋。传动轴与圆筒壳体间采用石棉填料进行密封。

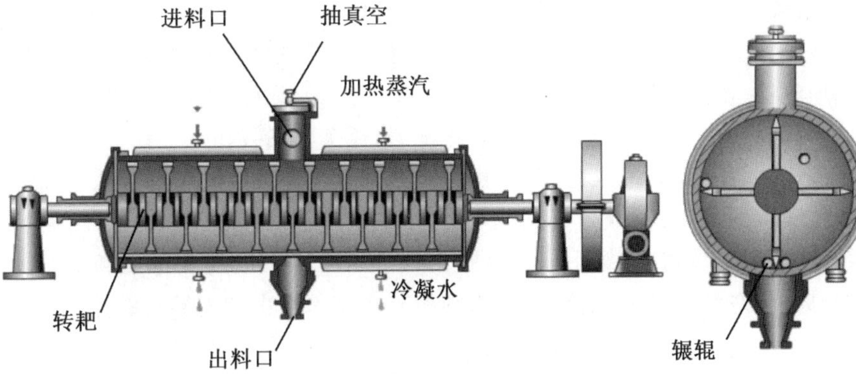

图 6-2-4　圆筒搅拌型真空干燥机

工作时，物料由圆筒上部加料口进入，传动轴间歇进行正向和反向旋转，使物料在耙齿的带动下先往两边而后又往中间移动，受到均匀搅拌，当物料与筒壁接触时进行热交换，使物料水分蒸发而干燥。此种真空干燥机主要适用于高湿的固体物料干燥。

对于淤浆状、糊状和粉状物料均能使用，也能用含水率低的物料的进一步干燥。尤其适用于维生素或抗生素等热敏性物料的低温干燥。对必须完全干燥的成型合成树脂以及微粉碳和在空气中易于燃烧乃至爆炸的含有有机溶剂的物料也均适用。间歇操作时，处理量约为 100 kg 乃至几吨。当干燥黏附性物料或含水率高的物料以及处理量大时，采用圆筒搅拌型较为适宜。

ZPG 型内热式圆筒搅拌真空干燥机(图 6-2-5)在化学工业，特别是在有机半成品和染料制造工业中得到广泛应用，采用蒸汽或导热油或热水进入夹套间接加热物料，在真空状态下抽湿，因此特别适用于耐高温和在高温下容易氧化的物料干燥，以及在干燥过程中容易产生粉尘及溶剂需要回收的物料干燥。本机结构紧凑、操作简单、性能稳

图 6-2-5　ZPG 型内热式圆筒搅拌真空干燥机

定可靠、维修周期长。经长期生产实践证明，对粉状，粉粒状，膏糊状、黏胶状乃至溶液等，都可在适当条件下进行高温或低温的干燥。

ZPG型内热式圆筒搅拌真空干燥机采用夹层与内搅拌同时加热方式，传热面大，热效率高。设置搅拌，使物料在筒内形成连续循环状态，从而可顺利进行浆状、膏状、糊状物料干燥，进一步提高了物料受热的均匀度。应用范围：适用于医药、食品、化工等行业物料干燥。适用于浆状、膏糊状、粉粒状物料。要求低温干燥的热敏性物料。易氧化、易爆及剧毒物料。要求回收有机溶剂的物料。

二、喷雾干燥机械与设备

喷雾干燥是利用喷雾器，将悬浮液和黏滞的液体喷成雾状，悬浮于热空气中，形成具有较大表面积的分散微粒同热空气发生强烈的热交换，迅速排除本身的水分，获得干燥的过程。

如图6-2-6所示，喷雾式干燥机的主要工作过程是：外界新鲜空气通过空气过滤器、鼓风机，进入空气加热器，使空气温度提高到160℃左右，送进干燥室(塔)。在进入干燥室(塔)前，热空气先通过匀风板，使热空气均匀分布，防止旋涡，避免焦粉发生，以保证干燥效果。需干燥处理的物料液，经杀菌处理后进入料罐，再由压力泵送至雾化器，料液以雾状喷出并与热空气混合，物料微粒吸取热量，瞬间水分蒸发，形成粉末向下降落，经过一段恒速干燥，进一步蒸发水分，粗颗粒落入干燥室(塔)的锥形底部并排出机外。干燥后的物料细粉粒和低温湿空气经旋风分离器分离，废空气由排风机排放，干燥细粉末产品落下由卸料器连续排出。

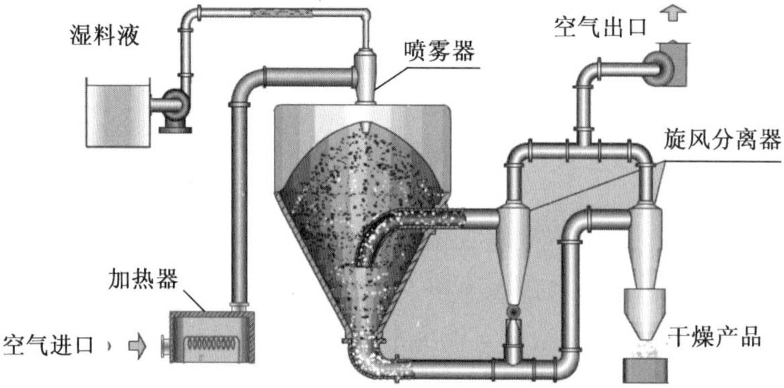

图6-2-6 喷雾干燥机工作流程图

(一)喷雾干燥系统的构成

喷雾干燥系统(图6-2-7)在工业上的应用有多种形式，但其基本组成具备如下。

(1)空气加热系统，包括空气过滤器、鼓风机、空气加热器、热风分配器等。

(2)雾化系统，包括料液贮存器、过滤器、供料装置、雾化器等。

(3)干燥室，不同的雾化装置，其干燥室的设计形式不同。

(4)产品收集系统，包括出粉器、贮粉装置、产品冷却装置、产品粒度筛分(分级)装置等。

(5)废气排放及微粉回收系统，包括捕粉装置、排风装置等。

(6)系统控制装置及废热回收装置。

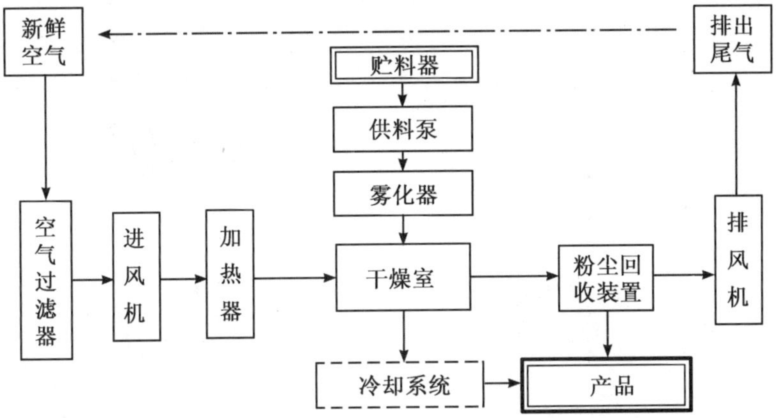

图 6-2-7 典型喷雾干燥系统图

(二)喷雾干燥设备的分类

1.按生产流程分类

(1)开放式喷雾干燥系统 载热体在系统中只使用一次就排入大气中,不再循环使用,结构简单,适用于废气中湿度大,无毒无臭气体。缺点:载热体消耗量大。

(2)封闭循环式喷雾干燥系统 载热体在系统中组成一个封闭的循环回路,有利于节约载体热。回收溶剂,防止污染大气,载热体大多使用惰性气体。适用于可燃性溶剂系统,溶剂需回收,产生有污染的臭气。

(3)自惰循环式喷雾干燥系统 自惰就是指系统中有一个自制惰性气体的装置。在这个装置中,引入空气和可燃性气体进行燃烧,将空气中的氧气烧掉,剩下氮气和二氧化碳(惰性气体)作为干燥介质。适用于:有臭气发出,产品有高度爆炸性,着火危险,通过燃烧消除掉臭气和产品粉末。

2.按料液的雾化方法分类

(1)压力式雾化法 压力喷雾干燥具有操作简单,技术成熟和生产能力高的特点,在乳制品工业应用广泛。

优点:结构简单,工作时无噪声;改变喷嘴内部的结构,容易得到所需的喷矩形状;生产量大时,可采用多喷嘴喷雾;制造成本低;操作简单,更换检修方便。

缺点:生产中,流量难调节;喷嘴孔径小于 1 mm 时,易堵塞;不适宜于黏度高的物料。

(2)离心式雾化法 离心式雾化是利用在水平方向作高速旋转运动的圆盘产生离心力,将料液高速甩出成薄膜、细丝。

优点:液料通道大,不易堵塞;对液料的适应性强,高黏度、高浓度的液料均可;操作弹性大,进液量变化±25%时,对产品质量无大影响。

缺点:结构复杂、材料要求具有质轻强度高的性能,造价高;动力消耗比压力式大;只适于顺流立式喷雾干燥设备。

离心式雾化器的结构形式很多,如图 6-2-8 所示,常见的有光滑圆盘、多叶板圆盘、多喷管圆盘、尼罗式,另外还有喷枪形、圆帽形等。此法在乳品工业中应用也很广泛。

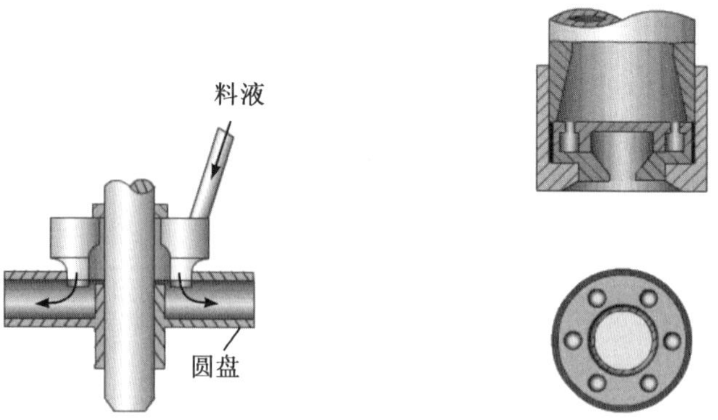

离心式喷雾器　　　　压力式喷雾器

图 6-2-8　几种常见的雾化器

(3)气流式雾化法　该法利用高速气流对液膜的摩擦分裂作用，把液体雾化。特点：动力消耗大，适用黏度范围大，结构简单。由于动力消耗大，在食品工业中很少应用，在化工生产中应用较广。食品工业上应用以压力式和离心式为主，气流式应用范围较小，这是由于动力消耗大，经济上不合理。

3.按雾滴与气体的运动方向分类

(1)并流型　并流型喷雾干燥是食品工业中常用的基本形式，如图 6-2-9 和图 6-2-10 所示。并流型的特点是在喷雾干燥室内，料液雾滴与热风的运行路线一致，可以采用较高的进风温度来干燥而不影响产品的质量。使用压力或离心喷雾均可。

并流型使喷出的微细粒子与高温热气流同向运动，在干燥室进口处温度高，雾化物料的水分也高；到出口处，大量水分已蒸发而温度下降，不会使干燥物料受热过度而造成焦粉等问题。所以适用于热敏性物料的干燥，如牛奶、果汁、鸡蛋液等。

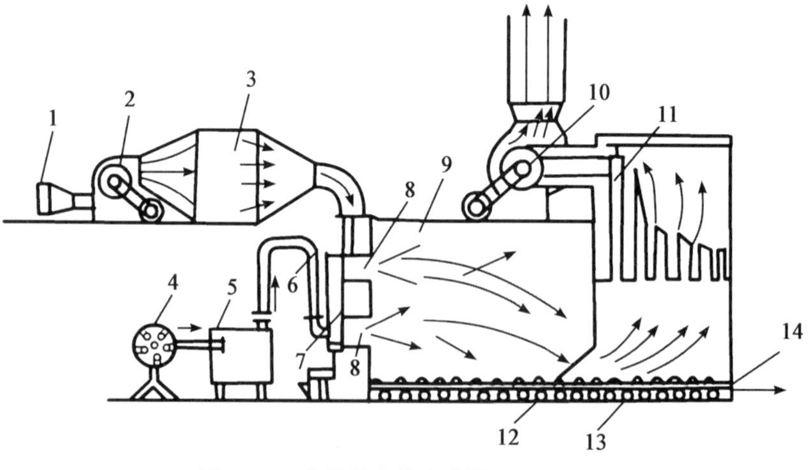

图 6-2-9　水平箱式并流喷雾干燥流程图

1.空气过滤器　2.进风管　3.空气加热器　4.管式杀菌器　5.高压泵　6.高压管路　7.特殊结构的空气分配室　8.热空气入口及喷嘴喷射出口　9.干燥室　10.排风机　11.布袋过滤器　12.挡板　13.螺旋输送器　14.干燥后粉末出口

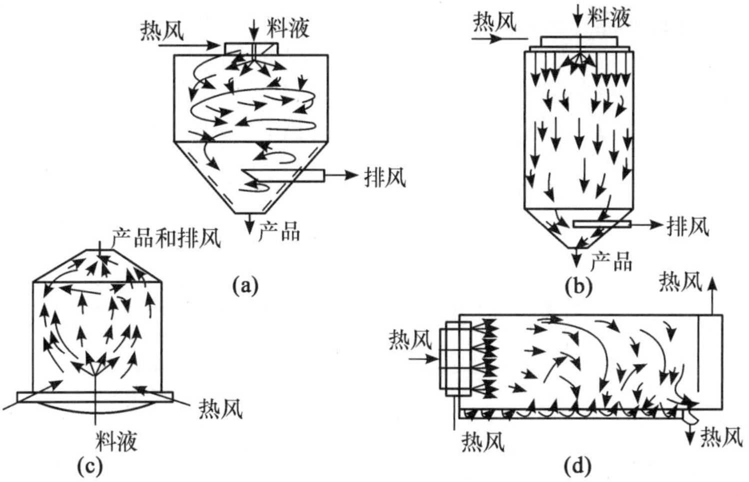

图 6-2-10 并流型喷雾干燥器

(a)、(b)垂直下降并流型 (c)垂直上升并流型 (d)水平并流型

(2)逆流型 逆流型的特点是在喷雾干燥室内,雾滴与热风的运动方向相反,如图 6-2-11 所示。

通常热风从干燥塔下部吹入,雾滴从干燥塔上面喷下,高温热风进入干燥室内首先与即将完成干燥的粒子接触,使内部水分含量达到较低的程度,物料在干燥室内悬浮时间长,适宜于含水量高的物料干燥。逆流干燥的缺点是干燥后的成品在下落过程中,仍与高温热气流保持接触,因而易使产品过热而焦化,故不适合热敏性物料的干燥。

(3)混合流型 混合流型特点是在干燥室内,雾滴与热风运动的方向呈不规则的状况,即两者方向不一致,也不相反,如图 6-2-12 所示,其干燥性能介于并流和逆流之间。液滴运动轨迹较大,气流与物料充分接触,脱水效率较高,耗热量较少,适用于不易干燥的物料。但产品有时与湿的热空气流接触,故干燥不均匀。如果设计不好,往往会引起气流分布不均匀,内部局部黏粉严重。

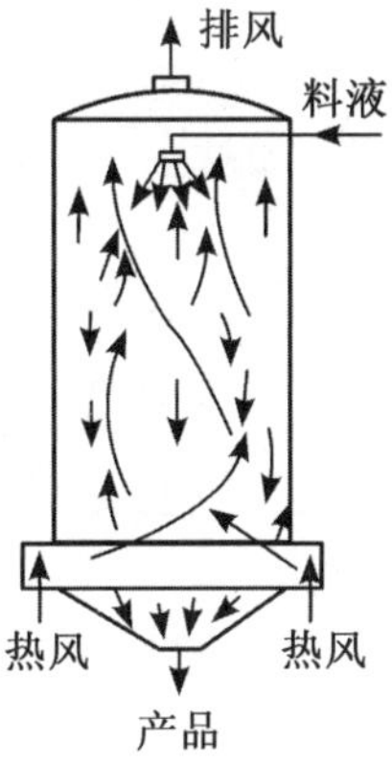

图 6-2-11 逆流型喷雾干燥器

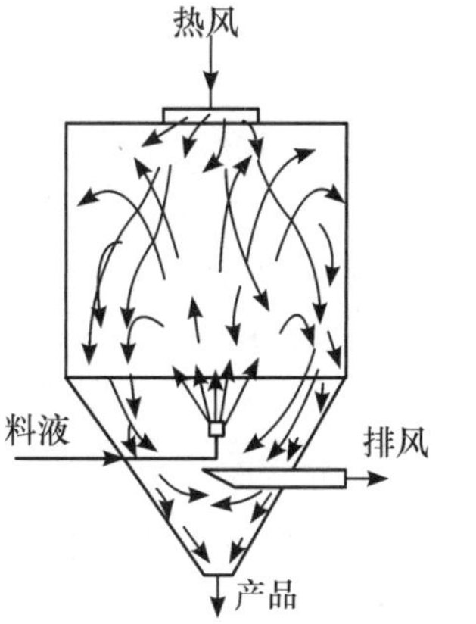

图 6-2-12 混合流型喷雾干燥器

(三)喷雾干燥设备的操作流程

1. 喷雾干燥系统

一般包括空气过滤器、进风机、空气加热器、雾化器、干燥室、集粉冷却装置、微粉捕集装置及排风机等。

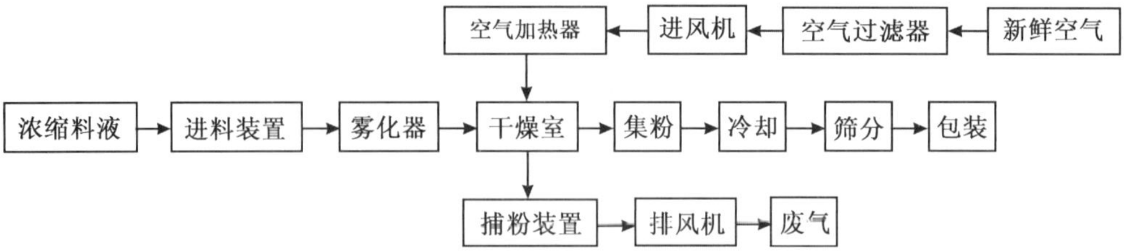

2. 压力喷雾干燥设备

(1)塔式并流下降压力喷雾干燥设备　如图 6-2-13 所示，空气进入过滤器 1 经进风机 2 抽入空气加热器 3 提高温度 130～160℃，进入塔顶热空气分配室 5，物料由高压泵经高压管路 4 进入干燥室顶部喷头 6 处喷成雾状，与热空气相遇，以并流方向自上往下运行而干燥，干燥后落入塔底，经鼓形阀 10 连续出料。被气流带走的细微粉末，进入布袋过滤器室 7 回收，回收后落下的粉末，再送回干燥室锥底部分和原来落下的粉粒混合由鼓形阀排出室外，废气由排风机 9 排入大气。

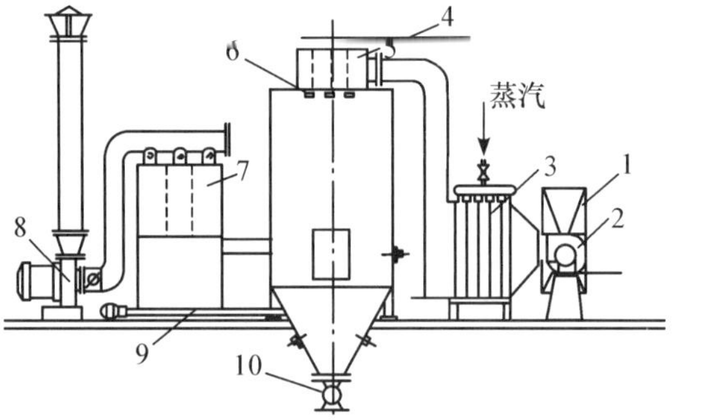

图 6-2-13　塔式并流下降压力喷雾干燥设备流程图

1. 空气过滤器　2. 进风机　3. 空气加热器　4. 从高压泵来的高压管路　5. 热空气分配室
6. 喷头　7. 布袋过滤器室　8. 螺旋输送器室　9. 排风机　10. 鼓形阀

(2)MD 型喷雾干燥设备　如图 6-2-14 所示，是单喷头立式并流型压力喷雾干燥设备，塔内喷雾液滴和热风作柱状流动。它与热风作回转运动有所不同，在热风分配器内压力损失小，同时用冷却空气向干燥塔内沿壁吹入，调整热风在塔内的流动，并得到整流，在热风出口处的焦粉和塔壁上的黏粉减少到最低程度，这是因为在同心圆上的风速一定，分布无紊乱状况之故。在干燥塔下部有粉末和废气分离器，在干燥塔内瞬时干燥的粉末，经圆锥形分离室，大部分粉粒因重力落入逆流式二段冷却器。开始为了使粉末冷却的热交换时间延长，一边回转一边用上升中冷却除湿后的空气使粉末冷却近室温，然后再用特殊流动床进行充分冷却至室温。这时，液状的脂肪也能固体化，乳糖也可在冷却段结晶。废气带走的细粉，由旋风分离器 10 回收，用气流输送到第一冷却段与主成品混合冷却。也可重回入塔内使细粉与喷雾液滴接触，增加粉的粒径，或将细粉回入原液进行重新喷雾干燥。

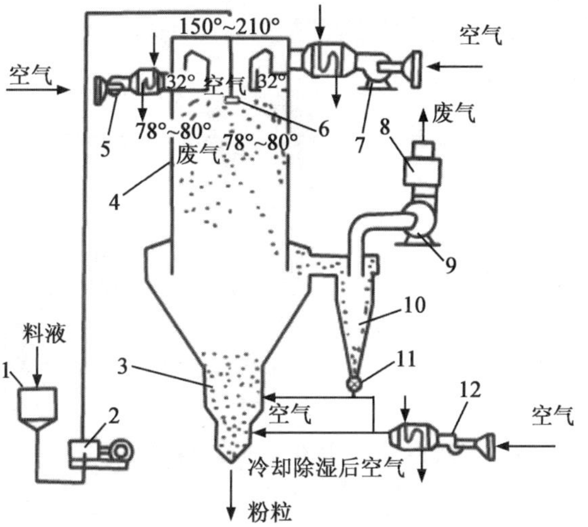

图 6-2-14 MD 型喷雾干燥设备流程图

1.贮料桶 2.高压泵 3.粉末冷却器 4.干燥塔 5.冷风机 6.喷嘴 7.鼓风机
8.消音器 9.排风机 10.旋风分离器 11.旋转阀 12.冷风机

MD 型设备的特点：①干燥塔体积小，节约建筑面积，减少热损失；②防止热风回转并得到整流，使雾下降时受热均匀，提高了成品质量；③因塔壁吹入冷风，减少了黏壁和焦粉；④有二段冷却器，简化了冷却机构；⑤正常生产时，操作和清洗全自动化。

(3)K-7 型单喷嘴二级喷雾干燥设备 这是我国设计用于奶粉生产、将喷雾干燥和沸腾干燥及冷却相结合的二级干燥法的设备，同样采用单喷头立式顺流压力喷雾塔。

该设备特点：①适当提高塔高度，延长了恒速干燥阶段时间，有利于乳糖结晶，提高产品质量。②采用喷雾和沸腾干燥相结合的二级干燥方法，在进风温度不太高的情况下，降低排风温度提高热效率，节约能量。③在沸腾干燥前端设有潮粉附聚团粒化装置，使细粉造粒，在沸腾干燥后端设有冷却装置，这样产品颗粒增大，毛细作用均匀，具有速溶特色。④热风入口处用多孔均风板加以整流，防止偏流、乱流引起粉末飞扬黏壁，同时采用冷风幕冷却壁面，减小产品的热变性。⑤采用大直径旋风分离器，便于清理。

三、流化床干燥机械与设备

流化床干燥器又称沸腾床干燥器(图 6-2-15)，是近年发展起来的一种新型干燥器。所谓流化床，是指在一个设备中，将颗粒物料堆放在分布板上，当气流由设备的下部通入床层，随着气流速度加大到某种程度，固体颗粒在床内被大量气流吹起呈悬浮状态，作上下、左右、前后运动，在沸腾状态下进行干燥。采用流化床对物料进行干燥则称为流化床干燥。流化床干燥器呈长方形或长槽状箱体结构，工作部位为多孔板，由薄钢板冲孔、细钢丝编织网或氧化铝烧结成多孔陶瓷板制成，多孔板下方是热空气强制通风室。

流化床干燥机干燥时，颗粒状食品原料由供料装置散布在多孔板上，形成一定料层厚度，热空气穿过多孔板，对板上物料进行干燥加热，同时使板上的食品原料呈沸腾状态，如同流体

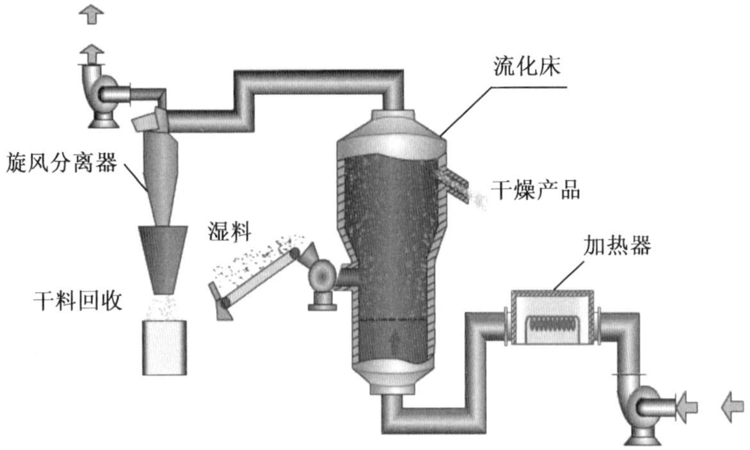

图 6-2-15　流化床干燥机械设备

流动一般，所以叫流化状态。物料因流化而加速向出口运动，干燥物料通过出料口排出机外，吸湿换热后的低温空气由排风口排出。

流化床干燥机工作过程：风机驱使热空气以适当的速度通过床层，与颗粒状的湿物料接触，使物料颗粒保持悬浮状态。当采用热空气为流化介质干燥食品时，热空气既是流化介质，又是干燥介质。被干燥的物料颗粒在热气流中上下翻动，互相混合与碰撞，进行传热和传质，达到干燥的目的。当床层膨胀至一定高度时，因床层空隙率的增大而使气流速度下降，颗粒回落而不致被气流带走。经干燥后的颗粒由床侧面的出料口卸出，废气由顶部排出，并经旋风分离器回收所夹带的粉尘。

流化床干燥器的特点：

(1)优点

①物料与干燥介质接触面大，搅拌激烈，表面更新机会多，热容量大，热传导效果好，设备利用率高，可实现小规模设备大生产。

②干燥速度高，物料在设备内停留时间短，适宜于热敏性物料的干燥。

③物料在干燥室内的停留时间可由出料口控制，故容易控制制品的含水率。

④装置简单，造价低廉，除风机、加料器外，本身无机械装置，保养容易，维修费用低。

⑤密封性能好，机械运转部分不直接接触物料，适用于对卫生指标要求较高的食品干燥。

(2)缺点

①对被干燥物料的颗粒度有一定的限制，一般要求颗粒 30 μm 至 6 mm，限制了使用范围。

②对易结块物料因容易产生与设备壁间黏结而不适用。

③单层流化床难以保证物料干燥均匀，故需设置多层，使设备高度增加。

因此，在食品工业中，流化床干燥器多用于干燥碎麦芽、汤料粉、大麦、果汁颗粒、砂糖、干酪素、葡萄糖、4 mm 粒度的鱼汁浓缩物、人造肉和 3 mm 粒度的饲料等。

四、冷冻干燥技术设备

冷冻干燥，也叫升华干燥，就是将待干燥的湿物料在较低温度下（－50～－10℃）冻结成固态后，在高真空度（0.133～133 Pa）的环境下，将已冻结了的物料中的水分不经过冰的融化而直接从固态升华为气态，从而达到干燥的目的。

（一）冷冻干燥的基本原理

冷冻干燥首先将原料进行冻结，冻结的方法有自冻和预冻两种，预冻就是物料冷冻干燥前用一般方法将物料冻结，自冻就是利用物料表面的水分蒸发从它自身吸收汽化潜热，促使物料温度下降，当物料的温度达到冻结点时，物料中的水分自行冻结，大部分预煮蔬菜可用此法冻结。采用这种方法，在水分蒸发时，物料常会出现变形或发泡等现象，因此，此法对外观和形态要求高的食品并不适宜，当然，如果真空度调整适宜，这种变化可以减轻到最低程度，此法也叫蒸发冻结，优点是能量的消耗较为合理。冷冻干燥由于处理温度低，冷冻干燥制品的色、香、味、形以及营养、物理性质等几乎保持不变，特别有利于热敏性物料。食品具有良好的复水性，是现代理想的食品干燥法。

（二）冷冻干燥的特点

（1）最大限度地保存食品的色、香、味，如蔬菜的天然色素保持不变，各种芳香物质的损失可减少到最低限度；冷冻干燥对保存含蛋白质食品要比冷冻的好。

（2）对热敏性物质特别适合，能保存食品中的各种营养成分，尤其对维生素 C，能保存 90％以上。

（3）在真空和低温下操作，微生物的生长和酶作用受到抑制。

（4）冷冻干燥法能脱去 95％～99％以上的水分，脱水彻底，干制品重量轻，体积小，贮藏时占地面积少，运输方便，且产品能长期保存而不变质。

（5）复水快，食用方便。因为被干燥物料含有的水分是在冻结状态下直接蒸发的，故在干燥过程中，水汽不带动可溶性物质移向物料表面，不会在物料表面沉积盐类，即在物料表面不会形成硬质薄皮，也不存在因中心水分移向物料表面时对细胞或纤维产生的张力，不会使物料干燥后因收缩引起变形，故极易吸水恢复原状。

（6）真空下操作，氧气极少，使一些易氧化物质（如油脂类）得到保护。

主要缺点是设备投资和运转费用高，冻干时间长，产品成本高。

复习思考题

1. 浓缩与干燥的概念、目的、方法是什么？二者之间有什么区别？

2. 浓缩设备的分类有哪几种？

3. 真空浓缩设备是食品生产过程中主要设备之一，它有哪些优缺点？

4. 冷冻浓缩有哪些优缺点？

5. 如何根据食品物料的特性选择浓缩设备？

6. 升膜式浓缩设备的工作原理是什么?
7. 喷雾干燥的基本原理及特点是什么?用于食品工业的喷雾干燥雾化器主要有哪几类?
8. 喷雾干燥设备有哪些分类?
9. 什么是流化床干燥?流化床干燥影响产品颗粒大小的因素有哪些?
10. 什么是冷冻干燥?冷冻干燥的原理是什么?
11. 真空干燥的特点有哪些?
12. 高黏度浆状物料可用哪些类型的设备干燥?
13. 水分含量高的浆状物料的干燥可选用哪种干燥设备?

实验实训　小型喷雾干燥设备的观察和使用维护

一、目的要求

(1)了解喷雾干燥设备主要组成部分的构造。
(2)掌握喷雾干燥设备的工作原理。
(3)掌握小型喷雾干燥设备的操作和维护方法。

二、设备与工具

小型喷雾干燥设备一套。

三、实训内容和方法步骤

(一)启动准备

(1)接通电源。

(2)开启高压泵,运行约 10 min,用沸水冲洗高压泵和高压管内部进行消毒,检查高压泵运转是否正常。

(3)用蒸汽对物料管内隙进行消毒,检查喷头孔径,将喷头置于沸水内浸泡 1～2 min 进行消毒,然后擦干。

(二)操作程序

(1)打开进风阀,使干燥塔内在 80℃ 温度下消毒,然后开启高压泵和阀门,使压力达到规定值后进行喷雾,并通过干燥塔的视镜观察喷雾是否正常。

(2)喷雾后排风温度迅速下降,此时应调节热风温度和高压泵压力,使排风温度控制在要求范围内。

(3)经常检查粉袋积粉和出粉情况。

(三)停机

(1)进料保温缸内料液临近喷完时,向缸内充入少量沸水,以排除管内料液,同时关闭蒸汽阀,继续通风,以降低塔内温度,然后打开回流阀,关闭高压阀,拆卸高压管及喷头,用热水洗涤高压泵。

(2)当进风温度降至60℃时,关闭进、排风机。

(3)对离心分离器、塔内壁及排风弯管处的积粉进行清理。

(4)关闭喷雾器的高压阀,开启高压旁通阀,卸下各喷雾器进行彻底清洗。

(5)开启高压泵及活塞冷却水,泵入清水,将泵体及高压管内的料液排清,由旁通管路回收。

(6)高压泵须先用碱水浸泡清洗,再用清水清洗,然后关闭高压泵进行必要的拆洗。

(7)将设备内的余粉清扫干净,将热风口的少量焦粉刷净,关闭自动出料装置、集粉装置及冷却装置等。

(四)维护保养

(1)干燥室、旋风分离器需定期用温水刷洗,干燥室可由人工用喷枪进行冲洗或用安装在干燥室顶部的喷嘴清洗。

(2)经常检查喷雾塔门及各连接处的密封性。

(3)经常检查仪表的灵敏度。

(4)及时更换密封圈、喷嘴等。

四、实训报告要求

(1)实训报告版面布局合理整洁、叙述严谨、文理通顺、书写简洁、符号标准、图表规范。

(2)对观察到的设备进行分析描述,可用文字描述也可绘图表示。

(3)写出本次实训的心得体会,以及改进的建议。

(4)独立完成实训报告,无抄袭现象。

项目七

食品热加工机械与设备

学习目标

1. 了解热加工机械与设备的分类与基本结构。
2. 理解常见食品热加工机械与设备种类及各自的工作原理，能够根据食品的种类选择不同的食品热加工方法和设备。
3. 掌握焙烤设备、预煮设备、油炸设备的操作要点及注意事项。

教学基本内容

1. 热加工机械与设备的分类与基本结构。
2. 常见食品热加工机械与设备的工作原理及操作注意事项。

任务一　焙烤设备

面包、饼干是焙烤食品中最具代表性的食品，其坯料置于烤炉等焙烤设备中后，在加热元件产生的高温作用下，使坯料由生变熟，成为具有多孔性海绵状态结构的成品，具有较深的颜色和令人愉快的香味，并具有易于保藏和便于携带的特性。

一、焙烤原理

将面包、饼干、糕点等生坯放入烤炉，在高温的作用下，淀粉和蛋白质发生一系列物理、化学及生物化学的变化，开始时制品表面受到高温影响使水分大量蒸发，淀粉糊化，糖和氨基酸反应，外表形成薄薄的焦黄色外壳，然后外部水分逐渐转变为气态向坯内渗透，加速生坯熟化，形成疏松状态。

食品坯料在烤炉中一般都经历着胀发、定型和脱水上色几个阶段，不同制品各个阶段的经历不同。如饼干坯在焙烤中的脱水阶段脱去大部分水，而面包坯在焙烤过程中，保留着较多水分。

二、焙烤工艺要点

焙烤过程中，焙烤温度的选择是关键因素。适宜的温度可使产品外形丰满，形状整齐，色泽黄亮，内部松脆。炉温、面火、底火的调节和高低温的先后顺序以及焙烤时间的长短都要根据产品种类、要求不同而调整。例如，水分含量低的饼干要采用低温烘焙，达到熟而不焦；而要求含水量较高的松软面包，体积膨胀时宜用中温烘焙；广式月饼的外皮不要求变形，馅心已经事先熟化，炉温则可以稍高一些。具体炉温和烘焙时间应视产品特性而定。焙烤食品出炉后，必须立即冷却，然后进行包装。

三、焙烤设备

焙烤设备种类很多，烤炉是最常用的一种焙烤设备。

（一）烤炉的分类

1. 按烤炉热源分类

根据热源的不同，烤炉可分为煤炉、煤气炉、燃油炉和电烤炉等，目前使用最广泛的是电烤炉。电烤炉具有结构紧凑、占地面积小、操作方便、便于控制、生产效率高、焙烤质量好等优点。其中以远红外烤炉最为突出，它利用远红外的特点，提高热效率，节约电能，在焙烤行业广泛应用。

2. 按结构形式分类

食品烤炉按结构形式不同，可分为箱式炉和隧道炉两大类。

（二）烤炉的加热原理

焙烤食品生产中常用的热源是电加热器。电加热器是一种通过电热元件把电能转变为热能的加热装置，常用的有远红外加热和微波加热两大类。

红外线是电磁波，波长范围为0.78～1 000 μm，分近红外线（波长0.78～2.5 μm）、中红外线（波长2.5～20 μm）和远红外线（波长20～1 000 μm）三类。它与可见光一样，按直线传播并服从反射、透射和吸收定律。

当红外线或远红外线辐射器所产生的电磁波，以光速直线传播到达物体时，红外线或远红外线的发射频率与被烘烤物料中分子运动的固有频率相同，也即红外线或远红外线的发射波长与被烘烤物料的吸收波长相匹配时，就引起物料中分子的剧烈振动，在物料的内部发生激烈摩擦产生热而达到加热的目的。

微波加热是新型的加热方法，热效率高，在食品加工中得到越来越广泛的应用。

（三）常用烤炉

1. 箱式炉

箱式炉外形如箱体，按食品在炉内的运动形式不同，分为烤盘固定式箱式炉、风车炉和水平旋转炉等。其中烤盘固定式箱式炉是这类烤炉中结构最简单、使用最普遍、最具有代表性的一种，因此，常简称为箱式炉，图 7-1-1 是几种典型的箱式炉结构。

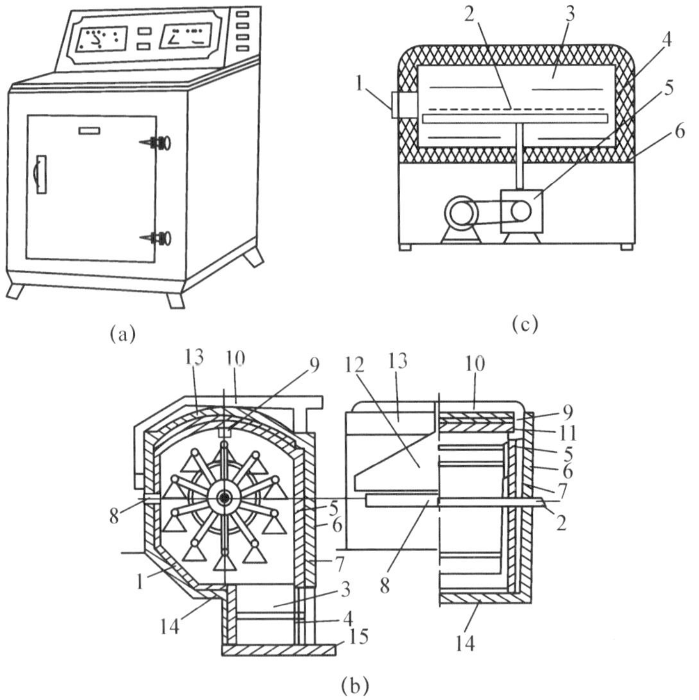

图 7-1-1　几种典型的箱式烤炉

(a)箱式烤炉外形

(b)风车炉结构　1.转篮　2.转轴　3.焦炭燃烧室　4.空气门　5.炉内壁　6.保温层　7.炉外壁　8.炉门　9.烟道　10.烟筒　11.挡板　12.排气罩　13.炉顶　14.底脚　15.燃烧室底脚

(c)水平旋转炉结构示意图　1.炉门　2.加热元件　3.烤盘　4.回转支架　5.传动装置　6.保温层

箱式炉炉膛内安装有若干层支架，用以支撑烤盘，辐射元件与烤盘相间布置。焙烤过程中，烤盘中的食品与辐射元件间没有相对运动，适于中小型食品厂使用，图 7-1-2 所示为常见箱式炉外观图。

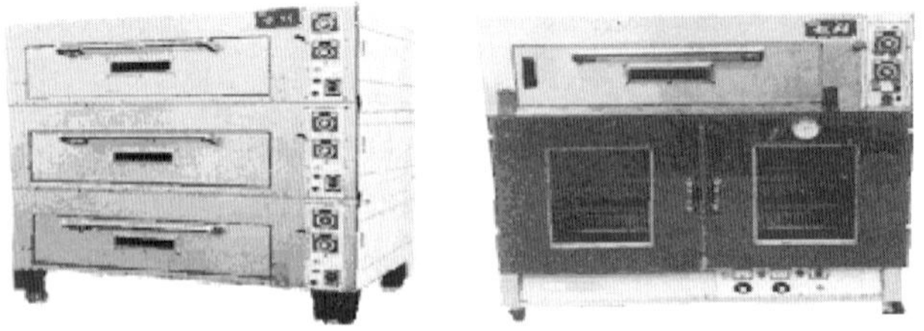

图 7-1-2　常见箱式炉外观图

风车炉因烘室内有一形状类似于风车的转篮装置而得名。这种烤炉采用电及远红外加热技术，也用无烟煤、焦炭、煤气等为燃料。热效率高，占地面积小，结构比较简单，生产能力较大，目前仍用于面包生产。缺点是手工装卸食品，操作紧张，劳动强度较大。

水平旋转炉内设有一水平布置的回转烤盘支架，摆有生坯的烤盘放在回转支架上。烘烤时，由于食品在炉内回转，各面坯间温差很小，所以烘烤均匀，生产能力较大。缺点是劳动强度较大，且炉体较笨重。

2. 隧道炉

隧道炉是指炉体较长，烘室为一狭长的隧道，在烘烤过程中食品沿隧道做直线运动的烤炉，所以称为隧道炉。隧道炉分为钢带隧道炉、网带隧道炉、烤盘链条隧道炉和手推烤盘隧道炉等几种。

隧道炉主要由炉体部分、加热系统和传动系统三部分构成，各种隧道炉的炉体及加热部分基本相同，主要是传动系统不同。

钢带隧道炉是指以钢带为载体，沿隧道运动的烤炉，简称钢带炉，如图 7-1-3 所示。由于钢带只在炉内循环运转，所以热损失少。

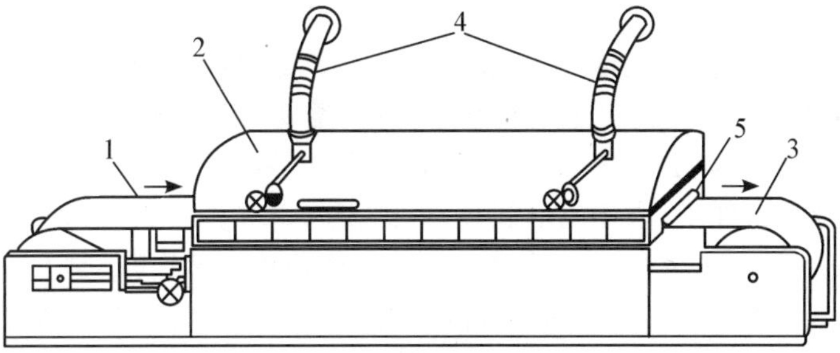

图 7-1-3　钢带炉外形

1. 入炉端钢带　2. 炉顶　3. 出炉端钢带　4. 排气管　5. 炉门

网带隧道炉简称网带炉，其结构与钢带炉相似，只是传送面坯的载体采用网带。网带由金属丝编制而成。由于网带网眼空隙大，在焙烤过程中制品底部水分容易蒸发，不会产生油滩和凹底。网带运转过程中不易打滑，跑偏现象也比钢带易控制。网带炉焙烤产量大，热损失小，易于食品成型机械配套组成连续的生产线。缺点是不易清理，网带上的污垢易粘在食品底部。

烤盘链条隧道炉是指食品及其载体在炉内的运动靠链条传动来实现的烤炉，简称链条炉。根据焙烤食品品种不同，链条炉的载体大致有两种，即烤盘和烤篮。烤盘用于承载饼干、糕点及花色面包，而烤篮用于听型面包的烘烤。

另有一种手推烤盘隧道炉，是靠人力推动烤盘向前运动。操作时，进出口各需操作者完成装炉和出炉。炉体短，结构简单，适用面广，多用于中小型食品厂。

(四)各种烤炉简介

1. XDTM 型隔层式电烤炉

该炉可烘焙各种糕点制品，采用隔层式结构，全炉分为四层，每一层为一个独立的烤炉，每层烤炉的底火与面火可分别自动控制，可同时烘烤不同的制品。为满足烘焙各种食品的工艺要求，每层烤炉设有蒸汽装置，通入水后立即产生的大量蒸汽可减缓面包表层水分的损失。该炉独特的功率转换装置，可充分利用热惯性，使烤炉的加热功率只有装机功率的一半，加上良好的保温性能，使其热效率高，能耗低。最高使用温度可达 300℃。

2. MBH-3 旋转式热风烤炉

该烤炉是旋转式热风循环烤箱，系法式花色面包生产线配套设备，可用于面包、蛋糕及点心的烘焙。

整个烤炉由烤室、小车、加热装置、热风循环装置、风量调节器、喷水加湿装置、传动装置及电器控制装置等组成。

工作原理：烘焙时，采用对流的热风循环和缓慢自转小车相结合，使食品各部分受热均匀，加上喷水加湿装置，可以有效控制炉内的温度、湿度，使焙烤食品色泽和成熟度一致。

3. GDCB420 型隧道式远红外烤炉

这种烤炉主要用于饼干类食品的烘焙。基本结构由炉体、传输机构、控温系统等部分组成。

工作原理：制品由输送带承载，在炉体内边运动边被加热烘焙。

（五）烤炉的选择

烤炉的选择与焙烤食品的质量、生产成本和经济效益等直接相关，因此选用时：①要注意不同产品对温度要求不同。焙烤食品品种很多，对炉温要求各不相同，应注意选择炉温可以在较大范围内进行调节和控制的烤炉，以适应不同品种产品的生产；②是不同热源的选择，热源包括燃油、燃气、电热、微波炉等，要因地制宜，根据实际情况选用，以降低生产成本，增加经济效益。目前，我国饼干、面包食品工厂采用的远红外烤炉由炉体、传动装置、辐射元件、控温装置等组成，按在加热过程中食品与辐射元件的相对位置可分为固定式和隧道式两种，一般食品厂均采用隧道式，食品原料在隧道中通过即被烤热干燥，可连续生产。这种烤炉按其所用输送设备的形式又分为链式炉和带式炉。链式炉适用于面包、蛋糕、月饼的烘焙；带式炉多用于饼干的烘焙。

（六）焙烤实例（以面包为例）

烘焙是保证焙烤制品质量的关键工序，面包坯在烘焙过程中，受炉内高温作用由生变熟，并使组织蓬松，富有弹性，表面金黄色，产生特有的香甜气味。

面包烘焙需要控制三个重要条件，温度、时间和面包的规格种类。在烘焙时可根据面包的种类、规格来确定烤炉的温度及烘焙时间。

1. 面包的烘焙过程

第一阶段：面包刚入炉，必须利用酵母菌产生的 CO_2 使面包体积充分膨胀，所以炉内面包坯要保持 60%～70%的湿度，烤炉的面火要低，防止面包结皮，温度控制在 120℃左右；底火要高，200～220℃，或者再稍高，但不能超过 260℃，以使面包底面大小固定，增大体积。

第二阶段：面包的成熟阶段。理论上讲，这时面筋已胀至弹性极限，淀粉已糊化，酵母活动已停止，所以可提高温度使面包快速定形。此时面火、底火同时升温，面火为 200～250℃，底火可控制在 270～300℃，面包内部温度为 50～60℃，烘焙时间为 4 min。

第三阶段：面包上色、增加香气、提高风味的阶段。此时，面包已经定型并基本成熟，炉温逐步降低。面火一般控制在 180～200℃，该温度可使面包表面发生美拉德反应，产生金黄色表皮，并产生香气；底火可降到 140～160℃。面包坯经过这三个阶段的烘焙即可成为色、香、味俱佳的面包。

2. 面包的烘焙时间

面包的烘焙时间应根据以下条件而定：面包质量越大，烘焙时间越长，烘焙温度应越低。

同样质量的面包,长形的比圆形的、薄形的比厚形的烘焙时间短,装模面包比不装模面包所需烘焙时间长。一般小圆面包的烘焙时间多在 8～12 min,而大面包的烘焙时间可长达 1 h。

适当延长烘焙时间有利于提高面包质量。它可使面包中的糊精、还原糖和水溶物增加,水解酶的作用时间延长,从而提高面包的消化率,同时还有助于面包色、香、味的形成。

使用较多鸡蛋、乳粉、砂糖的点心面包,极易着色,入炉温度须降低,通常为 175～180℃,烘焙时间可适当延长,否则极易出现外焦里生的现象。主食面包焙烤温度可适当提高,由于点心面包和夹馅面包坯内水分多,因此焙烤时间长些。

总之,焙烤时伴随着各种反应并以不同的速度进行。这些反应包括:①气体的释放和膨胀;②面筋和鸡蛋的凝固及淀粉的糊化;③水分蒸发引起的部分脱水;④风味的产生;⑤牛奶、面筋、鸡蛋蛋白与还原糖的褐变反应以及其他化学反应导致的颜色变化;⑥表面脱水形成硬质外壳;⑦糖的美拉德褐变及焦糖化反应使得外壳颜色加深。

各种反应的速度及其发生的顺序在很大程度上取决于面糊或面团内的传热速度。如果焙烤时底火的温度远远高于面火,或者整个炉温太高使得中心部位还没有达到焙烤温度时硬质外壳已经形成,就会造成食品中心部分烤不透或者较晚释放的气体使外壳崩裂,除炉温分布外,传热速度还受焙烤烤盘特征的影响。

了解并掌握上述影响因素后,有助于选择合理的工艺条件,进一步提高焙烤食品的质量。

任务二 预煮设备

在食品加工过程中,有些物料需要经过预煮、油炸等处理,以达到物料脱水、抑制或杀灭微生物、调制食品的目的。

大多数不经过高温热处理(如正常装罐所达到的温度)的蔬菜在加工和贮藏(即使是冷冻)之前,必须加热至足以使物料中酶失活的温度,这种以失活酶为目的的热加工被称为预煮。

预煮的目的主要是破坏原料中的多酚氧化酶,保持颜色,排除气体,破坏原生质,提高出汁率,杀灭部分微生物,加快干燥速度等。

预煮并不是不分青红皂白地加热,温度太低是无效的,而太高的温度又会因过度蒸煮而损害蔬菜的营养,当采用冷冻法保持蔬菜的新鲜品质时更是如此。对将要冷冻的蔬菜进行预煮是必要的,因为冷冻只能减缓酶的作用,而不能破坏或完全中止它的作用。如果在冷冻前不进行预煮,那么蔬菜在冷冻几个月后,将慢慢地产生许多异味和异常颜色,还将产生许多其他种类的酶促变质。

蔬菜中有两种耐热较强的酶,即过氧化氢酶和过氧化物酶。如果这两种酶被破坏了,那么其他会导致变质的酶肯定会失活。人们已经知道不同蔬菜中的过氧化氢酶和过氧化物酶所需要的有效热处理条件,并且建立了多种灵敏的化学方法来检测预煮处理后可能残余的酶活力。

因为各种蔬菜的大小、形状、热传导性和天然酶的含量不同,所以只能在实验的基础上确定预煮处理的条件。如同对罐头食品的杀菌一样,食品体积越大,热力达到中心所需时间越长。如豌豆的预煮要比带轴玉米时间短得多。体积较小的蔬菜在沸水中只需 1～2 min 就可达到充分预煮的目的;而体积大的则需要几分钟。用高温高压蒸汽预煮所需时间更短,但对蔬菜造成热损伤的风险较大。表 7-2-1 为不同体积的冷冻蔬菜在 100℃水中的预煮时间。

表 7-2-1 冷冻蔬菜在 100℃ 水中的预煮时间

蔬菜	粗短直径范围/mm	时间/min
芦笋	≤8	2
	9.5～14	3
	≥15.9	4
青刀豆	≤8	1～1.5
	8～9.5	2～3
	≥9.5	3～4
玉米(切开或整粒)	连穗轴预煮、冷却然后切开	2～3
带穗轴的玉米	≤41	7
	41～50	9
	≥50	11

用来进行预煮的设备有夹层锅、预煮机,后者又分为链带式连续预煮机和螺旋式连续预煮机两种。

一、夹层锅

夹层锅又名二层锅、蒸汽锅、蒸煮锅、夹层蒸汽锅。夹层锅采用夹套加热,加热介质可分为蒸汽、导热油、电。夹层锅主要用于糖果、制药、乳品、酒类、糕点、蜜饯、饮料、罐头等食品的加工,是罐头食品调味煮汁的主要设备,常用来热烫、预煮各种原辅材料。设备结构简单,使用方便。常用的夹层锅见图 7-2-1。

常用的夹层锅为半球形,按其操作方式的不同,可分为固定式夹层锅和可倾式夹层锅。固定式夹层锅的进蒸汽管 4 安装在与锅体中心线呈 60°角的壳体上,出料通过底部接管,利用落差排料,或在底部接口处安装抽料泵,把物料用泵抽至其他高位容器。因此固定式夹层锅常用来调配汤汁等液体物料。当容器大于 500 L 或用做加热稠性物料时,常带有搅拌器,搅拌器的搅拌叶片有桨式和锚式,转速一般为 10～20 r/min。

可倾式夹层锅的进蒸汽管 4 从安装在支架上的填料盒中接入夹层。锅体 6 由两层球形壳体组成,内层材料是 3 mm 厚的不锈钢板,外层材料是 5 mm 厚的普通钢板,内外两层壁板相互焊接。由于夹层加热室要承受 0.4 MPa 的压力,其焊缝应有足够的强度。

操作时可先将物料倒入锅内,夹层里通入蒸汽,通过锅体内壁进行热交换,用以加热物料。加热结束后,转动手轮 5,驱动蜗轮 1 使锅体倾斜,倾斜角度可在 0°～90°的范围内任意改变,以倒出物料。可倾式夹层锅因此得名。

夹层锅锅体两侧焊制轴颈,支撑于支架两边的轴承上,轴颈一般采用空心轴,蒸汽管从这

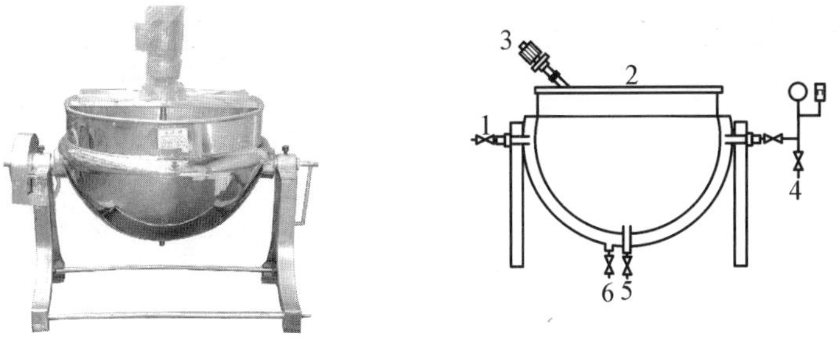

(a)

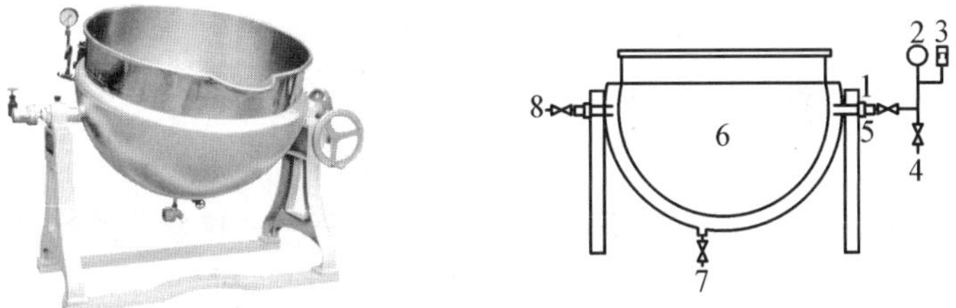

(b)

图 7-2-1　两种夹层锅

(a)固定式　1.不凝气体出口　2.锅盖　3.搅拌器　4.蒸汽进管　5.物料出口　6.冷凝水出口

(b)可倾斜式　1.蜗轮　2.压力表　3.安全阀　4.蒸汽进管

5.手轮　6.锅体　7.冷凝水出口　8.不凝气体出口

里伸入夹层中，为防止漏气，周围加填料制成填料盖(或称填料盒)密封。但对可倾式锅体，因倾倒时轴颈绕蒸汽管回转而容易磨损，故此处仍易泄漏蒸汽。

机架用槽钢或两个具有 T 形断面的铸铁支架和一根连接两个支架的螺杆组成。

进气管在夹层锅装有压力表 2 的一端，不凝气体排出管在另一端。压力表旁装有一个安全阀 3，生产中如果排汽端因故受阻或其他原因引起压力升高，超过允许压力时，安全阀能自动排汽，以确保夹层锅的安全生产。

锅内蒸煮物料时，由于蒸汽通过锅内壁与物料进行热交换，必然有冷凝水产生，一部分冷凝水停留在夹层内，积累到一定量后，可听到夹层内水的冲击声，影响蒸煮物料的速度，此时应及时打开接在冷凝水出口 7 上的旋塞放出冷凝水。为提高热效率，在冷凝水排出口可装只疏水阀，以便冷凝水经常排放。每次使用完毕后，要将夹层内的冷凝水放净，以便下次使用。

夹层锅内壁球体部分用不锈钢板焊接而成，焊缝部分经不起长时间、高浓度的盐溶液或酸溶液等物料的腐蚀，在生产结束后，必须及时清洗，避免将此类物料长时间存放于锅内。

蜗轮蜗杆和锅体两边的轴承油杯处要经常加润滑油，始终保持润滑，这样既便于操作，也能延长设备的使用寿命。

夹层锅是一种压力容器，使用时要定期进行耐压试验，若发现焊接部分过薄甚至漏气时就要停止使用，进行维修，以防事故发生。

几种常用规格的夹层锅技术特性见表 7-2-2。

表 7-2-2　几种夹层锅技术特性

设备型号	GT611	GT612	GT613	GT614
容量/L	100	200	300	400
蒸汽压力/MPa	0.203	0.253	0.304	0.304
出料管直径/mm	38	38	50	50
设备总重量/kg	150	300	400	500
外形尺寸/mm(长×宽×高)	880×880×1 030	1 000×1 000×1 160	1 120×1 120×1 225	1 260×1 260×1 300

二、链带式连续预煮机

链带式连续预煮机用链带作为牵引构件，在链带上装上斗槽即为斗槽式，如青刀豆连续预煮机；在链带上装上刮板即为刮板式预煮机，如蘑菇连续预煮机。图 7-2-2 为刮板式连续预煮机示意图。

预煮机外部是个很大的钢槽 7，用一定厚度的不锈钢板焊接而成。钢槽的钢板应焊接平整，在链带的驱动轮、尾轮以及由水平面过渡到倾斜段的链带压轮处，都要加强钢板的刚度和强度，以利支撑；整个钢槽焊接在由型钢制成的支架上，里面装入一定液位的水，液位的高低用溢流口 10 控制。钢槽的底面向排污口 9 倾斜，以便排放污水。钢槽的顶部有数块盖 2，安放在钢槽边缘的水封槽内，预防蒸汽泄漏。钢槽的前端装置有进料斗 1，物料用提升机连续供料，后端装有卸料斗 5，用于预煮后的物料及时冷却。

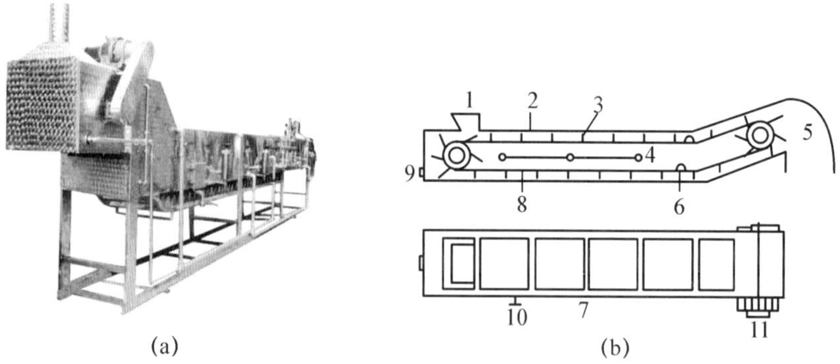

图 7-2-2　刮板式连续预煮机

(a)外形图　(b)结构示意图

1.进料斗　2.盖　3.刮板　4.蒸汽管　5.卸料斗　6.压轮　7.钢槽
8.链带　9.排污口　10.溢流口　11.传动系统

预煮机的另一重要部分是输送链带，链带由电动机和传动系统 11 驱动，物料预煮时间通过调节链带速度控制。链带由链板构成，刮板焊在链板上。为了减小刮板在水中的运行阻力，刮板上钻许多小孔，孔径大小以不能通过原料为准。压轮 6 使链带从水平段过渡到倾斜段，并能起到张紧链带的作用。刮板、压轮、链带全部浸在钢槽的水中，故都必须用不锈钢制造。

钢槽中的水通过蒸汽管 4 直接加热，蒸汽管 4 上开有许多小孔，小孔的总截面积应等于加热管的纵截面积，小孔的分布原则是靠近进料斗处多些，靠近卸料斗处少些，这样可使刚进预煮机的原料温度迅速升高到预煮温度。为了不使蒸汽直接冲击物料，小孔大多开在两侧，这样还可以加快钢槽内水的循环，使槽内水温比较一致。一般加热蒸汽压力要求大于 0.45 MPa。

这种预煮机的特点是能适应多种物料的预煮，物料经预煮后被机械所损坏的也很少；缺点是清洗非常困难，占地面积较大，同时一旦链带在槽内卡死，检修很不方便。

两种链带式预煮机的主要技术特性见表 7-2-3。

表 7-2-3 两种链带式预煮机的主要技术特性

种类	刮板式	斗槽式
生产能力/(t/h)	2.14(蘑菇)	3.12(青刀豆)
链带速度/(cm/s)	0.01	0.025
预煮时间/min	8	3
预煮水温/℃	98～100	98～100
蒸汽压力/MPa	0.405	0.405
主轴转速/(r/min)	1.05	3.2
电动机功率/kW	1.5	2.8
外形尺寸/mm(长×宽×高)	7 030×700×1 000	1 100×1 100×1 700

三、螺旋式连续预煮机

螺旋式连续预煮机由进料口、筛筒、螺旋、蒸汽系统、预煮机、出料转斗、斜槽等部分组成。原料在螺旋的推动下，在预煮机中行进，达到预煮目的，最后通过斜槽送入冷却水槽中冷却。螺旋推进式连续处理设备适用于黄桃类罐头、经过洗涤后的蘑菇等进行的预煮；可使物料根据进放的先后自动有序输出，能使物料预煮时间基本恒定，应用不锈钢制造，抛光处理，减少污染，美观并能确保卫生质量；有的温度可任意设定，自动控制，另外可以根据厂家要求配上网篮提升机以减少人工。螺旋式连续预煮机的结构见图 7-2-3。

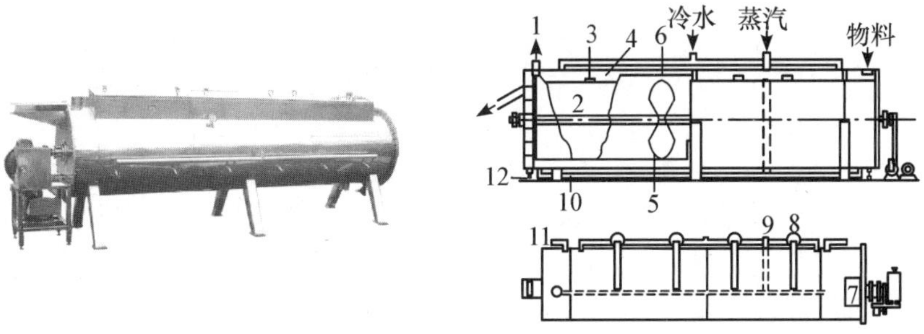

(a) (b)

图 7-2-3 螺旋式连续预煮机

(a)外形图 (b)结构示意图

1. 排气口 2. 螺旋轴 3. 铰带 4. 机壳 5. 螺旋叶片 6. 筛网圆筒 7. 进料口 8. 重锤 9. 进水管 10. 蒸汽进管 11. 溢流管 12. 排水口

螺旋推进式连续处理设备预煮经过洗涤后的蘑菇时，首先从进水管 9 加入冷水至溢流水位，开启蒸汽进管 10 通入蒸汽，将冷水加热至 96～100℃，同时也将物料加热。接通电源，使螺旋轴 2 转动，然后由提升机将蘑菇送到进料口 7 连续进料，这时蘑菇在筛网圆筒 6 内边预煮边由螺旋叶片 5 推进前进，达到工艺要求的温度及时间后，推至出料转斗中，出料转斗随螺旋轴一起转动，把预煮后的蘑菇带入出料斜槽，由斜槽滑入冷却槽冷却。

靠近出口处有排气口 1，将预煮液中的不凝气排放掉。加热蒸汽从预煮机底部进入，从两根喷管的喷口中喷出蒸汽直接对水进行加热。预煮机两边备有一溢流管 11，将设备内超过规定水位的水和浮在水面的杂物排放出去，底部有排水口 12，可将机内脏水全部排掉，便于设备清洗。

筛网圆筒由不锈钢板辊压而成，圆筒钻有许多小孔，孔的排列为正三角形，筛网圆筒固定在机壳上。螺旋轴贯穿筛网圆筒，支承在机壳轴承上，由电动机和传动系统驱动。螺旋轴上焊有不锈钢制成的螺旋叶片 5，螺旋叶片与筛筒内壁之间的距离为 2 mm 左右。

卸料机构必须保证水位不变的情况下把物料连续从预煮机排出，这种卸料机构称出料转斗（图 7-2-4）。出料转斗沿圆周分布许多斗板，斗板数有 6 个或 12 个，以 12 个为佳。斗板多些时卸料就可均匀。出料转斗与螺旋轴固接，转速与螺旋轴转速相同。当物料由螺旋叶片推至出料转斗时，旋转的转斗将物料捞进斗室里，当已进料的斗室转到最高位置时把物料倾倒至出料斜槽中，斗室一个接一个回转从水中捞起预煮后的物料，转到最高处卸料。出料转斗的出料能力要稍大于螺旋叶片的输送能力，才能保证物料不会在预煮机中停留时间太长，超过预煮要求。出料转斗能保证在水位不变的情况下，把物料连续从预煮机内送到出料口的斜槽，然后滑送到冷却槽中。

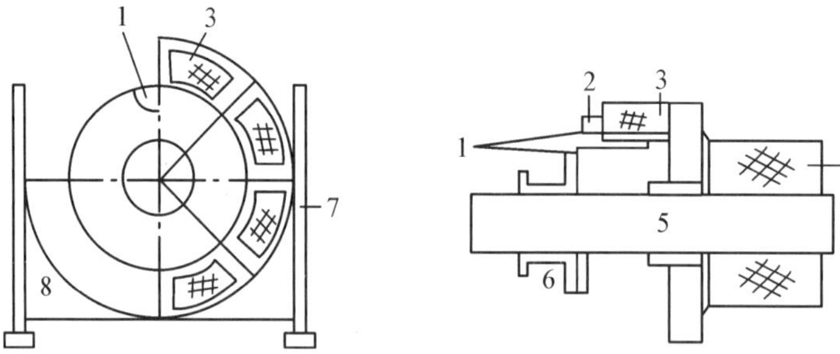

图 7-2-4　出料转斗

1. 出料槽　2. 端板　3. 转斗　4. 筛筒　5. 螺旋轴　6. 密封圈　7. 机架　8. 机壳

标准化的蘑菇螺旋预煮机型号为 GT6J20，其生产能力可达 3～3.5 t/h，物料预煮时间为 8～9 min，水温 98℃左右，蒸汽压力 300 kPa，配备两台电动机：主机功率为 2.2 kW，转速在 120～1 200 r/min 范围内调速，开盖电动机功率为 0.6 kW，转速为 1 380 r/min，外形尺寸（长×宽×高）为 6 300 mm×1 800 mm×2 800 mm。

四、预煮实例

1. 金枪鱼预煮

鱼类极易腐败，通常的加工方法有盐渍、熏制、罐藏。富含脂肪的金枪鱼、鲑鱼、沙丁鱼特别适合罐藏，这类鱼经一系列处理后，在封罐前再添加一些鱼油、植物油或水分，也可向鱼罐头中加入植物提取物用以改善风味。这样高质量处理的罐藏鱼可有几年的保质期。

金枪鱼罐头具体制作步骤如下：

(1)从捕鱼船上卸下半冻结的金枪鱼；

(2)去除内脏，清洗干净，按大小分级；

(3)在蒸汽炉内预煮整条金枪鱼，使鱼软化、易于分解；

(4)冷却过夜，将淡色和深色的鱼肉分开，淡色鱼肉可卖出较高价格；

(5)用机器将金枪鱼肉压缩成圆柱形，切块，装入罐内；

(6)罐内加盐、植物油或水；

(7)罐头经真空封装并在杀菌锅内灭菌，鱼肉可能会因加热引起褐变反应使色泽稍深。

2.带轴玉米预煮

甜玉米的大部分酶活力存在于玉米轴中，所以使100%酶失活的蒸汽预煮需要过分的加热，因此，作为一种折中办法，加工厂采用可破坏大约90%酶活力的预煮处理条件，这避免了玉米粒过软，而玉米粒过软对最终产品质量造成的损害要比少量酶活力残留所造成的损害严重得多。

微波预煮可在大体积食品的表面被过度烧煮之前快速地加热到中心部位，因而被有效地应用于此方面。

任务三　油炸设备

油炸作为食品熟制和干制的一种加工工艺由来已久，油炸也是较古老的烹调方法之一。油炸食品在加工过程中能够比较彻底地杀灭食品中的微生物，从而延长食品的保质期，并增添独特的食品风味，改善食品营养成分的消化性，并且其加工时间也比一般的烹调方法要短。油炸食品已成为许多人日常饮食中不可缺少的方便食品。近十几年来，油炸食品的种类越来越多，除传统的之外，油炸干果系列，油炸果蔬系列，油炸鱼、鸡、猪肉系列，油炸风味休闲食品系列等在市场上已崭露头角。在我国油炸食品的发展也很快，油炸方便面便是其中之一。各地美式炸鸡的纷纷出现以及油炸果蔬制品的不断开发都说明油炸在方便食品生产中占有重要的位置。

油炸的方法主要有浅层油炸和深层油炸，浅层煎炸(如煎炸鸡蛋、馅饼等)严格地讲不能列入油炸工艺中。油炸应指深层油炸，它适合于加工不同形状的食品，可分为常压深层油炸和真空深层油炸，或者又分为纯油油炸和水油混合油炸，纯油油炸是一种传统的油炸方式，如今许多宾馆、饭店及食品工厂均采用此种方式；水油混合深层油炸是近年来国外新兴的一种工艺技术，它有着传统纯油油炸不可比拟的优点，因而极受食品加工企业、中西式快餐店的欢迎。水油混合深层油炸设备的开发及利用有着广阔的市场前景。

传统的油炸工艺对食品品质存在以下一些不良影响：

(1)油炸过程中，全部的油均处于持续的高温状态，在160℃以上，有时甚至达到230℃以上的高温，油如此高的温度显然对食品的营养成分，特别是对一些热敏性营养物质有一定的破坏作用。当食品所释放的水分和氧气同油接触时，油便会氧化生成羰基化合物、酮基酸、环氧酸等物质，这些物质均会使食品产生不良的味道，并使油变黑。随着油使用时间的延长，在无氧状态下，油分子会与各种产物聚合生成环状化合物及高分子聚合物，使油的黏度上升，降低油的传热系数，增加食品的持油率，影响食品的质量与安全性。重复使用几次后的油便失去了使用价值。

(2)油炸过程中，产生的食物碎屑，会慢慢积存于油炸器的底部，时间一长就会被炸成碳屑，使油变污浊，特别是在反复炸制腌肉类食品时还会生成一种名为亚硝基吡啶的致癌物。同时，食物残渣附着于油炸食品的表面，会使油炸食品质量劣化。

(3)油在高温条件下被反复使用，不饱和脂肪酸会产生热氧化反应，生成过氧化物，直接妨碍机体对食品脂肪和蛋白质的吸收，降低其营养效价。

(4)油在高温条件下被反复使用，油的某些分解产物会在不断地聚合、分解过程中，产生许多种毒性不尽相同的油脂聚合物，如环状单聚体、二聚体及多聚体，这些物质在人体内达到一定的含量会导致神经麻痹，甚至危及人的生命。

然而，这种影响作用不单取决于油温的高低，更取决于食物的温度和在高温下的停留时间。油炸对食品营养成分的影响和油炸食品的安全性是人们非常关注的问题。表 7-3-1 列出了几种食品油炸前后营养成分含量变化情况。从表中可以看出，油炸前后食品的蛋白质和无机盐的含量没有明显变化，脂肪含量有所增加。这是因为尽管油炸时油温较高，但食品内部温度一般不会超过 100℃，因此油炸对食品营养成分破坏很少。还有资料研究表明，深层油炸对食品维生素的影响类似于其他加工方法，只会导致 5%～15%的损失。

表 7-3-1　油炸前后鱼、牛肉和马铃薯成分含量变化

食品	样品	质量	水分	蛋白质	脂肪	灰分
鳕鱼	炸前	100.00	79.46	18.09	1.03	1.26
	炸后	71.11	46.98	18.46	4.08	1.26
鱼	炸前	100.00	72.88	18.91	5.47	1.89
	炸后	65.00	31.92	18.13	12.80	1.85
牛肉	炸前	100.00	75.57	21.54	2.04	0.70
	炸后	65.21	39.95	20.00	4.48	0.52
马铃薯	炸前	100.00	54.22	5.01	0.27	1.69
	炸后	54.96	26.54	2.64	3.57	0.91

油炸对食品营养价值的影响主要与油炸的工艺条件有关。在理想的操作条件下，油炸应该是比较安全的食品加工手段；下面介绍几种食品加工业上常用的水油混合式油炸和后来发展起来的真空低温油炸工艺及设备。

一、间歇式水油混合式油炸设备

水油混合式油炸是指在同一敞口容器内加入油和水，相对密度小的油占据容器的上半部分，相对密度大的水则占据容器的下半部分，在油层中部水平安装电热管加热。

常用的水油混合式深层油炸，由于电热管水平置于锅体上部油层中，油炸时食品处于油没过电热管 60 cm 左右的上部油层中，食品的残渣由于重力作用从高温油层落下，积存于底部的水层中，这样在一定程度上缓解了传统油炸工艺造成的残渣碎屑与油混合在一起，使油变得浑浊的问题。因为沉入下半部的食物残渣可以过滤除去，且下层油温比上层油温低，因而油的氧化程度也可得到一定程度的缓解。但油锅底部的油还是只能随食物残渣一起被排出，并有一部分要扔掉，因为油的使用时间较长，黏度变大，微小的食物残渣会附着于油中，使油质变坏，因此用一段时间后油锅底部的油就得作为废油弃去。

该工艺使油局部受热，因而油的氧化程度显著降低。自动控温加热器使上层油温保持在 180～230℃，油水分界面的温度控制在 55℃以下，下层油温比较低，因而油的氧化程度大为降低，油的重复使用率大大提高。

实际采用该工艺炸制食品时，由加热器对炸制食品的油层加热升温，同时油水界面处设置的水平冷却器以及强制循环风机对下层冷却，使下层温度控制在 55℃以下。炸制食品时产生的食物残渣从高温炸制油层落下，积存于底部温度不高的水层中，同时残渣中所含的油经过水分离后返回油层，这样，一方面大大降低了油的损耗，节油效果十分明显；另一方面残渣一旦形成便很快脱离高温区而进入低温区，避免了前面所讲的危害。另外，下部水层还兼有滤油和冷却作用。

水油混合式工艺具有限位控制、分区控温、自动过滤、自我洁净的优点。如果严格控制上下油层的温度，就可使得油的氧化程度显著降低，浑浊情况大大改善，而且用过的油无须再行过滤，只要将食物分解的渣滓随水放掉即可。这样，在炸制过程中油始终保持新鲜状态，所炸出的食品不但色、香、味俱佳，而且外观干净漂亮。更重要的是，没有与食物残渣一起弃掉的油，更没有因氧化变质而成为废油扔掉的油，从而所耗的油量几乎等于被食品吸收的油量，补充的油量也近于食品吸收的油量，节油效果明显。图 7-3-1 为间歇式无烟型多功能水油混合式油炸设备。

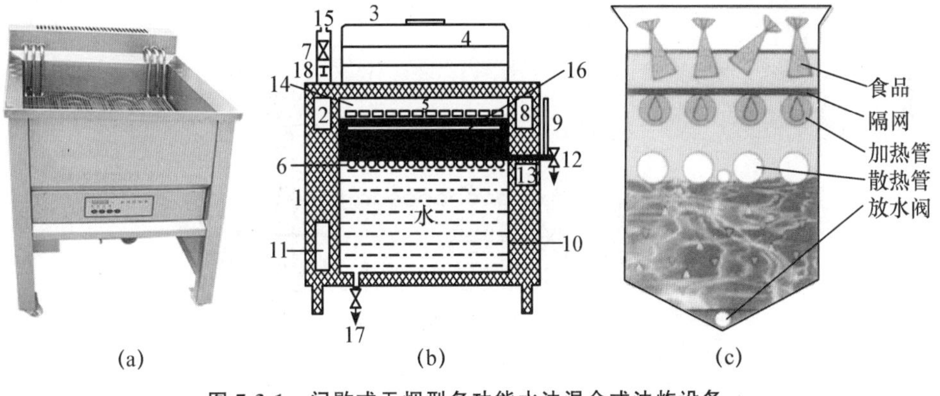

图 7-3-1　间歇式无烟型多功能水油混合式油炸设备

(a)外形图　(b)结构图　(c)原理示意图

1.箱体　2.操作系统　3.锅盖　4.炸笼　5.滤网　6.冷却循环气筒　7.排油烟管　8.控温仪　9.油位计　10.油炸锅　11.电气控制系统　12.排油阀　13.冷却装置　14.蒸煮锅　15.排油烟孔　16.加热器　17.排污阀　18.脱排油烟装置

用该设备炸制肉制品时，将滤网置于加热器 16 上，在油炸锅 10 内先加入水至油位计 9 规定的位置，再加入炸用油至油面高出加热器上方约 60 cm 的位置。由电气控制系统 11 自动控制加热器使其上方油层温度保持在 180～230℃，并通过控温仪 8 准确显示其最高温度。炸制过程中产生的食物残渣从滤网 5 漏下，经水油分界面进入油炸锅下部冷水中，积存于锅底定期由排污阀 17 排出。油炸过程中产生的油烟从排油烟孔 15 进入排油烟管 7，通过脱排油烟装置 18 排出。排油阀 12 具有放油和加水双重作用。由于加热器 16 被设计成仅在上表面 240°的圆周上加热，再加上油炸锅 10 上部外侧涂有高效保温隔热材料。这样，加热器所产生的热量就能有效地被油炸层所吸收，热效率得到进一步提高，而加热器下面的油层温度则远远低于油炸层的温度。

当油水分界面的温度超过 50℃时，由电气控制系统 11 自动控制的冷却装置 13 立即强制大量冷空气经由位于油水分界面上的冷却循环系统 6 抽出，形成高速气流，将大量的热量带走，使油水分界面的温度能自动控制在 55℃以下，并通过控温仪 8 显示出来。油炸的技术性较强，掌握好油温是油炸技术的一个重要方面。原料下锅时的油温，应根据火候、加工原料的性质和数量来加以确定。一般掌握在 150℃左右较为合适。

间歇式水油混合式油炸设备可以设计成多种形式。图 7-3-2 是日本一家食品机械公司生产的水油混合式油炸设备。它的设计思想和工作原理与前面介绍的设备基本相同。

从图 7-3-2 可以看出，其基本组成部分仍为上油层、下油层、水层、加热装置、冷却装置、滤网等。冷却装置装在油水界面处，上油层的加热采用了内外同时加热以提高加热效率的加热方式，这样还可以使上油层的油温分布更均匀。另外一个不同之处是截面设计采用了上大下小的结构方式，即上油层的截面较大，下油层和水层的截面较小，以便在保证油炸能力的情况下，减小下油层的油量，避免过量的油在锅内不必要的停留和氧化变质。若与相同截面的设计相比，则可使炸用油更新鲜，产品质量更好。

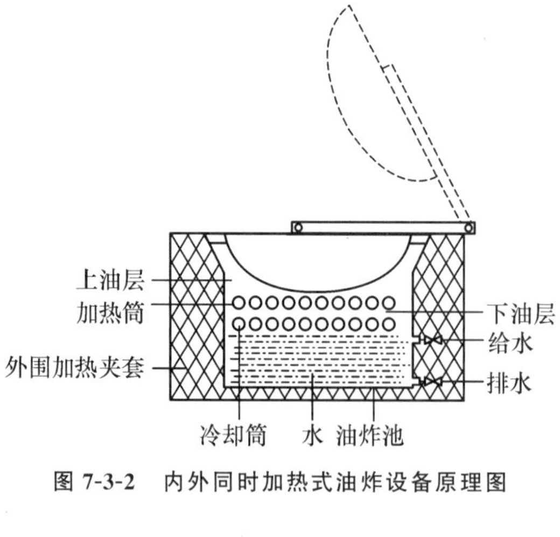

图 7-3-2　内外同时加热式油炸设备原理图

二、水油混合式连续深层油炸设备

水油混合式连续深层油炸设备可以进行自动连续操作，图 7-3-3 为连续深层油炸设备示意图。

连续深层油炸机的主要部件有机体、食物生坯输送带和潜油网带。机体内装有油槽和油

(a)

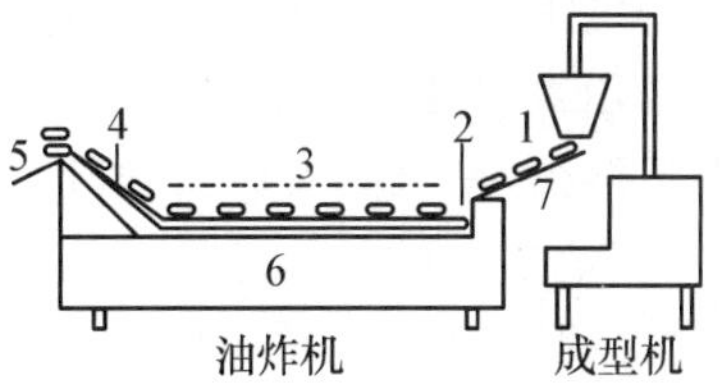

(b)

图 7-3-3　连续深层油炸设备

(a)外形图　(b)结构示意图

1.出自成型机的食品生坯　2.油炸机入口　3.潜油网带　4.炸货输送带

5.油炸机出口　6.机体　7.食物生坯输送带

槽加热装置。待炸食品成型坯由入口处进入油炸机后，落在油槽内的网状输送带上。由于生坯在炸制过程中，水分大量蒸发，体积膨松，比重减小，因此易漂浮在油面上，这样便造成其上下表面色泽差异很大，成熟程度不一。所以油槽上设有潜油网带，强迫炸坯潜入油内。潜油网带与炸坯输送带回转方向相反，但速度一致，同步协助生坯前进。油的加热方式主要有电加热和煤气加热两种，

这种连续式深层油炸设备适于作为一般的纯油深层油炸设备，如果作为水油混合式深层油炸设备，必须在油槽中设计加热管及冷却筒，同时在油槽中必须放入水和油，情况类似前面述及的间歇式设备。

三、真空低温油炸

真空低温油炸是利用在减压条件下，食品中水分沸点降低，可在短时间内快速脱水的原理实现在低温条件下对食品进行油炸的工艺。

真空低温油炸是在 20 世纪 60 年代末、70 年代初开始在国外推行的，有间歇式真空低温油炸和连续式真空低温油炸两种工艺。间歇式真空低温油炸设备是早期产品，连续式真空油炸设备是新近发展起来的，美国和日本等国已有定型产品，我国近年也已研制成功。目前我国的食品厂采用的还多是间歇操作的真空油炸设备。

真空低温油炸设备开始时用于油炸马铃薯片，得到了比一般传统油炸工艺更好品质的产品，后来又有人用它干燥苹果片。20 世纪 80 年代以后，该技术的发展更快，应用的范围更广。真空低温油炸技术将油炸和脱水作用有机地结合起来，使该技术具有独特的优越性和广泛的适应性，尤其对含水量高的果蔬，效果更加理想。

油炸工艺有熟制作用和干制作用。常压下进行的油炸工艺，因油炸温度较高，有氧环境的氧化影响难以避免。食品的真空低温油炸，由于真空的存在，使得脱水占有相当重要的地位，因此与传统意义上的油炸有所不同。

1.真空低温油炸的炸制优点

保色作用：采用真空油炸，油炸温度大大降低，而且油炸锅内的氧气浓度大幅度减少。油炸食品不易褪色、变色、褐变。可以保持原料本身的颜色。例如，猕猴桃极易受热变色，然而若采用真空油炸，可以保持其绿色。但是对于油溶性色素，如类胡萝卜系的色素、叶绿素类色素

在油炸时，色素易溶出，故在油炸前应对原料进行预处理，以保持色素的稳定。

保香作用：采用真空油炸，原料在密封状态下被加热。原料中的呈味成分大多数为水溶性，在油脂中并不溶出，并且随着原料的脱水，这些呈味成分进一步得到浓缩。因此采用真空油炸技术可以很好地保存原料本身具有的香味。

降低油脂劣变程度：炸用油的劣化包括氧化、聚合、热分解，而以水或水蒸气与油接触产生水解为主。在真空油炸过程中，油处于负压状态下，溶于油脂中的气体很快大量逸出，产生的水蒸气压力较小，而且油炸温度低，因此，油脂的劣化程度大大降低。

近年来我国对真空低温油炸技术进行了研究开发和设备引进，市场上也有国内生产或进口的真空低温油炸食品，这种食品较好地保留了其原料的原有风味和营养成分，味道可口，品种广泛，产品附加值高，因此具有广阔的开发前景。

目前市场上出售的真空油炸食品水果类有苹果、猕猴桃、草莓、葡萄、香蕉等；蔬菜类有胡萝卜、南瓜、西红柿、土豆、大蒜、青椒和洋葱等；肉食类有鱼片、虾、牛肉干等；此外，还有各种干果如花生和大枣等。

2.真空低温油炸的炸制要点

(1)对原料果实或蔬菜的加工特性应有充分的了解。对原料的酶活性、组织中的含气量及含水量、糖类物质、淀粉含量以及某些特有成分，尤其是脂溶性成分和光敏性物质应有充分的了解。不同种类的原料加工特性不同，同一种类的原料因品种不同，加工特性也不同。如红玉苹果，质地比较疏松，切片过薄容易切碎，油炸时也容易破碎；切片过厚导致油炸时间过长，即使表面炸焦，内层水分仍不易脱出，果片不脆，颜色也不好看。同一品种，成熟度不同，甚至采摘后后熟时间不同其加工特性也不同。例如，香蕉，在成熟过程中淀粉含量由26%下降至1%，糖含量由1%升至19.5%。随着糖含量的增加，果实变得越来越软，不易加工。对香蕉来说，最适成熟度在八成熟左右。这时果实有一定的硬度，风味也已形成，既方便加工，又能保证产品有良好的风味和外形。其他原料的情况也是如此。

(2)油炸经过挑选、清洗、切片、护色、灭酶、漂洗、糖置换等处理的片状原料可在真空油炸机中进行油炸。将原料放入网状容器，置于油炸锅内已预热好的油中，关闭真空油炸锅，并开始抽气。开始时，由于大量的热被原料吸收，油温下降。随着真空度的升高，原料中的水分开始蒸发。经过一段时间，油温和真空度都处于相对平稳的状态。随着油炸过程的不断进行，原料的水分含量不断降低，其表面首先干燥，而后内部水分的迁移速度减慢，水分蒸发速度减慢。此时，应适当降低加热强度，但油温还要逐步上升。

在整个油炸过程中，真空度和温度的控制至关重要。水的蒸汽压随温度的升高而升高。当水的蒸汽压高于锅内压力时，就出现暴沸现象，大量的油随水汽被抽出。为克服暴沸，可采用逐步减压，缓慢加温的方法。换言之，最初原料含水量很高时，真空度和温度不宜过高，即使这样也有大量水分蒸发逸出。随着原料水分的减少，可逐步减压和加温。

油炸一段时间后，真空度达到某一水平，且保持平稳，而温度上升则加快，这说明原料中的水分含量已显著下降。直至几乎没有水汽逸出时，就可停止操作。此时产品含水分在3%左右。由此可见，可以通过真空度、温度随时间变化的情况来判定油炸作业的终点。

注意事项：

①油炸前油需预热，这样可以提高传热效率，减少起动时间，防止原料在油中长期停留发生褐变，避免微生物在较低温度下滋长。

②原料置于网状容器中油炸，其堆积厚度对产品质量也有影响，因为由于重力的作用上层原料对下层原料挤压，使产品变形甚至破碎，或者挤在一起相互粘连，使一部分炸不透，影响产品品质的均一性。原料层厚度过大必然造成上、下层所受油层静压力不同，导致下层原料的水分逸出较慢，产品的品质不均。

③除了原料的堆置厚度要适当外，网状容器应能旋转。这样，对油有强制循环的作用原料受到搅动，挤压在一起的可以散开，受热能够更均匀。

3.真空低温油炸的设备

(1)间歇式真空低温油炸设备　图 7-3-4 是一套间歇式真空低温油炸装置的系统简图。

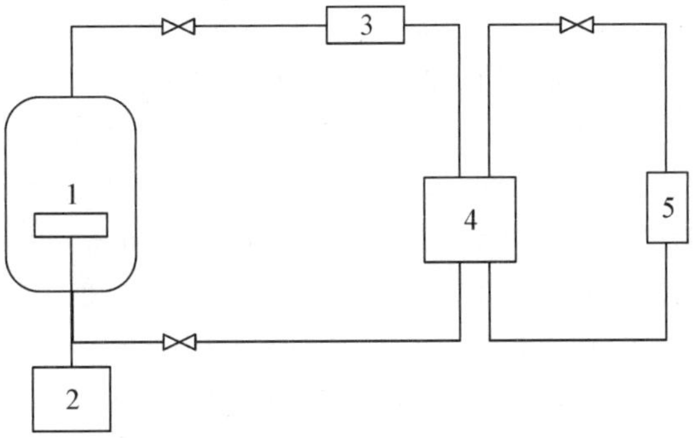

图 7-3-4　间歇式真空低温油炸装置

1.油炸釜　2.电动机　3.真空泵　4.贮油箱　5.过滤器

油炸釜为密闭器体，上部与真空泵 3 相连，为了便于脱油操作，内设离心甩油装置。甩油装置由电动机 2 带动，油炸完成后降低炸油液面，使炸油液面低于油炸产品，开动电动机进行离心甩油，甩油结束后取出产品，再进行下一周期的操作。4 为贮油箱，油的输送由真空泵控制，即由真空泵来控制油炸釜的油液面高度。过滤器 5 的作用是过滤炸油，及时去除油炸产生的渣滓，防止油被污染。

这种间歇式油炸机的缺点是：①由于每次油炸过程都要破坏和重新建立真空，辅助工作多，生产效率低，产品质量不稳定。②真空油炸属间歇性操作，进料卸料十分烦琐。劳动强度大。③由于分批油炸，每次投料过多，容易因重量的积压而互相粘连，影响炸透和破碎变形。同时在油炸过程中水分蒸发是由多到少，油炸室内真空度变化很大，从而影响产品质量。

(2)连续式真空低温油炸设备　连续真空油炸机采用真空密封装置解决了油炸室的动态密封问题，可以在一定真空度的状态下，连续放入或取出物料。同时采用特殊机构对油炸后的食品进行连续脱油，使进料、油炸、脱油、出料等作业一机完成。由于入料均匀，物料层较薄，因而不会互相粘连而影响质量。在油炸过程中油炸室内始终保持稳定的真空度，食品油炸后立即在同样的真空状态下脱油，使产品质量更好，且没有停机时间，生产效率很高。采用循环油加热方式，物料受热均匀，产品质量稳定。连续真空油炸低温油炸机主要有以下几部分结构组成：

①入料装置　入料装置由上料斗、入料门和真空密封装置组成。上料斗下方是入料门，可以定时开合。入料门下方是真空密封装置，它是由四块叶片组成的旋转内筒连续缓慢旋转，当叶片开口转到与外筒开口对正时，入料门打开，物料进入旋转内筒两叶片之间，随叶片缓慢移动，当叶片开口到达外筒下开口时，物料进入油炸输送带，在此过程中，密封装置的内筒叶片始

终有两片以上和外筒接触，因而保证了物料进出时的密封。入料装置可根据不同物料的外形特点而设计。

②油炸槽　油炸槽是物料的油炸装置，内有油炸输送带。油炸槽设计为长条形，下面有三个入油口和一个出油口，以保证油炸物料时温度的稳定。油炸输送带上面装有压板，防止物料油炸时漂出油面。

③脱油装置　脱油装置由振动装置和红外线加热器组成，红外线加热器安装在振动装置的上部，以保证产品油炸后温度不变，防止表面过多的油渗透到脆片中而影响质量。

④真空系统　真空系统由真空泵、冷凝器、阀门、输送管等组成。真空泵采用大抽吸量的水环泵，抽速快，吸量大，而且对水蒸气和残留的油雾分子不敏感。真空度保持在 0.09 MPa 左右。冷凝器与冷却塔连接实现循环用水，减少水的浪费。

连续真空油炸机具有效率高、产品质量好、自动化程度高等特点，它克服了分批式真空油炸机的缺点，是真空油炸机的发展方向。同时由于采用与分析式油炸机一样的真空系统和热循环系统，因而成本并不增加很多。而且通过改变入料装置和部分结构，可以应用到面制品等行业，例如方便面的真空油炸等，大大提高了机械的综合利用效果。

图 7-3-5 为连续式真空低温油炸设备的结构示意图，其主体为一卧式筒体。待炸坯料由闭风器 1 进入(闭风器的结构见图 7-3-6)，落入具有一定油位的筒体进行油炸，坯料由输送器 2 带动向前运动，输送器 2 的运动速度根据油炸要求而定。油炸结束后，炸好的产品由输送器 2 带入无油区输送带 3 和 4，产品在输送带 3 和 4 上边沥油边向前运动，最后产品由出料闭风器 5 排出。

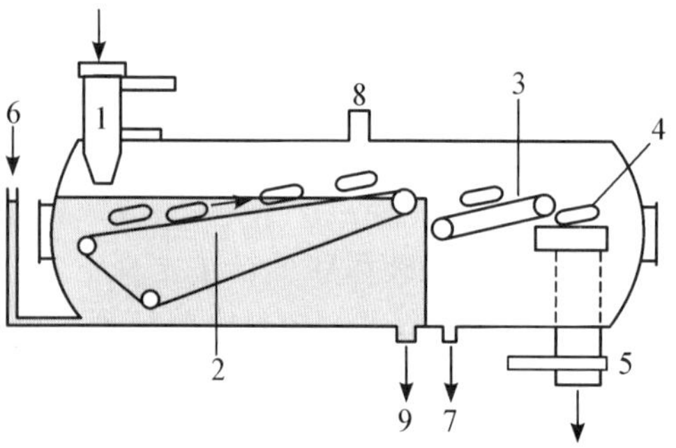

图 7-3-5　连续式真空低温油炸设备

1. 闭风器　2. 输送器　3、4. 无油区输送带　5. 出料闭风器
6. 加油管　7. 残油出口　8. 真空泵出口　9. 废油出口

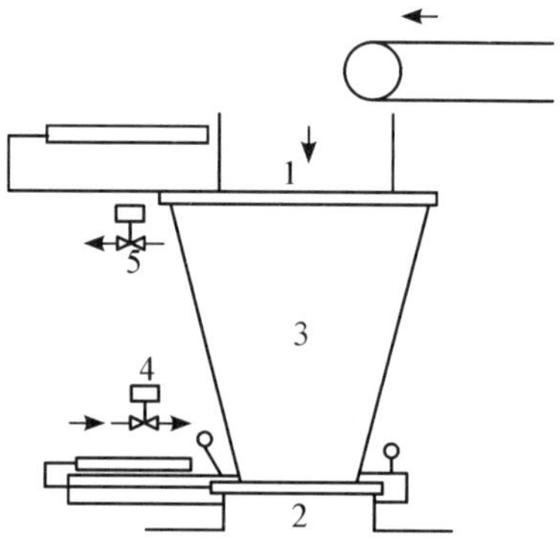

图 7-3-6　闭风器结构示意图

1、2. 隔板　3. 落料斗
4、5. 气动装置

油从加油管 6 进入筒体，由残油出口 7 排出，过滤后循环使用。筒体通过真空泵接口 8 与真空泵连接。以实现油炸时所需的真空条件，由于入料和出料均采用了闭风器，因此设备内的真空度可以得到保证，而闭风器质量的好坏直接关系到能耗的多少。

四、果蔬脆片真空低温油炸工艺

果蔬脆片是以新鲜的水果、蔬菜为主要原料，以食用植物油为热介质，采用低温真空油炸等先进技术，能在极短时间内迅速脱水干燥，获取含水量很低的果蔬食品，这种食品含油率低，脆而不腻，保存了果蔬原有的形、色、香、味，并富含维生素、矿物质、纤维等多种营养成分，具有低糖、低盐、低脂、低热等特征，是一种优良的保健食品，而且它可以调剂季节性短缺，便于贮存和运输。可用于制作果蔬脆片原料的主要有以下种类：

(1)水果类　如苹果、香蕉、猕猴桃、菠萝、冬枣、草莓、菠萝蜜等。

(2)蔬菜类　如胡萝卜、萝卜、甘薯、南瓜、大蒜、洋葱、蘑菇、冬瓜、秋葵等。

(3)肉食类　如牛肉、鱼片、虾、章鱼等。

制作果蔬脆片的工作过程为：物料通过前处理的限量输送带送到入料装置，通过入料门和真空密封装置进入油炸输送带，油炸输送带把物料带到油中进行油炸，同时向前输送，油炸后的物料被送到振动系统脱油，经控油后的脆片进入出料装置，脆片经出料装置进入观察输送带，然后是称重、调味和包装。其工艺流程如下：

原料→筛选→清洗→切片(切段)→杀青→沥水→速冻→解冻→真空浸渍→清洗→沥水→真空油炸→真空脱油→调味→产品包装→入库。

复习思考题

1. 焙烤原理是什么？其工艺操作要点有哪些？
2. 箱式炉和隧道炉各自优缺点是什么？
3. 简述预煮设备的分类及其工作原理。
4. 传统的油炸工艺对食品品质存在哪些不良影响？
5. 间歇式水油混合油炸设备的工作原理是什么？主要由哪些部件构成？
6. 水油混合式连续深层油炸设备的工作原理是什么？
7. 真空低温油炸的优点是什么？
8. 简述真空低温油炸设备的构造及工作原理。

实验实训　焙烤设备的使用、调整与维护

一、目的要求

通过对焙烤设备的观察和使用维护，使学生了解焙烤设备的种类、结构及应用现状，掌握焙烤设备的工作原理和操作方法，能够熟练使用设备并能按照操作规程清洗、维护设备。

二、设备与工具

(1)烤箱 1～2 台；

(2)和面机、打蛋机；

(3)原辅料:面粉、鸡蛋、酵母;

(4)自来水源。

三、实训内容和方法步骤

烤箱使用注意事项:

1.预热的重要性

在烘烤食物前,必须先将烤箱预热,让烤箱内部的温度先达到烘烤需要的热度,预热的目的在于保持温度,事先预热,可以使烤箱内部的温度一致,食物表面受热均匀,否则一开始放进去的食物的水分能立刻就被锁住,避免烤的食物变得又干又硬。如果时常出现蛋糕烤不熟的现象,就有可能是预热的准备工作没有做好。预热的温度与时间成正比,所需温度越高,预热时间也就相对越长。不同厂家生产的烤箱所需的时间也不相同,因此要多测试几次,自行摸索烤箱温度。

2.插座必须单独使用

烤箱属于用电量较大的电器,必须单独使用一个插座,以避免发生意外。同时摆放的位置最好远离煤气炉等会产生高热温度的地方,背面也需保持与墙面的距离约 20 cm。

3.烘烤温度的掌握

不同品牌或尺寸的烤箱其所附的温度控制器多少会有些不同,所以即使是按照工艺中的温度烘烤食物也偶尔会发生过焦或不熟的现象,因为工艺中所标示的时间与温度只是大约的参考,并不适用每一种烤箱。因此,当你开始使用新烤箱前,必须多注意烤箱内食物的变化,以酌情调整温度。通常小烤箱因为空间小,烘烤较大体积的食物时,食物会比较接近电热管,所以温度就要比大烤箱略低。

基本原则是不论烘烤任何食物,四周都须与烤箱内壁保持 3 cm 以上的距离,同时不要经常打开烤箱的门查看食物的烘烤程度,以避免冷空气进入而降低原有温度,使得烘烤时间拖长,进而影响烘烤成果,尤其是烘烤西点时更要避免。

4.时间设定的准确度

烘烤时间的设定也取决于烤箱品牌、容器大小以及食物大小。一般来说,越厚的食物,所需烘烤的时间越久,但是温度要低,以避免外熟内生,薄的食物则相反。烤糕点时也是相同的道理,生料越多越厚的如蛋糕,必须用长时间的低温烘烤;生料较少较薄的如饼干,就采取短时间高温烘烤的方式。如果担心蛋糕表面会烤焦,就盖上一张锡箔纸。

5.避免粘盘的方法

烘烤前可在烤盘或烤架上刷一层薄薄的油脂或是铺上锡箔纸,烤盘上涂的油没有特别的限制,如果是中式料理或想使食物清淡些,就用色拉油或橄榄油,如果是西式料理或喜欢浓郁香味的,就可以使用奶油。当然也可以使用有不粘材质制作的烤盘。

6.适用于烤箱的容器

可以放入烤箱的容器只有纯金属制品如烤箱本身所附的烤盘、烤架、锡箔纸以及常见的金属模型;陶瓷制品如砂锅,烘烤类料理常见的较厚的陶盘;以及专用纸制品如烘焙纸以及糕点纸模型。使用时须与烤箱内壁保持距离,尤其是纸制品,切勿直接接触电热管,以免发生燃烧。

7.烤箱的清洁保养

烤箱以位于底部的电热管的机动加热效果最好,但是也最容易附着滴落的油污,所以每次使用完都应该彻底清洗烤盘与烤架。而且使用烤架时最好在下方多放一个滴油盘,除了保持干净外,也可以避免因油脂滴到电热管使烤箱内部起火。

清洁烤箱内部时先用厨房纸巾擦拭一遍,再用喷上清洁剂的软布蘸水再擦一次,然后用清洁的布蘸水再擦拭几次即可。而烤箱的玻璃门或外壳在刚烘烤完食物,温度尚未冷却时不可用冷抹布擦拭或喷洒冷水降温,不然可能会因温度急速变化而导致破裂,也可以将烤箱门暂时打开自然冷却。

四、实训报告要求

1.描述设备使用过程及注意事项。

2.简述影响面包质量的因素有哪些。

项目八

食品冷加工机械与设备

学习目标

1. 了解制冷原理与制冷系统的基本组成，冷藏库的分类与基本结构。
2. 理解食品冷却方法与原理、冻结原理、解冻过程的构成。
3. 掌握制冷设备、食品冷却装置、冻结装置和解冻装置的原理与结构组成。

教学基本内容

1. 制冷原理与设备。
2. 食品冷却方法与装置。
3. 食品冻结装置。
4. 食品解冻装置。

任务一　制冷原理与设备

一、制冷原理与制冷系统

(一)制冷原理与方法

制冷技术的应用范围非常广泛，从工农业生产到日常生活。制冷技术的应用范围一般可分为三个温区：①低温区(约－120℃以下)主要用于气体的液化、分离、超导和宇航等；②中温区(－120～5℃)主要用于食品冷冻冷藏、化工生产和生化制品的生产过程；③高温区(5～80℃)主要用于空调、除湿、热泵蒸发和热泵干燥等。制冷温度范围不同，所采取的制冷方式、使用的工质、机器设备及其原理有很大的差别。

食品加工业中所涉及的制冷绝大多数属于中温范围。在该温度范围内，制冷方式大多采用液体汽化时需要吸收大量潜热而实现制冷的。液体汽化制冷主要有液氮汽化式、蒸气压缩式、吸收式和吸附式制冷等。食品冷冻冷藏常用的是蒸气压缩式和液氮汽化式制冷，吸收式和吸附式制冷应用较少。

1. 液氮汽化式制冷

液氮汽化式制冷属于开式液体汽化系统。是将液氮直接喷淋到被冷却物表面，液氮吸收被冷却物的热量后汽化，或将被冷却物沉浸在液氮内降温。这种方式操作简单，初投资低，但制冷剂不能循环再利用，运行费用较大。

2. 蒸气压缩式制冷

蒸气压缩式制冷系统由压缩机、冷凝器、节流阀和蒸发器组成(图 8-1-1)，用管道将其连成一个密封系统。制冷工质在蒸发器内吸收热量并汽化成蒸气，压缩机不断地将蒸气从蒸发器中抽走，并将其压缩后在高压下排出，该过程需要消耗能量。经压缩的高温、高压蒸气在冷凝器内被常温冷却介质(水或空气)冷却，凝结成高压低温制冷剂液体。再利用节流装置使高压液体节流，节流后的低压、低温制冷剂蒸气进入蒸发器，再次汽化吸收被冷却对象的热量，如此周而复始地完成制冷循环。

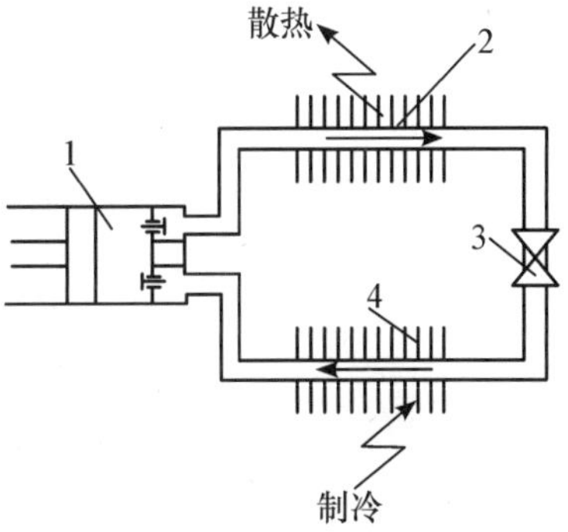

图 8-1-1　蒸气压缩式制冷系统

1. 压缩机　2. 冷凝器
3. 节流阀　4. 蒸发器

3. 吸收式制冷

吸收式制冷是利用某些物质对制冷剂蒸气有很强的吸收能力这一特性来吸收蒸气。如水可以吸收氨蒸气，浓溴化锂溶液可以吸收水蒸气。将一个盛有氨溶液的容器与一个盛有水的容器共置于一个真空的球形罐内，两容器内分别放置温度计测量温度变化，结果发现盛有氨溶液容器的温度不断降低，而盛有水的容器的温度不断升高，这是由于水吸收氨蒸气，使氨溶液不断汽化，汽化时从剩余的氨溶液中吸取汽化潜热所致，同时水吸收氨蒸气是一个放热过程，所以盛有水的容器的温度升高。这里氨是制冷剂，水为吸收剂。利用这一原理工作的制冷机称为吸收式制冷机。

4. 吸附式制冷

吸附式制冷的驱动能源可以是工业废热、太阳能、化学反应热等低温热源。在吸附式制冷机中，制冷剂液体汽化吸收潜热制冷，汽化后的制冷剂蒸气是由对制冷剂蒸气有很强的吸附能力的吸附材料来吸收的，其工作原理同吸收式。常用的吸附材料有沸石、分子筛、活性炭等，常用的制冷剂主要有水、氨和甲醇等。

(二)制冷系统与制冷循环

根据制冷方法的不同，制冷系统有多种形式。液体汽化制冷的应用最广，它是利用液体汽化时的吸热效应而实现制冷的。液体汽化制冷有蒸气压缩式、吸收式、吸附式等形式。

1. 蒸气压缩式制冷系统

图 8-1-2 所示为单级蒸气压缩式制冷机组流程图。系统主要由压缩机、冷凝器、膨胀阀、蒸发器等组成，用管道将其连成一个封闭的系统，制冷工质在蒸发器内与被冷却对象发生热量交换，吸收被冷却对象的热量后汽化。产生的低压蒸气被压缩机吸入，经压缩后以高压排出，压缩过程需要消耗能量，压缩机排出的高温高压气态制冷工质，在冷凝器被常温冷却介质(水

或空气)冷却，凝结成高压液化低温的液体，流经膨胀阀时节流，变成低压、低温制冷剂气液混合物，进入蒸发器，其中的低压液体在蒸发器中再次汽化制冷。蒸气压缩式制冷机是应用最广泛的制冷装置。单级活塞式压缩制冷的蒸发温度最低只能达到－40℃，为了达到比较低的蒸发温度，一般采用多级压缩式或复叠式制冷机。

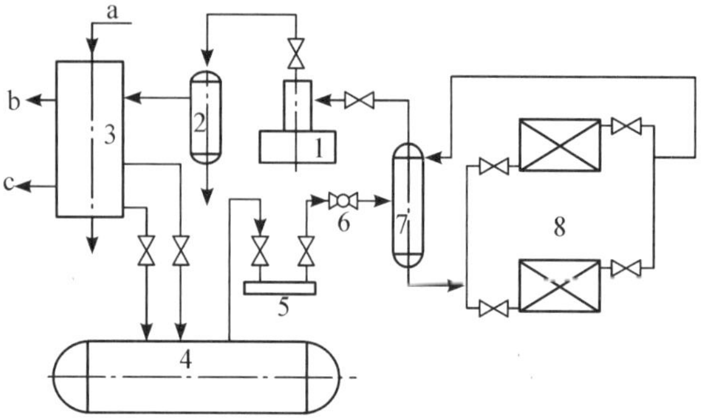

图 8-1-2　单级蒸气压缩式制冷机组流程图

a. 水　b. 放空气　c. 放油

1. 压缩机　2. 油分离器　3. 冷凝器　4. 贮液器　5. 总调节站　6. 膨胀阀　7. 气液分离器　8. 蒸发器

2. 吸收式制冷系统

吸收式制冷机与蒸气压缩式制冷机都是利用高压液体制冷剂经膨胀阀降压，在低压下液体汽化吸热来制取冷量。因此，吸收式制冷也具有冷凝器、节流阀和蒸发器，两者的区别是将低压蒸气变为高压蒸气的方法不同。压缩式制冷机是通过压缩机消耗机械功实现的，而吸收式制冷则是通过消耗热能实现的，所以压缩式制冷系统中的压缩机，在吸收式制冷系统中由吸收器、热交换器、发生器及溶液泵的组合来代替。吸收式制冷机有氨-水吸收式(图 8-1-3)和溴化锂吸收式(图 8-1-4)两种。

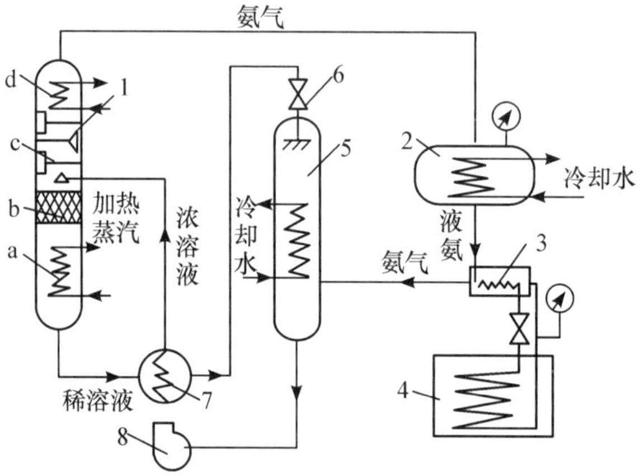

图 8-1-3　氨-水吸收式制冷机工作原理

a. 发生器　b. 提馏段　c. 精馏段　d. 回流冷凝器

1. 精馏塔　2. 冷凝器　3. 过冷器　4. 蒸发器　5. 吸收器　6. 节流阀　7. 溶液热交换器　8. 溶液泵

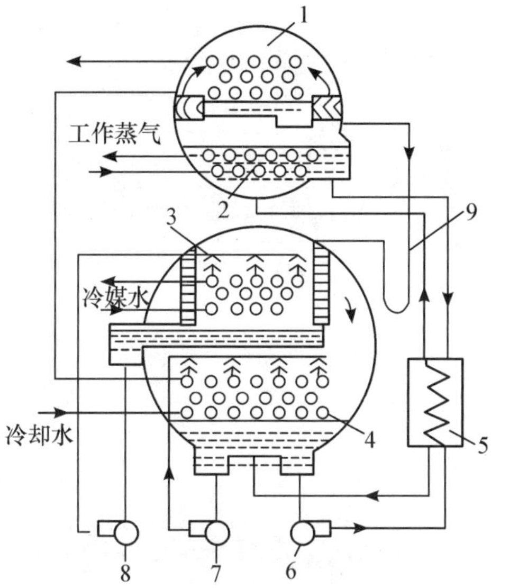

图 8-1-4　溴化锂吸收式制冷机工作原理

1.冷凝器　2.发生器　3.蒸发器　4.吸收器　5.溶液热交换器　6.发生器泵　7.吸收器泵　8.冷却水泵　9.C形管

二、制冷系统的主要设备

(一)制冷压缩机

蒸气压缩式制冷机组中的压缩机是从蒸发器中吸入低温低压制冷剂蒸气，压缩成高温高压气体后送到冷凝器，使其在冷凝器中液化，同时维持吸气和排气两端的压力差，使制冷剂在制冷系统中循环流动，并经其他部件完成相态变化，达到制冷目的。根据压缩部件的形式及运转方式的不同，压缩机分为活塞式、螺杆式、滚动转子式和涡旋式等。

1.活塞式压缩机

活塞式压缩机上要靠电动机带动连杆，连杆带动活塞在气缸内做往复运动不断吸气、压缩、排气，完成压缩过程。活塞式压缩机按气缸数分类，有单缸、双缸和多缸压缩机；按压缩部分与驱动电动机组合形式分为全封闭式、半封闭式(图 8-1-5)和开启式压缩机。按压缩级数又可分为单级(可制取−40℃以上温度)、双级(可制取−70℃以上温度)和三级压缩机(可制取−110℃以上温度)。食品冷冻冷藏过程中常用的压缩机为制取温度在−40℃以上这一温度范围。食品快速冻结时会用到双级压缩机或三级压缩机。

2.螺杆式压缩机

螺杆式压缩机结构如图 8-1-6 所示，主要由阴、阳转子、机体、轴承、轴封、平衡活塞及能量调节装置等组成。其工作原理是由阴、阳转子螺杆的啮合旋转产生容积变化，进行气体的压缩。阴转子的齿沟相当于活塞缸，阳转子相当于活塞。阳转子带动阴转子做回转运动，使阴阳转子间的容积不断变化，完成制冷剂蒸气的吸入、压缩和排出。

螺杆式压缩机与活塞式相比其效率高，适应温度范围广，结构简单，易损件少，运行寿命长。制冷量可在 10%～100%范围内实现无级调节，在低负荷运行时较经济。但其润滑系统

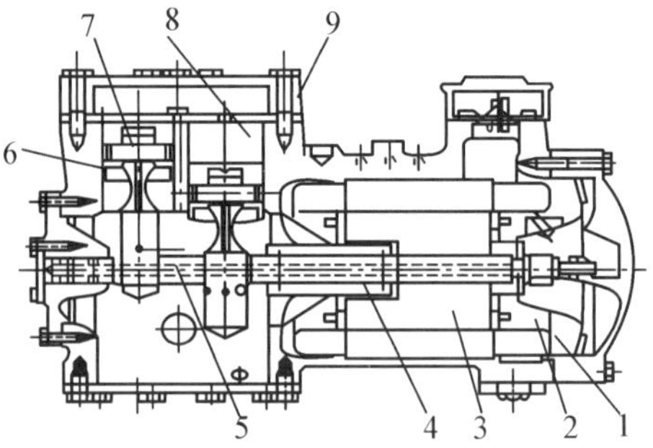

图 8-1-5　半封闭式制冷压缩机

1. 机体　2. 电机绕组　3. 电动机定子　4. 电动机转子　5. 曲轴　6. 连杆　7. 活塞　8. 气缸　9. 阀板

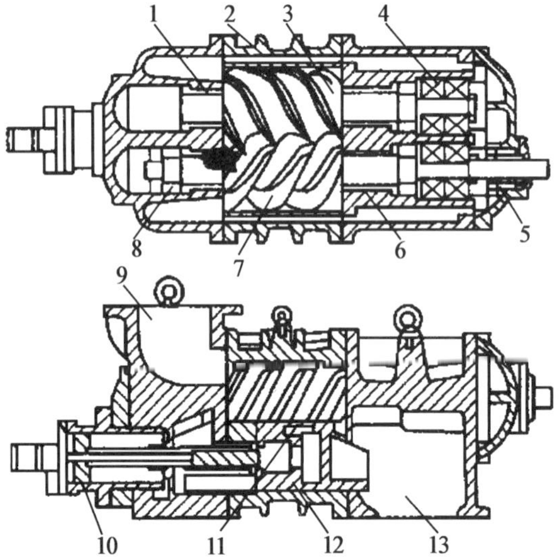

图 8-1-6　双螺杆制冷压缩机

1、6. 滑动轴承　2. 机体　3. 阴转子　4. 推力轴承　5. 轴封　7. 阳转子　8. 平衡活塞　9. 吸气孔
10. 能量调节用卸载活塞　11. 喷油孔　12. 卸载滑阀　13. 排气口

较复杂，油分离器体积较大，运行噪声大。螺杆式压缩机在中等制冷量范围(580～2 300 kW)应用得较多。

3. 滚动转子式压缩机

滚动转子式压缩机是利用一个偏心圆筒形转子在气缸内转动来改变工作容积，以实现气体的吸入、压缩和排出。图 8-1-7 为滚动转子式压缩机结构图。滑片将气缸分成两部分，当转子转动时，与吸气管相通的气缸容积增大，进行吸气，与排气口相连的气缸容积减小进行压缩排气。滚动转子式压缩机结构简单，体积小，重量轻，易损件少，运行比较可靠，效率高。其缺点是：在环境温度高于 43℃时性能较差，长期运转后效率下降，用于热泵运转时制热量小，损坏后修复困难，多用于冰箱、冷柜、空调。

(二)换热设备

制冷系统中，除了压缩机外，还有一些为完成制冷循环所必需的换热器及其他辅助设备。

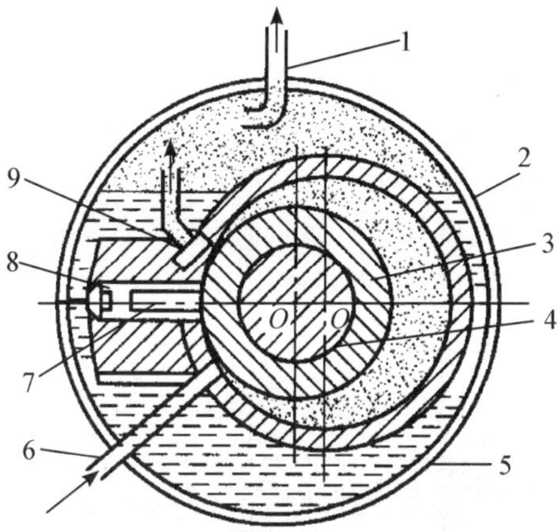

图 8-1-7　滚动转子式压缩机示意图

1.排气管　2.气缸　3.转子　4.曲轴　5.润滑油　6.吸气管　7.滑片　8.弹簧　9.排气管

冷凝器和蒸发器是最主要的换热器。它们传热效果的好坏直接影响制冷机的重量、尺寸和经济性。

1.冷凝器

在制冷过程中冷凝器起着输出热量并使制冷剂得以冷凝的作用。从压缩机排出的高压高温蒸气进入冷凝器后，将其在工作过程吸收的全部热量传递给周围介质(水或空气)。制冷剂由高压高温蒸气重新凝结为高压低温液体。冷凝器的种类很多，常用的有卧式壳管式、淋水式、蒸发式、空气冷却式和立式壳管式。

(1)卧式壳管式冷凝器　如图 8-1-8 所示，钢制圆柱壳体的两端焊有管板各一块，在壳体内装有一组横卧的直管管簇与管板焊接，冷凝器两端各装水盖一个。冷却水在管内流动，借水盖内的挡板多程转折进出。冷却水进出口设在同一水盖上，由下面流进，上面流出，这样可以保证冷凝器的所有管簇始终被冷却水充满。制冷剂蒸气自壳体上部引入，在管壳间通过并将

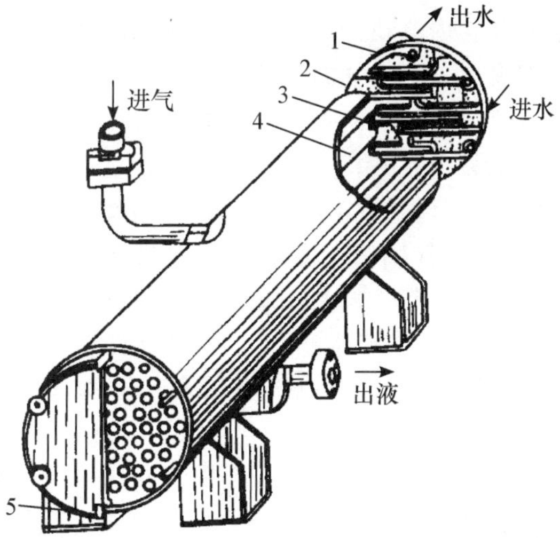

图 8-1-8　卧式壳管式冷凝器

1.端盖　2.橡胶圈　3.管板　4.冷凝器　5.放水闷头

热量传递给水而被冷凝，氨液在壳体下部引出。

卧式壳管式冷凝器结构紧凑、占空间高度小、传热系数高，但清除水垢困难。适于在水温较低、水质较好、水源充足的地方使用。

(2)淋水式冷凝器　如图 8-1-9 所示，由储氨器、冷却排管和配水箱等组成。工作时冷却水由顶部进入配水箱，经配水槽流到蛇管的顶面，然后顺着每层排管的外表面呈膜状流下，部分水蒸发，其余落入水池中，通过冷却再重复使用；氨液自排管底部进入管内，沿管上升时遇冷而冷凝成氨液，流入储氨器中。

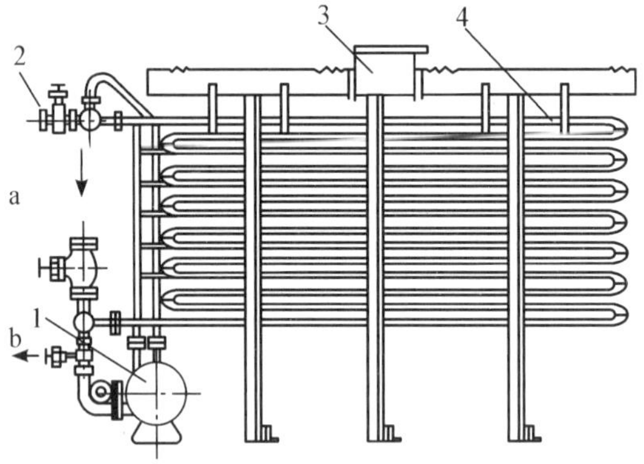

图 8-1-9　淋水式冷凝器

a. 氨气　b. 氨液

1. 储氨器　2. 不凝结气体出口　3. 配水器　4. 冷却排管

为了减少管间距离，蛇管不是用一根长钢管绕制而成，而是用单根钢管焊接而成，焊接前，先将管端稍微弯曲呈斜角。

淋水式冷凝器结构简单、操作方便、工作安全、对水质要求不严、容易清洗，但耗材较多，占地面积较大。适用于空气相对湿度较低、水源不足或水质特别差的地方使用。

(3)空气冷却式冷凝器　空气冷却式冷凝器由一排排蛇形铜管组成，如图 8-1-10 所示，冷却介质为空气。制冷剂蒸气在管内流动，而空气在管外掠过，吸收热量并散发于周围环境中，冷却后的液体靠重力从下部流出。因空气的热导率非常小，为提高传热性能，在冷凝管外装有散热片并用通风机以 2～3 m/s 的风速强制空气流动。空冷式冷凝器常用于供水困难的地方以及中小型家用或医用制冷设备中。

(4)蒸发式冷凝器　如图 8-1-11 所示，蒸发式冷凝器由冷凝管、供水喷淋装置和风机等组成。它的冷却介质为水和空气。制冷剂蒸气从上部的蒸气入口进入，在冷凝管内与冷却水进行热交换，冷凝后经出液口排出，冷却水喷淋在冷凝管外壁上形成薄层水膜，其中一部分水膜吸热后蒸发成水蒸气，另一部分水聚集成水滴，落回水池。抽风机产生自下而上的气流，将水蒸气排出机外，并冷却滴落过程中的水滴。随气流漂移的雾滴，碰到上部的阻挡栅后也滴回水池。

蒸发式冷凝器的传热效果较好、耗水量较少，但因蒸发式是利用水的汽化潜热，空气湿度对冷凝器效果影响较大，湿度越高，越难汽化。所以蒸发式冷凝器不宜在湿度较高的地方使用。

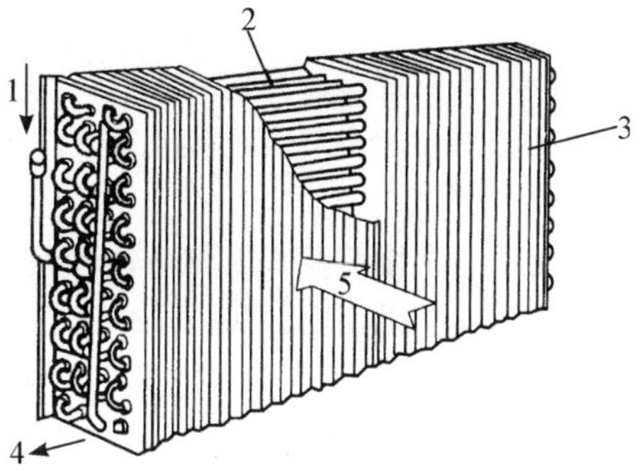

图 8-1-10　空气冷却式冷凝器

1.蒸气入口　2.冷凝管　3.散热片　4.出液口　5.气流方向

2.冷却塔

以水冷却的制冷系统,冷却水是循环使用的。冷却水在冷凝器中吸收热量,温度升高,然后被泵送到冷却塔顶部,经喷嘴水被喷淋成细小水滴,往下流经填料时形成水膜,与往上流的空气接触发生热质传递,降温后流到塔底,冷却后的水经水泵输送到冷凝器,开始新的循环。每次循环会因蒸发损失部分冷却水,所以需要定期给冷却塔补充水。冷却塔是与水冷冷凝器配套使用的,图 8-1-12 为冷却塔结构示意图。

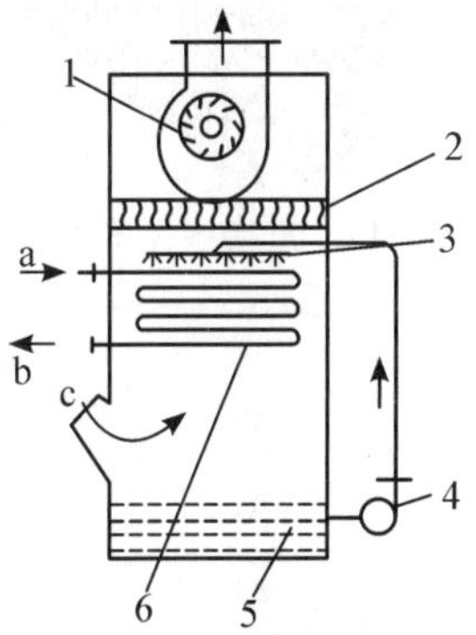

图 8-1-11　蒸发式冷凝器

a.蒸气入口　b.出液口　c.空气

1.抽风机　2.阻挡栅　3.喷嘴

4.泵　5.水池　6.冷凝管

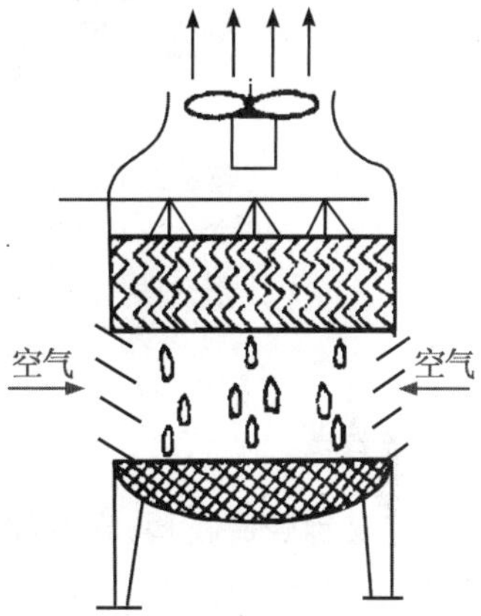

图 8-1-12　冷却塔结构示意图

3.蒸发器

蒸发器是用来将被冷却介质的热量传递给制冷剂的热交换器。低压低温制冷剂液体进入蒸发器后,因吸热蒸发而变成蒸气。根据被冷却介质的种类不同,蒸发器可分为两大类:冷却液体的蒸发器和冷却空气的蒸发器。常用冷却液体的蒸发器为壳管卧式蒸发器,常用冷却空气的蒸发器为直接蒸发式空气冷却蒸发器。

(1)壳管卧式蒸发器　壳管卧式蒸发器的外壳是用钢板焊接而成的圆柱筒体,两端带有管板,管板上扩张或焊接着许多无缝钢管或铜管制成的换热管束。两头端盖内具有隔板,端盖用螺栓连接在壳体上,如图 8-1-13 所示。载冷剂在换热管内往返多次流动,而制冷剂则在换热管外蒸发吸收载冷剂的热量。

壳管卧式蒸发器具有结构简单，体积紧凑，传热性能好等优点。其缺点是制冷剂的充注量大，载冷剂有冻结的危险，采用氟利昂制冷剂时，回流比较困难，在一定程度上会影响传热效果。

(2)直接蒸发式空气冷却蒸发器　直接蒸发式空气冷却蒸发器又称冷风机，广泛用于空气调节、冷库和低温操作间等。这种蒸发器采用翅片管式，如图 8-1-14 所示，管内通以氟利昂液体蒸发吸热，管外通以被冷却的空气。这种蒸发器的优点是结构紧凑，占地面积小，冷量损失少；缺点是气密性要求较高，制冷量调节比较困难。

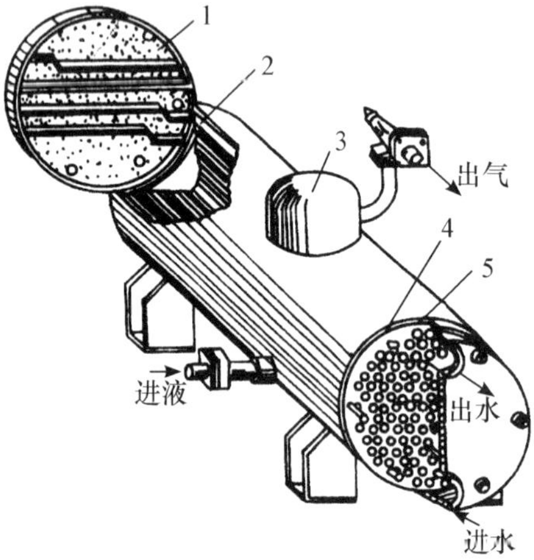

图 8-1-13　壳管卧式蒸发器

1.端盖　2.蒸发管　3.集气室
4.管板　5.橡胶垫圈

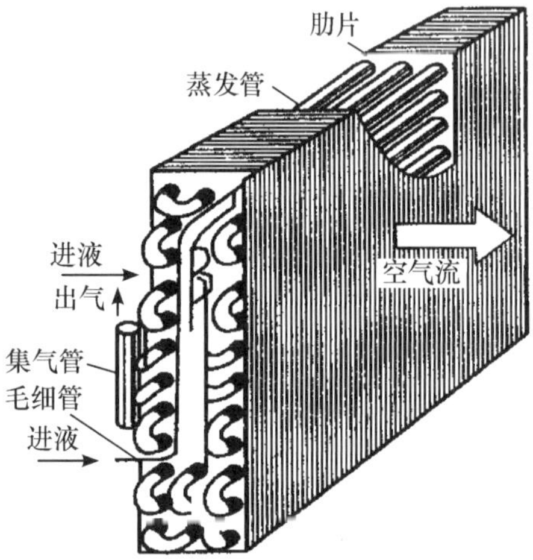

图 8-1-14　直接蒸发式空气冷却蒸发器

(三)节流装置

节流装置又称膨胀机构，在管路系统中起着节流和降压的作用。高压制冷剂液体通过节流装置时，经节流降压使其由冷凝压力降低到所要求的蒸发压力。在降压的同时，少部分制冷剂因沸腾蒸发而吸热，使制冷剂液体的温度降低到所需要的低温。节流装置还可以根据蒸发器的工况调节送入蒸发器的制冷剂液体量。常用的节流装置有手动膨胀阀、热力膨胀阀和电子膨胀阀。

手动膨胀阀通过转动手轮改变阀门开启度，结构简单，但不能随热负荷的变化而自动调节，如图 8-1-15 所示。

热力膨胀阀是根据蒸发器出口处蒸气的过热度来自动调节制冷剂流量的节流装置，如图 8-1-16 所示。在氟利昂制冷系统中普遍应用，如风冷式冻结间、制冷装置、冰淇淋保藏箱以及空调装置等。其优点是在蒸发器负荷变化时可以自动调节制冷剂液体的流量。

电子膨胀阀的控制精度较高，调节范围大，并为制冷装置的智能化提供了条件。电子膨胀阀是通过调节和控制施加于膨胀阀上的电压或电流，进而控制阀针的运动，达到调节目的，如图 8-1-17 所示。

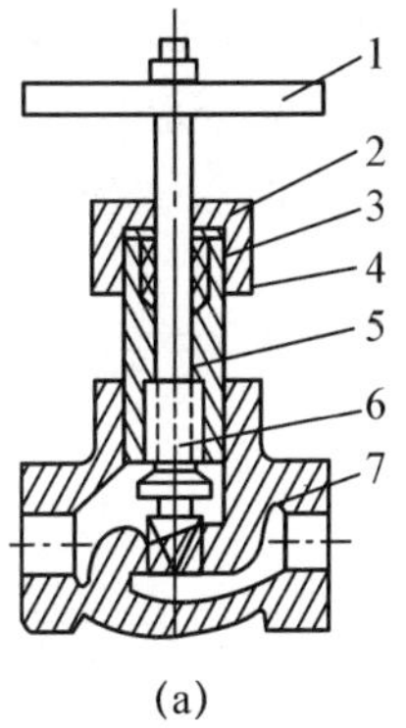

图 8-1-15　手动膨胀阀

(a)针形阀门　(b)V 形缺口阀门

1. 手轮　2. 螺母　3. 钢套筒　4. 填料　5. 铁盖　6. 钢阀管　7. 外壳

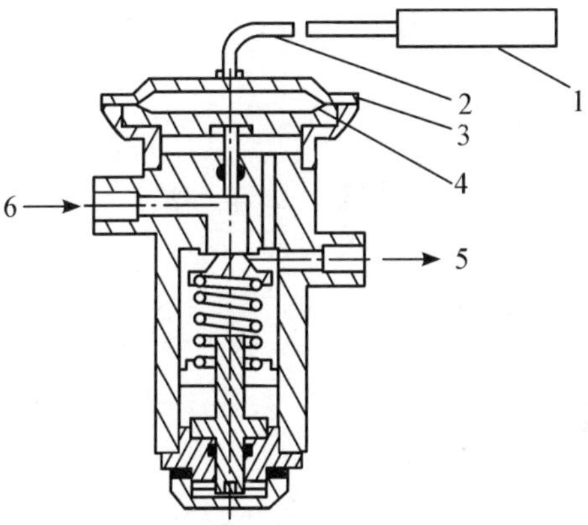

图 8-1-16　热力膨胀阀

1. 感温包　2. 毛细管　3. 密封盖　4. 波纹膜片　5. 制冷剂出口　6. 制冷剂进口

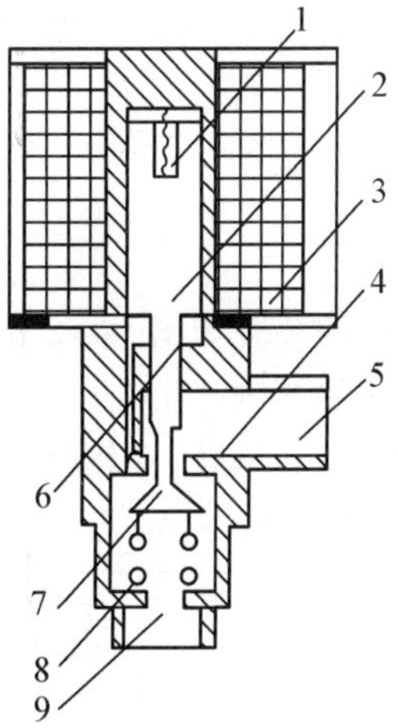

图 8-1-17　电磁式电子膨胀阀

1. 柱塞弹簧　2. 柱塞　3. 线圈　4. 阀座　5. 入口　6. 阀杆　7. 阀针　8. 弹簧　9. 出口

任务二　食品冷却装置

一、冷风冷却及其装置

冷风冷却是利用强制流动的冷空气使被冷却食品的温度下降的一种冷却方法，包括通风冷却和差压式冷却。

通风冷却是利用风机强制冷空气流动，通过被冷却食品使其温度下降的冷却方法。所以又称强制通风冷却。与将食品放在冷藏库内自然冷却的区别，在于配置了较大风量、风压的风机。这种冷却方式的冷却速率较高，但存在预冷不均匀，产品干耗较大等缺点。为克服这些不足，进一步提高食品的预冷速度，日本于 20 世纪 70 年代发明了差压式冷却。图 8-2-1 所示为两种冷却方法的比较。

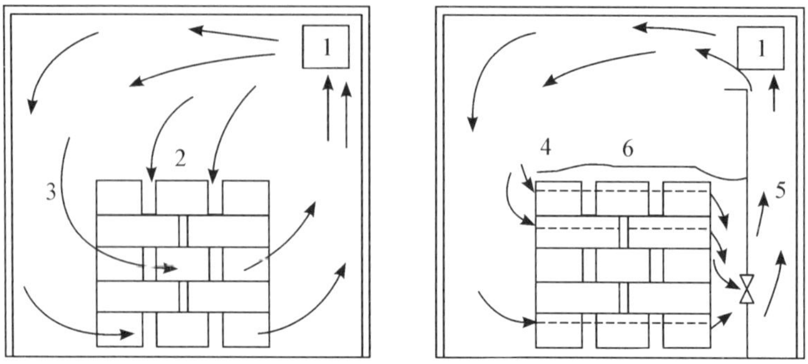

(a)　　　　　　　　(b)

图 8-2-1　通风冷却与差压式冷却的比较

(a)通风冷却　(b)差压式冷却

1. 通风机　2. 箱体间设置通风间隙　3. 风从箱体外通过　4. 风从箱体上的孔中通过　5. 差压式风冷回风道　6. 盖布

差压式冷却装置如图 8-2-2 所示，将食品放在吸风口两侧，并铺上盖布，冷空气通过风机加压在预冷食品两侧产生 2～4 kPa 压差，迫使 −5～10℃ 的冷风，以 0.3～0.5 m/s 的速度通过箱体上开设的通风孔，在箱体内流动进行预冷。根据食品种类不同，差压式冷却一般需要 4～6 h，有的可在 2 h 内完成。

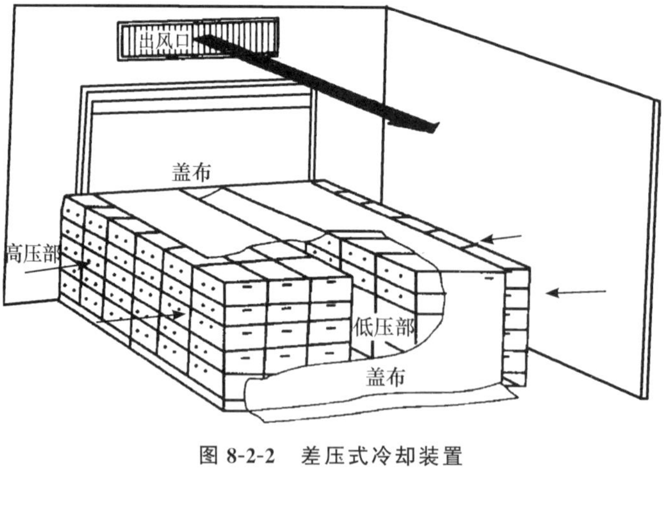

图 8-2-2　差压式冷却装置

差压式冷却具有能耗小，冷却速度快，冷却均匀，可冷却的品种多，易于由强制通风冷却改建的优点，但也有食品干耗较大，货物堆放要求通风口对齐，冷库利用率低的缺点。

冷风冷却装置中的主要设备为冷风机。图 8-2-3 中有几种不同的吸、吹风形式的冷风机。

冷风冷却应用较广，不仅用于水果、蔬菜和肉类的冷却，还可以用来冷却禽、蛋、调理食品等。缺点是当室内温度低时，被冷却食品的干耗较大。

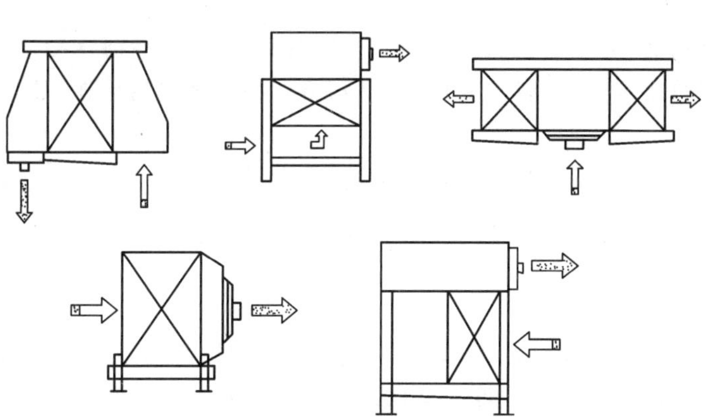

图 8-2-3　冷风机冷却示意图

二、冷水冷却及其装置

冷水冷却是采用 0～3℃的低温水将被冷却食品冷却到所要求温度。冷水冷却有三种形式：喷水式、浸渍式和混合式(喷水和浸渍)，其中以喷水式应用最多。喷水式冷水冷却装置如图 8-2-4 所示，主要由冷却水槽、传送带、冷却隧道、水泵和制冷系统等组成。在冷却水槽内设冷却盘管，由压缩机制冷，使盘管周围的水部分结冰，因而冷却水槽中是冰水混合物，泵将冷却水抽到冷却隧道的顶部，经喷嘴喷淋到放置在传送带上的食品表面。根据食品种类不同可选用不同冷水喷头，如对耐压产品，采用喷淋式大孔喷头；对较柔软产品，选用喷雾式小孔喷头，以免水冲击损坏食品。

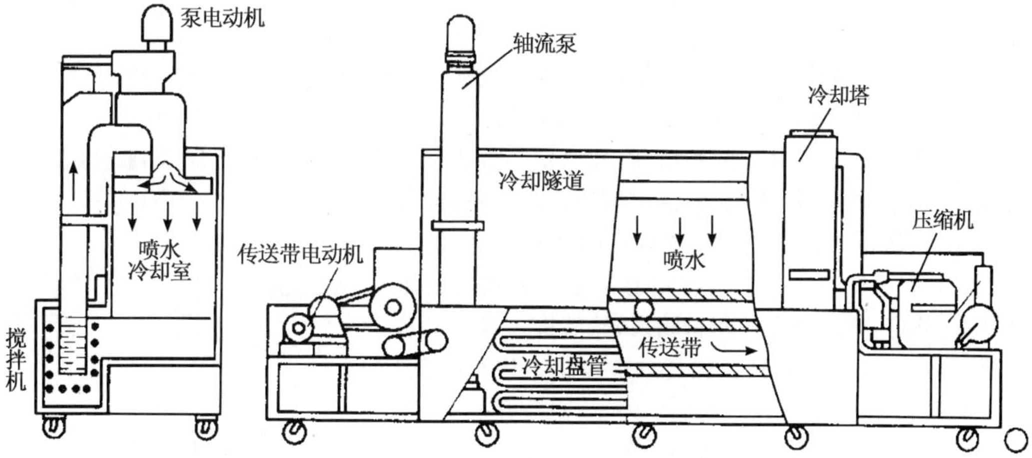

图 8-2-4　喷水式冷水冷却设备示意图

浸渍式冷却设备，一般在冷水槽底部有冷却盘管，上部有放冷却食品的传送带。将被冷却食品直接浸没在冷却槽中，靠传送带在槽中移动，经冷却后输出。冷水冷却设备适用于家禽、鱼、蔬菜、水果的冷却，由于水和空气相比热容量大，所以冷却速度快，无干耗。

应当注意，喷淋式和浸渍式两种冷却方法中冷却水都是循环使用。因此，当循环水滋生微生物或受某些个体食品污染后，容易造成对其他食品的污染，可在水中加杀菌剂进行控制。因为冷却水直接接触食品，可能对食品的品质有一定的影响，如用冷海水冷却鱼体可能使鱼体吸水膨胀、肉变咸、蛋白质也容易损耗、变色，也易污染。冷海水法目前在国际上被广泛地用来作为预冷手段。

混合式冷却装置一般采用先浸渍后喷淋的步骤。

三、碎冰冷却

冰是一种良好的冷却介质，具有较大的冷却能力。碎冰冷却是采用冰来冷却食品，利用冰融化时的吸热作用来降低食品的温度。本法的优点是，食品冷却速度快，冰的价格便宜、无毒害，易携带和储藏。此外，融解的冰水使食品的表面保持湿润，能避免干耗现象。碎冰冷却主要用于鱼的冷却，此外它也可以用于水果、蔬菜等的冷却。

用于冷却食品的冰有淡水冰和海水冰两种。一般淡水鱼用淡水冰来冷却，淡水冰的融化热为 334.72 kJ/kg，采用制冰机制得块冰、片冰以及米粒冰等多种形式。海水冰的融化热为 321.70 kJ/kg，以块冰和片冰为主。

碎冰冷却可将碎冰撒在鱼层上，形成一层鱼一层冰，或将碎冰和鱼混拌在一起。前者被称为层冰层鱼法，适合于大鱼的冷却；后者被称为拌冰法，适合于中、小鱼的冷却。对海上的水产品进行冷却时，可采用碎冰冷却和水冰冷却。

总之，碎冰冷却的特点是无害、便宜；能使冷却表面湿润有光泽，减少干耗；冷却速度快。它也用在叶类蔬菜的冷却和运输及某些食品的加工中，如香肠的碎肉加工。

四、真空冷却及其装置

真空冷却又叫减压冷却，是根据水在不同大气压下的沸点不同的原理进行的。水在一个大气压(101.3 kPa)下，沸点为 100℃，当气压降为 0.667 kPa 时，水在 1℃就沸腾了。利用水随压力的降低其沸点也降低的性质，将预冷食品放置在真空室中，当压力降低到一定数值时，食品表面水分开始蒸发，吸收汽化潜热，使食品自身被冷却。

图 8-2-5 所示为真空冷却装置示意图，它主要由真空泵、冷凝器、制冷压缩机以及真空室等组成。将收获的蔬菜经挑选、整理，装入打孔的塑料箱内，然后推入真空室并密闭，起动真空泵和制冷机。使真空室内压力逐渐降低，当压力降到 2.4 kPa 左右时，即达到闪点，水分开始蒸发，压力继续降低到 0.8 kPa 时，水在 4℃下沸腾，需吸收约 2 496 kJ/kg 的汽化热，使蔬菜本身的温度迅速下降。因冷却速度快(20～30 min)，水分汽化量仅 2%～4%，对蔬菜新鲜的外观影响不大。真空冷却装置配备的制冷系统和冷凝器，不是用于冷冻果蔬的，而是将蒸发的水蒸气进行冷凝排出，保持真空室内的真空度。

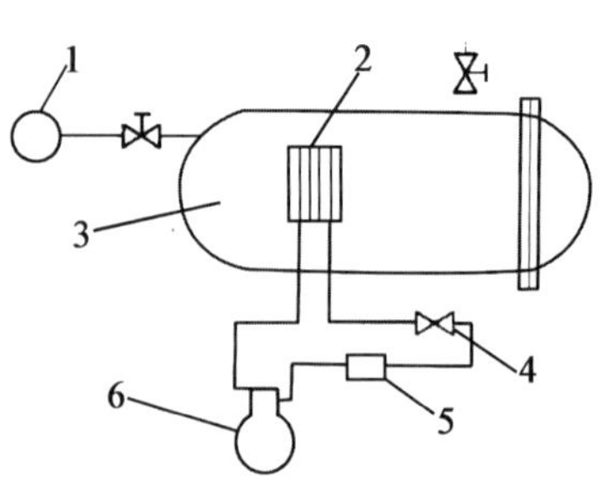

图 8-2-5 真空冷却装置示意图

1. 真空泵 2. 冷却器 3. 真空冷却室 4. 膨胀阀 5. 冷凝器 6. 压缩机

真空冷却是目前冷却速度最快的一种冷却方法，对表面积大(如叶类菜)的食品的冷却效果特别好。真空冷却的主要优点是冷却速度快、时间短；冷却后的食品储藏时间长；易于处理散装产品;若在食品上事先喷洒水分,则干耗非常低。缺点是装置成本高,少量使用时不经济。

任务三　食品冻结装置

食品的冻结就是将食品中所含的水分大部分转变成冰的过程。食品冻结的原理就是将食品的温度降低到其冻结点以下,使微生物无法进行生命活动,生物化学反应速度减慢,达到食品能在低温下长期储藏的目的。为了提高冻结冻藏食品的质量,最大限度地保持食品原有的营养和风味,降低食品冻结冻藏加工费用,就需要采用合理的冻结方法和选择适当的冻结设备。

一、空气冻结装置

在冻结过程中,冷空气以自然对流或强制对流的方式与食品换热。由于空气的导热性较差,与食品间的换热系数小,故所需的冻结时间较长。但是,空气资源丰富、无任何毒副作用,其热力性质已为人们熟知,机械化较容易,所以,用空气作介质进行冻结仍是目前应用最广泛的一种冻结方法。

(一)隧道式冻结装置

隧道式冻结装置的特点是:冷空气在隧道中循环,食品通过隧道时被冻结。根据食品通过隧道的方式,可分为传送带式、吊篮式、推盘式冻结隧道等几种。图 8-3-1 是一种传送带式冻结隧道,主要由蒸发器、风机、传送带及隔热壳体等构成。

该冻结装置的传输系统为两条平行工作的液压驱动链式传送带,上面放置冻结盘。开始运行时,将冻结盘放在装卸设备上,盘被自动推上传送带并合盖后,液压传动机构 10 驱动传送带向前移动,使冻结盘通过驱动室 A 进入水分分离室 B。在分离室内,黏附在盘子外面的大部分水被除去,剩余的水分则结成冰,保证水分不被带入冻结间 C 和 D 内,以免蒸发器结霜。食品的冻结过程是在冻结间 C 和 D 内进行的,轴流风机 8 吸入经板片式蒸发器 5 冷却的空气,向冻结盘吹送。为加速冻结过程,并保证食品降温均匀性,在各冻结间内气流流过盘子的方向互为反向。冻结盘到达转向装置时,改变运动方向返回装卸设备。此时,冻结盘自动脱出链条卡扣,在除霜装置 2 上经加热除霜后送至端部位置并翻转,盘盖自动打开,食品冻结块落在输送带 11 上,传输到外面包装贮藏。

传送带式冻结隧道可用于冻结块状鱼、肉制品、果酱等。特别适合于包装产品,而且最好用冻结盘操作,冻结盘内也可放散装食品。该装置具有投资费用较低,通用性强,自动化程度高的特点。

(二)螺旋式冻结装置

螺旋式冻结装置是 20 世纪 70 年代初发展起来的冻结设备,其结构示意图如图 8-3-2 所示。主要由转筒、蒸发器、风机、传送带及附属设备等组成。其主体部分为一转筒,传送带由不

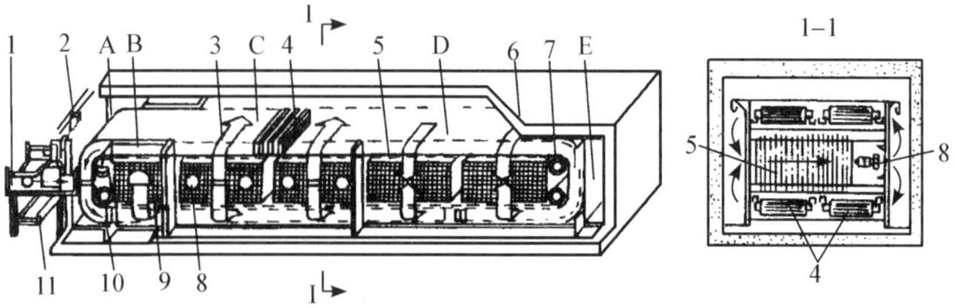

图 8-3-1　传送带式冻结隧道

A. 驱动室　B. 水分分离室　C、D. 冻结间　E. 旁路

1. 装卸设备　2. 除霜装置　3. 气流方向　4. 冻结盘　5. 板片式蒸发器　6. 隔热外壳　7. 转向装置　8. 轴流风机　9. 光管蒸发器　10. 液压传动机构　11. 冻结块输送带

锈钢扣环组成，按宽度方向成对接合，在纵横方向上都具有挠性。运行时拉伸带子的一边就压缩另一边，从而形成一个围绕着转筒的曲面。借助摩擦及传动力，传送带随着转筒一起运动，由于传送带上的张力小，故驱动功率不大，传送带的寿命长。传送带的螺旋升角约为 2°，近于水平，食品不会下滑。传送带缠绕的圈数由冻结时间和产量确定。

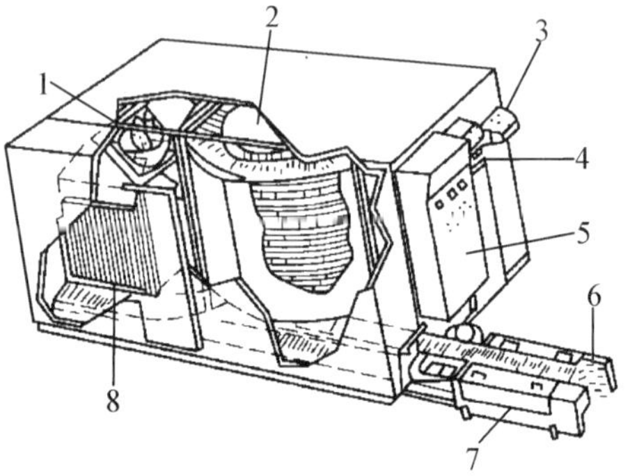

图 8-3-2　螺旋式冻结装置

1. 轴流风机　2. 转筒　3. 出冻品口　4. 变频调速装置　5. 电气控制箱　6. 进冻品口　7. 传送带清洗器　8. 蒸发器

被冻结的食品可直接放在传送带上，也可采用冻结盘，食品随传送带进入冻结装置后，由下盘旋而上，冷风则由上向下吹，与食品逆向对流换热，提高了冻结速度。与空气横向流动相比，冻结时间可缩短 30%左右。食品在传送过程中逐渐冻结，冻好的食品从出料口排出。

螺旋式冻结装置有多种形式，近年来，人们对传送带的结构、吹风方式等进行了改进，如沈阳新阳速冻设备厂采用国际先进的堆积带做成传送带；美国约克公司改进吹风方式，将冷气流分为两股，其中一股从传送带下面向上吹，另一股经转筒中心到达上部由上向下吹，最后，两股气流在转筒中间汇合，并回到风机，如图 8-3-3 所示。这样，最冷的气流分别在转筒上下两端与最热和最冷的物料接触，使刚进入的食品尽快达到表面冻结，减少干耗，也减少了装置的结霜量。两股冷气流同时吹到食品上，提高了冻结速度，比常规气流快 15%～30%。

图 8-3-3　气流分布示意图

螺旋式冻结装置适用于冻结单体食品，如饺子、烧卖、对虾及经加工整理的果蔬，还可用于冻结各种熟制品，如鱼饼、鱼丸等。螺旋式冻结装置有以下特点：

(1)结构紧凑，占地面积小，仅为一般水平输送带的25%。

(2)在冻结过程中，产品与传送带相对位置保持不变。适于冻结易碎食品和不许混合的产品。

(3)可以通过调整传送带的速度来改变食品的冻结时间，用以冷却不同种类的食品。

(4)进料、冻结等在一条生产线上连续作业，自动化程度高。

(5)冻结速度快，干耗小，冻结质量好。

该装置的缺点是：在小批量、间歇式生产时，耗电量大，成本较高。

(三)流态化冻结装置

食品流态化冻结装置是在一定流速的冷空气作用下，使食品在流态化条件下得到快速冻结方法。随着我国速冻果蔬、虾类和速冻调理食品的迅速发展，用于单体快速冻结食品(如小形鱼、虾类、草莓、青豌豆、颗粒玉米等)的带式流态化冻结装置(图8-3-4)得到了广泛的应用。

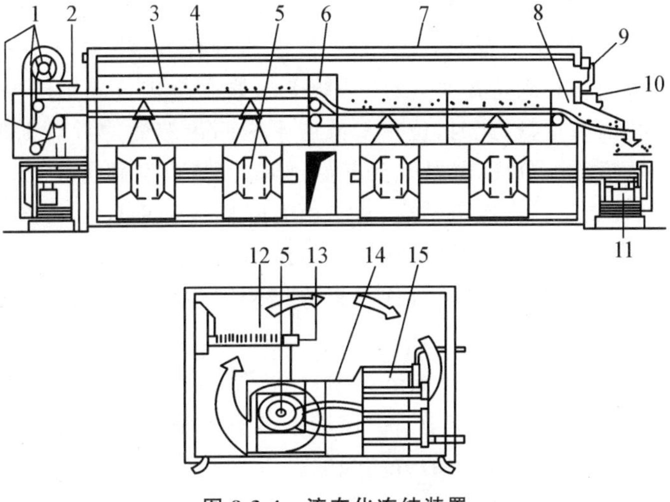

图 8-3-4 流态化冻结装置

1.自动装置 2.进料斗 3.被冻品 4.融霜管 5.风机 6.转换台 7.隔热层 8.出料口 9.窗口 10.齿轮 11.电机 12.传送带网孔 13.窗口 14.检查口 15.导风板

流态冻结是使小颗粒食品悬浮在不锈钢网孔传送带上进行单体冻结的。由于风从传送带底部经网孔进入时风速很高(为7～8 m/s)，把颗粒食品吹起，形成悬浮状态进行冻结。冻结时食品间的风速为3.5～4.5 m/s，由于传送带上部的空间大，故冷风的速度降低，不致将冻结后的食品吹走。

食品在带式流态冻结装置内的冻结过程分为两个阶段进行。第一阶段为外壳冻结阶段，要求在很短时间内，使食品的外壳先冻结，这样不会使颗粒间相互黏结。以小虾为例为5～8 min。这个阶段的风速大、压力高，一般采用离心风机。第二阶段为最终冻结阶段，要求将食品的中心温度冻结到-18℃以下。以小虾为例需20～25 min。

流态化冻结装置具有冻结速度快、耗能低和易于实现机械化连续生产等优点。

二、间接接触冻结装置

间接冻结是将食品放在由制冷剂冷却的板、盘、带或其他冷壁上，食品与冷壁直接接触，而与制冷剂间接接触的冻结方式。对于固态食品，可将食品加工为具有平坦表面的形状，使食品与冷壁面接触良好，增强换热；对于液态食品，用泵使食品通过冷壁热交换器，冻成半融状态。

（一）平板冻结装置

平板冻结装置是一组作为蒸发器的空心平板与制冷剂管道相连，将冻结食品放在两相邻的平板间，并借助油压系统使平板与食品紧密接触。由于金属平板具有良好的导热性能，故具传热系数高。当接触压力为 7～30 kPa 时，传热系数可达 93～120 W/(m^2·K)。平板式冻结装置分为卧式平板冻结装置和立式平板冻结装置。

图 8-3-5 所示为连续卧式平板冻结装置。食品装入货盘并自动盖上盖 2 后，随传送带向前移动，并由压紧机构 3 对货盘进行预压缩，然后货盘被升降机 4 提升到推杆 5 前面，由推杆 5 推入最上层的两平板间；当这两块平板之间填满货盘时，再推入一块，则位于最右面的货盘将由降低货盘装置 7 送到第二层平板的右边，然后被液压推杆 8 推入第二层平板之间。如此不断反复，直至全部平板间均装满货盘时，液压系统 6 压紧平板进行冻结。冻结完毕，液压系统松开平板，推杆 5 继续推入货盘，此时，位于最低层平板间最左侧的货盘则被液压推杆 8 推上卸货传送带，在此盖从货盘上分离，并被送到起始位置，而货盘经翻盘装置 9 翻转后，食品从货盘中分离出来。经翻转装置门再次翻转后，货盘由升降机送到货盘 1，重新装货，如此重复，直至全部冻结货盘卸货完毕时，平板间又填满了未冻结的货盘，再进行第二次冻结。除货盘装货外，所有操作都是按程序自动完成的。卧式平板冻结装置主要用于冻结分割肉、鱼片、虾及其他小包装食品的快速冻结。

平板冻结装置适用于厚度小于 50 mm 的食品，冻结速度快，干耗小，冻品质量高；可在常温下操作，改善了劳动条件，占地面积小。但该冻结装置不适用于冻结厚度超过 90 mm 的食品；未实现自动装卸的装置，需要较大的劳动强度。

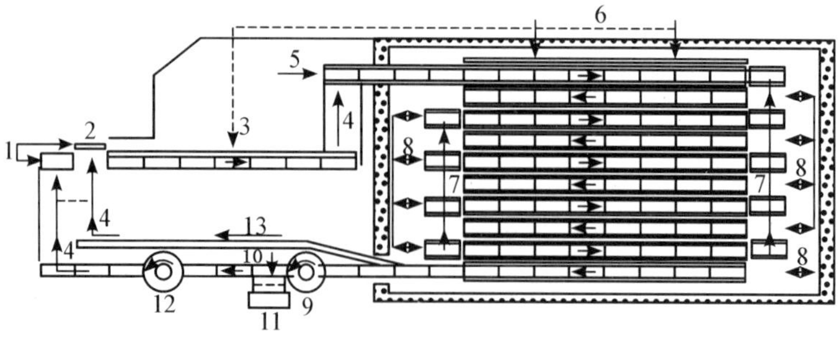

图 8-3-5　连续卧式平板冻结装置

1.货盘　2.盖　3.压紧机构　4.升降机　5.推杆　6.液压系统　7.降低货盘装置　8.液压推杆　9.翻盘装置　10.卸料　11.传送带　12.翻转装置　13.盖传送带

(二)回转式冻结装置

回转式冻结装置如图 8-3-6 所示，是一种新型的间接接触连续式冻结装置。其主体为一不锈钢制成的回转筒，外壁为冷却表面，内壁之间的空间供载冷剂流过换热，载冷剂由空心轴一端输入筒内，从另一端排出。被冻品呈散状由入口送到回转筒的表面，由于转筒表面温度很低，食品立即粘在上面，进料传送带再给冻品稍施加压力，使其与回转筒表面接触得更好。转筒回转一周，完成食品的冻结过程。冻结食品转到刮刀处被刮下，刮下的食品由传送带输送到包装生产线。该冻结装置的特点是：占地面积小，结构紧凑，冻结速度快，干耗少，生产率高。

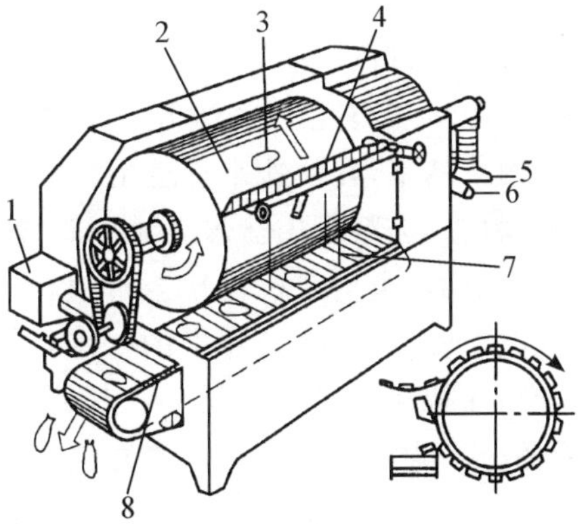

图 8-3-6　回转式冻结装置

1. 电动机　2. 滚筒冷却器　3. 进料口　4. 刮刀　5. 盐水入口　6. 盐水出口　7. 刮刀　8. 出料输送带

(三)钢带连续冻结装置

钢带连续冻结装置最早由日本研制生产，其主体是钢带传输机，如图 8-3-7 所示。传送带由不锈钢制成，在带下喷盐水，或使钢带滑过固定的冷却面(蒸发器)使食品降温，同时，食品上部装有风机，用冷水补充冷量，风的方向可与食品平行、垂直、顺向或逆向。传送带移动速度可根据冻结时间进行调节。因为产品只有一边接触金属表面，食品层以较薄为宜。

该装置适用于冻结鱼片、调理食品及某些糖果类食品等。

钢带式冻结装置的主要优点为：结构简单、操作方便，改变带长和带速，可大幅度地调节产量；干耗较少，能在几种不同温度区域操作。缺点为：占地面积大。

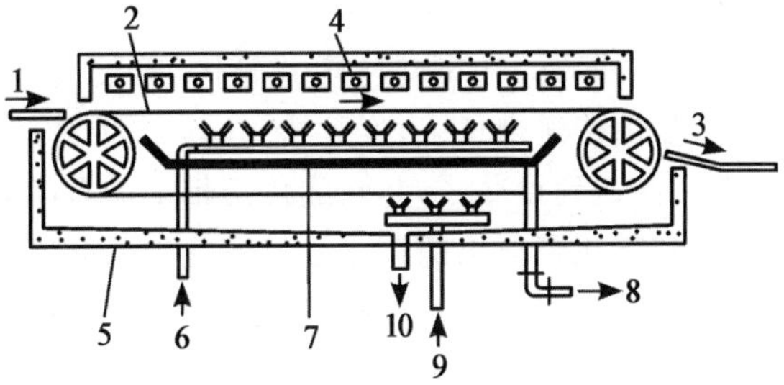

图 8-3-7　钢带连续冻结装置示意图

1. 进料口　2. 传送带　3. 出料口　4. 冷却器　5. 隔热外壳　6. 盐水入口
7. 盐水收集器　8. 盐水出口　9. 洗涤水入口　10. 洗涤水出口

三、直接接触冻结装置

直接接触冻结是将食品与低温液体直接接触，食品与低温液体换热后，迅速降温冻结。食品与低温液体接触的方法有喷淋、浸渍或两者结合使用。采用直接接触冻结食品时，要求低温液体纯净、无毒、无异味、无外来色泽或漂白剂、不易燃易爆等。另外，低温液体与食品接触后，不应改变食品原有的成分和性质。常用的载冷剂有盐水、糖溶液和丙三醇等，经制冷系统降温后与食品接触，使食品冻结。

（一）盐水浸渍冻结装置

盐水浸渍冻结装置如图 8-3-8 所示。该装置主要用于鱼类的冻结，与盐水接触的容器用玻璃钢制成，有压力的盐水管道用不锈钢，其他盐水管道用塑料，从而解决了盐水的腐蚀问题。鱼由进料口与盐水混合后进入进料管，进料管内盐水涡流下旋，使鱼克服浮力而到达冻结器的底部。冻结后鱼体密度减小，浮至液面，由出料机构送至滑道，在此鱼和盐水分离由出料口排出。冷盐水被泵送到进料口，升温密度减小，冻结器中的盐水具有一定的温度梯度，与鱼体分离进入除鳞器，经除去鳞片等杂物的盐水完成一次循环。其特点是冷盐水既起冻结作用又起输送鱼的作用，冻结速度快，干耗小。缺点是装置的制造材料要求较特殊。

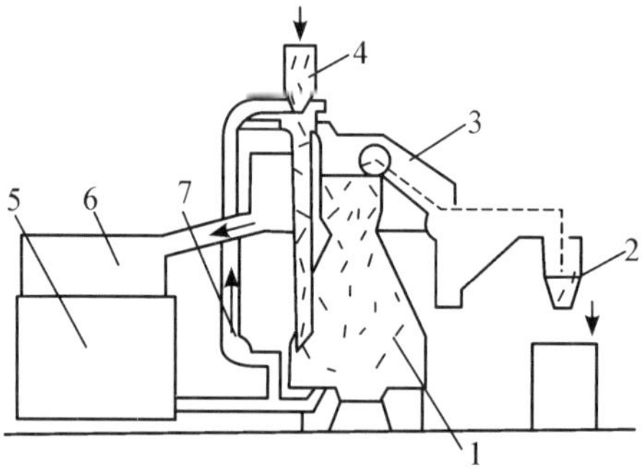

图 8-3-8　盐水连续浸渍冻结装置示意图

1. 冻结器　2. 出料口　3. 滑道　4. 进料口　5. 盐水冷却器　6. 除鳞器　7. 盐水泵

（二）液氮喷淋冻结装置

液氮喷淋冻结装置如图 8-3-9 所示，由隔热隧道式箱体、喷淋装置、不锈钢网格传送带、传动装置、风机等组成。被冻食品由传送带送入，经预冷区、冻结区、均温区，从另一端送出。风机将冻结区内温度较低的氮气输送到预冷区，并吹到传送带上的食品表面，经充分换热使食品预冷。进入冻结区后，食品受到雾化管喷出的雾化液氮的冷却而被冻结。根据食品的种类、形状不同，冻结温度和冻结时间可通过调整贮液罐压力以改变液氮喷射量，以及调节传送带速度来加以控制，以满足不同食品的工艺要求。由于食品表面和中心的温度相差较大，所以冻结后的食品需在均温区停留一段时间，使其内外温度趋于均匀。

图 8-3-10 所示为旋转式液氮喷淋隧道。其主体为一个可旋转的绝热不锈钢圆筒，圆筒的中心线与水平面之间有一定的角度。食品进入圆筒后，表面迅速被喷淋的液氮冻结，由于圆筒

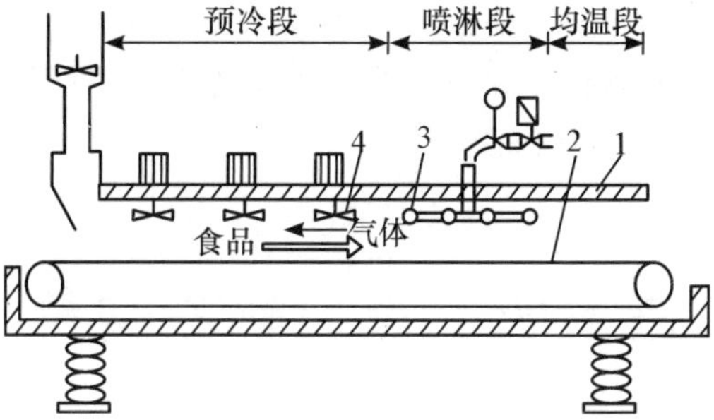

图 8-3-9　液氮喷淋冻结装置示意图

1.壳体　2.传送带　3.喷嘴　4.风扇

有一定的倾斜度，再加上其不断的旋转作用，食品及汽化后的氮气一起翻滚着向圆筒的另一端行进，使食品得到进一步的冻结，食品与氮气在出口分离。该装置主要用于块状肉和蔬菜的冻结。

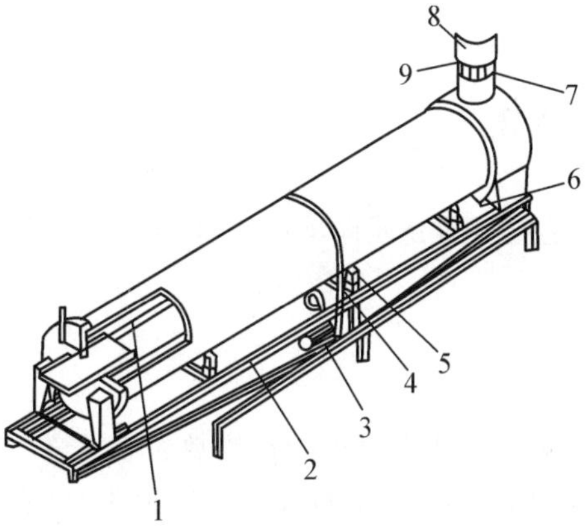

图 8-3-10　旋转式液氮喷淋隧道示意图

1.喷嘴　2.倾斜度　3.变速电动机　4.驱动带　5.支撑轮　6.出料口　7.氮气出口　8.排气管　9.空气

(三)气流冲击式冻结装置

气流冲击式冻结装置如图 8-3-11 所示。它是连续式隧道冻结装置的一种新形式。在冻结过程中，由空气冷却器吹出的高速冷空气，分别进入上、下两个静压箱。在静压箱内，气流速

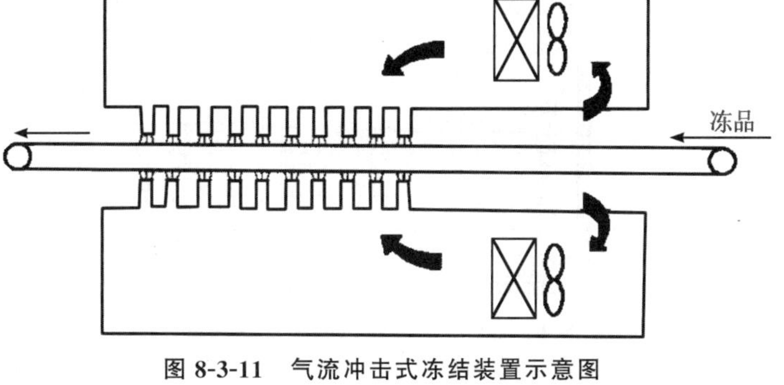

图 8-3-11　气流冲击式冻结装置示意图

度降低，由动压转变为静压，并在出口处装有许多喷嘴，气流经喷嘴后，又产生高速气流（流速达 30 m/s）。该高速气流垂直吹向不锈钢网带上的被冻食品，使其表层很快冷却。被冻食品的上部和下部都能均匀降温，达到快速冻结。

任务四 食品解冻装置

冻结食品在加工食用之前要进行解冻。解冻是使冻结食品中的冰晶熔解，恢复到冻前状态的过程。由于冻结食品在自然条件下放置也会解冻，因此解冻技术易被人们忽视。但是当今食品工业常需要大量冻结食品作原料。质量好的冻结食品如何使其在解冻时质量不会下降，以保证食品工业得到高质量的原料，就必须重视解冻的方法和选用合适的解冻装置。因冻结食品的种类不同，采用的解冻方法也各异。按加热方式、解冻方法大致分为冻结食品外部加热解冻法和内部加热解冻法，以及两者相结合的组合解冻法。

一、外部加热解冻装置

外部加热解冻是利用温度较高的介质向冻品表面传递热量，热量由表面逐渐向中心传递的解冻方法。

（一）空气解冻装置

空气解冻是一种简便的解冻方法。将冻结食品放置在15℃以下的空气中进行缓慢解冻，食品受热均匀。其缺点是解冻时间长，食品的水分蒸发损失大，存在干耗和氧化作用，使解冻食品质量下降。采用流动空气解冻能使解冻时间缩短，但也存在解冻食品表面干耗现象。因此，在送风解冻装置中增加调节温度和湿度的设备效果较好。图 8-4-1 是能控制温、湿度并有送风的间歇式解冻装置，它可避免解冻过程中温、湿度不均的缺点，在风速为 1 m/s 左右、风温为 0～5℃的加湿空气下解冻，解冻时间 14～15 h。可以全解冻亦可以半解冻。解冻后的食品易于加工，品质亦较好，在实际生产中应用较广泛。此外，还有连续式送风解冻装置可连续运

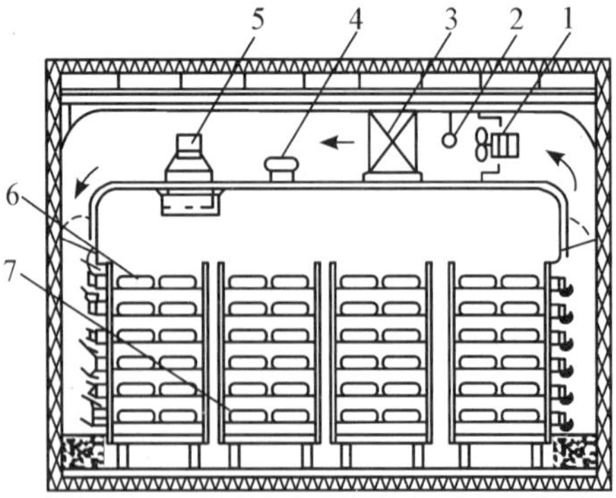

图 8-4-1 低温加湿送风间隙式解冻装置

1.风机 2.杀菌灯 3.冷却器 4.加温器 5.加湿器 6.食品 7.食品车

行。为达到不同的解冻工艺要求，可改变空气的温度、相对湿度、风速等，送风方向有垂直送风、水平送风和换向送风。

为了缩短解冻时间，还有采用加压空气解冻方法。在铁制的容器内，通入压力为 0.2～0.3 MPa 的压缩空气，容器内温度 15～20℃，由于压力升高食品冻结点降低，故在同样解冻介质温度下，它就易于融化，解冻时间缩短，解冻后食品质量也好。

(二)水解冻装置

把冻结品浸在水中解冻，由于水比空气传热性能好，故解冻速度快，可缩短解冻时间。而且由于食品表面有水浸润，避免了重量损失。但食品中的可溶性物质在解冻过程中会部分流失，同时食品易受到微生物的污染。因此，水解冻适用于带皮或有薄膜包装的冻结品解冻。常用的水解冻方法有静水浸式解冻、低温流水解冻以及喷淋解冻等，水温一般不超过 20℃。图 8-4-2 为利用喷淋与浸渍组合式解冻装置，块状食品由进料口送入传送带上的网篮中，经上部的喷淋解冻后输送到下方浸渍解冻，然后由出料口排出。

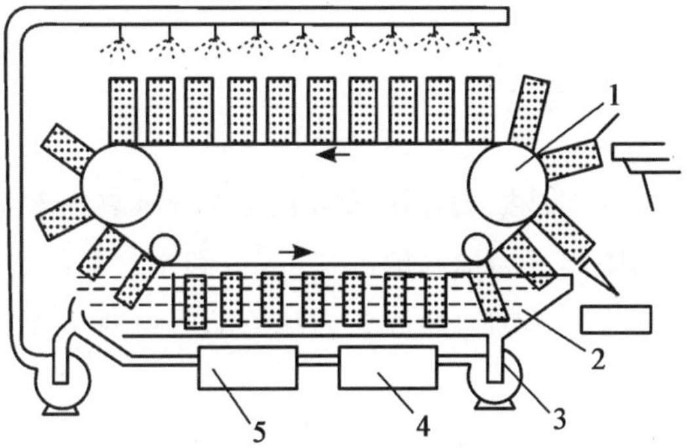

图 8-4-2　喷淋和浸渍组合解冻装置

1.传送带　2.水槽　3.泵　4.过滤器　5.加热器

(三)真空解冻装置

在真空状态下，水在低温时就沸腾，沸腾时形成的水蒸气遇到更低温度的冻品就在其表面凝结成水珠。水蒸气凝结成水珠时放出凝结热，这部分热量被冷冻品吸收，使冷冻品温度升高而解冻。此方法适用于鱼、鱼片、肉、蛋、果蔬、浓缩状食品等，解冻时间短，食品表面不会产生过热，保证产品质量。

图 8-4-3 所示为全自动真空解冻装置的一种形式，主体部分为一卧式圆筒状容器，一端是冻品进出口的门，上部装有水环式真空泵，下部为水槽，待冻品放在小车上送入容器。当容器压力为 10～15 mmHg 时，水在 10～15℃时即沸腾。当水温较低时水蒸气产生量会减少，此时通过蒸气加热管，慢慢地使水加热到 10～15℃。

在该装置内解冻可防止氧化。由于是饱和水蒸气，故冻品不会干耗。体液流失亦少，由于解冻品表面附着凝结水，蛋白质等营养成分的流失损耗在最小限度。

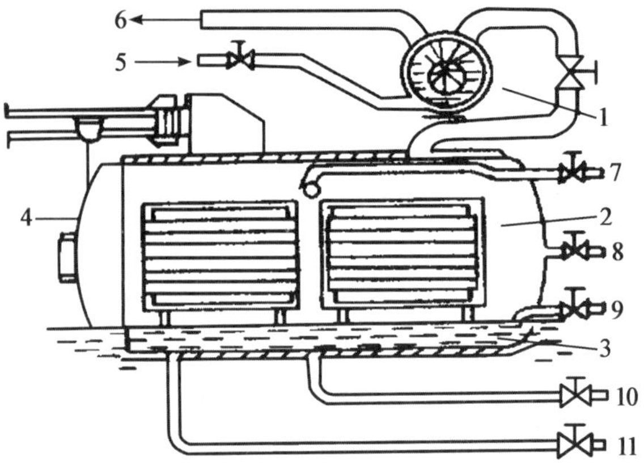

图 8-4-3 真空解冻装置

1.水环式真空泵 2.食品车 3.水槽 4.食品出入口 5.真空泵供水口 6.真空泵排气门 7.清洗水入口 8.空气入口 9.进水口 10.蒸气入口 11.排水口

二、内部加热解冻装置

以水和空气作为介质来解冻是把热量从冻结品表面导入其内部进行解冻。这种解冻方法在解冻速度方面受热传导的限制。为提高解冻速度，可利用食品的电磁特件，通过对食品内部加热来解冻。采用对冷冻食品内部加热解冻的方法有低频电流解冻和高频微波解冻等。

(一)低频电流解冻

在电路中电流通过电阻时产生的焦耳热为 I^2R，根据此原理把冻结品视为电阻，利用电流通过时产生的热使冰融化。开始因冻品残余液态水少，处于低温冻结状态，故其电阻大，电流小，发热量较小，在逐渐发热过程中液态水增加，电阻减小电流增大，电流逐渐流经内部，在内部发热，冻品被解冻。电流解冻用的是 50～60 Hz 的低频交流电，故称低频解冻。

低频电流解冻比空气和水解冻速度快 2～3 倍，且耗电少，运转费用低。缺点是它只能解冻表面平滑的块状冷冻品，块内部解冻不均匀。例如，解冻全鱼时因头和内脏存在空间，解冻不均匀。其次在解冻初期由于冻品电阻大，解冻速度较慢。此外，在上、下平板不完全密贴时，只有密贴部分才能流过电流，从而产生局部过热，有时呈煮过的状态。

(二)高频微波解冻

高频微波发热是电磁波对冻品中的高分子和低分子的极性基因起作用。尤其对分子有特殊作用，它使极性分子在电场作用下改变双轴分子的轴向排列。随着频率变化，极性分子的轴向排列进行相应的变化，变化时分子之间进行互相旋转、振动、碰撞产生摩擦。频率越高，碰撞作用越大，发热量越多，解冻越快。

通常把 1～50 MHz 称为高频，300～300 000 MHz 称为微波。考虑到广播通信、雷达卫星及电视等的使用频率，国际规定工业中用的微波频率只有 915 MHz 和 2 450 MHz。微波炉产生的电磁波大量侵入人体是有害的，故微波炉需要防护措施。

图 8-4-4 是微波解冻装置的原理图。解冻室由不锈钢制成，上部有微波发生器及搅拌器，为防止冻品凸出部分的过热，用−15℃的冷风在表面循环。使用传送带就可使生产连续化。

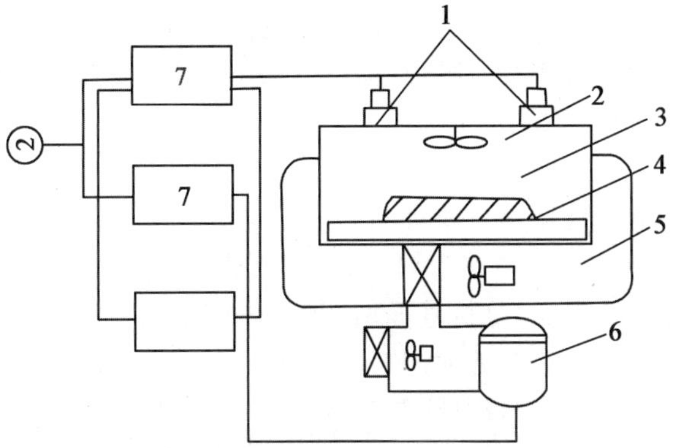

图 8-4-4 微波解冻装置的原理图

1.微波发生器 2.风扇车 3.解冻室 4.解冻品 5.冷风道 6.冷风机组 7.电源

三、组合加热解冻装置

因单独使用空气、水和电进行解冻，各自存在一些缺点。如采取组合型解冻就可突出各自的优点而避免各自的缺点。这种设备大体都是以电解冻为核心，再加空气或水。

(一)电和空气组合解冻

在微波解冻装置上再装以冷风，以防止微波所产生的部分过热。先由电加热到能达到厨刀切入的程度即停止电加热，继之以冷风解冻。这样不致引起部分过热，并能避免制品温度不均匀。

(二)电和水组合解冻

冷冻品在完全冻结时电流很难通过它的内部，如−28℃的冷冻鱼电导率为外 0.6 s/cm 解冻中逐渐上升到完全解冻时为 1.5 s/cm，这样在电阻解冻前先采用空气或水把冻品表面稍融化，然后进行电解冻，可缩短解冻时间，节约用电。

(三)高频和水组合加热解冻

高频和水组合加热解冻法在英国被普遍使用。这种解冻方法需要 6 台高频解冻装置，每台之间是水解冻设备，每台高频解冻装置的功率为 20 kW，总解冻鱼的时间为 30 min。

(四)微波和液氮组合解冻

微波解冻中产生的过热，可由喷淋液氮来避免。喷淋液氮时最好加有静电场，这样液氮的喷淋面可集中。冻结食品放在转盘上，也可使其受热均匀，进而保证了解冻食品的质量。

复习思考题

1. 食品冷冻冷藏常用的制冷方式有哪些?
2. 分析图 8-1-2“单级蒸气压缩式制冷机组”流程图。
3. 制冷系统的主要设备有哪些? 各发挥什么作用?
4. 简述食品冷却的作用与方法。
5. 简述真空冷却的原理与装置。
6. 简述食品快速冻结的优缺点及实现的方法。
7. 分析图 8-3-2 “螺旋式冻结装置”结构组成与工作原理。
8. 选择一种常见的速冻食品,分析其冻结特性,并选择适当的冻结方法与设备。
9. 解冻装置有哪几类? 工业中的应用情况如何?
10. 冷藏链的构成及所需的设备有哪些? 各起什么作用?
11. 简述冷藏库的分类与组成。

实验实训　参观冷食、冷饮加工企业

一、目的要求

通过参观冷食、冷饮加工企业的制冷机房、生产线、冷藏库和运输车,使学生了解冷食、冷饮企业的基本布局和制冷系统的基本组成;能够分析不同食品冷加工过程中使用的制冷方法、制冷系统和设备;掌握冷藏链的基本组成、所用设备结构原理及其发挥的作用。

二、设备与工具

(1)制冷机房;
(2)生产线;
(3)冷藏库;
(4)运输车。

三、实训内容和方法步骤

(1)参观制冷机房,认识制冷设备,分析制冷系统。
(2)参观生产线,分析冷加工设备种类、结构与原理。
(3)参观冷藏库,分析结构。
(4)参观冷藏车,分析结构。

四、实训报告要求

以文字或者图表的形式将实训内容总结出来。

项目九

食品成型、挤压加工机械与设备

学习目标

1. 掌握压延机的基本工作原理、种类和特点。
2. 掌握饼干成型机的工作原理和操作要点。
3. 掌握包馅机的主要结构和操作流程。
4. 能够根据食品的性质和加工要求选择合适的食品成型设备。

教学基本内容

1. 压延机的工作原理、种类和特点。
2. 饼干成型机的种类、工作原理和主要结构。
3. 搓圆机的种类、工作原理和主要结构。
4. 包馅机的种类、工作原理和主要结构。
5. 软料糕点成型机的成型原理和主要结构。
6. 挤压机的类型和主要结构。

任务一　压　延　机

压延机械是指完成压延操作的机械设备。在食品加工过程中,许多物料都需要经过压延操作,如饼干生产的压片,糖果生产中的拉条,面条、方便面生产中的压片和成型,巧克力生产中的物料粉碎、研磨等,这些都属于压延操作。

本节仅以饼干辊压机械为例进行论述。

一、压延原理

压延亦称辊轧,是借鉴轧钢机械操作而得名的。压延操作是指由旋转的成对压辊对物料施以挤压、摩擦,从而使得通过辊间的物料在此作用下变形成为具有一定形状规格的产品,如图 9-1-1 所示。

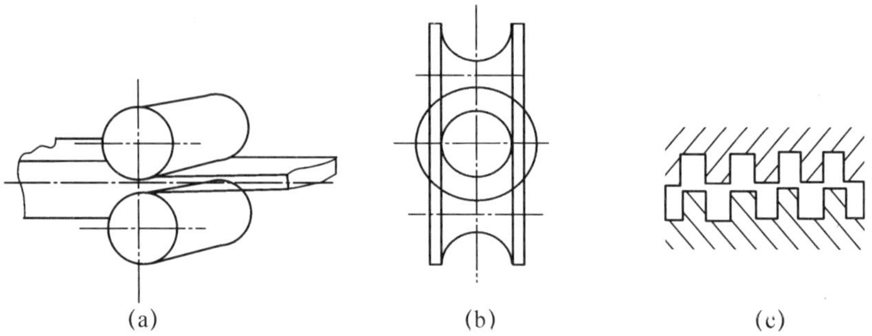

图 9-1-1　辊压操作示意图

(a)饼干面带辊压　(b)拉条　(c)面条成型

二、卧式压延机

卧式压延机结构比较简单,多为间歇式操作。图 9-1-2 为间歇卧式压延机外形图,它主要由上压辊、下压辊、压辊间隙调节手轮、撒粉装置、工作台、机架及传动装置等组成。上、下压辊安装在机架上,工作转速一般在 0.8～30 r/min 范围以内。上压辊的一侧设有刮刀,以清除粘在辊筒上面的少量面屑。另外,较先进的压延机上设置有自动撒粉装置,它可以避免面团与压辊粘连。

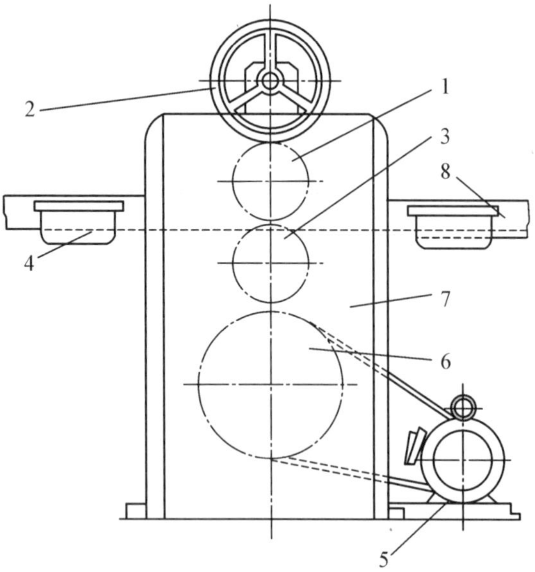

图 9-1-2　间歇卧式压延机外形

1.上压辊　2.调节手轮　3.下压辊　4.干面粉　5.电动机　6.带轮　7.机架　8.工作台

图 9-1-3 为间歇卧式压延机的传动系统结构简图。动力由电动机 1 驱动，经一级带轮 2、3 及一级齿轮 4、5 减速后，传至下压辊 6；再经齿轮 7、8 带动上压辊 9 回转，从而实现了上、下压辊的转动压片操作。

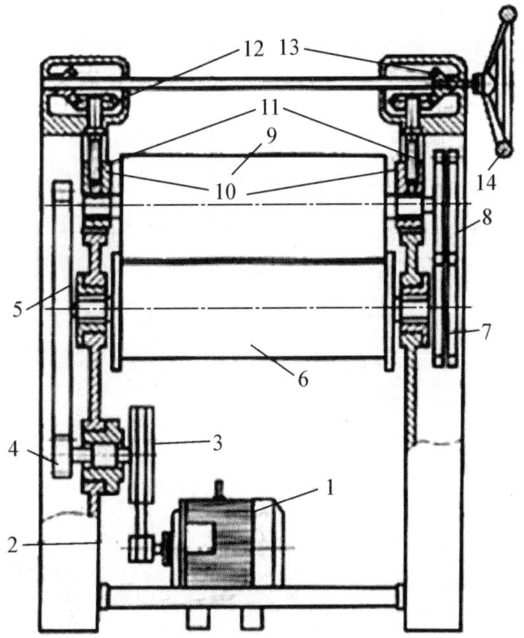

图 9-1-3　间歇卧式压延机传动系统结构简图

1. 电动机　2、3. 带轮　4、5、7、8. 齿轮　6. 下压辊　9. 上压辊　10. 上压辊轴承座螺母　11. 升降螺杆　12、13. 圆锥齿轮　14. 调节手轮

压辊之间的间隙通过手轮可随时任意调整，以适应压延过程中压制不同厚度面片的工艺需要。调节手轮 14 经一对圆锥齿轮 12、13 啮合传动，使升降螺杆 11 回转，从而带动上压辊轴承座螺母 10 做升降直线运动，以完成压辊间隙的调节操作。一般调整范围为 0～20 min。

间歇式压延机工作时，面片的前后移动、折叠、转向均需人工操作。如果只用来单向辊压，则需多台间歇式压延机组合在一起，中间由输送装置连接，这样即可与饼干成型机联合组成自动生产线。

三、立式压延机

立式压延机与卧式压延机相比，具有占地面积小，压制面带的层次分明，厚度均匀，工艺范围较宽，结构复杂的特点。图 9-1-4 为立式压延机操作示意图，它主要由面斗、压辊、计量辊、折叠器等组成。

四、多层压延机

多层压延机是一种新型的高效能压延设备，主要应用于起酥生产线中。这种起酥线在生产苏打饼干时，面团必须经过发酵。面带经过该压延机的连续辊压后，面层次即可达到 120 层以上，且层次分明、酥脆可口，外观及口感良好，故称为多层压延机。

(一)起酥线的工作原理

起酥线的工作过程主要包括两部分，即夹酥与延压。

1. 夹酥

图 9-1-5 所示为起酥线过程示意图。首先将调和好的面团 1 送入水平输面绞龙 2 中，接着面团经回转的水平输面绞龙 2、输面竖绞龙 4 输送，由复合嘴 5 外腔挤出而成型为空心面管。与此同时，奶油酥经叶片泵输送，沿垂直输面绞龙内孔，由复合嘴内腔挤出并黏附在面管内壁上。从而形成了内壁夹酥的中空面管 6。这种成型方式称为“灌肠成型”，它的优点主要是面皮与奶油酥的环面连续、厚度均匀一致。此后面管再经过初级压延、折叠即成为多层叠起的中间产品 8。

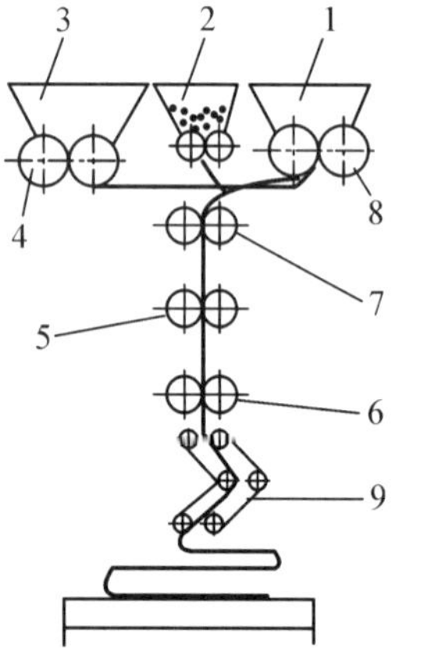

图 9-1-4　立式压延机

1、3. 面斗　2. 油酥料斗　4. 喂料辊　5、6、7. 计量辊　8. 喂料辊　9. 折叠器

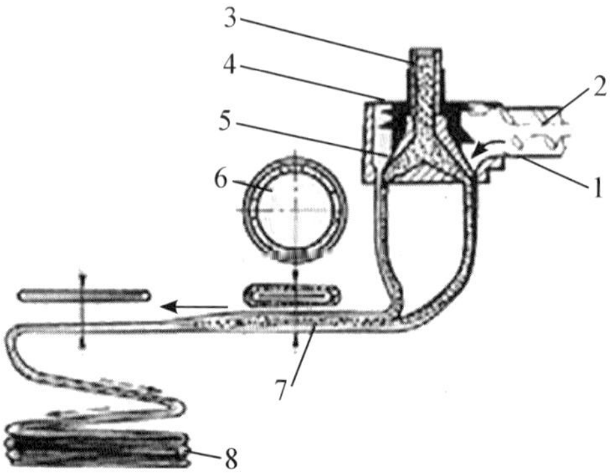

图 9-1-5　起酥线的夹酥过程示意图

1. 面团　2. 水平输面绞龙　3. 奶油酥　4. 输面竖绞龙　5. 复合嘴　6. 夹酥中空管　7. 压延中的夹酥面带　8. 中间产品

2. 压延

压延过程分两个阶段，一是夹酥中空面管的初级压延成带；二是最终压延成型。最终压延成型是将经初级压延后折叠成的中间产品，在多层压延机上再一次进行压延操作。

(二)多层压延机的特点

(1)传统的压延方法为对辊式，图 9-1-6 所示为传统辊压方法所产生的力线图。这种方法效率低、质量较差，工作时产生的力线在面团进入两辊间隙之前，形成很大的漩涡，从而产生面团堆积。因此，在辊压多层夹酥面团时，面层易被破坏，制品的层次不清。为了得到理想的制品，克服面团在进入两辊间隙之间前产生的堆积，一是要求进料厚度要薄，二是要求进行多次的折叠、压延。

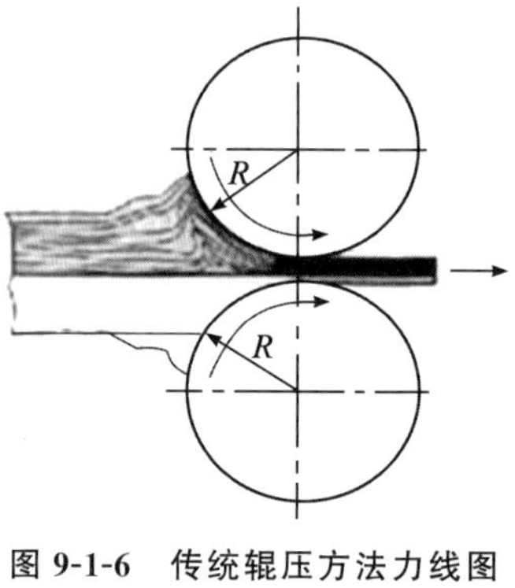

图 9-1-6　传统辊压方法力线图

(2)传统压延机的压延效果是通过辊子表面加在面带上的横压力及剪切力实现的，由面带本身来抵抗损坏。在减小面带厚度时，两辊对面带产生的压力较大。而多层压延机的压力很小，且由于构件运动速度的逐渐增加对面带的摩擦力很小，几乎纯粹是拉伸应力的作用。因此，能使面层达到较佳的变形状态，有利于保持物料原有的品质。

(3)多层压延机的压延过程为直线流变状态。这种压延过程不会引起油、面层次混淆不清。

(4)多层压延机的适应性较强，能够生产多种食品。

(5)多层压延机结构复杂，设备成本高，操作、维修技术要求较高。

任务二　饼干成型机械

饼干成型机是将配制好的饼干面料加工成具有一定形状规格的饼干生坯的机械设备。根据饼干品种不同及其工艺要求的差别，饼干机的成型方式大致可分为：冲印成形式、辊印成形式及辊切成形式。

一、冲印式成型机

冲印式成型机主要用来加工韧性饼干、苏打饼干及一些低油脂酥性饼干。

(一)冲印式成型机生产基本过程

冲印式成型机操作基本要完成压片、冲印成型、拣分(或称提头)、摆盘四个工步。即首先将已经配料调制好的面团引入饼干机的压片部分，由此经过三道压辊的连续辊压，使面料形成厚薄均匀致密的面带；然后由帆布输送带送入机器的成型部分，通过模型的冲印，把面带制成带有花纹形状的饼干生坯和余料(俗称头子)；此后面带继续前进，经过拣分部分将生坯与余料分离，饼坯由输送带排列整齐地送到烤盘或烤炉的钢带、网带上进行烘烤；余料则由专设的输送带(也称回头机)送回饼干机前端的面斗内，与新投入的面团一起再次进行压延制片操作，但应使回头料形成面带的底部。

(二)冲印式成型机主要结构

冲印式成型机由于规格及性能的不同，其结构形式也有所不同，但为配合完成成型操作的要求，一般都设有压片机构、冲印成型机构、拣分机构及输送带机构。图 9-2-1 为常见冲印饼干机的外形图。

1. 压片机构

压片是饼干冲印成型的准备阶段。工艺上要求压出的面带应保持致密连续，厚度均匀稳定，表面光滑整齐，不得留有多余的内应力。此机构一般是由三对压辊组成。卧式布置的压辊间需要设置输送带，操作简便，易于控制压辊机间面带的质量。立式布置的压辊间则不需要设置输送装置，而且占地面积小，结构紧凑，机器成本低，是较为合理的布置形式。

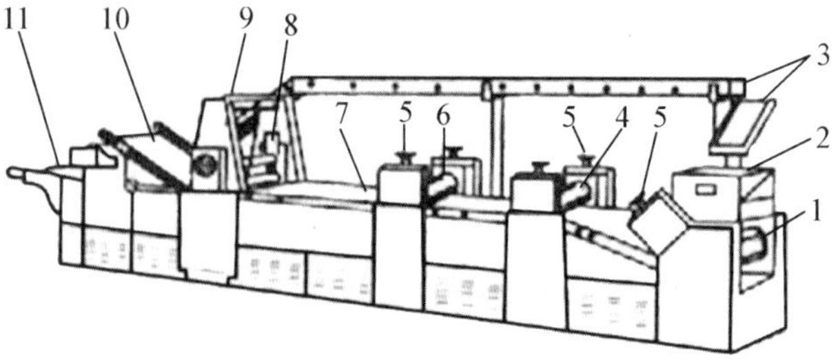

图 9-2-1 冲印饼干机外形图

1.头道辊 2.面斗 3.回头机 4.二道辊 5.压辊间隙调整手轮 6.三道辊 7.面带输送带 8.冲印成型机构 9.机架 10.拣分斜输送带 11.饼干生坯输送带

压片机构的压辊通常分别称作头道辊、二道辊及三道辊。压辊直径依次减小，辊间间隙依次减小，各辊转速依次增大。表 9-2-1 列出了国产冲印饼干机压辊参数变化的统计值。

表 9-2-1 国产冲印饼干机压辊参数

压辊名称	直径/mm	转速变化范围/(r/min)	间隙变化范围/mm
头道辊	160～300	0.8～8	20～30
二道辊	120～220	2～15	5～15
三道辊	120～220	4～30	2～5

压辊参数变化的原因在于压制面带的工艺要求。有些饼干机在头道辊表面沿轴向开有沟槽，这样可增加摩擦以减小压辊直径。为减缓面带由急剧变形而产生的应力，压延操作应逐级完成，所以压辊间隙需依次减小。若拉长，面带应力增加，成型后易收缩变形，表面出现微小裂纹；若皱起，面带堆积变厚，压力加大，易粘辊且定量不准。压片机构各压辊间除应保证传动比准确外，整个系统还应装有一台无级变速器或调速电动机，以使冲印成型机各工步间运动同步，调节方便。

2. 冲印成型机构

冲印成型是保证饼干外观质量，提高饼干机生产率的关键环节。冲印成型机构主要由动作执行机构及印模等组成。

(1)动作执行机构　饼干机的冲印成型动作可分为间歇式与连续式两种。

间歇式机构是在冲印饼干生坯时，印模通过一套曲柄滑块机构实现直线冲印动作，生坯输送带依靠一组棘轮棘爪完成间歇运动，冲印时输送带处于间歇停顿状态。

(2)印模　饼干机根据饼干品种的不同，配有两种印模，一是生产凹花有针孔韧性饼干的轻型印模，另一种是生产凸花无针孔饼干的重型印模。苏打饼干印模属于轻型，不过通常只有针柱而无花纹。这些结构都是由饼干面团特性所决定的。

3. 拣分机构

冲印式成型机的拣分是指将冲印成型后的饼干生坯与余料在面坯输送带尾端分离开来的操作。由于各种冲印成型结构形式的差异，其余料输送带的位置也各有不同，但大都是倾斜设置，而这个倾角受饼干面带的特性限制。韧性与苏打饼干面带结合力强，拣分操作容易完成，其倾角在 40°以内。酥性饼干面带结合力很弱，而且余料较窄，极易断裂，输送此类余料时，倾角不能过大，通常为 20°左右。

(三)冲印成型原理

间歇式与摇摆冲印式饼干机除前述动作执行机构的差别外，其印模成型机构基本相同。图 9-2-2 为间歇式冲印饼干机印模成型机构简图。

饼干机工作时，主轴上的偏心轮(印模曲杆)经连杆 1 带动印模滑枕即带动印模支架 23 移动，完成往复冲印饼干的成型操作。冲印时带有图案的冲头 24、25 随印模支架下移冲压面带 36，即将图案复印在饼坯表面上。然后冲头不动，切刀 32 下移，把饼坯与面带切断。卸料时，印模支架 23 回升，成型后的饼坯通过印模内的弹簧由冲头将饼干生坯从切刀腔中顶出；进而余料推板 31 将粘在切刀上的余料推掉，然后随印模一起上升，至此完成一次冲印操作循环。

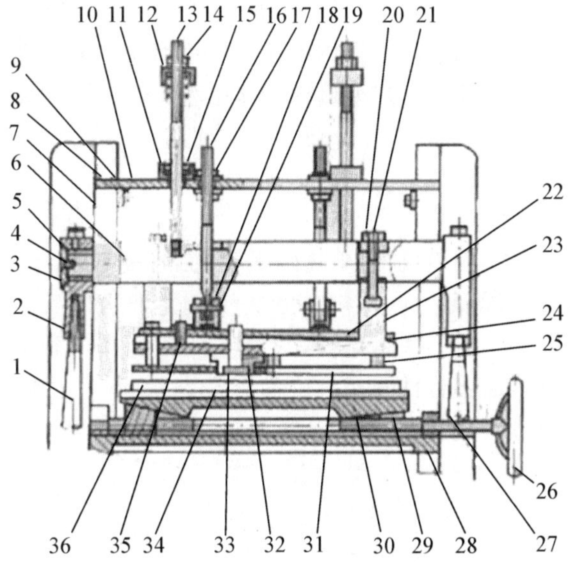

图 9-2-2　间歇式冲印饼干机印模成型机构

1. 连杆　2. 螺纹连接头　3. 滑枕套　4、16、27、35. 螺杆　5. 挡圈　6. 滑枕　7. 立柱　8、17、20. 螺母　9. 限位挡块　10. 上连接板　11、12. 弹簧座　13. 滑枕导向杆　14. 挡圈　15. 弹簧　18. 吊脚　19. 圆柱销　21. 螺栓　22. 垫板　23. 印模支架　24. 冲杆　25. 导向螺杆　26. 调节手轮　28. 机架　29. 斜滑块　30. 底板　31. 余料推板　32. 切刀　33. 冲模　34. 帆布输送带　36. 面带

(四)冲印式成型主要技术参数

1. 冲模规格

考虑饼干生产工艺的要求，饼干成型机要与后续饰品烤炉配套组成饼干生产线。因此饼干机冲模的长度应与食品烤炉的宽度相一致。对于中小型冲印饼干成型机的冲模长度应按 560 mm、480 mm、360 mm 三个尺寸设计制造。冲模宽度通常取 125～150 mm。

2. 冲印速度

冲印式成型机的冲印速度直接影响着饼干机的生产能力。一般采用间歇式结构的饼干成型机的最高冲印速度应不低于 70 次/min，摇摆冲印式成型机的最高冲印速度应不低于 120 次/min。

3. 饼干生坯的成型质量要求

冲印及辊切饼干成型机对饼干生坯的成型质量要求为：

(1)饼干生坯花纹与字迹应清晰，表面不得有皱纹，表面贴附干面量在烘烤后不得见白。

(2)生坯在沿冲模(模辊)方向的全部宽度内，取样 10 块，厚度差应在 3 mm 范围内。

(3)饼干凹底不得超过底面积的 1/3，重量相对误差不得超过±3%。

(4)饼干生坯合格率应不低于 97%。

二、辊印式成型机

辊印式成型机(简称辊印饼干机)主要适用于加工高油脂酥性饼干，更换该机印模辊后，通常还可以加工桃酥类糕点，所以也被称为饼干桃酥两用机。

辊印式成型机的印花、成型、脱坯等操作是通过成型脱模机构的辊筒转动而一次完成的，并且不产生边角余料。这种辊印连续成型机构工作平稳，无冲击，振动噪声小，加之省去了余料输送带，使得整机结构简单、紧凑，操作方便，成本较低。

(一)辊印式成型机主要结构

辊印式成型机主要由成型脱模机构、生坯输送带、面屑接盘、传动系统及机架等组成。辊印成型机由于印模辊规格不同而结构、体积变化较大，但主要构件及工作原理基本相同。

成型脱模机构是辊印饼干机的关键部件，它由喂料辊 3，印模辊 5，分离刮刀 4，帆布脱模带 13 及橡胶脱模辊 2 等组成，各构件间相对位置如图 9-2-3 所示。喂料辊与印模辊分别通过齿轮传动产生相对回转，橡胶脱模辊则借助于紧夹在两辊之间的帆布脱模带所产生的摩擦，由印模辊带动进行同步的回转。

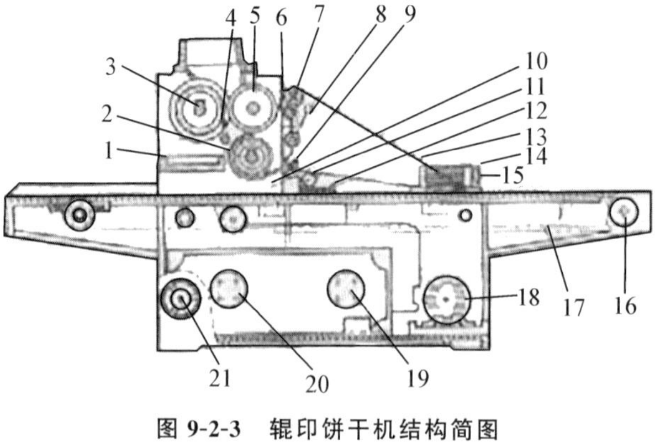

图 9-2-3　辊印饼干机结构简图

1. 接料盘　2. 橡胶脱模辊　3. 喂料辊　4. 分离刮刀　5. 印模辊　6. 间歇调节手轮　7. 张紧轮　8. 手柄　9. 手轮　10. 机架　11. 刮刀　12. 余料接盘　13. 帆布脱模带　14. 尾座　15. 调节手柄　16. 输送带支撑轴　17. 生坯输送带　18. 电动机　19. 减速器　20. 无级变速器　21. 调速手轮

(二)辊印饼干机成型原理

1. 辊印成型原理

图 9-2-4 为辊印饼干机成型原理示意图。饼干机工作时，喂料槽辊 3 与印模辊 5 在齿轮的

驱动下相对回转。料斗 4 内的酥性面料 11 依靠自重落入两辊表面的饼干凹模之中。以后由位于两辊下面的分离刮刀口将凹模外多余的面料沿印模辊切线方向刮落到面屑接盘中。印模辊旋转，含有饼坯的凹模进入脱模阶段，此时橡胶脱模辊 1 依靠自身形变将粗糙的帆布脱模带 10 紧压在饼坯地面上，并使其接触面间产生的吸附作用大于凹模光滑内表面与饼坯间的接触结合力。因此，饼干生坯便顺利地从凹模中脱出，并由帆布脱模带转入生坯输送带 7 上。

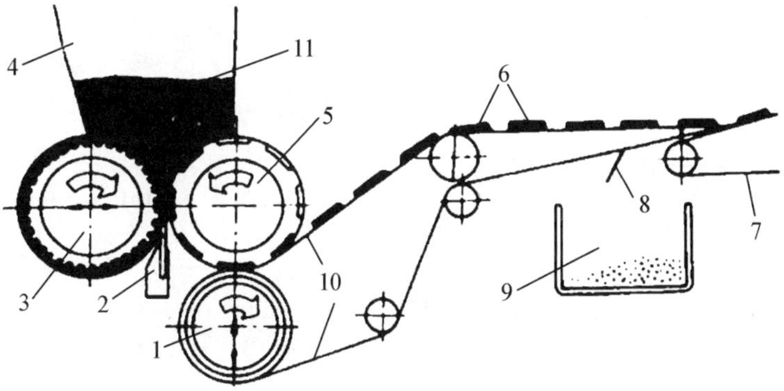

图 9-2-4 辊印成型原理

1.橡胶脱模辊 2.分离刮刀 3.喂料槽辊 4.料斗 5.印模辊 6.饼干生坯 7.生坯输送带 8.帆布带刮刀 9.面屑斗 10.帆布脱模带 11.面料

2.影响辊印成型的因素

(1)喂料辊与印模辊的间隙 喂料辊与印模辊之间的间隙随被加工物料的性质而改变，加工饼干的间隙在 3～4 mm，加工桃酥类糕点时需作适当的放大，否则会出现反料现象。

(2)分离刮刀的位置 有实验得知，分离刮刀的位置直接影响着饼干生坯的重量。当刮刀刃口位置较高时，凹模内切除面屑后的饼坯面略高于印辊表面，从而使得单块饼干重量增加，当刮刀刃口位置较低时，又会出现饼干重量减少的现象。刮刀刃口合适的位置应在印模辊中心线以下 3～8 mm 处。

(3)橡胶脱模辊的压力 橡胶脱模辊对印模辊所施压力的轻重也对饼干生坯成型质量有一定影响。若橡胶辊压力过小，则可出现坯料粘模现象；若压力过大，又会使成型后的饼坯造成后薄前厚的楔形，严重时还可能在生坯后侧边缘产生薄片状面尾。因此，对橡胶脱模辊调整要以顺利脱模的前提下，尽量减小压力为原则。

三、辊切式成型机

辊切式成型机(简称辊切饼干机)广泛适用于加工苏打饼干、韧性饼干、酥性饼干等不同产品。辊切饼干机工作速度快、效率高、振动噪声低，是一种效能比较高的饼干生产机型。

辊切饼干机(图 9-2-5)是综合了冲印饼干机与辊印饼干机的优点而发展来的一种饼干成型机。辊切成型机构与辊印饼干机的成型机构类似。它基本有两种形式，一种是将印花的切块制成类似冲印饼干机印模形式的复合模具嵌在一个压辊上；另一种则是将印花模与切块模分别安在两个压辊上。

如图 9-2-5a 所示，辊切成型机构主要由印花辊 3、切块辊 5、橡胶脱模(图中未画)及帆布脱模带等组成。印花辊与切块辊的尺寸一致,其直径一般在 200～230 mm。辊的长度与配套的烤炉尺寸相关联。橡胶脱模辊由于要同时支承两个压辊,所以直径大于上面两辊。关于辊切成型机构的其他技术条件,可参照冲印饼干机及辊印饼干机相应构件执行。

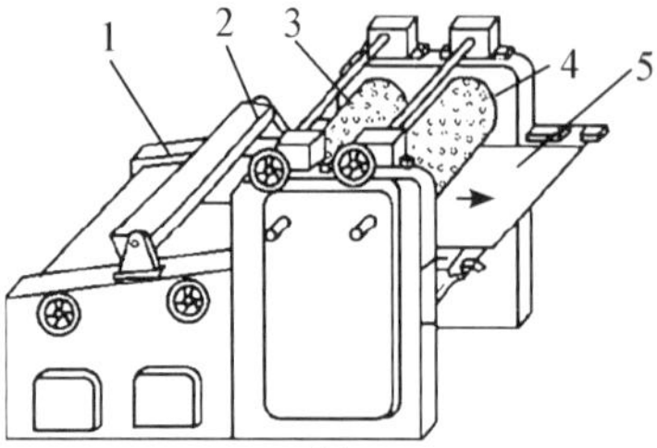

(a)

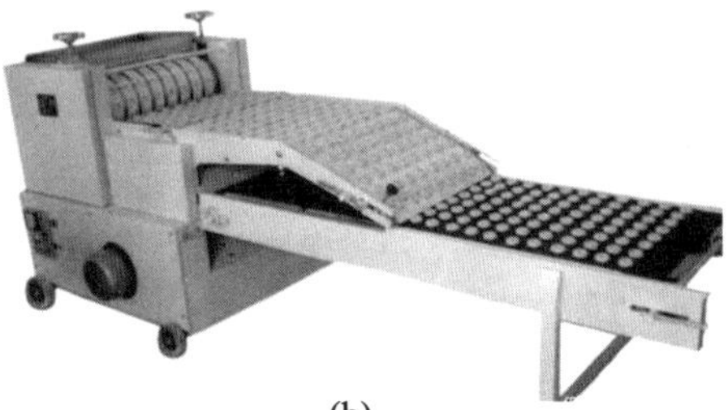

(b)

图 9-2-5　辊切饼干机

(a)辊切机构简图　(b)外形图

1.余料回头机　2.撒粉器　3.印花辊　4.切块辊　5.帆布脱模带

任务三　搓　圆　机

食品搓圆成型是通过物料与载体接触并随其运动,在载体搓揉作用下逐步变形成球状或圆柱状。在食品加工中,需要搓圆操作的有很多,如面包、馒头、糕点、汤圆及糖果等的搓圆。搓圆机的作用主要是使面团的外形成球状,并使内部气体均匀分散,组织细密,同时通过高速旋转揉捏,使面团形成均匀的表皮。

用于食品搓圆的设备主要有伞形搓圆机、锥形搓圆机、桶形搓圆机、网格式搓圆机等。

一、伞形搓圆机

1.主要结构

伞形搓圆机(图 9-3-1)是目前我国面包生产中应用最广泛的搓圆机械。其主要结构包括电动机、转体、旋转导板、撒粉装置及传动装置等,如图 9-3-1a 所示。

搓圆机的转体和螺旋导板是对面团进行搓圆的执行部件。转体安装在主轴上,动力由电机经 V 带及一级蜗轮蜗杆减速后,传至主轴,在旋转主轴的带动下,转体随之转动。螺旋导板通过紧固螺钉与支承板固定安装在机架上,由导板与转体配合形成面块运动的成型导槽。

由于面包面团含水多、质地柔软,因此面包搓圆机装有撒粉装置。在转体上盖 16 设有偏心孔,该偏心孔与拉杆 15 球面连接,使撒粉盒 13 的轴心做径向摆动。将盒内的面均匀地撒在螺旋形导槽内,防止操作时面团与转体、面团与导板及面团与面团之间粘连。机器停止时,应松开翼形螺栓 12,使控制板 11 封闭出面孔。

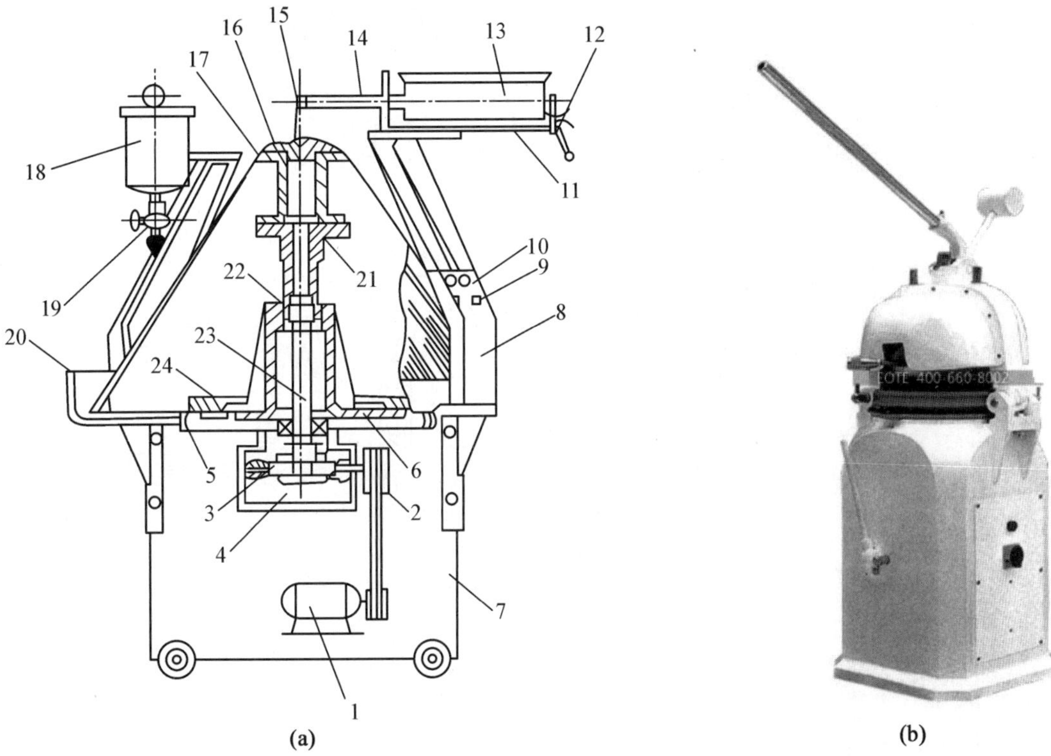

图 9-3-1　伞形搓圆机结构简图

(a)结构图　(b)外形图

1.电动机　2.带轮　3.蜗轮　4.蜗轮箱　5.主轴支撑架　6.轴承座　7.机架　8.支撑架　9.调节螺杆　10.固定螺钉　11.控制面板　12.翼形螺栓　13.撒粉盒　14.轴　15.拉杆　16.顶盖　17.转体　18.贮液桶　19.放液嘴　20.托盘　21.法兰盘　22.轴承　23.主轴　24.旋转导板

2.工作原理

图 9-3-2 所示为伞形搓圆机工作原理简图。

工作时,来自切块机的面块由转体底部进入螺旋形导槽,由于转体及固定导板的圆弧形状,使导板与面块、面块与转体伞形表面之间产生摩擦力,面块在转体旋转时还受离心力作用,因而面块沿螺旋形导槽由下向上运动。其间面块既有公转又有自转,既有滚动又有微量的滑动,从而形成球形,如图 9-3-2a 所示。

伞形搓圆机面块的入口设在转体的底部,出口在伞体的上部,由于转体上下直径不同,使得面块从底部进入导槽由下向上的运动速度越来越低,如图 9-3-2b 所示,这样,使得前后面块距离越来越小,有时会出现双生面团,即两个面块合为一体一起离开机体,为了避免双生面团进入醒发机,在正常出口上部装有一横挡,使体积大的双生面团不能通过,面团只能继续向前滚动,从大口出来进入回收箱,送去重新加工。其原理如图 9-3-2c 所示。搓圆完毕的球形面包生坯由伞形转体的顶部离开机体,由输送带送至醒发工序,如图 9-3-2d 所示。

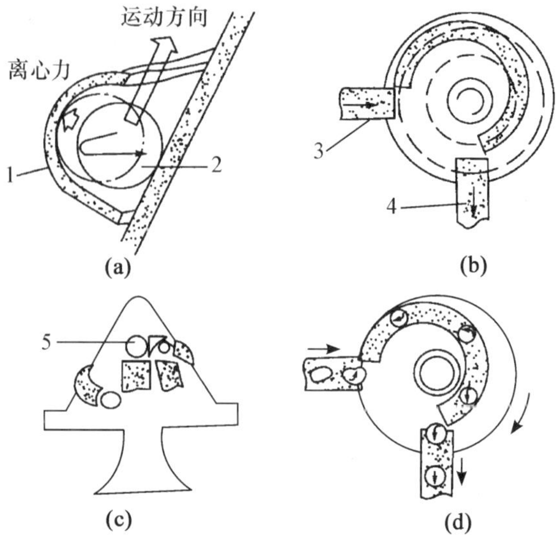

图 9-3-2　伞形搓圆机工作原理简图

(a)球体的形成　(b)不同圆周速度的形成

(c)面团进出口位置　(d)面团在搓圆机内的运动情况

1. 导槽　2. 面团　3. 进口　4. 出口　5. 双生面团

二、锥形搓圆机

锥形搓圆机的结构与伞形搓圆机大致相同，只是转体倒置，大端在上、小端在下，呈锥形。转体外同样设有导板，导板与转体组成面块成型的导槽。

其工作原理与伞形搓圆机基本相同。工作时，来自切块机的面块，由定向输送器送至锥形转体下部。在复合力的作用下，面块沿螺旋形导槽既公转又自转的由下向上运动，在运动过程中被搓成球形，到达锥体顶部。搓圆完毕后，面团由帆布输送带送至醒发工序，如图 9-3-3 所示。

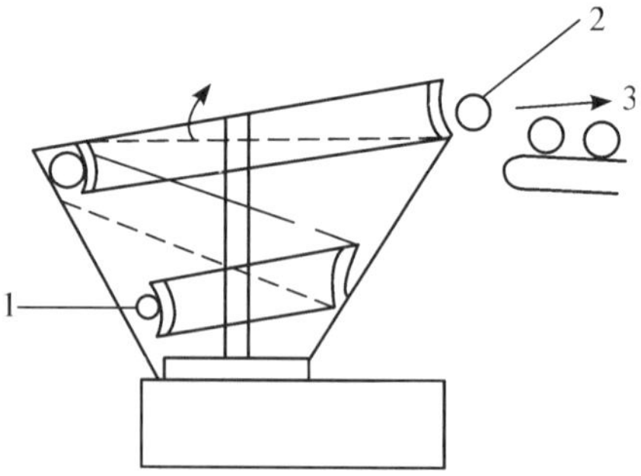

图 9-3-3　锥形搓圆机面块运动路线简图

1. 面块搓制起点　2. 面块搓制终点

3. 面块落入帆布输送带

由于转体直径下小上大，所以面块的运动速度由小到大，在离开搓圆机时达到最大，前后面块的距离也由小变大。这一点与伞形搓圆机相反，因此，不会像伞形搓圆机那样出现双生面团。但成型效果较差，一般用于生产小型面包。

三、桶形搓圆机

桶形搓圆机的转体斜度很小，形似圆桶，故称桶形搓圆机。桶形搓圆机可用于元宵的成型，其结构如图 9-3-4 所示，主要由倾斜圆盘翻转机构、传动机构和支架等组成。工作时，先将一批馅料切块和米粉放入盘中，圆盘旋转时，由于摩擦力的作用，物料将随着圆盘底部向上运动，然后又在重力作用下，离开原来的运动轨迹滚动下来，见图 9-3-4b，与盘面产生搓动作用。与此同时，由于离心力的作用，料团被甩到圆盘的边缘，黏附较多的粉料后又继续上升，如此反复搓一段时间后，馅料即被粉料逐渐裹成一个较大的球形面团，当达到要求的大小时，即停机并摇动翻转机构将成品倒出。

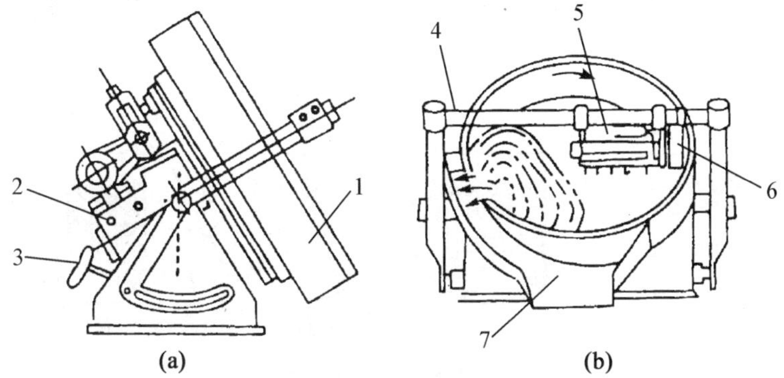

图 9-3-4　桶形搓圆机

(a)主视图　(b)俯视图

1. 倾斜圆盘　2. 减速器　3. 翻转机构　4. 支架　5. 喷水管　6. 刮刀　7. 卸料斗

四、网格式搓圆机

网格式搓圆机为一次完成切块、揉搓操作的小型间歇式成型机械，如图 9-3-5 所示。

1. 主要结构

它主要由压头、工作台、模板及传动机构等组成，其压头中设有压块 2、切刀 1、围板 3 及导柱 6 等。压块安装在围板之内，用以压制面片，切刀可在压块间滑动，用于坯料的切断。模板 4 由无毒耐油橡胶或工程塑料等软质材料制造。工作台由中心偏心轴及外缘辅助偏心轴构成的偏心机构驱动进行平面摇动。为减缓工作台平动时因交变载荷作用而引起的振动冲击现象，电机通过锥盘式摩擦离合器进行传动。

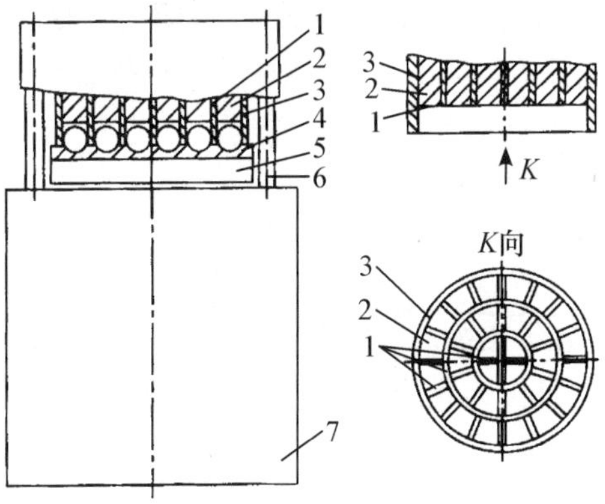

图 9-3-5　网格式搓圆机

1. 切刀　2. 压块　3. 围板　4. 模板　5. 工作台　6. 导柱　7. 机体

2. 工作原理

如图 9-3-6 所示，网格式搓圆机的原理操作主要通过以下 8 个工序来实现。

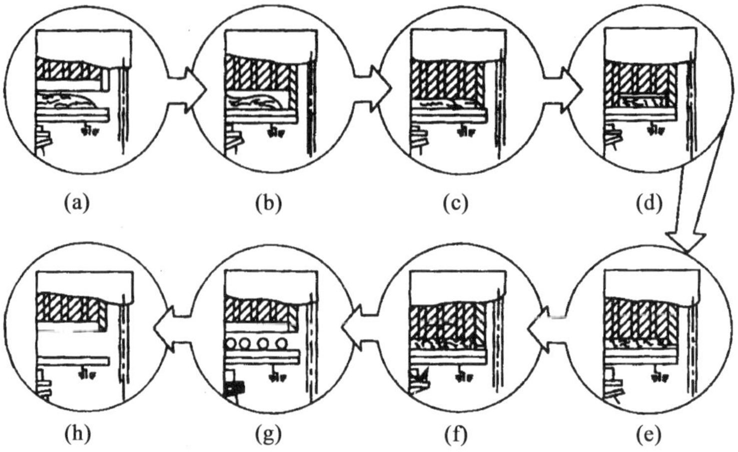

图 9-3-6 网格式搓圆机工艺流程示意图

(a)放进横板 (b)围板落下 (c)压块压下 (d)切刀切入 (e)压块提起 (f)摩擦轮接触 (g)压头复位 (h)取出模块

①将一定量的面团摊放于工作台上的模板上。②围板下降压在模板上，将摊放在其上的面团包围起来。③压块和切刀一同下降，将面团压制成厚度均匀一致的面片。④切刀继续下降直至与模板接触，将面片均匀切割成面块，同时压块上升 3 mm，以留出因切刀切入而占用的面块空间。⑤压块继续上升，同时切刀及围板稍微抬起 1 mm；留出揉搓面团所需要的空间。⑥摩擦离合器结合，电机通过回转曲柄带动工作台上的模板做平面回转运动，再通过模板带动各面块在切刀、模板、压块及围板构成的空间内转动，在转动过程中各面块受四壁作用而被滚动揉搓成球状生坯。⑦摩擦离合器断开，工作台停止转动。围板、压块及切刀复位。⑧取出模板，网格式搓圆机的一次工作循环结束。

任务四 包 馅 机

一、包馅机

生产带馅食品的机器称为包馅机。包馅食品一般由外皮与内馅组成。糕点中的包馅制品(如月饼、京八件等)外皮通常是由面粉或米粉与水、油、糖及蛋液等组成的混合物；内馅的种类很多，如枣泥、果酱、豆沙、五仁等。

(一)包馅机的形式

包馅机的种类较多，按其成型方式不同大致可以分为感应式、灌肠式、注入式、剪切式、折叠式等几种形式。图 9-4-1 为包馅机成型方式示意图。

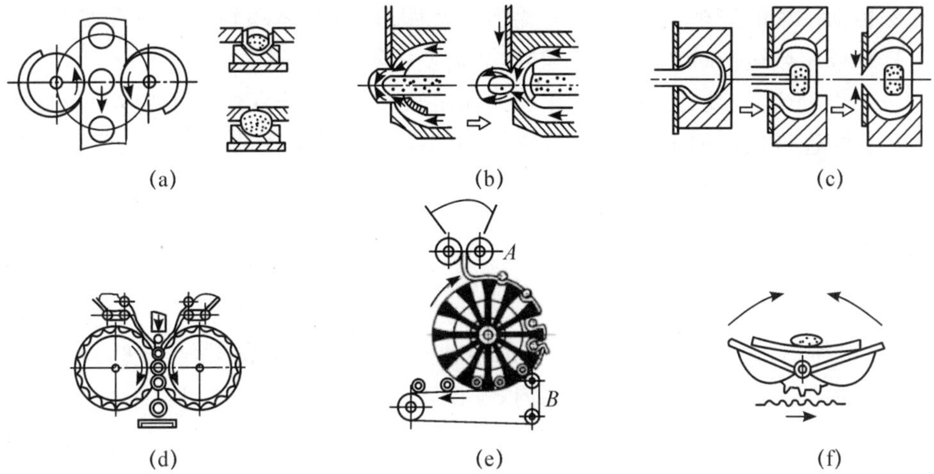

图 9-4-1　包馅机成型方式示意图

(a)感应式　(b)灌肠式　(c)注入式　(d)剪切式　(e)折叠式　(f)折叠式

(二)包馅机主要结构

包馅机主要由输面机构、输馅机构、成型机构、撒粉机构、传动系统、操作控制系统及机身等组成,如图 9-4-2 所示。

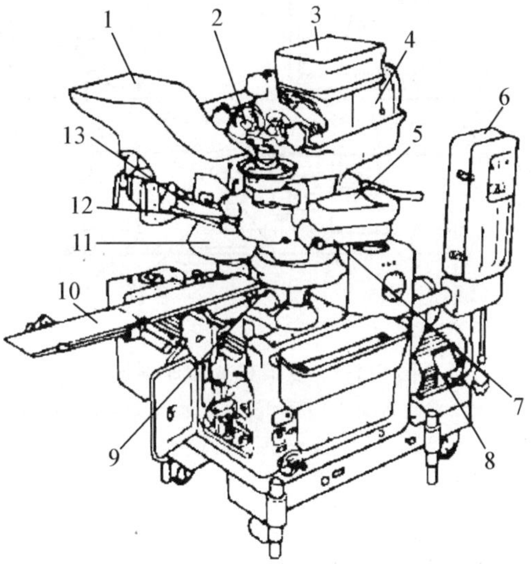

图 9-4-2　包馅机外形图

1.面斗　2.叶片泵　3.馅斗　4.输馅双绞龙　5.干面粉斗　6.操作箱　7.撒粉机构　8.电动机　9.托盘　10.输送带　11.成型盘　12.输面竖绞龙　13.输面双绞龙

输面部分包括面斗、两只水平输面绞龙及一只垂直输面绞龙(竖绞龙)。输馅部分包括馅斗、两只水平输馅绞龙及叶片泵。撒粉装置由面粉斗、粉刷、粉针及粉盘组成。成型装置的主要部件是两只回转成型盘、托盘及复合嘴。传动系统包括一台 2.2 kW 的电动机、带传动无级变速器、双蜗轮箱及各种齿轮变速箱等。

为确保传动系统的安全，在双蜗轮箱输出轴及面、馅绞龙驱动轴上均设有安全销，当工作系统发生故障或超载运行时，安全销被剪断，从而使机器免遭损坏。

在输送带出轮箱上，设有二次加工附件的输出轴，以驱动换装在上面的各种加工附件。产品在输出过程中进行二次加工，不必专设单独的传动系统与工作部件。不仅缩短了机身的长度，而且扩大了机器的使用范围。

(三)包馅机成型原理

1.棒状成型

如图 9-4-3 所示，面料在输面双绞龙 5 的推动下，进入竖绞龙的螺旋空间，并被继续推进，移向面馅复合嘴(竖绞龙、复合嘴在箱体内，本图未显示)的出口。此时，面料被挤压成筒状面管。

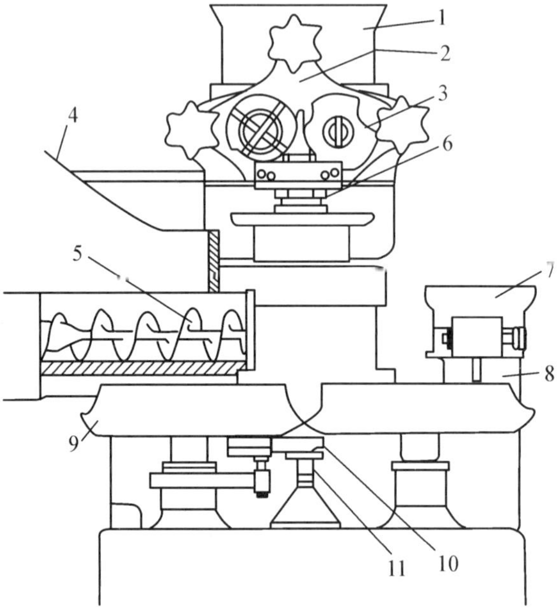

图 9-4-3　包馅机成型原理图

1.馅斗　2.输馅控制　3.叶片泵　4.面团斗　5.输面双绞龙　6.输馅管　7.面粉斗
8.布粉盘　9.成型盘　10.拨杆　11.托盘

馅料经输馅双绞龙输送至双叶片泵 3。叶片旋转，使馅料转向 90°并向下运动，进入输馅管 6，输馅管装在输面竖绞龙的内腔，当馅料离开输馅管，在复合嘴出口处与面管汇合时，便形成里面是馅、外皮是面的棒状半成品。

棒状半成品经压扁、印花及切断可制作两端露馅的带馅食品。

根据不同的品种要求，复合嘴可以更换。复合嘴断面形状、尺寸不同，挤出的棒状产品规格不同。

2.球状成型

球状成型是由成型盘 9 的动作来完成的。由棒状成型后得到的半成品经过一对转向相同的回转成型盘的加工后，成为球状包馅食品。

成型盘表面呈螺旋状。成型盘除半径、螺旋状曲线的径向与轴向变化外，螺旋的迎角也是变化的。这就使成型盘的螺旋面随棒状产品的下降而下降，同时逐渐向中心收口。而且由于螺旋面迎角的变化，使得与螺旋面接触的面料逐渐向中心推移，从而在切断的同时把切口封闭并搓圆，最后制成球状带馅食品生坯。这种成型方法称为“感应成型”，也叫“回转成型”。

回转成型是对成型时的运动形式而言的。由于成型盘的回转及产品本身的回转运动，使物料和成型盘之间不产生固定的接触。这样就使产品在与成型盘数十次回转的相对运动中连续受力，逐渐变形，避免因一次成型产品受力过猛，造成应力集中，致使面皮组织坚实，影响食品的口感风味。

感应成型是对成型时力的传递方式而言的。由于成型盘迎角的变化，使产品的部分物料向预计的方向逐渐移动。由于局部受力位移，牵连相关的其他部分，产生连锁性反应。根据这一原理，利用成型盘螺旋的迎角变化，使压力方向逐渐改变，从而把棒状半成品收口切断成一个个球状食品生坯。球状食品生坯再经压扁、印花、装饰、烘烤等操作，制成各种形态的带馅食品。图 9-4-4 为包馅机成型盘操作过程示意图。成型盘上的螺旋线有一条、两条、三条之分。螺旋线的条数不同，制品的球状半成品大小也不相同。一般来说，螺旋线的条数越多，制出的球状半成品体积越小，单位时间生产的产品越多。

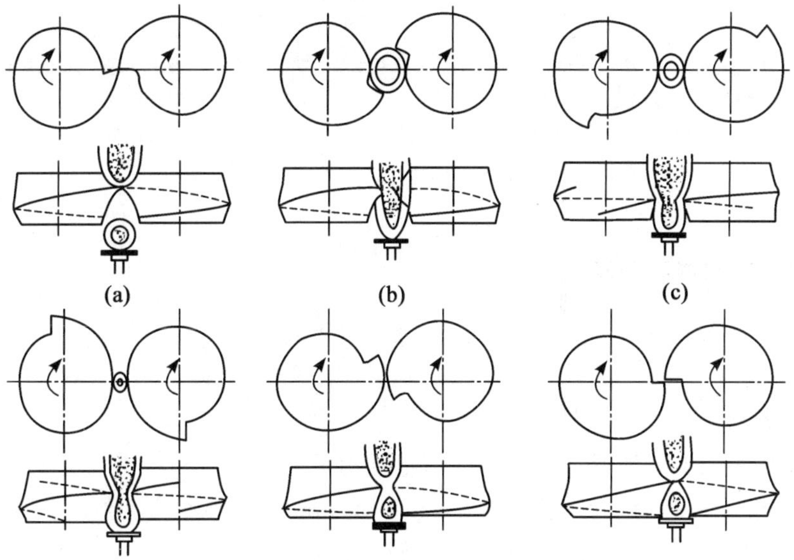

图 9-4-4　包馅机成型盘操作过程示意图

(a)开始接料　(b)开始成型　(c)滚圆切割　(d)滚圆切割　(e)切割结束　(f)成型结束

二、馄饨成型机

馄饨成型机是将预先压成的面带和馅料加工成方皮馄饨生坯的小型设备，这种通过机械动作代替人手，连续步进，完成成型操作的机器属于间歇工位自动机。它是食品机械向自动化方向发展的典型实例。

(一)馄饨成型机主要结构

馄饨成型机配合制作馄饨所设计的工艺动作，主要由制皮机构、供馅机构、折叠成型机构及传动装置等组成。图 9-4-5 为馄饨成型机构示意图。

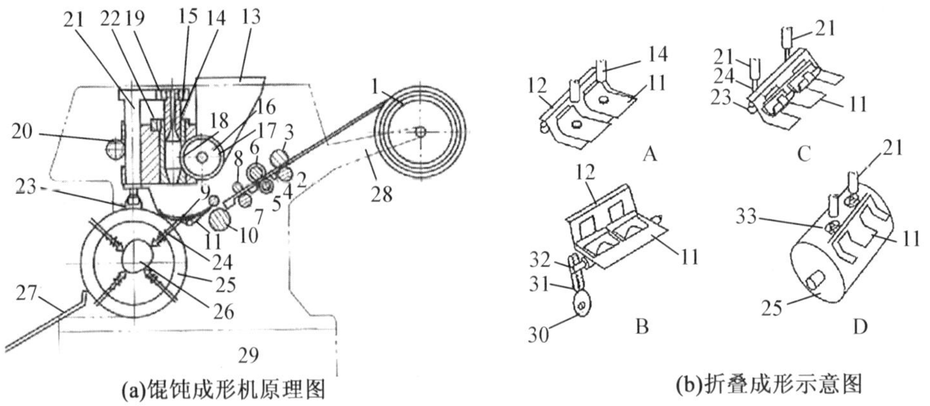

图 9-4-5　馄饨成型机

A.定位　B.一次对折　C.二次对折　D.U 形折

1.面带　2.下浮动平整辊　3.上浮动平整辊　4.导板　5.纵切底辊　6.纵切辊　7.横切底辊　8.横切辊　9.浮动压辊　10.加速器　11.翻板　12.盲型板　13.馅斗　14.馅管　15.下馅冲杆　16.左右螺旋叶片　17.刮刀　18.进馅口　19.连接板　20.齿轮　21.塔角冲杆　22.调馅齿条　23.盲型导辊　24.浮动盲型顶杆　25.盲型滚筒　26.凸轮　27.滑板　28.弹簧　29.机身　30.凸轮　31.齿条　32.齿轮　33.馄饨

(二)馄饨成型机成型原理

按设计工艺动作的要求，馄饨成型机要完成纵横切割制皮、冲压、供馅及折叠成型等三项操作。

1.纵横切割制皮

首先将面带 1 从支架经下浮动平整辊 2、上浮动平整辊 3、导板 4 引入制皮机构；由纵切辊组 5、6，横切辊组 7、8，把面带切成两块 80 mm×90 mm 的馄饨面皮。然后依靠加速辊 10 与浮动压辊 9 之间的摩擦将面皮快速输送到盲型板 12 上定位待用。

加速辊快速送皮的作用是要在连续制皮与下一步的间歇供馅间产生一段缓冲时间，以避免两者间出现干涉现象。加速送皮越快，时间间隔越长，生产节拍越容易调整；但面皮输送线速度越快，惯性冲击越大，面皮变形损坏或定位不准的可能性越大。因此加速辊的直径与转速应控制适当。

2.冲压供馅

馅斗 13 内的馅料由左右螺旋叶片 16 以与制皮机构同步的速度(约 40 r/min)在刮刀 17 的配合下压入进馅口 18。压入量的多少，由调馅齿条 22 带动馅管 14 转位，通过改变进馅口 18 开口的大小来控制。

当馅料进入馅管 14 内后，为克服由于馅料的黏滞性所引起的内外黏接现象，由齿轮 20、齿条 31 带动下馅冲杆 15，将定量馅料下压至出馅口处，再由柱塞泵产生的压缩空气瞬时喷入馅管，将馅料吹落在盲形板上的面皮中，至此间歇供馅结束。

3. 折叠成型

馄饨成型的折叠形由定位、一次对折、二次对折、U 形折弯及搭角冲合等五个工步完成。

(1)定位　来自加速辊的面皮，前半段稍长部分位于盲型板 12 上，后半段稍短部分位于翻板 11 上。面皮依靠盲型板中部的折角圆弧限位，见图 9-4-5b 中 A。

(2)一次对折　供馅结束后，凸轮 30 转入升程，借助于齿轮 32、齿条 31 使翻板 11 将其上的后半段面皮向内翻转折叠到馅料上面。稍许停顿待面皮被馅料粘住后，翻板外翻复位。翻板的整个行程均由凸轮 30 的圆周曲线控制，见图 9-4-5b 中 B。

(3)二次对折　一次对折结束后，处在间歇状态的盲型滚筒 25 逆转 90°。滚筒内均匀分布的同时，又受滚筒中心固定凸轮曲线轮廓的推动而沿其径向外伸。这种平面复合运动相当于翻板 11 的作用，即将上一次对折的夹馅面皮沿盲型板斜面向上翻折。第二次对折完成后，馅料被包在里面，形成条状生坯，见图 9-4-5b 中 C。

(4)U 形折弯　二次对折后，条状生坯由盲型顶杆 24 推动继续向前运动。穿过盲型板 12 上的盲型孔时，生坯被初步折弯，接着又被固定在盲型板前的间距为一个馄饨宽的两只浮动盲型导辊进一步折弯，从而使生坯外形转化成 U 形轮廓，见图 9-4-5b 中 D。

(5)搭角冲合　折弯结束后，盲型滚筒 25 又进入转位间歇状态。这时，两只 U 形生坯恰好位于塔角冲杆 21 的下方。冲杆在齿轮 20 的驱动下，在下陷冲杆 15 进行冲馅的同时，快速向下运动，将 U 形生坯内侧两角搭接冲合成一体。然后塔角冲杆 21 复位，盲型滚筒 25 继续转动 90°角，将成型后的馄饨生坯沿滑板 27 送入接料盘中。至此馄饨成型机加工一对馄饨的成型操作结束。

三、饺子成型机

饺子成型机，又称饺子机，是通过机械运动完成饺子包制操作的机器。目前国内机制饺子大都为灌肠辊切成型，输面形式为螺旋输送，输馅机构的形式有齿轮泵、叶片泵等。

饺子成型机的外形如图 9-4-6 所示，它主要由传动机构、输馅机构、输面机构、辊切成型机构等机构组成。

1. 输馅机构

输馅机构有两种组成形式，一种是由绞龙-齿轮泵-输馅管组成，另一种是由绞龙-叶片泵-输馅管组成。实践表明，叶片泵比齿轮泵有利于保持馅料原有的色、香、味。所以目前国内饺子机大部分都采用后一种，其结构如图 9-4-7 所示。

叶片泵属容积式泵的一种，这种泵具有压力大、流量稳定、定量准确的特点，所以广泛应用于食品工业中的各个环节。叶片泵主要由转子、定子、叶片、泵体及调节手柄组成。此外，为了扩大泵的适用范围，便于输送黏度低、颗粒大的松散物料，通常在泵的入口处还设有输送绞龙。这样可以将物料强制压向入口，使物料充满吸入腔。采用这种结构，可以补偿由于泵吸力不足和松散物料流动性不好而造成的充填能力低等缺欠。

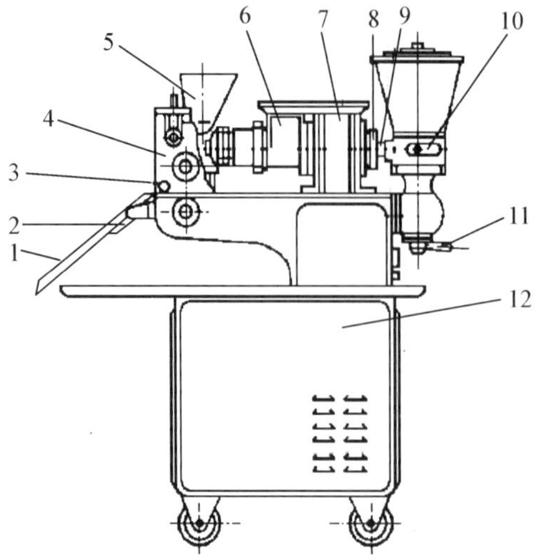

图 9-4-6 饺子成型机外形图

1.溜板 2.振杆 3.定位销 4.成型机构 5.干面斗 6.输面机构 7.传动机构 8.调节螺母 9.馅管 10.输馅机构 11.离合手柄 12.机架

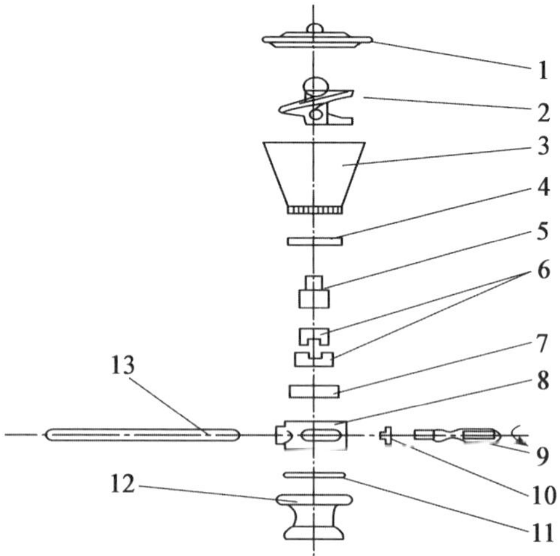

图 9-4-7 输馅机构图

1.斗盖 2.馅绞龙 3.馅斗 4.上活板 5.转子 6.叶片 7.定子 8.泵体 9.调节螺母 10.垫块 11.底板 12.螺母 13.馅管

图 9-4-8 为叶片泵的工作原理示意图。物料在输送绞龙的输送压力下，通过入料口进入且充满吸入腔，随着转子的转动，叶片即被带动回转，同时在定子侧壁的推动下又沿自身导槽滑动，吸入腔不断增大；当吸入腔达最大时，叶片做纯转动，将物料带入排压腔，在排压腔内，定子内壁迫使叶片做随转子的转动与自身相对转子的滑动，使得排压腔逐渐减小，物料被压向出料口，离开泵体。

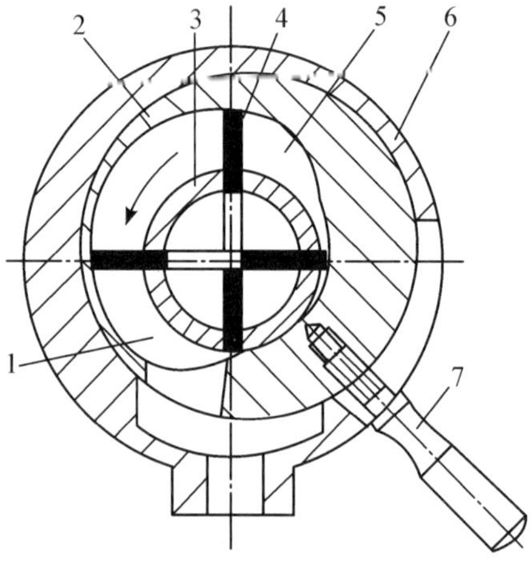

图 9-4-8 输馅叶片泵工作原理图

1.排压腔 2.定子 3.转子 4.叶片 5.吸入腔 6.泵体 7.手柄

流量调节可通过调节手柄改变定子与馅管通道的截面积来实现。调节手柄通过泵体上的长孔装在定子上，搬动手柄即可调节流量。

输馅机构一般都由不锈钢材制成。

2.输面机构

输面机构如图 9-4-9 所示。它主要由输面绞龙、面套、固定螺母、内面嘴、外面嘴、面嘴套及调节螺母等组成。

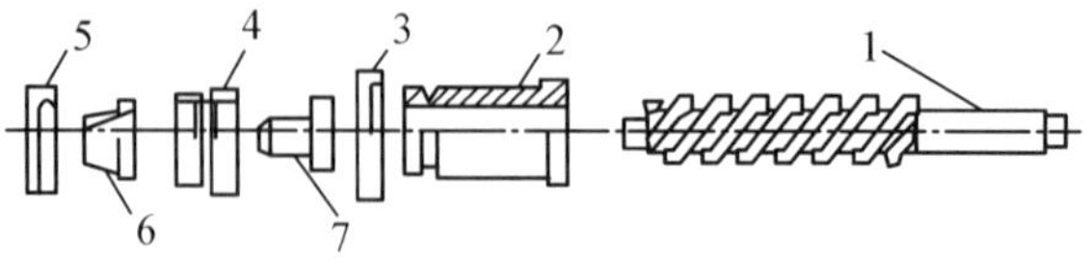

图 9-4-9 输面机构简图

1.输面绞龙 2.面套 3.固定螺母 4.面嘴套 5.调节螺母 6.外面嘴 7.内面嘴

输面绞龙1为前部带有一定锥度的单导程卧式螺旋输送器，锥度为1∶10，其作用在于逐步改变螺旋槽内的工作容积，使被送面团的输送压力逐渐增大，以满足形成连续均匀面管的工艺要求。

在靠近输面绞龙的输出端设置内面嘴7，它的大端输面盘上开有里外两层各三个沿圆周均匀对称分布的腰形孔。当绞龙输出的旋转面块分散通过内面嘴时，腰形孔既可阻止面块的旋转，又使得穿过孔的六条面块均匀交错搭接，汇集成环状面管。面管在后续面料的推动下，由内外面嘴的环状狭缝挤出，从而形成所需要的面管。

由内面嘴的输面盘至外面嘴挤出的轴向距离不宜过长，否则输面时会引起机器发热，面管温度升高，甚至产生糊化变性，影响成品饺子的口感质量。

在输面机构上，还设有与绞龙相对旋转的副辊，其作用是阻止入料口处的面团从面斗逸出。从而顺利完成输面操作。

输面流量的调节，可通过移动输面绞龙的轴向位置，即改变输面绞龙与面套上的间隙来实现。这一操作，可通过旋转图9-4-6中的调节螺母8来完成。另外，输送面管的壁厚可通过调节9-4-9中的调节螺母5以改变内面嘴7与外面嘴6的间隙来实现。

输面机构零部件的材料大多为不锈钢，副辊的材料为无毒工程塑料。

3. 成型原料

目前我国生产的饺子机广泛采用灌肠辊切成型。灌肠原指在香肠生产过程中将调制好的肉泥灌入圆筒装的肠衣，以得到圆柱状半成品的操作过程。

饺子成型机工作时，面团经输面绞龙输送由外面嘴挤出成型面管。馅料经输馅绞龙、叶片泵作用，沿馅管进入面管内孔中，从而实现了灌肠成型的操作。

任务五　软料糕点成型机

以前软料糕点靠手工制作，不仅生产效率低，工人劳动强度大，而且产品质量的一致性较差。近几年来，各地食品机械生产和科研部门先后模仿手工挤花动作，研制出一批软料糕点成型机，简称软料糕点机，又称曲奇饼机，其外形如图9-5-1所示。实际上这种机器不但能够生产软料糕点，而且还能够生产桃酥、杏元、长白糕及蛋糕类糕点食品。

一、成型原理

软料糕点的面团稠度差别很大，其中最硬的软料面团稠度与桃酥面团稠度相似。这种面团具有良好的塑性，但没有流动性，而且黏滞性较强，很容易粘模。同时，因为品种的需要，面团内常常还有颗粒较大的花生、核桃及果脯等配料，因此既不能模仿人工挤花（又称拉花）的方式成型，又不能采用辊印、辊切或冲印等方式成型。对于这种面团通常采用钢丝切割式成型（图9-5-2），其产品类似桃酥，外形简单，表面无花纹。成型嘴又称排料嘴，一般呈圆形、方形等。

稠度较低的面团既有良好的可塑性，又能在外力条件下产生适当的流动，这种面团一般采用拉花成型，其产品的形状取决于出料口的形状及运动方式。通常出料口制成花瓣形，而且根据需要做一定角度的回转，使产品形成美丽的花纹，比如曲奇饼、奶油浪花酥等。

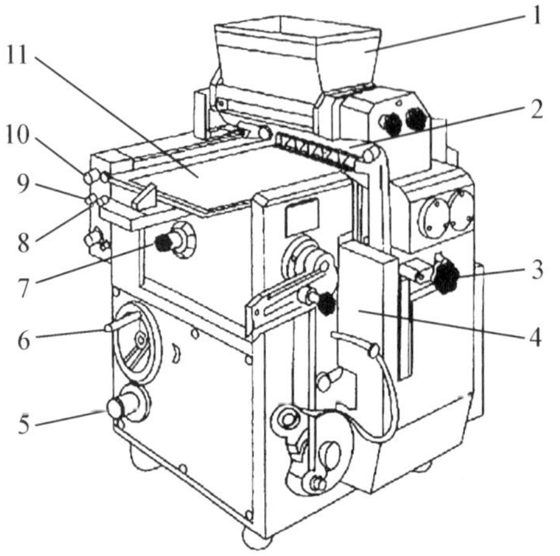

图 9-5-1　软料糕点成型机外形图

1. 料斗　2. 挤出嘴　3. 麻花纹可变手柄　4. 坯料可变手柄　5. 变速手柄　6. 烤盘上下可变手柄　7. 烤盘滑动可变手柄　8. 螺纹长辊型挤出开关　9. 长辊型长短可变拨盘　10. 启动卡关　11. 烤盘

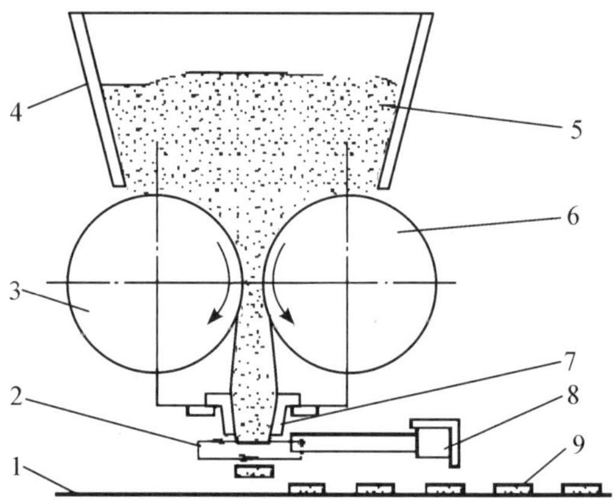

图 9-5-2　钢丝切割成型原理示意图

1. 输送带　2. 钢丝　3. 喂料辊　4. 料斗　5. 面团　6. 喂料辊　7. 成型嘴　8. 钢丝架　9. 生坯

对于那些稠度低，而且光滑、流动性较强的面料（称为面糊或浆）采用钢丝切割式与拉花成型显然都是不恰当的，但是可以采用浇注成型。用面浆浇注成型制作的糕点有蛋糕、杏元、长白糕等。这时横板应被一排挤出嘴所代替，挤出嘴应该呈锥形，以便浇注。浇注成型时，烤盘上若带有型腔，产品的最终形状将与型腔一致。值得注意的是在浇注成型过程中，面浆挤出嘴的卸料、停止应与烤盘运动严格同步，否则会造成大量废品。

软料糕点机根据喂料形式的不同分为齿辊式与柱塞式软料糕点机。

齿辊式喂料装置主要由面斗、两个或三个带齿形沟槽的喂料辊组成。喂料辊的作用是将面料挤向下面的压力/平衡腔。喂料辊可能是连续运转，也可能是间歇运转，还可以进行瞬时反转，以造成排料口瞬时负压，引起面料被瞬时回收。这样面料就可以被连续地或间歇地挤出。

对于钢丝切割式成型机，挤出嘴成型模口距烤盘或传送带约 70 mm，机器本身装有距离调节机构，通过输送带或烤盘的上升或下降，使该距离在一定范围内得到调节。挤出模嘴成排安装，它们可以是任何理想的形状或尺寸。切断产品用的拉紧钢丝安装在框架上（图 9-5-2），并以一定的频率作前后往复运动，在通过挤出模嘴下边缘时将挤出的面料切断，形成一片片的糕点生坯，产品的厚度取决于钢丝往复运动时间间隔的长短。钢丝切割的方向可以与烤炉传送带的方向一致，但大多数情况是方向相反。不管是哪个方向，都是切割冲程时钢丝靠近模嘴，而在回程时钢丝下降。生坯可以直接落在烤盘或传送带上，也可以翻转后落下。但不论落下形式如何，所有生坯的运动必须同步。由于面团的黏滞性及其结构的粗糙，会给产品的质量带来一定的影响。为此在面团制备时应保持其稠度、结构的均匀一致，以使每片产品重量及外观质量的统一。

有些成型机采用锐利光滑的片刀或锯齿形刀代替钢丝切割，同时为了解决面料的黏附问题，切割钢丝或刀具可在水平面内连续振动，以改善切割质量。

钢丝切割的速度不很高，通常不超过 100 次/min。挤出模嘴通常为单排安装，但如果产品规格很小，也可安装双排模嘴。当然可以安装两个机头，使其同步隔行挤出成型。

钢丝切割成型的产品往往由于面团内还有果仁、果脯等大颗粒的辅料，而造成产品表面粗糙或形状不规则等缺陷。为此，在入炉前可安装一只塑料泡沫辊，使生坯形成平整的表面并具有一致的厚度，以提高产品质量，便于机械包装。

当成型机连续挤出，生产连续的条状食品时，模板通常与软料挤出的方向成一定角度安装，以保证条状产品尽可能平滑地落在传送带上(图 9-5-3)。这时模板的开口应该左右对称，并使条状产品底部平整、表面有条纹(拉花)。连续的条状产品通常在入炉前被切割成一定的长度，但也有时切割操作在焙烤后实现。切口断面的粗糙程度取决于面团的特性，即面团的稠度和辅料颗粒的大小。

为了增加产品的花色品种，可以同时安装不同的成型模嘴。为了生产夹馅软料糕点，需要将面斗分隔开来，用以同时盛装不同的面料。如图 9-5-4 所示，面团和馅料在料斗中即被隔开，在喂料辊的旋转作用下，分别进入下面的压力腔。压力腔同样被分为两部分，并保证馅料在中间，面料在周围，通过成型嘴被挤出。馅料可以是果酱或其他食品物料，但其稠度应与面团的稠度近似。

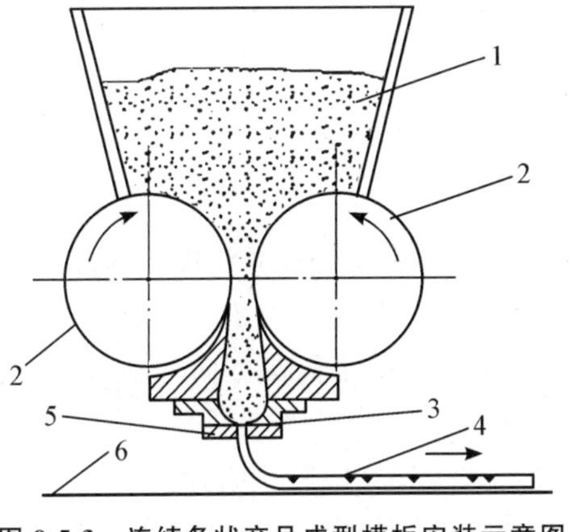

图 9-5-3　连续条状产品成型模板安装示意图

1.面团　2.喂料辊　3.成型模板　4.条状产品　5.挤出嘴　6.输送带

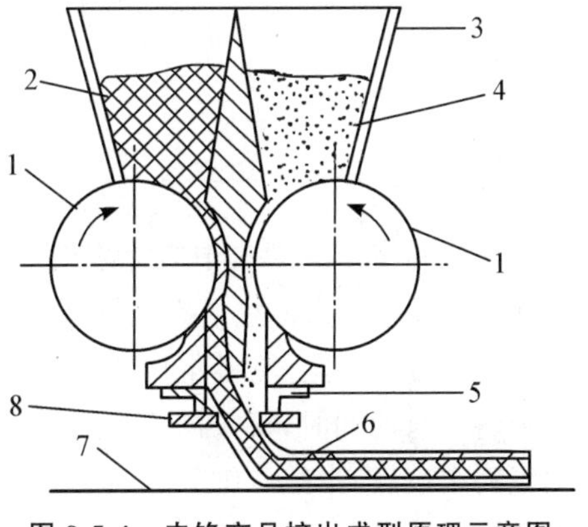

图 9-5-4　夹馅产品挤出成型原理示意图

1.喂料辊　2.馅料　3.料斗　4.面团　5.成型模板　6.夹馅产品生坯　7.输送带　8.挤出嘴

二、定量供料装置

软料糕点成型机的供料装置，基本有两种形式，即槽形辊与柱塞泵。

(一)槽形辊定量供料装置

软料糕点成型机的槽形辊定量装置的优点是结构较简单，便于制造；缺点是根据面料稠度不同，需及时更换供料装置。图 9-5-5(a)、(b)分别为生产曲奇饼类及蛋糕类糕点的槽形辊定量供料装置示意图。

面料的稠度不同,槽形辊的结构、安装方式、旋转方向不同。开机以后,相对(用于较稠的软料)或相背(用于面浆)旋转的槽形喂料辊向下送料,面料经压力/平衡腔进入下面的出料嘴,然后落在下面的烤盘下。排料的多少是靠喂料辊正常旋转的时间长短来控制的。待排出物料达到预计定量后,槽形辊立即进行反转,以使排料口产生瞬间负压,面料上返,避免滴落。槽形喂料辊的正、反转应与间歇运动的烤盘同步,方能保证产品的外观质量与重量的稳定。

软料糕点挤出成型的定量精确问题比冲印、辊印及辊切成型生产饼干要困难得多。定量的准确性当然主要取决于成型机,但调粉过程的不同也是不可忽略的因素。

在一定时间内,排出面料的多少主要取决于模板(或挤出嘴)后面的压力,该压力靠喂料辊的速度控制,但料斗内面团的高度对挤出重量也有一定的影响,因此应保持料斗里的面料在一个相对稳定的水平上。实践证明面料高度较低时,比较容易控制。

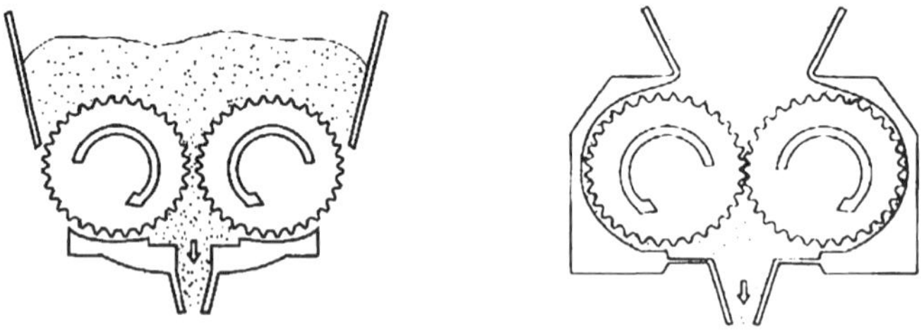

(a) (b)

图 9-5-5 槽形辊喂料装置示意图

(a) 用于稠料 (b) 用于面浆

(二)柱塞式定量供料装置

在浇注和挤出成型机中广泛采用柱塞式定量装置。它包括真空吸料和排料两部分,图 9-5-6(a)为吸料过程。将软料投入料斗 1 后,起动电动机。此时半缺口轴 3 的半缺口正好转至图 9-5-6(a)所示位置,使料斗与柱塞缸筒形成通路。柱塞 6 向图中箭头方向运动,造成真空,开始吸料。与此同时,机头向上运行,成型花嘴 4 离开烤盘。

吸料结束后,半缺口轴 3 通过内凸轮,带动齿条使半缺口轴 3 吸料关闭,而排料口打开,此时柱塞 6 由后向前运行,把吸进柱塞缸筒 5 内的面料推出。这时机头已下降到最低点,推出的面料通过成型花嘴 4 落在烤盘上。图 9-5-6(b)为排料过程示意图。

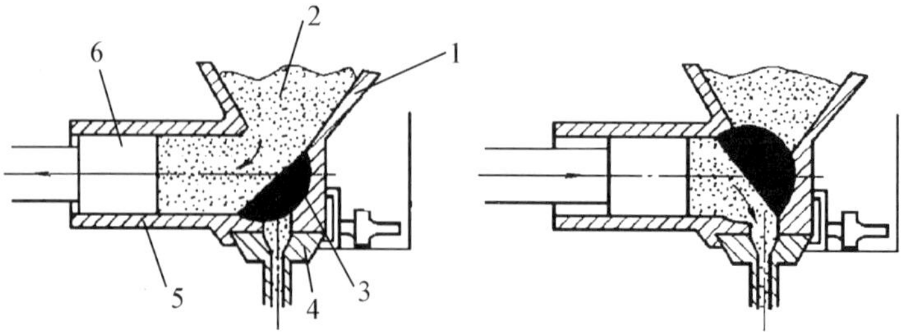

(a) (b)

图 9-5-6 柱塞式定量供料装置示意图

(a)吸料过程 (b)排料过程

1. 料斗 2. 面料 3. 半缺口轴 4. 成型花嘴 5. 柱塞缸筒 6. 柱塞

任务六　挤　压　机

一、单螺杆挤压机

(一)单螺杆挤压机的构成

图 9-6-1 所示为一典型挤压加工系统示意图,该系统由喂料、预调质、传动、挤压、加热与冷却、成型、切割、控制等八部分组成。

1. 喂料装置

该装置把贮存于料仓的各种易黏结、不能自由流动的混合配料均匀而连续地喂入机器中,确保挤压机稳定地操作。常用的喂料装置有螺旋喂料器、振动喂料器、液体计量泵,喂料量连续可调。

2. 预调质装置

各种配料在预调质装置中与水、蒸汽或其他液体组成混合,以提高物料的含水量和温度及其均匀程度,然后输送到挤压装置的进口处。预调质装置为半封闭腔,内部安装有螺旋带或搅拌浆的搅拌轴。

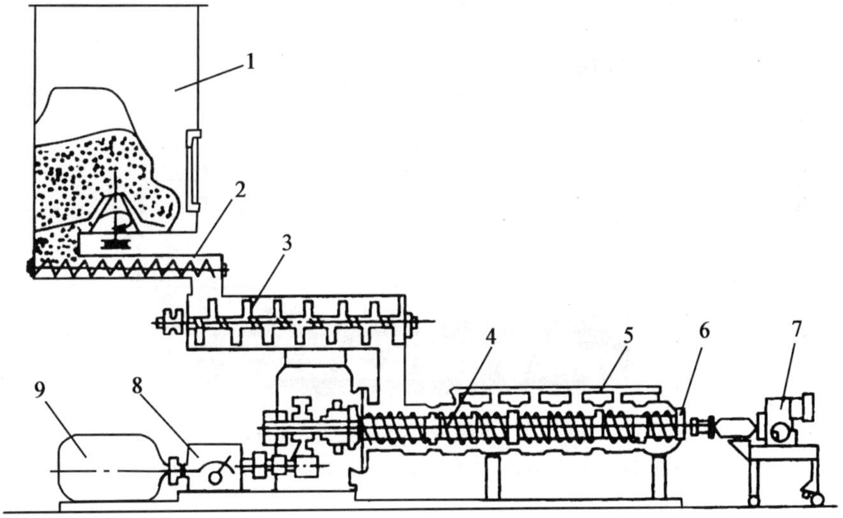

图 9-6-1　典型单螺杆挤压加工系统示意图

1. 料箱　2. 螺旋喂料器　3. 预调质器　4. 螺杆挤压装置　5. 蒸汽注入口　6. 挤出模具　7. 切割装置　8. 减速器　9. 电机

3. 传动装置

它的作用是驱动螺杆,保证螺杆在工作过程中所需要的扭矩和转速可选用可控硅整流的直流电动机、变频调速器控制的交流电动机、液压马达、机械式变速器等方法来控制传动装置输出轴的转速，以达到控制螺杆转速的目的。

4. 挤压装置

挤压装置由螺杆和机筒组成，是直接进行挤压加工的部件，为整个挤压加工系统的核心部分。

5. 加热与冷却装置

加热与冷却是挤压加工过程顺利进行的必要条件。为使食品物料始终能在其加工工艺所要求的温度范围挤压，通常采用电阻或电感应加热和水冷却装置来不断调节机筒的温度。

6. 成型装置

成型装置又称挤压成型模头，模头上设有一些使物料挤出时成型的模孔，其形状可根据产品形状要求而改变，最简单的是一个孔眼，环形孔、十字孔、窄槽孔也经常使用。为了改进所挤压产品的均匀性，模孔进料端通常加工成流线型开口。

7. 切割装置

挤压加工系统中常用的切割装置为端面切割器，切割刀具旋转平面与模板端面平行。通过调整切割刀具的旋转速度和挤压产品的线速度来获得所需挤压产品的长度。根据切割器驱动电动机位置和割刀长度的不同，可分为飞速和中心两种切割器。飞速切割器的电动机装在模板中心轴线外面，割刀臂较长，以很高的线速度旋转。中心切割器的刀片较短，并绕模板装置的中心轴线旋转。

8. 控制装置

挤压加工系统控制装置主要由微电脑、电器、传感器、显示器、仪表和执行机构等成，其主要作用是控制电动机转速，并保证各部分协调地运行，控制操作温度和压力以保证产品质量。

(二)单螺杆挤压机的主要构件

单螺杆挤压机的主要工作构件如图 9-6-2 所示。

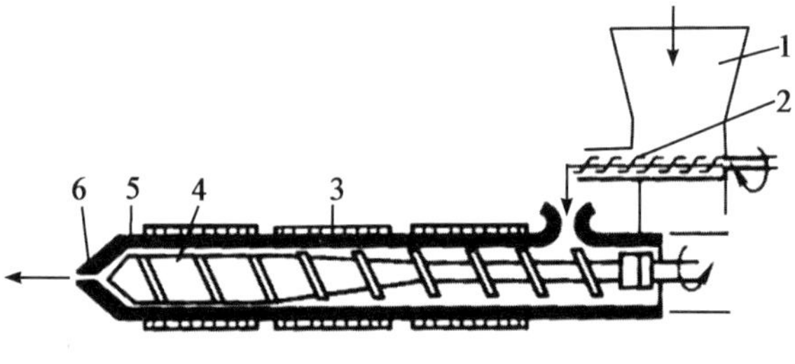

图 9-6-2　单螺杆挤压机主要工作构件

1. 料斗　2. 送料装置　3. 加热装置　4. 螺杆　5. 机筒　6. 出口

1. 螺杆

螺杆是挤压机的核心部件，是挤压机性能的决定性因素，其结构形式多种多样，一般情况下可按总体结构分为普通螺杆和特种螺杆。

(1)普通螺杆　普通螺杆的整个长度布满螺纹，因螺纹旋向、螺距、螺槽深度等又具体分为以下几种。

①等距变深螺杆(图 9-6-3a)。所有螺槽的螺距不变，而螺槽深度则逐渐变浅。计量均化

段较浅的螺槽有利于加强剪切混合,同时物料与机筒的接触面积较大,易从外部吸收热量,但受到螺杆强度的限制,不能用于压缩比较大的小直径螺杆。

②等深变距螺杆(图 9-6-3b)。易于实现进料口处的螺杆具有较高的强度,便于提高生产能力,但在接近模头的计量均化段剪切混合作用较差,甚至易出现物料的倒流现象。

③变深变距螺杆(图 9-6-3c)。在螺槽深度逐渐变浅的同时,螺距逐渐变小,具有前两者的优点,可得到较大的压缩比,但制造困难。

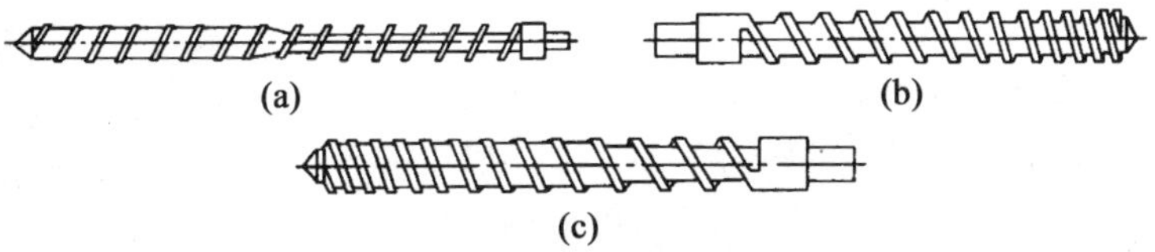

图 9-6-3　普通螺杆

(a)等距变深螺杆　(b)等深变距螺杆　(c)变深变距螺杆

④带反向螺纹的螺杆(图 9-6-4)。压缩熔融段或计量均化段加设反向螺纹,使物料产生倒流趋势,进一步提高挤压及剪切强度,提高混合效果,为扩大物料对流混合区域,通常此处螺纹上开设沟槽。

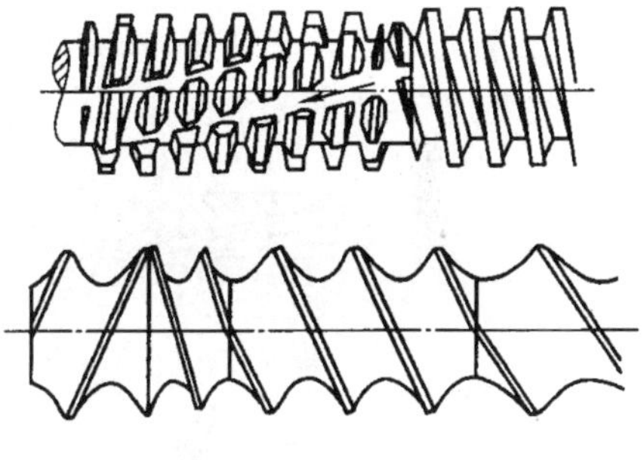

图 9-6-4　带反向螺纹的螺杆

(2)特种螺杆　为弥补单根普通螺杆性能的不足,提高输送的稳定性,提高混合效果,稳定挤压过程,人们不断开发新型特种螺杆。特种螺杆在实际使用中多以组合螺杆的一段构件出现,包括分离型、屏障型、分流型和波状螺杆等。

2. 机筒

机筒和螺杆共同组成了挤压机的挤压系统,完成对物料的固体输送、熔融和定压定量输送。机筒的结构形式关系到热量传递的稳定性和均匀性,影响到整个挤压熟化机的工作性能,加料输送段处的结构形式影响固体输送效率。常见的机筒有整体式和分段式两种结构形式。

(1)整体式机筒(图 9-6-5)　机筒为整体加工而成。这种机筒便于设置外加热器,受热均匀,制造时易保证加工精度和装配精度,装配工作简单,应用较多。但是机筒的长度大,加工要求比较高,机筒内表面磨损后难以修复。

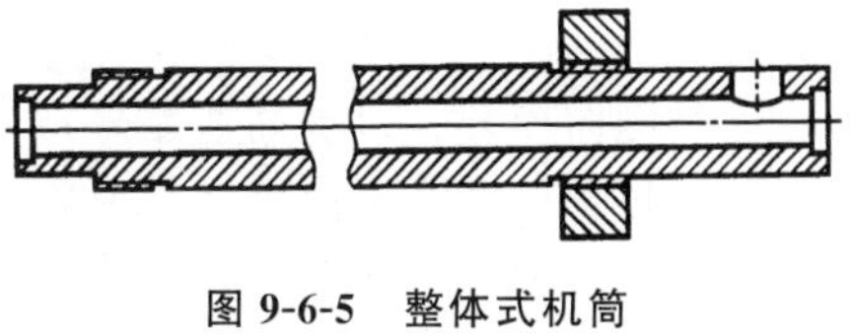

图 9-6-5　整体式机筒

(2)分段式机筒(图 9-6-6)　机筒是在分段加工后用法兰或其他形式连接而成。这种机筒形式的机械加工比整体式机筒容易,便于改变长径比。其主要缺点是分段太多时难以保证各段的对中,法兰连接处会影响机筒的加热均匀性。

(3)双金属机筒　由两种金属制造而成,其中内层为耐腐蚀、硬度高、耐磨损的优质金属。按制造工艺又分为衬套式和浇铸式。

为提高输送效率和压力,经常使用特种机筒。主要有轴向开槽机筒和带排气孔的机筒。

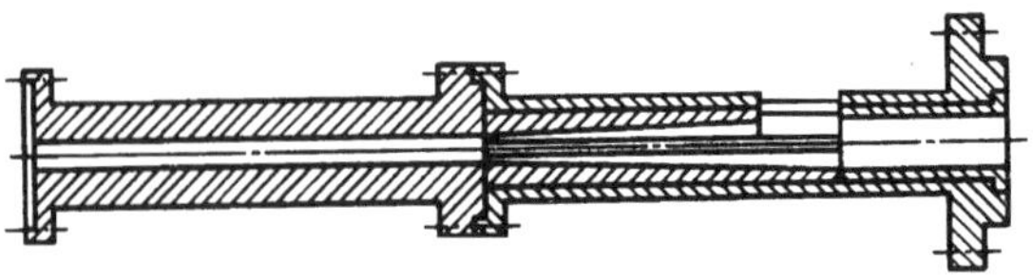

图 9-6-6　分段式机筒

3. 模具

图 9-6-7　模头与环形产品

模具是物料从挤压室排出的通道，通道的横截面积远小于螺杆与机筒间空隙的横截面积。物料经过模孔时便由原来的螺旋运动变为直线运动，有利于物料的组织化作用。模孔处为挤压机最后一处剪切作用区，进一步提高了物料的混合和混炼效果。模孔横截面的形状可控制产品的造型(图 9-6-7)，如动物造型、字母造型、球形、环形等。模孔的内部结构影响到产品的表面结构，如图 9-6-8 所示，常见的模孔内部结构如下。

(1)锥形模孔　无死角，不易产生模孔堵塞现象，模孔内压力无突变，产品表面光滑。

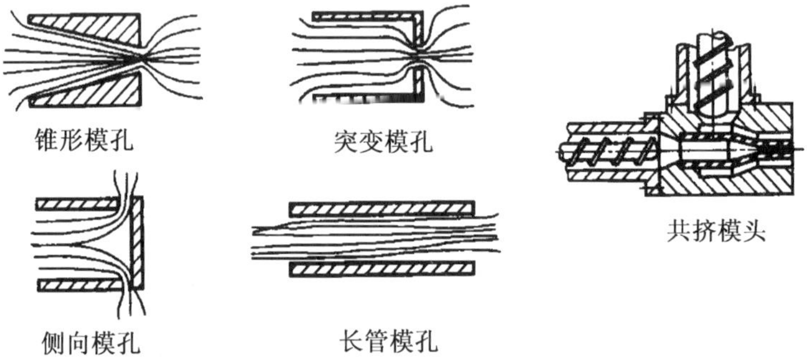

图 9-6-8　常见模孔结构

(2)突变模孔　利于进一步提高混炼、混合效果，产品质地更为均匀、微细，但易产生堵塞现象。

(3)侧向模孔　可提高产品外形层次感和纤维化结构。

(4)长管模孔　可减少产品的膨化程度，提高组织化程度。

(5)共挤模头　用于生产夹心产品。

4. 加热与冷却装置

保证挤压室内适当的温度是挤压熟化加工进行的必要条件，挤压熟化机的加热与冷却系统是为了保证这一必要条件而设置的。

(1)加热装置　①电阻加热器。电阻加热是用得最广泛的加热方式，其装置具有外形尺寸小、质量轻、装拆方便等优点。②电感应加热器。电感应加热是通过电磁感应在机筒内产生涡流电而直接使机筒发热的一种加热方法。其优点是：预热升温的时间较短，在机筒的径向方向上的温度梯度较小；温度稳定性好；比电阻加热器节省电能 30%左右；感应加热器的寿命比较长。

(2)冷却装置 ①机筒冷却。挤压机的冷却往往是采用自来水冷却,其附属装置较为简单。水冷却速度较快,但易造成急冷,因一般未经软化处理的水,水管易出现结垢和锈蚀现象而使水管降低冷却效果或被堵塞、损坏等。②螺杆冷却。螺杆冷却的目的是改善加料输送段物料的输送,防止物料过热,利于物料中所含的气体能从加料输送段的冷混料中返回并从料斗中排出。当螺杆的计量均化段受到冷却时,在螺槽的底部会沉积一层温度较低的料,会减小均化段的螺槽深度。

通入螺杆中的冷却介质通常是水,也可以是空气。一些先进挤压熟化机可根据不同物料和不同加工工艺要求调整螺杆的冷却长度,提高了机器的适应性。该项调整一般通过调整伸进螺杆的冷却水管的插入长度等来实现。

(三)单螺杆挤压的操作

食品挤压设备是一种连续、高速处理物料的装置,不同型号的挤压机有不同的操作特点,需要操作人员了解和掌握操作规程。

1.开机前的准备

开机前,检查挤压机,螺杆、机筒和其他零部件之间不得有摩擦或卡死现象。有些挤压熟化机的螺杆相对于推力轴承能够移动,出料处锥形螺杆部分和机筒的配合间隙可调,通常用塞规测量进行调整。在启动前切割装置需安装到位,切刀相对于模头的调整要精确,通常切刀和模板表面之间保持有很小的间隙(0.05～0.2 mm)。

启动前要对喂料器和调节装置进行检查以确定其是否正常,有时喂料器需要校准到正常运行的标准状态。所有的蒸汽管道都要打开阀门,放掉冷凝水。所有报警器和安全设施也应处于完好状态。

2.启动操作与稳定运行操作

因预调质器和挤压熟化机电动机启动后才允许开始喂入原料,而在物料未充满挤压室的情况下运行会加快挤压螺杆磨损,要求尽量缩短启动时间,最大限度地减少生产损失、废品的数量和避免设备损坏。启动应在低产量、高水分条件下开始。

挤压机的传动功率、模板温度、模板处的挤出压力等关键参数以及被挤压物料状态,这些参数可作为操作人员在启动期间进行操作的依据。

3.停机操作

挤压机停机时首先应将通入预调质器和机筒的蒸汽关闭,向原料中加入过量水分,直到出料温度降低到100℃以下后终止喂料,挤压机则需继续运转到模孔出现湿冷物料为止。

停机后常常需要拆下模板,拆模板时需要仔细,当拧松机头连接螺栓时,机内压力突然急剧释放会对操作者有潜在的危险。如果在拆模时挤压室内还有压力,应在机头装上链条或其他制动机具以保持机头在拆模时相对位置不变,直到压力完全消失。模板拆下后,开动螺杆把机内剩余物料旋转出。

二、双螺杆挤压机

与单螺杆挤压机相比,双螺杆挤压机的物料输送能力强,操作更为稳定,同时结构更为复杂。图 9-6-9 所示为一双螺杆食品挤压膨化机结构，由料斗、机筒、两根螺杆、预热器、模板、传动装置等构成。

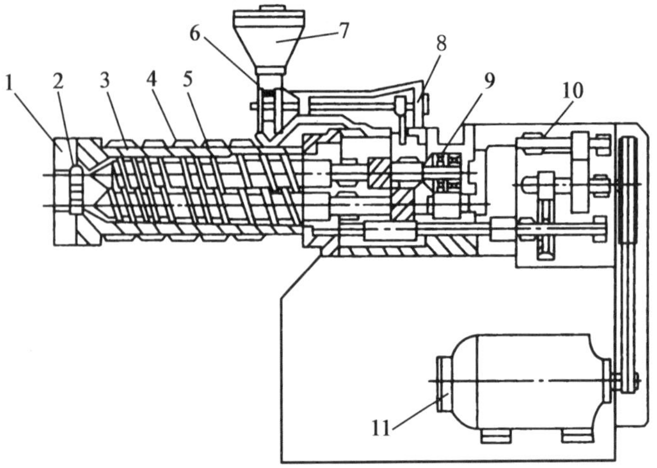

图 9-6-9　双螺杆挤压机结构示意图

1. 机头连接器　2. 模板　3. 机筒　4. 预热器　5. 螺杆　6. 下料管　7. 料斗　8. 进料传动装置　9. 止推轴承　10. 减速箱　11. 电动机

(一)双螺杆挤压机分类及特性

据两螺杆间的配合关系又可分为全啮合型、部分啮合型和非啮合型(图 9-6-10)；根据螺杆转动方向，双螺杆挤压机可分为同向旋转型和异向旋转型两大类(图 9-6-11)。

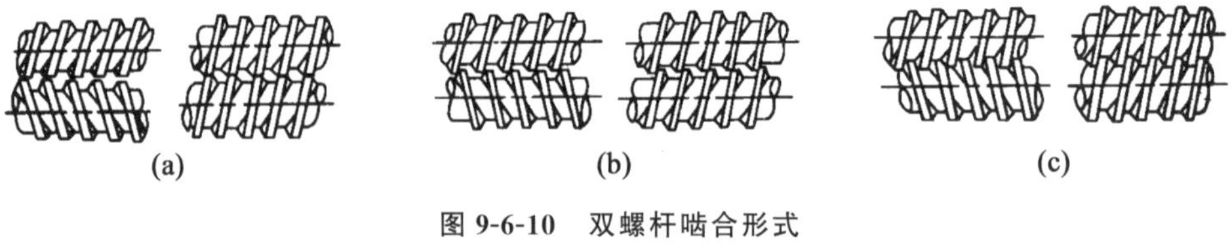

图 9-6-10　双螺杆啮合形式

(a)非啮合型　(b)部分啮合型　(c)全啮合型

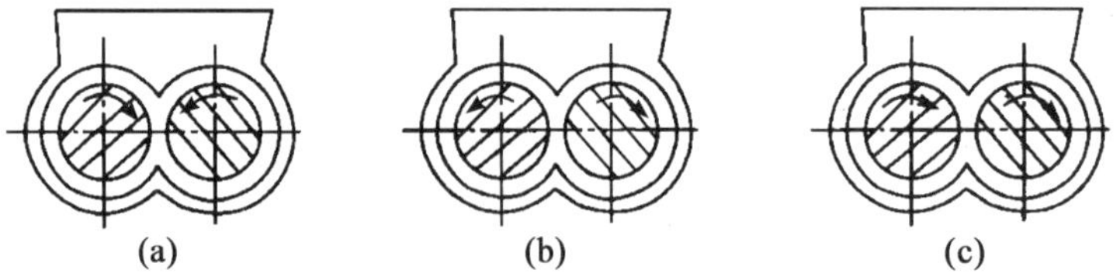

图 9-6-11　双螺杆的旋转方向

(a)向内异向旋转　(b)向外异向旋转　(c)同向旋转

1. 非啮合型与啮合型双螺杆挤压机

(1)非啮合型双螺杆挤压机　又称为外径接触式或相切式双螺杆挤压机，两螺杆轴距至少等于两螺杆外半径之和。在一定程度上可视为相互影响的两台单螺杆挤压机，其工作原理与单螺杆挤压机基本相同，物料的摩擦特性是控制输送的主要因素，这类挤压机在食品加工中应用较少。

(2)啮合型双螺杆挤压机　两根螺杆的轴距小于两螺杆外半径之和，一根螺杆的螺棱伸入另一根螺杆的螺槽。根据啮合程度不同，又分为全啮合型和部分啮合型。全啮合型是指在一根螺杆的螺棱顶部与另一根螺杆的螺槽根部不设计任何间隙。部分啮合型是指在一根螺杆的螺棱顶部与另一根螺杆的螺槽根部设计留有间隙，作为物料的流动通道。

2. 开放型与封闭型双螺杆挤压机

对于啮合型，根据啮合区螺槽是否设计留有沿着螺槽或横过螺槽的可能通道，划分为纵向开放或封闭、横向开发或封闭。

(1)纵向开放与封闭　如果物料可由一根螺杆的螺槽流到另一根螺杆的螺槽，则称为纵向开放，又称为纵向封闭。

(2)横向开放与封闭　在两根螺杆的啮合区，若物料可通过螺棱进入同一根螺杆的相邻螺槽，或一根螺杆螺槽中的物料可以流进另一根螺杆的相邻两螺槽，则称为横向开放。横向开放必然也纵向开放。

3. 同向与异向旋转双螺杆挤压机

(1)同向旋转　两根螺杆旋转方向相同。

(2)异向旋转　两根螺杆的旋转方向相反，包括向内旋转和向外旋转两种情况。其中，向内异向旋转时，进料口处物料易在啮合区上方形成堆积，加料性能差，影响输送效率，甚至出现起拱架空现象。向外异向旋转时，物料可在两根螺杆的带动下，很快向两边分开，充满螺槽，迅速与机筒接触吸收热量，有利于物料的加热、熔融。

(二)双螺杆挤压机挤压过程

双螺杆挤压机与单螺杆挤压机的功能相似，但在工作原理上存在着较大的差异。主要体现在：强制输送，强烈混合。双螺杆挤压机内的挤压过程因螺杆结构、配置关系、运动参数等差异而大不相同。下面仅介绍两例。

1. 同向旋转型双螺杆挤压过程

当物料进入螺杆的输送段后，在两根螺杆的啮合区所形成的压力分布如图 9-6-12 所示，在挤压过程中，螺杆和机筒共同将物料分割成若干个 C 形扭曲单元(图 9-6-13)。

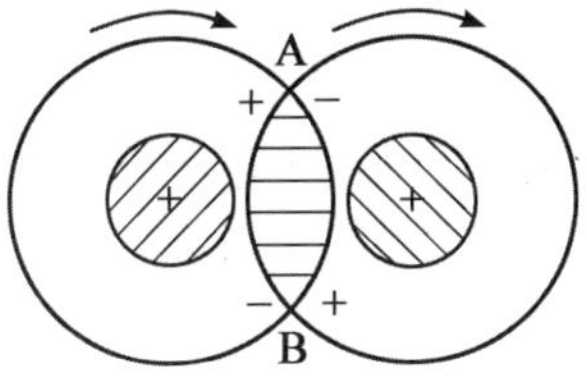

图 9-6-12　同向旋转啮合区压力分布

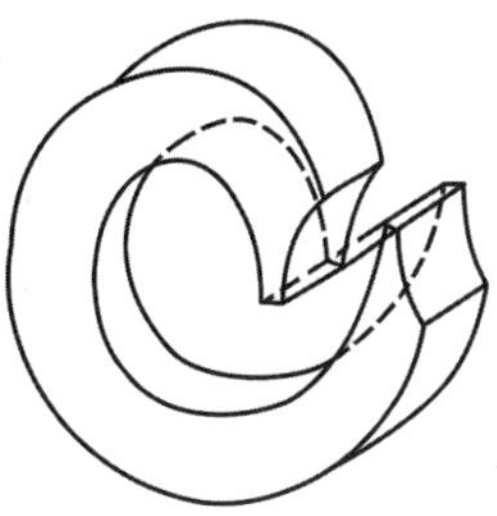

图 9-6-13　C 形扭曲料柱

在同向旋转型双螺杆挤压室(图 9-6-14)内,无法形成封闭腔,连续的螺纹通道允许物料从一个螺杆的螺槽进入到另一个螺杆的螺槽,形成漏流,切向压力建立不起来。物料本身使螺杆处于料筒中央,螺杆与料筒之间和螺杆与螺杆之间允许间隙存在,仍具有自洁作用。在啮合区没有局部高剪切作用,从而减小机械磨损。螺杆的自洁作用防止了物料黏附于螺杆之上,避免了热敏性物料烧焦,加速了物料的扩散分布,进而缩短了停留时间分布。

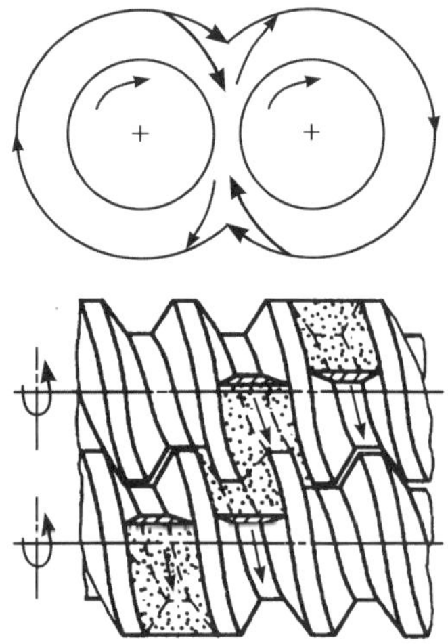

图 9-6-14　同向旋转型双螺杆挤压室

增大产量和降低螺杆转速能缩小扩散速度分布,剪切更加一致,物料更均匀。这类挤压机输送作用不如反向旋转型,但混合效果好,同时漏流使螺杆与料筒间摩擦减小,所以挤压机转速可高达 500 r/min。可通过提高转速来弥补产量的不足。

为了加强对于物料的剪切作用,在压缩段的螺杆上通常安装有 1～3 段反向螺杆和混捏元件。混捏元件一般为三角形捏合块或薄片状椭圆(图 9-6-15、图 9-6-16),可对物料进行成分的混合和搅动。

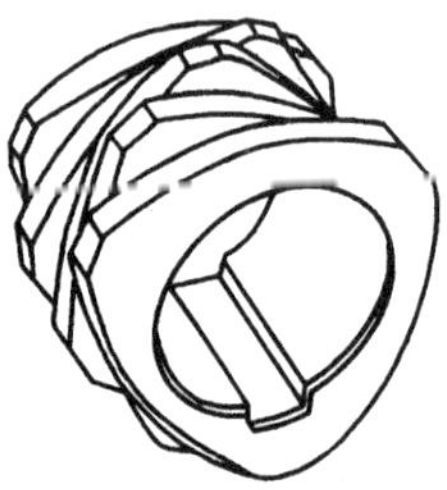

图 9-6-15　捏合元件

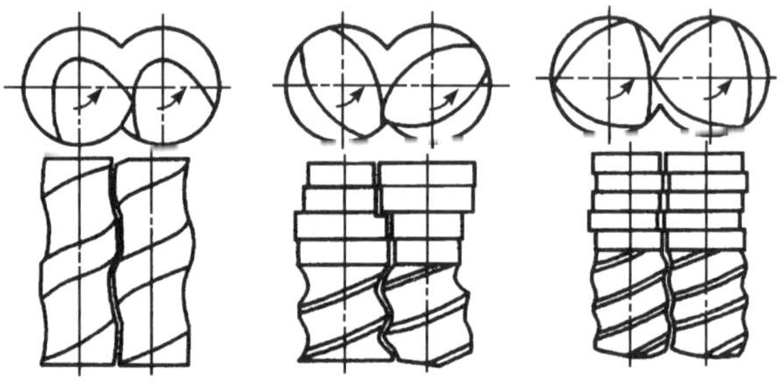

图 9-6-16　安装有捏合元件的双螺杆

同向旋转型挤压机的混合特性好、磨损小、剪切率高、产量大以及更灵活,为食品挤压熟化普遍采用。

2. 异向旋转型双螺杆挤压过程

在半封闭设计中,螺槽间存在很小的漏流,而在螺杆啮合处的螺棱顶部与螺槽根部之间形成较高的压力。这种压力迫使螺杆压向机筒壁而产生摩擦,摩擦将随着螺杆转速增加而增大。反向旋转双螺杆一般仅适于低速作业,产量相对较低,螺槽内的物料不能受到完全相同的剪切和实现较好的扩散。这种结构的优点是挤压作用强、输出效率高、停留时间分布窄;但混合不足、产量低、产品的一致性差以及螺杆和料筒的使用寿命缩短。为了提高混合,减小局部高压,可选择较小螺棱宽度和较大螺杆间隙。但回流的可能性增加,使得挤压机对螺杆头部的压力变化更敏感,故仅限于混合段使用,挤出段必须保持较小的间隙。

异向旋转型双螺杆挤压机适用于要求输送作用强、剪切率较低、停留时间分布较窄的热敏性物料,特别适合于输送低黏性物料如速溶糖和口香糖等。

3. 双螺杆挤压过程的停留时间分布

在实际挤压过程中,同时进入挤压机的物料不可能在同一时间离开挤压机。停留时间分布是指物料在挤压室内通过时间的分布状况，可表明挤压机挤压工艺条件的优劣。根据停留时间分布，可以估计混合度、食品颗粒的平均停留时间和转换期间的总应力，了解挤压机作为化学反应器工作的全过程。

在食品挤压加工中，保证挤压产品的均匀性，混合相当重要，特别是对于热敏性物料的加工尤其如此。在挤压熟化过程中，停留时间分布越窄，混合越充分，产品的均匀性也就越好。为了保证完全混合，在挤压实践中，一方面是在进入挤压螺杆之前，将原料的各种成分进行预混合；另一方面就是提高物料在螺杆内部的混合作用，通常是在螺杆的熔融段和挤出段之间增设揉捏盘或切口螺旋等措施予以改善。

实验表明，在各种不同的工艺条件下，反向旋转型挤压机具有较好的正输送特性和较窄的停留时间分布；而同向旋转型挤压机具有较宽的停留时间分布。

复习思考题

1.压延机的种类有哪些？各有什么特点？
2.饼干成型机械的操作要点是什么？
3.辊印式成型机成型原理是什么？
4.如何根据食品物料的特性选择饼干成型设备？
5.搓圆机的种类以及各自的特点是什么？
6.包馅机的使用范围以及优缺点是什么？
7.软料糕点成型机的定量供料装置是如何工作的？
8.挤压机的工作原理以及操作要点是什么？
9.伞形搓圆机主要结构和工作原理是什么？
10.简述锥形搓圆机工作过程。
11.简述桶形搓圆机工作过程。
12.简述网格式搓圆机工作原理。
13.简述输送带式搓圆机的特点。
14.试分析比较伞形搓圆机与锥形搓圆机的特点。

实验实训　饼干成型机械观察

一、目的要求

(1)了解饼干成型机械主要组成部分的构造。
(2)掌握饼干成型机械的工作原理。
(3)初步掌握饼干成型机械操作和维护方法。

二、设备与工具

小型饼干成型设备一套。

三、实训内容和方法步骤

(1)观察压片结构,注意压片机构的主要部件压辊。
(2)观察冲印成型机构,主要是动作执行机构及印模机构。
(3)观察拣分机构,注意操作过程。

四、维护保养

(1)需定期用温水刷洗,可用喷枪进行冲洗。
(2)经常检查仪表的灵敏度。
(3)及时更换印模等设备。

项目十

食品包装机械与设备

学习目标

1. 液体食品的分类、灌装方法及特点。
2. 常用包装机械的结构与工作原理。
3. 会操作和维护液体灌装机和酱体装料机。
4. 能对常用食品包装机械进行典型故障原因分析并提出解决办法。

教学基本内容

1. 装料机械。
2. 包装机械。

任务一 装料机械

一、液体灌装机

液体食品充填，习惯上称为灌装。将液体食品灌入容器的设备统称为灌装机。液体食品的种类很多，其理化特性各异，故灌装方法也有许多种。

(一)液体灌装机的主要机构

液体灌装机主要由定量机构、输送机构、升降机构及装料机构几部分组成：

1. 定量机构

定量机构的作用是保证装料量的准确，尽量减少装料误差，使装料误差控制在产品允许的误差范围内。准确的定量装料与产品的成本有着直接的关系。各种类型产品的定量方法有容积法、质量法和数量法。对液体、酱体等物料进行装料的机器，多采用容积定量。大体上有如下三种。

(1)控制液位定量法　此法通过控制灌装容器内液位的高度来控制灌装量，当容器内料液液面达到规定高度后即可认为达到规定的灌装量而停止供液。该方法的定量机构一般通过灌装阀结构实现，虽结构简单，但定量精度稍差，易受容积自身精度和瓶口密封质量影响，适用于灌装精度要求较低或容器制造质量均匀的场合。具体结构见图 10-1-1。

工作时，由拨瓶机构将瓶子拨到托盘 6 上，在瓶托升降机构作用下，瓶子上升使进液管 4 和排气管 3 刚好插入瓶口内，瓶口则与碗头 2 内的橡胶垫压紧密封，然后进液管阀门打开，液体从进液管 4 进入瓶子 1 内，瓶内的空气由排气管 3 排出，当瓶内的液面上升到排气管 3 下口时，因瓶口密封，使得瓶子上部的气体排不出去。当液体继续进入瓶内时，这部分空气被略微压缩，瓶内液面略微超过排气管口下缘时就不再升高。根据连通器原理，液体可继续从排气管上升至液槽 5 的相同液位为止。然后，瓶子随托盘 6 下降，进液阀关闭，排气管内的液体立即流入瓶内，到此完成定量装料工作过程。

(2)定量杯定量法　灌装执行机构本身设置有固定容量的定量杯，首先将料液灌入定量杯定量后再灌入包装容器。图 10-1-2 为常压灌装机使用的定量杯，改变定量杯中调节管 2 的高度或更换定量杯，即可调节灌装量。这种定量机构结构简单、定量速度快、定量精度高，适宜于低黏度液料。因定量杯在贮液箱内的上下运动易引出气泡，从而影响灌装定量精度，而不适合于灌装含气液体。

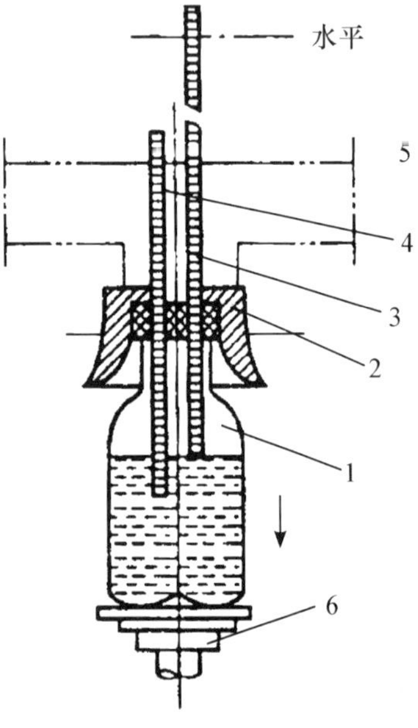

图 10-1-1　控制液位定量机构示意图

1.瓶　2.碗头　3.排气管　4.进液管
5.液槽　6.托盘

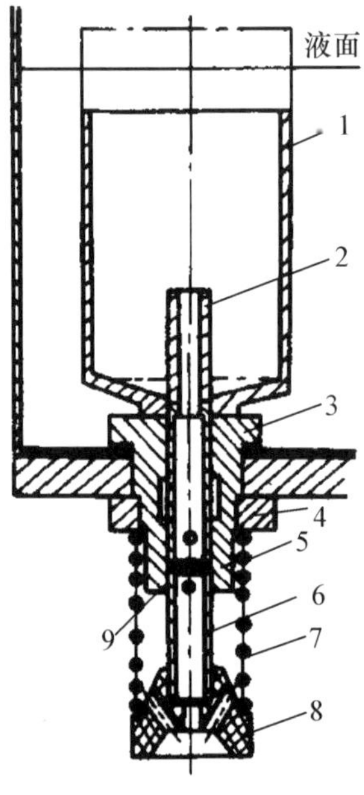

图 10-1-2　定量杯灌装

1.定量杯　2.容量调节管　3.阀体　4.锁紧螺母
5.密封圈　6.进液管　7.弹簧
8.喇叭头　9.隔板

工作时，瓶上升触到喇叭头 8，压缩弹簧 7 继续上升，于是进液管 6 和定量杯 1 一起上升，并使定量杯上口高出液面，这时杯中的液体不再变化。在进液管上开有两个小孔，并用隔板将两个小孔隔开。当定量杯上口高出液面时，也恰好使进液管上的两个小孔位于阀体 3 的环形槽中，于是定量杯中容量调节管 2 上口以上的液体即流经 2、6 的上孔，3 的环流槽，6 的下孔，进入管 6 流入瓶中，瓶内空气经 8 上部的透气孔逸出，调节 2 的高度即可控制灌装量的大小。

另外，为了实现较精确的定量灌装，可采用旋塞式定量杯灌装，如图 10-1-3 所示。旋转三通旋塞 3，使进液管 4 与定量杯 2 连通，液体流入定量杯，杯中的空气经排气管 1 排出。当杯内液面上升到排气管下口时，气管被封死，空气无处排出，因此杯内液面停止上升。但排气管中液面仍继续上升，直到与储液箱的液面等高为止，至此液料停止流动，然后旋转三通旋塞，使定量杯与注液管 5 连通，将杯中液料注入容器，调节排气管在定量杯中的高低位置即可调整灌装量的多少，旋塞的启闭转动均自动控制。

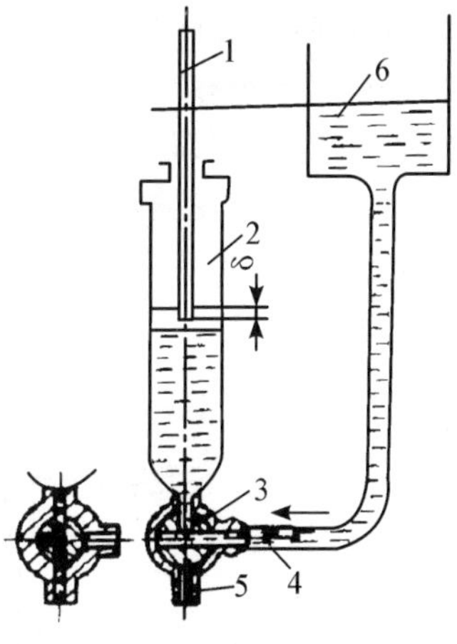

图 10-1-3　旋塞式定量杯灌装

1. 排气管(调节管)　2. 定量杯　3. 三通旋塞　4. 进液管　5. 注液管　6. 储液箱

(3)定量泵定量法　在灌装时首先将料液吸入定量泵的泵腔，再利用机械压力将其注入包装容器内的方法。每次灌装量等于泵的排量。图 10-1-4 所示为最为常见的活塞式定量泵工作原理图，调整缸径或活塞行程可调整灌装量。这种定量装置可用于各种液料的灌装，但速度较慢，多用于黏度较高的酱料。

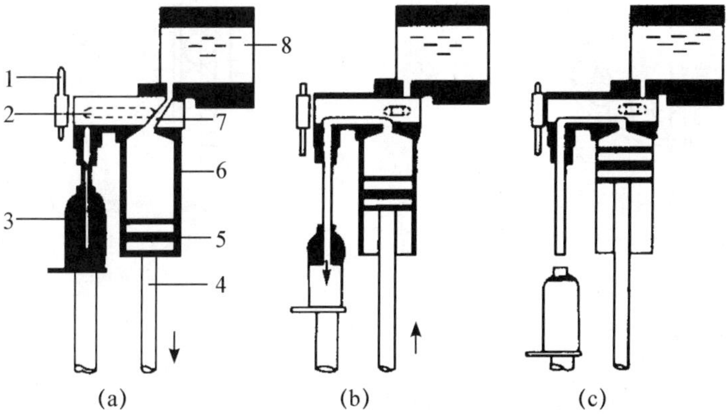

图 10-1-4　活塞式定量泵工作原理图

(a)计量　(b)注入　(c)出瓶

1. 三通阀　2. 液体充填流路　3. 灌装管嘴　4. 活塞杆　5. 活塞　6. 活塞缸体　7. 进液体流路　8. 贮液箱

2. 装料机构控制装置

目前常用装料机构的开关控制装置有旋塞式、阀门式、滑阀式、真空式等。它与定量机构、升降机构等互相配合，准确完成装料操作。各种液体灌装机所采用的控制方式不同。

3. 输送瓶、罐机构

装料机工作时，要求准确地将瓶罐送进、送出自动机的瓶托升降机构，保证装料机正常工作。这样，要求它既能将瓶罐连续输送，又能使瓶罐定时输送。常用的连续输送装置有：皮带输送机和链板输送机。为了使瓶、罐单个地保持适当的间距送进装料机，多采用爪式拨轮或螺旋输送器等来完成。

(1)圆盘输送机构　如图 10-1-5 所示。此机构主要由回转圆盘 2、圆挡板 3、弧形导板 4、螺旋分隔器 5、爪式拨轮 6、装料机工作台 7 等组成。

工作时将瓶罐1存放在回转的圆盘2上，借惯性及离心力作用，移向圆盘2边缘，在边缘有挡板3，挡住瓶罐以免掉落。在圆盘一侧，装置弧形导板4由圆盘2回转产生。惯性推力将瓶沿导槽向前推移，并经螺旋分隔器5整理，进行等距离排列，再由爪式拨轮6拨进装料机构工作台7上进行装料。

(2)链板、拨轮输送机构　如图10-1-6所示，经过清洗机洗净检验合格的瓶罐，由链板式输送带1送入，由四爪拨轮2分隔整理排列，沿定位板3进入装料机构4，在瓶托作用下上升与灌装嘴对准压紧进行装料，装料后瓶托下降由四爪拨轮5拨出，由链板式输送机1带走，完成输送瓶罐工作。

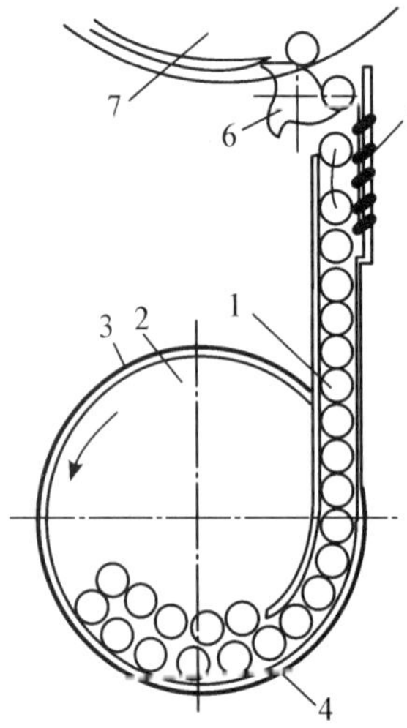

图10-1-5　圆盘输送机构示意图

1.空瓶　2.圆盘　3.挡板　4.导板
5.螺旋分隔器　6.拨轮　7.装料工作台

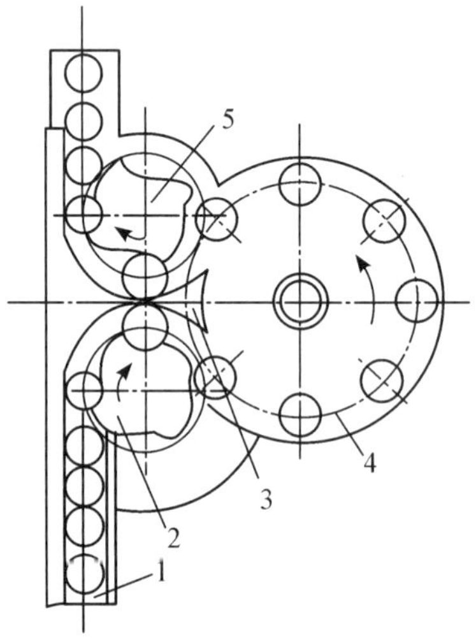

图10-1-6　链板、拨轮输送机构示意图

1.链板式输送带　2、5.四爪拨轮
3.定位板　4.装料机构

4.瓶、罐升降机构

在液体灌装机中，把输送机送来的瓶罐升到规定的位置与装料头接触进行装料，然后又把装满的瓶罐下降到规定的位置等待输瓶机构送出，这一动作是由瓶罐升降机构来完成的。

目前常用的瓶罐升降机构分为三种形式：滑道式、压缩空气式及滑道和压缩空气混合式。

(1)滑道式升降机构　如图10-1-7所示，这种滑道实际上是圆柱形凸轮机构。瓶行程的

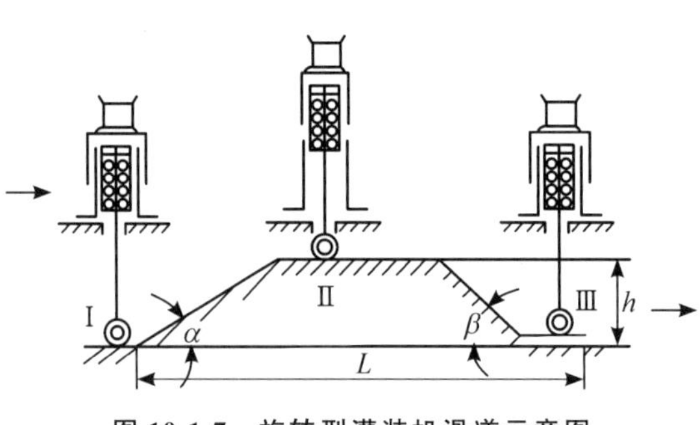

图10-1-7　旋转型灌装机滑道示意图

位置Ⅰ.瓶输送入滑道　位置Ⅱ.瓶升到最高位置进行灌装
位置Ⅲ.瓶装满后下降到最低位置待送走

最高点必须保持瓶的嘴能压在灌装机的头上，其最低点应使瓶嘴离开灌装头，并便于退出。瓶托上升的凸轮升角一般取 $\alpha \leqslant 30° \sim 45°$，降角取 $\beta \leqslant 70°$。长度 L 可根据灌装时间而定。

图 10-1-8 是灌装时从空瓶到盛满液体瓶在滑道式升降机构上的运行情况。

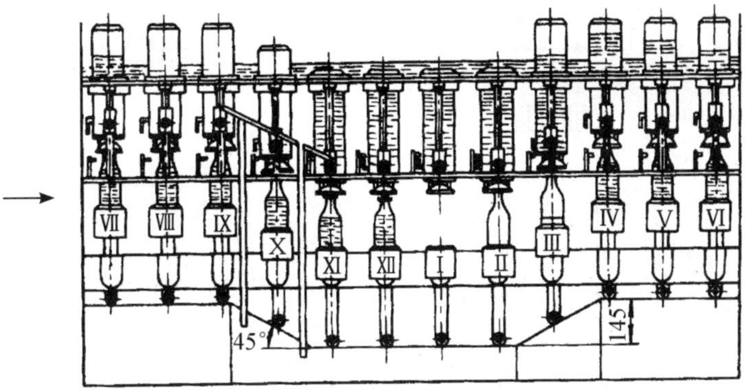

图 10-1-8　滑道式灌装工作过程

滑道式升降机构的特点是结构比较简单，但在灌装过程中出了故障，瓶、罐依然沿滑道上升，会把瓶挤坏。它要求瓶、罐的质量高，特别是瓶颈不能弯曲，瓶要准确地推上瓶托，不然易被挤坏，为了克服此缺点，可采用压缩空气式升降机构。

(2)压缩空气式升降机构(简称气阀)　如图 10-1-9 所示，压缩空气由管 8 经管 9 进入气缸 1，推动活塞 4 带动瓶托 2 向上移动，把瓶 3 上升进行灌料，这时活塞上部气体由阀门 5 排出，而阀门 7 是关闭的。灌装后，压缩空气由管 8 经管 6 进入气缸，这时阀门 5 关闭，由于活塞上下的压力相等，故在活塞、瓶托及瓶的自重作用下，迅速下降，这时完成了一个循环过程。另外可用旋塞代替上述阀门 5、7，这样可以方便操作及反复动作。

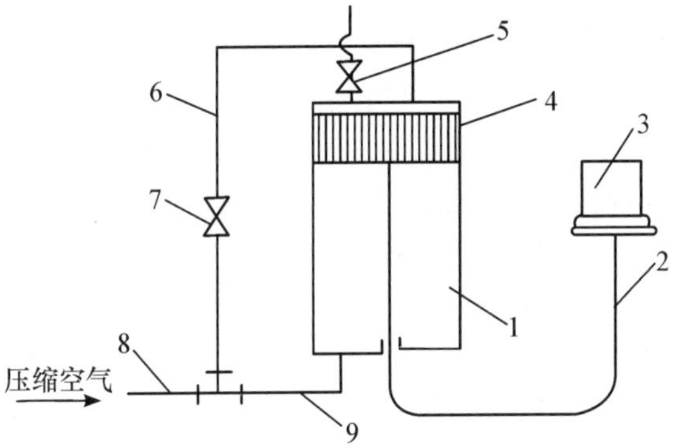

图 10-1-9　压缩空气式升降机构

1. 气缸　2. 瓶托　3. 瓶　4. 活塞　5、7. 阀门　6、8、9. 管

压缩空气式升降机构克服了滑道式升降机构的缺点，当发生故障时，瓶被卡住，压缩空气好似弹簧一样被压缩，这时瓶托不再上升，故不会被挤坏，但这种机构下降时冲击力较大。

(3)压缩空气式与滑道式混合升降机构　如图 10-1-10 所示，当压缩空气由气管 1 进入活塞芯子 2，又经活塞芯子上部活塞 5 中部的孔口进入活塞筒体 4，在压缩空气作用下，使活塞筒体 4 及滚子 3 上升，将瓶托 6 升起进行灌装。灌装后，升降机构随着自动机的转动，活塞筒体 4 上的滚子 3 进入下降滑道 7，在滑道的作用下，活塞筒体 4 被强制下降。这样已灌好的瓶下降到规定位置,并由拨出机构送出。当转到一定位置时,滚子 3 脱离滑道,完成一个升降操作。这种机构,在下降时比较稳定,活塞筒体的工作压力为 245～392 kPa。

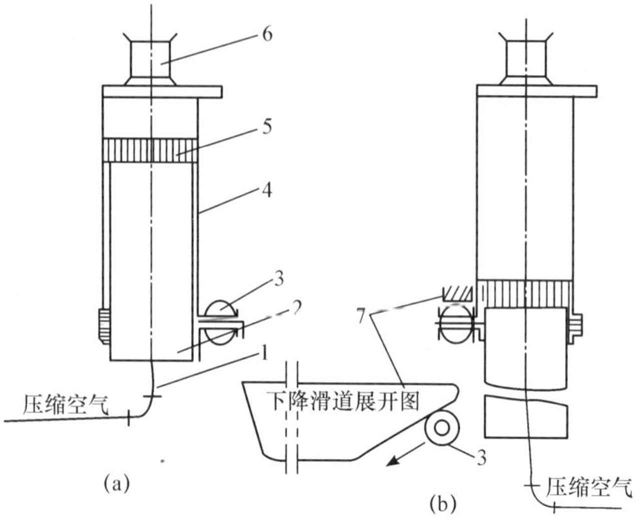

图 10-1-10 混合式瓶、罐升降机构示意图

(a)瓶、罐靠压缩空气上升 (b)瓶、罐靠滑道下降

1.气管 2.活塞芯子 3.滚子 4.活塞筒体 5.活塞 6.瓶托 7.下降滑道

(二)典型灌装机

1.常压灌装机

很多饮料,如果汁、蔬菜汁、乳性饮料等,以及汽水二次灌装中的糖浆,它们本身不含二氧化碳,一般采用常压灌装机。

常压灌装机主要由灌装系统、进出瓶机构、升降瓶罐机构、工作台、传动系统等组成,用于灌装不含气的液体。这类灌装机一般为回转式,图 10-1-11 为目前在易拉罐装线上应用较普遍的常压灌装机的工作机构原理结构图。

在传动系统作用下,转轴 16 带动转盘 11 和定量杯一同回转,液体从储液筒经进料管 13 靠自重流入定量杯内。在凸轮 2 作用下使瓶托 1 带动瓶子上升。当瓶口顶着压盖 5 上升时弹簧压缩,此时滑阀 6 就在活动量杯 8 的内孔向上滑动。随着转轴回转,已定好量的量杯已转离储液筒 14 下方,进入灌装位置。当滑阀 6 上升使进液孔 7 打开时液料便流入瓶内,瓶内气体从压盖盘 5 下表面的四条小槽排出,完成一个瓶子的灌装任务。随着转盘转动,八个定量杯逐次进入储液筒 14 正下方完成定量工作。当转离定量位置,进入装灌位置时又开始灌瓶,如此反复连续不断地工作。

定量杯容量靠调整活动量杯 8 高低来实现。常压灌装机特点是:定量准确,机构简单,调整方便,密封良好,适宜多种规格罐的灌装。广泛应用于中小型生产企业。

2.真空式灌装机

真空式灌装机常称为负压灌装机,这种灌装方法是使储液箱内处于常压,在灌装时,只对瓶内抽气使之形成真空,到一定真空度时,液体靠储液箱与容器间的压差作用,流入瓶中,完成灌装。它主要用于不含气的液体灌装如果汁类。由于在真空下灌装,所以当瓶罐破漏时,就停止灌装可减少损失。但在真空下,对某些带有芳香的液体,要抽走一些香味。

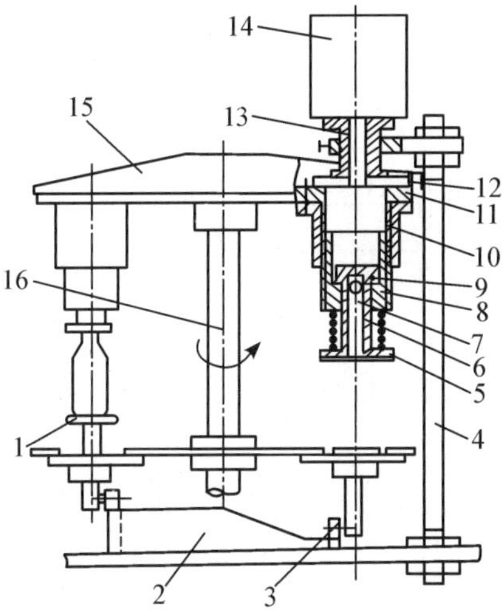

图 10-1-11　常压灌装机

1.瓶托　2.端面凸轮　3.滚子　4.撑杆　5.压盖盘　6.滑阀　7.进液孔　8.活动量杯　9.密封圈　10.固定量杯　11.转盘　12.密封盘　13.进料管　14.储液筒　15.罩盖　16.转轴

负压灌装法对于瓶子规格要求较严，因为它的定量由灌装嘴深入瓶子的深度来确定，瓶的容积直接影响定量准确度。但其调整容易，仍被广泛应用。

(1)单室真空灌装机　图 10-1-12 为其原理示意图，它实际上是真空等压灌装，是靠液体自身重力灌入容器。真空室和储液箱连通在一起。当瓶子上升推压灌装头(阀)，灌装头打开，料液流出口的同时，吸气管便插入瓶中即开始抽真空，当瓶内压力小于储液箱 2 中的气压与被灌液料压力之和时，料液便从进液口灌入瓶内。当瓶内液面上升到抽气管管口时，进入的多余料液便被抽到储液箱，此时，瓶托升降机构正好处于下降位置，进液口关闭，完成灌装任务。单室真空灌装机特点是：气室和储液箱合在一起，整个液面成为扩散面，液味容易挥发，不宜灌装含有香味液体，但其结构简单。

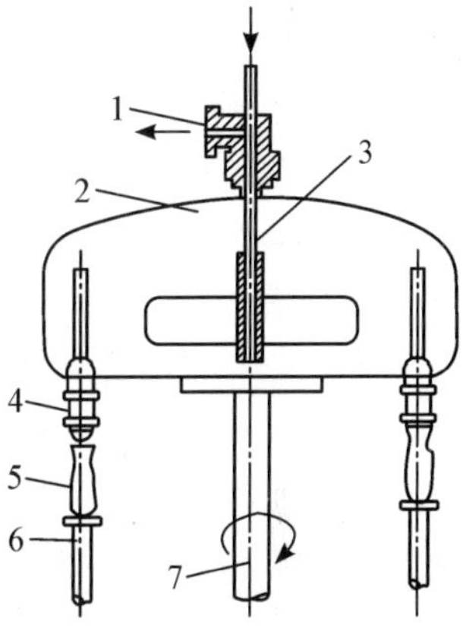

图 10-1-12　单室真空灌装机

1.接真空泵　2.储液箱　3.进料管　4.灌装阀　5.瓶　6.瓶托　7.立轴

(2)双室真空灌装机　双室真空灌装机的气室与储液箱分开，通过两根回流管连接，这样就避免了单室真空灌装机的缺点，但结构要复杂些。

图 10-1-13 为双室真空灌装机的原理图。如图 10-1-13 所示，瓶子由于升降机构的作用，被顶杆托盘托起并紧贴橡皮碗头 7。吸气管 10 对空瓶抽气，当瓶内达到一定真空度时，吸液管 9 便从处于低位置、常压状态下的储液箱 1 吸液料，并流经阀体 8 和输液管 12 灌入瓶内。当瓶内液面上升到吸气嘴 13 时，吸气孔内就吸入液体，一直到吸气管内液面与回流管 4 内液面相同高度时，灌装就停止，这时瓶内液面称为第一次液面。当瓶子在升降机构控制下第一次下降一定高度，此时输液管 12 仍插在瓶内。吸气管 10 所吸入的液体被吸回到真空室 2 中，并通过回流管 4 回到储液箱 1 中，而阀体 8 内的存液一部分随同吸液管回流，另一部分经输液管 12 流入瓶内，这部分液量较少，占总灌装量的 3%～5%。这时瓶内出现第二次液面，也就是灌

装所要求的液量。

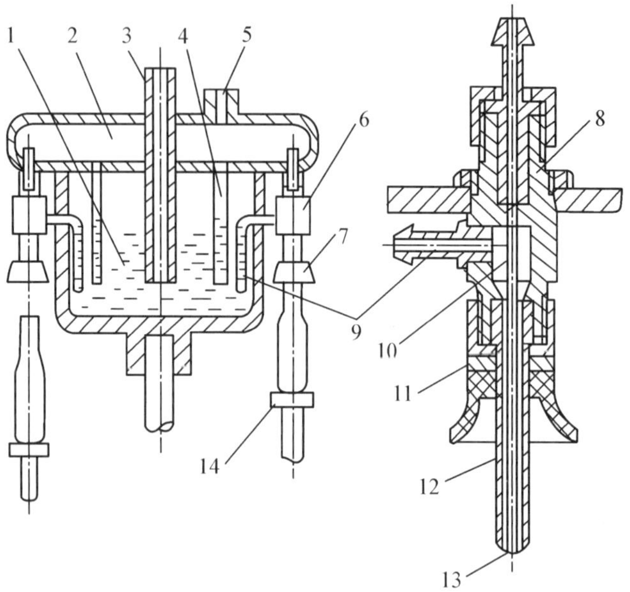

图 10-1-13　双室真空灌装机

1.储液箱　2.真空室　3.进料管　4.回流管　5.抽气管　6.灌装阀　7.橡皮碗头　8.阀体　9.吸液管　10.吸气管　11.灌装量调整垫　12.输液管　13.吸气嘴　14.顶杆托盘

从上面叙述可知,输液管12插入瓶内的深度将影响灌装量,通过灌装量调整垫片11可对灌装量进行调节。此种以瓶定量的方法,是许多灌装机中最普遍的定量方法。

3.等压灌装机

食品工业有很多含气饮料,如各种汽水、汽酒、香槟酒、矿泉水、啤酒等。这类含气饮料其生产过程是在一定温度和压力工艺操作条件下,通入二氧化碳气体(啤酒是在发酵过程中生成二氧化碳的),使它溶于液体达到饱和溶解状态。因此,在灌装过程中,必须避免液料中的二氧化碳逸出,所以,含气饮料采用常压和负压灌装法都不适宜,应采取在容器中预加压力使之与气体相应的饱和溶解压力相等再进行灌装,即等压灌装法。也即进行含气饮料灌装时,要先建立起液缸和容器之间相等压力(饮料中气体溶解饱和压力),再进行灌装。

图10-1-14为等压灌装装置,该灌装机构的基本工作程序是:初始时气阀1及注液阀2在弹簧、储液箱压力及系统零件重力的作用下处于关闭状态。在装料机做装料运转时,装料瓶罐在瓶托升降机构作用下上升,先受到灌装阀前端的定位密封碗罩6作用而就位,而后瓶口顶着密封碗罩6沿其导柱10一起上升,当密封碗罩上部的凸台碰压到开启气阀用的下端顶杆9后,则同时推动顶杆9一起向上运动,直到瓶口与装料器构成密封时,气阀1被顶杆15带着向上升而开启,从储液箱向装料瓶注入压力气体,造成两者间的等压状态。由于瓶内压力的加大,注液阀2受到向上的作用力向上运动,从而使2开启,向装料瓶中灌注含气饮料,液料沿阀芯经导流锥8沿瓶壁流下,瓶中压力气体则顺着气流通道排回储液箱。当装料瓶中所灌注的液位高度浸没气流通道入口时,由注液阀2再灌注入装料瓶中的液料按连通作用原理顺气流通道升高。此时按装液程序要求设计配置的第一组碰块,碰触关阀柱3,促使其推开处在顶杆9上、下段间的小球,气阀在系统自重力及推杆中弹簧力作用下下降,关闭气阀1通道。此后

随排气触柱 4 受到第二组磁块碰撞，开启排气通道，排出装料瓶中的残留压力气体。调节针阀 5 能调节排气速度和时间，使瓶内残留压力下降，瓶内作用于注液阀的平衡力减小，注液阀最后被关闭，气道中液料流入瓶中，液料灌注工作完成。各触柱先后脱离碰块，受弹簧恢复力作用恢复到原态。当已完成装料的瓶由升降机构推动瓶托下降时，灌装阀前端的定位密封碗罩装置也随之沿导柱下降到原来位置。

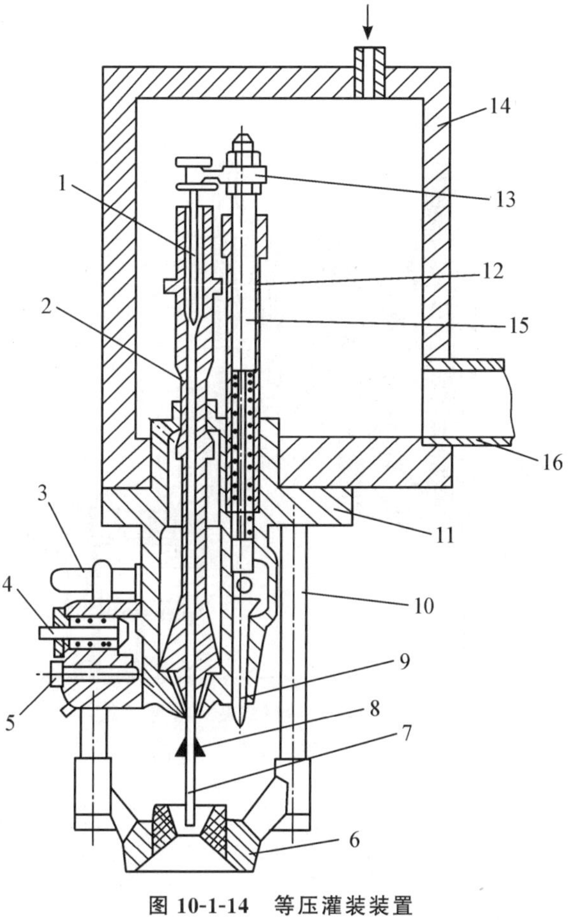

图 10-1-14　等压灌装装置

1. 气阀　2. 注液阀　3. 关阀柱　4. 排气触柱　5. 针阀　6. 定位密封碗罩　7. 排气管　8. 导流锥　9. 顶杆　10. 导柱　11. 阀座　12. 导套　13. 连杆　14. 储液箱　15. 顶杆　16. 进液管

二、酱体装料机

(一)主要结构与工作原理

酱体装料机适用于灌装靠重力不能流动或很难自由流动，必须加上外力才能流动的酱体食品物料，如番茄酱、炼乳、肉糜等。酱体装料机目前多采用活塞定量，然后由活塞装入罐体中，完成定量装料的操作过程。

GT-2 活塞式酱体装料机的主要结构如图 10-1-15 所示。储酱箱 1 用不锈钢制成，箱底与箱座焊接成一体，箱底部与轴刚性连接。在箱底部装有12个活塞。活塞柄的下端装有滚轮，滚轮沿环形轨道运转，控制活塞往复运动。轨道一端装有升降机构，调节活塞行程。12个灌酱阀安装在储酱箱外侧，与储酱箱相通。电动机11经减速器12等传动元件，带动灌装台14和储酱箱1转动。储酱箱转动带动灌装阀转动。托瓶板在活塞升降凸轮8的带动下升降。活塞杆在凸轮的作用下做升降运动，完成计量工作。储酱箱回转带动灌装阀回转，完成灌装工作。

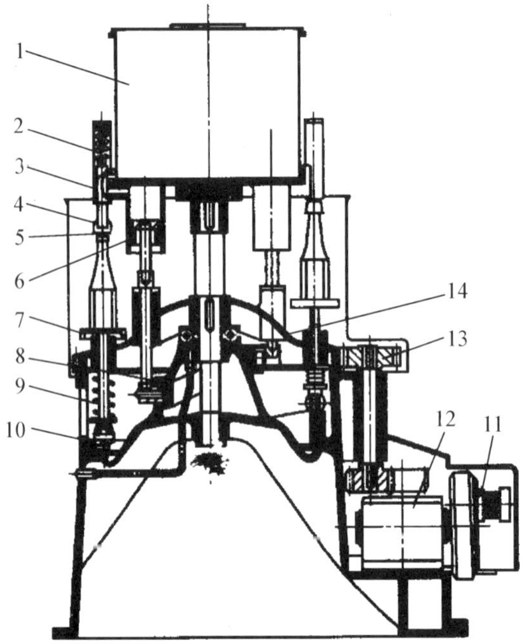

图 10-1-15　GT-2活塞式酱体装料机结构

1.储酱箱　2.弹簧　3.灌装活门　4.阀头　5.活塞缸　6.活塞　7.托瓶盘　8.活塞升降凸轮　9.托瓶盘弹簧　10.灌装阀升降凸轮　11.电动机　12.减速器　13.传动齿轮　14.灌装台

(二)灌装阀

活塞式灌装阀的结构如图10-1-16所示。灌装阀中有圆柱形滑阀5，在滑阀上有弧形槽，槽的大小能同时覆盖酱箱下面的通道A和活塞体上部通道B，使储酱箱和活塞体相通。当滑阀上升时，储酱箱的通道A被覆盖，活塞体上的通道B和灌装阀上的通道C相通。灌装机工作时，活塞杆在凸轮(图中未示)的作用下下降，通道A和B相通，液料由储酱箱1底部的通道A经滑阀5的月弧形槽6和通道B进入活塞体计量孔内，如图10-1-16(a)所示。当空瓶进至瓶托上，瓶托由凸轮(图中未示)作用上升，瓶口顶住灌装头8和滑阀5上升，滑阀覆盖住通道A，同时接通灌装阀通道C和活塞通道B。此时活塞杆在凸轮(图中未示)的作用下上升，将活塞计量室内液料压入瓶内，瓶内的空气由灌装头上的孔隙排出。当活塞上移到最高点时完成一次灌装。紧接着装满酱料的瓶子在凸轮作用下向下移动，同时滑阀5在弹簧的作用下复位，滑阀弧形槽再次接通通道A和B，储酱箱的酱料由储酱箱流入活塞内，活塞杆也同时在凸轮作用下下移，进行一次灌装。

储酱箱内的液位高低，由三针液位计来控制，三针液位计与储酱箱内上部的食品卫生电磁阀联动。当箱内酱液在针的下限时，电磁阀打开进料；当液位在三针上限时，电磁阀关闭，停止进料，以实现液位自动控制。

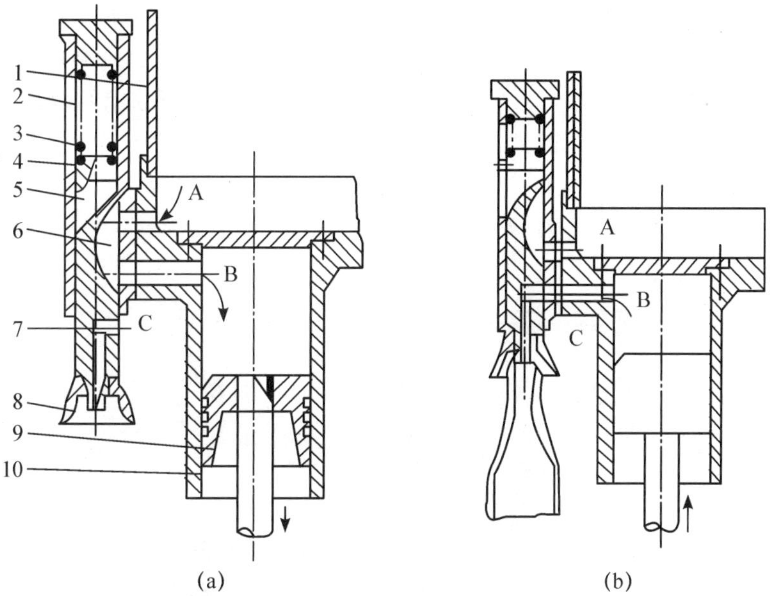

图 10-1-16　活塞式灌装阀结构简图

(a)喂料定量过程　(b)压料入瓶过程

1.储酱箱　2.阀座　3.弹簧　4.导向螺钉　5.滑阀　6.弧形槽　7.下料孔　8.灌装头　9.活塞　10.活塞缸体

任务二　包装机械

当罐装容器盛装食品后，必须对容器进行封口、贴标、装箱，包装工作才算完成。为适应不同的产品，不同的要求，包装机的形式和种类较多，本节重点介绍具有代表性的一些机械设备，如封口机、贴标机、薄膜包装机、外包装机等。

一、封口机

封口的形式与包装容器有着密切的关系。包装容器的品种是多种多样的，从制造容器的材料角度区分，有纸及纸制品材料，塑料及复合材料，也有金属薄板、玻璃、陶瓷和木材等；按容器的造型来分，有罐、瓶、盒、箱等不同的形状；从容器的刚度来分，有刚性包装容器和柔性包装容器之别。其中，镀锡薄钢板罐的卷边封口最具代表性。

(一)卷边封口机

1.卷边形成原理

罐体和底盖之间进行卷合的过程，称为二重卷边作业过程。用两个具有不同形状沟槽的滚轮，先后顺序地与罐体及底盖接合边缘重复地作相对滚转，使两者之边缘因弯曲变形，互相紧密地钩合，在底盖钩槽内，有弹性填料物，因受挤压而充塞于罐体与底盖之间的卷边全部缝隙中。

二重卷边的两次作业过程可见图 10-2-1，其中 1 是头道滚轮与盖底钩边接触；2、3、4 是表示头道滚轮逐渐对罐体中心移动时卷边的弯曲情况；5 是表示头道滚轮完成卷边作业；6 是表示二道滚轮与卷边接触的位置；7、8、9 是二道滚轮向罐盖中心逐渐移动时卷边形成的情况；10 是表示二道滚轮完成卷边作业，即为二重卷边完成的规格尺寸。

二重卷边有两种工作形式：第一种是罐体旋转，卷边滚轮对罐体中心仅作径向移动，完成二重卷边；第二种是罐体固定不动，卷边滚轮一方面绕罐体周围旋转，另一方面向罐体中心作径向移动，完成二重卷边作业。

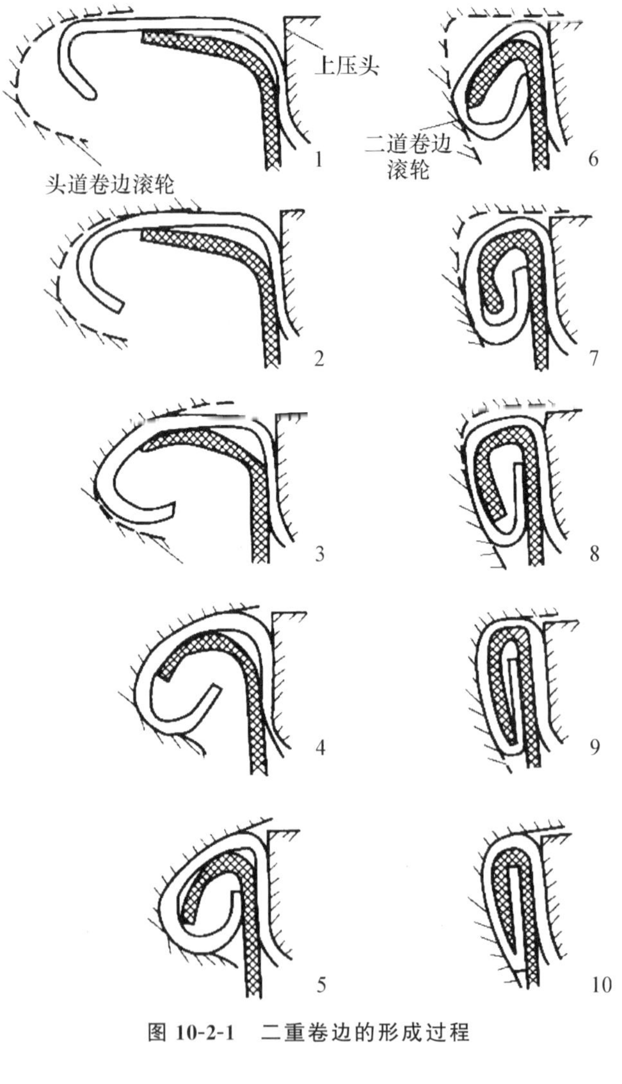

图 10-2-1　二重卷边的形成过程

2. 卷封装置的机构

在卷边封口机中卷封装置用来使卷边滚轮实现形成二重卷动封口所必须完成的运动。卷边滚轮的运动可以通过不同的结构形式来完成，按照产生径向运动方式的不同可分为以下几种：

(1)偏心套筒机构　图 10-2-2 所示为采用偏心套筒机构使卷边滚轮实现径向进给运动的卷封装置简图。GT4B1 型卷边封口机属于这种结构形式。齿轮 1、2 在卷边封口机主传动链轮驱动下，以相同方向、不同转速分别带动偏心套筒 4 和轴套 3 运动，轴又通过滑块 8 带动装有头道卷边滚轮 6 和二道卷边滚轮 7 的封盘 5 一起运动。由于封盘和偏心套筒存在速度差，所以它们之间存在相对运动，这就使得封盘上的卷边滚轮与轴线 O(即罐体中心)的距离不断变化。从而使卷边滚轮产生相应的径向进给运动。

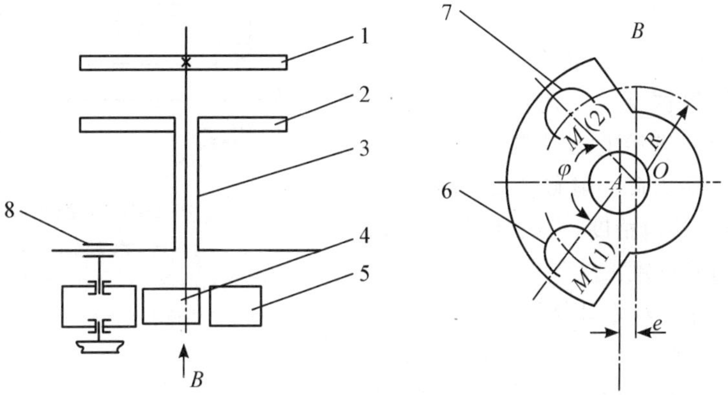

图 10-2-2　偏心套筒径向进给机构

1、2. 齿轮　3. 轴套　4. 偏心套筒　5. 封盘　6. 头道卷边滚轮　7. 二道卷边滚轮　8. 滑块

(2)行星齿轮偏心机构　图 10-2-3 所示为采用行星齿轮偏心机构使卷边滚轮实现径向进给运动的卷封装置原理图。GT4B2 型卷边封口机属于这种类型。当齿轮 1、2 在机内同轴齿轮驱动下，以相同方向，不同转速分别驱动中心齿轮 3 和封盘 5 转动时，安装在封盘上的 4 只匀布的行星齿轮 4 与封盘一起绕中心齿轮公转。由于封盘的中心齿轮转速不同，使行星齿轮与中心齿轮以差动形式进行传动，故行星齿轮与偏心销轴 6 一起在公转时又做自转，从而使装在偏心销轴上的头道卷边滚轮 7 和二道卷边滚轮 8 既能绕罐体做周向旋转运动，又能产生径向进给运动。

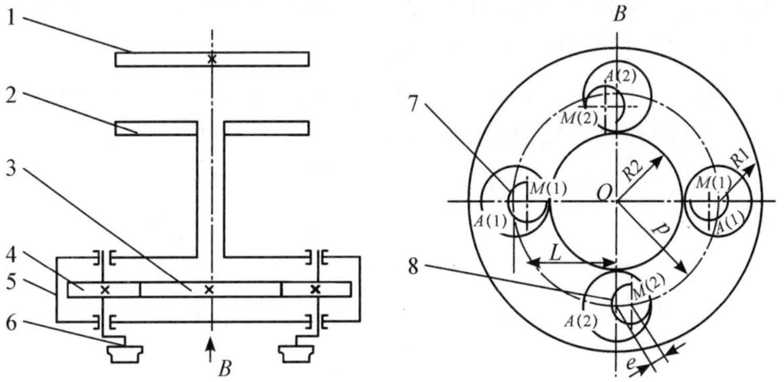

图 10-2-3　行星齿轮偏心径向进给机构

1、2. 齿轮　3. 中心齿轮　4. 行星齿轮　5. 封盘　6. 偏心销轴　7. 头道卷边滚轮　8. 二道卷边滚轮

(3)凸轮机构　GT4B6、40P 等卷边封口机都属于这种结构形式。图 10-2-4 为采用凸轮机构使卷边滚轮实现径向进给运动的卷封装置简图。齿轮 1、2 在机内同轴齿轮驱动下，以相

同方向、不同转速分别带动封盘 7 和 4 只凸轮 3、4、5、6 运转(其中 3、4 分别为头道和二道共轭进给凸轮,5、6 分别为头道、二道进给凸轮),在封盘上对称安装的一对头道卷边滚轮 9 和二道卷边滚轮 10 也随封盘一起转动。由于封盘和凸轮有速差,所以当凸轮相对于封盘转动时,就通过摆杆 8 驱动卷边滚轮做径向进给运动。

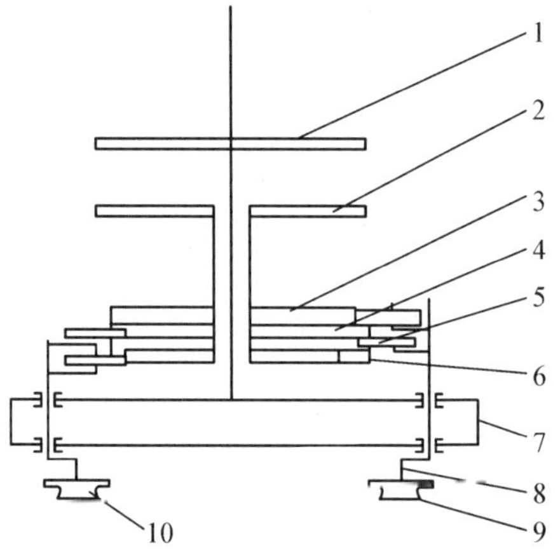

图 10-2-4　凸轮径向进给机构

1、2. 齿轮　3. 头道共轭进给凸轮　4. 二道共轭进给凸轮　5. 头道进给凸轮　6. 二道进给凸轮　7. 封盘　8. 摆杆　9. 头道卷边滚轮　10. 二道卷边滚轮

以凸轮机构驱动卷边滚轮实现径向进给运动的卷封装置,可以根据卷封工艺要求设计凸轮曲线,因而能控制径向进给的运动规律。二道卷封工艺性能好,生产能力高。其缺点是结构比较庞大,且磨损快,影响卷封精度。这种结构形式既可封圆形罐,也可封异形罐。

3. GT4B6 型自动卷边封口机

该机为典型的刚性容器封口机,具有结构紧凑、运转平稳、操作方便、生产效率高等优点;但也存在运转时噪声较大,无盖时电器自动控制电压高,机头升降麻烦等缺点。该机的传动系统见图 10-2-5。

(1)送罐及配盖机构　送罐采用转盘式回转供送机构,不采用链条送罐,可使罐体的行程缩短且使送罐平稳可靠。罐体通过送罐转盘 29 经过分罐转盘 30 进入送罐进盖拨盘 6 的下部星形转盘的容罐空位中进行定位配盖。

配盖通过在储盖槽底部安装的一对分盖器 31 进行。当送罐进盖拨盘 6 的空位转至储盖槽的底部时,底盖落在拨盘的空位上,被拨盘上的永久磁铁吸住并与罐体配合进入卷边机头,进行卷边作业。

(2)转位机构　转位机构采用蜗形凸轮——针轮机构。当转位凸轮 21(即蜗形凸轮)由水平传动轴 18 驱动时,针轮与其同轴相连的送罐进盖拨盘 6 做间歇转动,将配盖后的罐送至卷封工位。卷封结束后,再经拨盘转位将罐体送出。

(3)托罐、压罐机构　托罐机构是几何封闭的凸轮机构。当配盖后的罐身传到托罐盘 5 上时,托盘在托罐凸轮 22 的作用下将罐顶起,同时,在压盖杆 10 向下接罐,并一起上升到最高位置,然后进行卷封作业。卷封结束后,在压盖打杆作用下,对罐盖施加一定的压力,防止吊罐。

(4)卷封机构　本机卷封机构只有单一机头。它属于由凸轮控制滚轮径向进给的卷封机构,由齿轮 7、8 驱动。卷封机构内的头道和二道卷边滚轮数目共有两对 4 个,依次进行卷封作业,每封一个罐体,机头转 9 圈,滚轮完成一次进给和退出。当卷封不同罐径的罐体时,可对卷边滚轮进行调节。

(5)传动系统　电动机 24 通过带传动驱动垂直分配轴 9,经齿轮 7、8 驱动卷封机构做卷封运动。轴 9 经摩擦离合器 3、驱动传动轴 2,再经过蜗杆 23 与蜗轮 1 驱动水平传动轴 18,使装在轴 18 上的托罐机构和转位机构工作。轴 18 通过螺杆齿轮 20 及 19 驱动分盖器传动轴 17 运转,并经齿轮 16、15、14、12 驱动配盖机构中的分盖器 31;再由齿轮 13、26、27 驱动送至分罐转盘 30。带轮 11 通过传送带 28 带动送罐转盘 29 进行连续送罐。

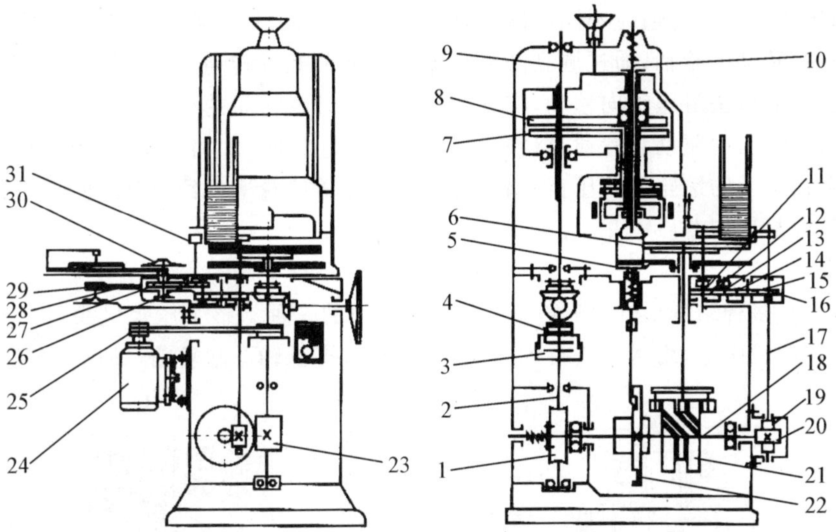

图 10-2-5　GT4B6 型卷边封口机传动系统示意图

1.蜗轮　2.传动轴　3.摩擦离合器　4.大带轮　5.托罐盘　6.送罐进盖拨盘　7、8、12～16、26、27、32.齿轮　9.垂直分配轴　10.压盖杆　11.带轮　17.分盖器传动轴　18.水平传动轴　19、20.螺杆齿轮　21.转位凸轮　22.托罐凸轮　23.蜗杆　24.电动机　25.小带轮　28.传送带　29.送罐转盘　30.分罐转盘　31.分盖器

(二)压盖封口机

皇冠盖压盖封口机如图 10-2-6 所示，由皇冠盖的压盖机主体、压盖机头、瓶盖供送装置(常采用自动料斗)、进瓶装置、出瓶装置等组成。压盖封口机械可单独使用，也可与灌装机组合成一体构成联合机组应用。

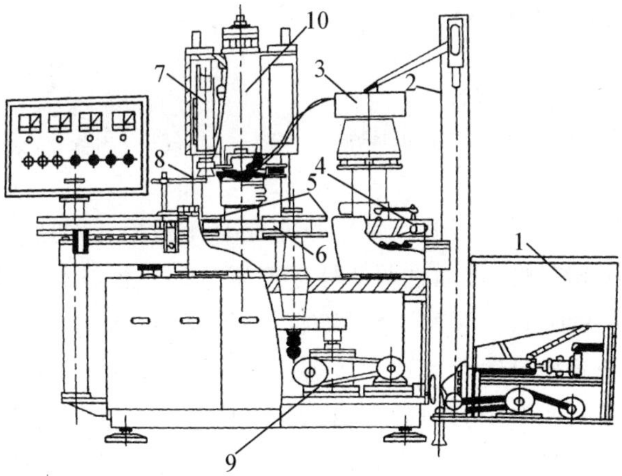

图 10-2-6　皇冠盖压盖封口机

1.贮盖箱　2.磁性带　3.电磁振动给盖器　4.供瓶装置　5.拨轮　6.传送转盘　7.压盖机头　8.实瓶安全装置　9.无极变速器　10.压盖机主体

1.压盖机主体

压盖机主体结构如图 10-2-7 所示，压盖凸轮为圆柱凸轮，固定安装在心轴上部，压盖机头

的滚轮沿凸轮槽运动。为适应不同高度规格瓶子的压盖封口，在心轴上设置有螺旋升降调节机构。调节时，转动手轮轴，通过调高圆锥齿轮带动调节螺母转动，使心轴做轴向移动，从而带动压盖凸轮、压盖机头滑座轴向移动，实现滑座和传动转盘之间的相对位移。空心支撑轴通过轴承支撑在机座上，由驱动装置通过齿轮带动在空心支撑轴上的瓶子传送转盘及压盖机头滑座转动，压盖机头上的滚轮沿着压盖凸轮槽滚转，受压盖凸轮槽的约束，促使压盖机头做升、降运动，完成压盖封口作业。

2. 压盖机头

压盖机头有多种结构形式，图 10-2-8 所示为其中的一种。整个压盖机头以滑动配合安装在压盖机主体的滑座上，用滑键进行周向定位，随空心支承轴一起转动，进行压盖作业。

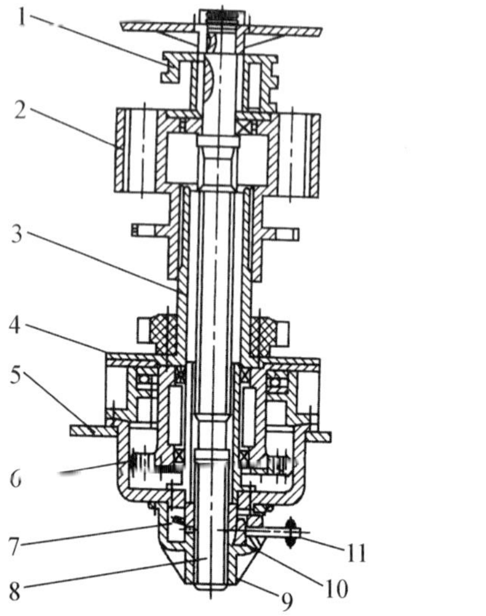

图 10-2-7　压盖机主体结构图

1. 压盖凸轮　2. 压盖机头滑座　3. 空心支撑轴　4. 传送转盘　5. 机座箱体　6. 驱动齿轮　7、10. 调高圆锥齿轮　8. 心轴　9. 锁紧螺母　11. 手轮轴

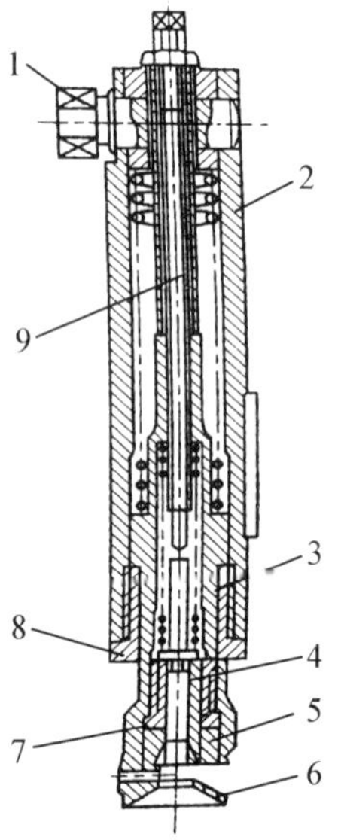

图 10-2-8　压盖机头结构图

1. 滚轮　2. 空心导柱　3. 导套　4. 压盖心杆　5. 压盖模　6. 对中罩　7. 内螺纹套筒　8. 外螺纹套筒　9. 调节杆

压盖心杆与调节杆之间有一间隙 δ，为压盖作业时压盖模相对于压盖心杆的轴向移动距离，它影响压盖封口机的密封性，可通过调节杆进行调节。当瓶盖不够紧密时，需要将 δ 调大，使压盖时盖的卷褶直径变小；过于紧密，会压碎瓶子，需要将 δ 调小。

压盖机头工作时，瓶盖由供盖装置送入压盖机头导槽内，由压盖心杆上的磁铁吸住瓶盖定位，对中罩使瓶嘴与压盖机头对中，并将瓶盖加到瓶口上。压盖机头受压盖凸轮槽控制向下进行，使压盖心杆压住瓶盖，并向上压缩小弹簧，使压盖力增大，迫使盖与瓶嘴间密封垫产生挤压变形。与此同时，压盖模对盖的裙边进行挤压，迫使裙边向瓶子封口凸缘下压紧，产生塑性变形，形成机械性勾连。最后压盖滚轮沿压盖凸轮轨道向上运动，在弹簧作用下，压盖模与盖分离，压盖机头升起，瓶子由出瓶拨轮排出，完成压盖作业。

3. 压盖封口机压盖过程

压盖封口机压盖过程如图 10-2-9 所示，贮盖箱内的皇冠盖被磁性带吸住，提升至顶部后，使皇冠盖落入电磁振动给盖器内。皇冠盖由电磁振动给盖器送出，经过料斗定向后，通过送盖滑槽送至压盖模处，被压盖心杆中的磁铁吸住，同时，拨轮将瓶子拨入传送转盘内，使瓶子随传动转盘和压盖机头滑座同步转动。压盖心杆随即下降，皇冠盖在压盖模作用下被压向瓶嘴挤压变形，实现封口。最后，压盖心杆上升，被封口的瓶子退出，压盖机等待下一个瓶子进入。

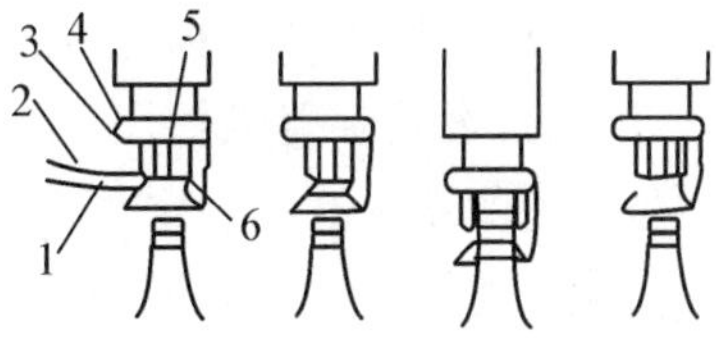

图 10-2-9　压盖过程示意图

(a)进盖　(b)对中　(c)压盖　(d)出瓶

1.皇冠盖　2.送盖滑槽　3.压盖模

4.压头　5.磁铁　6.压盖心杆

4.压盖封口机的使用维护

(1)调整　工作前，根据瓶子的高度规格，转动调节手轮轴(图 10-2-7)，使滑座和传动转盘之间相对移动，将高度调整到适合瓶子的规格。

(2)试封　开机试封，检查压盖封口的密封性。当瓶盖不够紧密时，可通过调节杆(图 10-2-8)进行调节，使压盖心杆与调节杆之间间隙 δ 缩小，反之，瓶盖过于紧密时，调节调节杆使间隙 δ 增大。

(3)维护　对各运动部位要定期进行滑润。每次工作结束后，对设备进行清洗。

(三)旋盖封口机

瓶盖封口的瓶口外螺纹有单头和多头。单头螺纹常用于小口径的瓶罐，其螺纹螺距较小，瓶罐口上螺纹多为 2～3 圈，因螺旋的升角小，具有良好的自锁性能。为使封口密封，瓶盖内用橡胶作为密封衬垫。旋紧瓶盖时，密封衬垫发生弹性变形，从而达到气密性要求。

多头螺纹螺距较大，每道螺纹段长度约为整圈螺纹的 1/3 或 1/4，上盖与瓶罐开启迅速、方便。与多头螺纹瓶罐口相配的盖子做成与外螺纹头数相等的凸爪。旋盖时，凸爪沿瓶罐上封口外螺纹线前进而旋紧。它广泛用于玻璃、塑料瓶罐食品的封口，这种封口具有启封方便和启封后可再盖封的优点。瓶罐多头螺纹连接结构如图 10-2-10 所示。

图 10-2-10　瓶罐与盖的多头螺纹连接

(a)瓶罐口多头外螺纹结构　(b)螺旋盖结构

对于小口径旋盖，由于螺旋升角较小，达到同样密封程度所需要的旋拧力矩也较小，通常采用结构简单的直接摩擦旋拧机构。而对于大口径旋盖，所需旋拧力矩较大，多采用拧手机构。

1. 直线行进式旋盖机

直线行进式旋盖机如图 10-2-11 所示，实瓶由输送带送进，旋盖由自动料斗送至送盖滑槽，在滑槽的端头有弹性定位夹持器夹持定位瓶盖，当料瓶送达时，瓶口碰到盖而自动套在瓶口上，实瓶继续进行进至两条平行反向运动的皮带 7 中间，使瓶体在行进中自转。瓶盖上方的压板和压盖输送带阻止瓶盖随瓶体转动而使瓶盖做轴向送进，从而实现瓶与盖的旋拧作业。当旋拧达到封口密封要求时，瓶体在输送带间打滑，以保障旋拧安全可靠。

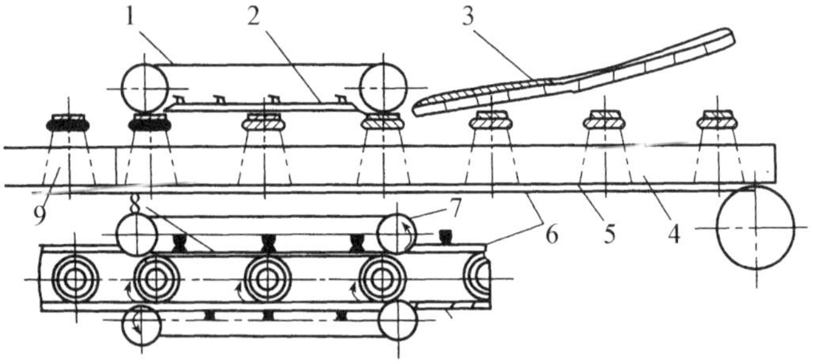

图 10-2-11　直线行进式旋盖机

1. 压盖输送带　2. 压盖板　3. 送盖滑槽　4. 上侧板　5. 托板　6、8. 侧导板　7. 旋瓶皮带　9. 瓶子

2. 爪式旋盖封口机

爪式旋盖封口机的封口执行机构是三爪式旋盖机头，如图 10-2-12 所示。当瓶盖从料斗到达旋盖头下方时，首先压入弹簧 1 和三个爪组成的爪头内，然后将灌有食品的瓶子送到旋盖下同一中心线位置并被夹紧，传动轴下降，通过弹簧 4、球铰 3、摩擦片 7，使橡皮头紧压在瓶盖上。传动轴旋转并靠摩擦力将瓶盖旋紧在瓶口的螺纹上，达到一定的旋紧力后再旋转，则摩擦片打滑，从而防止因旋紧力过大把瓶盖拧坏。转动调节螺钉可调节旋盖头位置的高低，以适应不同高度的瓶子。

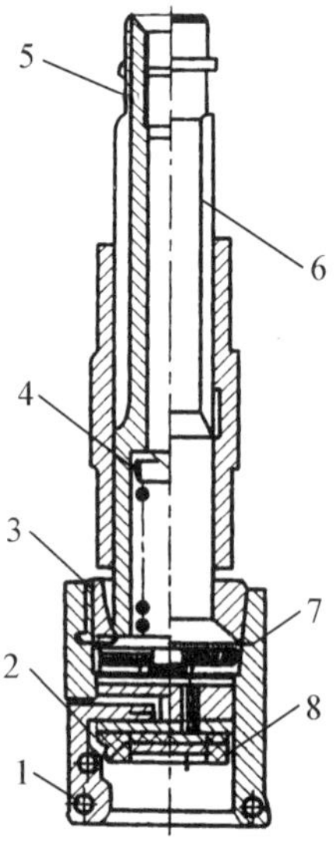

图 10-2-12　三爪式旋盖机头

1、4. 弹簧　2. 爪头　3. 球铰　5. 调节螺钉　6. 传动轴　7. 摩擦片　8. 橡皮头

3. 旋盖封口机的使用维护

工作前，根据瓶子的高度调整旋盖机头（或压盖板）的高度，使之符合瓶高要求。根据瓶盖的大小，更换相应的爪头。工作中应注意旋盖的松紧度，过松会造成密封不严，过紧会把旋盖拧坏。直线行进式旋盖机可通过改变压盖板的压力进行调节，爪式旋盖封口机可通过改变弹簧 4（图 10-2-12）的弹力进行调节。对机械的各运动部件要定期进行润滑。

二、贴标机

贴标机的功能是对贴标对象物按照要求圆满地完成粘贴标签的工作。由于贴标材质、形式和形状等方面的差别，贴标机械的类型、品种很多。贴标对象物上的标签要求不尽相同，有的只需贴一张身标，有的要求贴封口标签。此外，贴标机还需要适应不同生产率等。基于多种原因，满足不同条件下的贴标机也有很多种类型。不同类型品种的贴标机在贴标工艺和有关装置结构上有所差别，然而他们之间仍有共通性。据此可以将各种各样的贴标机归纳为直线式和回转式贴标机两大类。

(一)直线式真空转鼓贴标机

直线式真空转鼓贴标是直线式贴标机的一种。这种类型的贴标机中转鼓是主要部件之一。它可以从标签盒中吸取标签、传送标签(传送过程中接受打印贴标日期及涂布粘胶液)和将标签粘贴在贴标对象物上面的一部分或全部。

这种贴标机，按所用标签可分为使用页片式标签和使用卷盘式标签两种。

图 10-2-13 为用于页片式标签的圆柱身瓶、罐包装件直线式真空转鼓贴标机示意图。这种贴标机生产能力较高，最高可达 18 000 瓶/h。

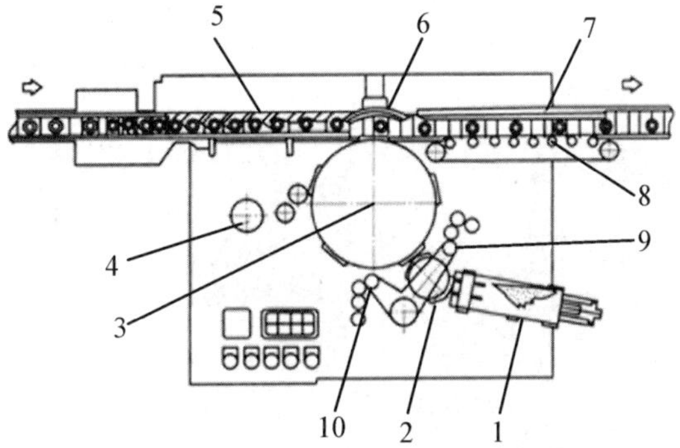

图 10-2-13　页片标签直线式真空转鼓贴标机

1.摇摆标签盒　2.真空吸标递送辊　3.真空转鼓　4.涂胶装置　5.分件供送螺杆　6.加压弧形板　7.施压衬垫板　8.摩擦带　9.正面打印装置　10.背面打印装置

图 10-2-14 为用卷盘标签的圆柱身瓶罐包装件直线式真空转鼓贴标机示意图。卷盘标签的直线式真空转鼓贴标机有更高的贴标速率。

(二)回转式真空转鼓贴标机

回转式真空转鼓贴标机是回转式贴标机中应用较为广泛的一种类型。这是由于这种类型的贴标机采用真空转鼓结构部件，具有吸标、传输、贴标等多方面功能，能提高贴标工作效率和工作可靠性，而且可促成机器结构合理简化。图 10-2-15 为用于页片标签的圆柱身瓶罐包装件回转式真空转鼓贴标机的示意图。

(三)压敏胶标签贴标机

压敏胶标签是一种在标签背面预涂有压敏性胶粘剂的标签。压敏胶标签在制作过程中就对标签背面进行了涂布压敏型胶粘物质的处理，贴标使用时不需要再对标签背面进行涂胶，而直接将标签粘贴在包装件表面上。制作压敏胶标签时，在隔离纸带层的表面先涂布上压敏胶黏液，待胶液干后将已印刷并处理好的标签从其背面贴合上去，最后卷成卷盘形式的压敏胶标

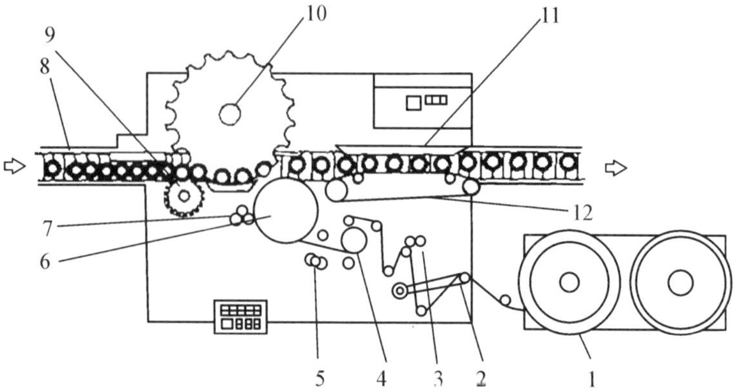

图 10-2-14　卷盘标签直线式真空转鼓贴标机

1.标签转盘　2.导辊组　3.打印装置　4.输送装置　5.裁切装置　6.真空转鼓
7.涂胶装置　8.输送机　9.分隔轮　10.齿形拨轮　11.加压衬垫板　12.摩擦带

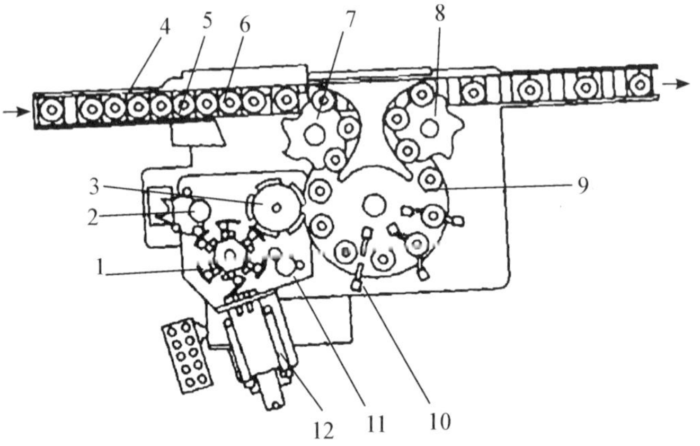

图 10-2-15　圆柱身瓶罐包装件用回转式真空转鼓贴标机示意图

1.取标转鼓　2.涂胶装置　3.真空转鼓　4.输送机　5.分隔轮　6.分件供应螺杆　7、8.星形拨轮
9.回转工作台　10.理标毛刷　11.打印装置　12.标签盒

签产品,供贴标签时使用。因此,压敏胶型标签的横断面结构显示出隔离纸层、压敏胶层和标签(或基材层)的多层结构组合,见图 10-2-16。

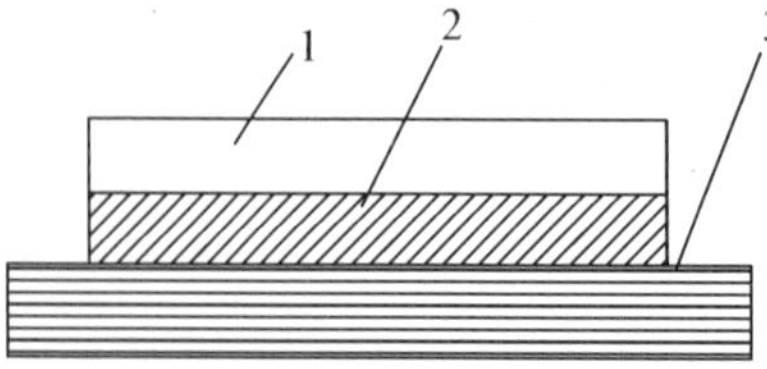

图 10-2-16　压敏标签的横断面结构示意图

1.标签(基材)　2.压敏胶层　3.隔离纸层

压敏胶标签贴标使用压敏胶标签贴标机进行。压敏胶标签贴标机有卧式和立式等形式,然而各压敏胶标签贴标机的基本结构大体相类似。

图 10-2-17 所示为一种立式压敏胶标签贴标机结构示意图。

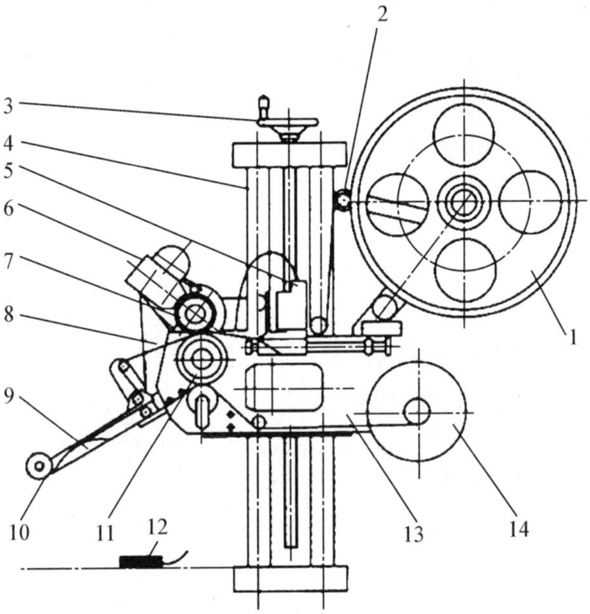

图 10-2-17　立式压敏胶标签贴标机示意图

1. 压敏胶标签卷筒　2. 张力调节装置　3. 高度调节装置　4. 导柱　5. 标签检测装置　6. 印刷供墨装置　7. 印刷辊　8. 电子控制装置　9. 标签玻璃装置　10. 压贴装置　11. 传送辊　12. 贴标对象物检测装置　13. 滑落　14. 隔离纸卷取装置

三、薄膜包装机械

薄膜包装是利用塑料薄膜材料对食品进行包装密封，从而达到保护食品的目的。常用的薄膜包装包括裹包、袋装、热收缩包装、真空与充气包装及热成型包装等几种形式。

(一)热收缩包装

热收缩是指用热收缩薄膜对被包装物品实施包裹并按要求进行封口，之后对包装进行加热处理，使包装薄膜产生收缩而紧裹贴合在被包装物品表面。它们是热收缩包装中两个最基本的操作工序。用热收缩薄膜包裹物品和封口的工艺操作称为包装工序，而对包装实施加热的工艺操作称热缩工序。热缩工艺主要取决于热收缩薄膜的特性和热收缩的温度与时间。表 10-2-1 为收缩薄膜热缩时的温度和时间条件。

表 10-2-1　收缩薄膜热缩时的温度和时间条件

薄膜	厚度/mm	温度/℃	时间/s	风速/(m/s)	备注
聚氯乙烯	0.02～0.06	140～200	5～10	8～10	温度较低，对食品类较适宜
聚丙烯	0.02～0.04	160～200	6～12	15～20	紧固性强
聚乙烯	0.03～0.10	160～200	8～16	6～10	加热收缩后，必须冷却
聚乙烯	0.12～0.20	180～200	30～60	12～16	必要时可停止加热

(二)真空与充气包装机械

真空包装与充气包装的工艺程序基本相同,包装机大多设计成通用的结构形式,使之既可以用于真空包装,又可用做充气包装。

充气包装机有真空充气包装机、瞬间充气包装机两类,而真空充气包装机又有喷嘴式、真空室式和喷嘴与真空室并用式之分。其基本结构主要有真空室、真空及充(放)气装置、电气控制系统和机架等组成。

图 10-2-18(a)所示为喷嘴式真空充气包装机工作原理图。喷嘴式扁头伸入袋口,用夹头夹住,借真空系统抽出袋内空气造成真空,转而充气,再用热熔封接压头对包装袋口实施热熔封口。图 10-2-18(b)所示为真空室式真空充气包装机,装填了食品的包装袋置于真空室内,关闭真空室,包装袋封口部位处在热熔封口压头之间,用真空泵抽出真空室和包装袋内空气,需充气时,转换到充气系统充入需要气体,再进行热熔接封口、冷却、放气。最后开启真空室取出成品。真空室式包装机比喷嘴式包装机好,因为前者包装封口时袋内外真空度相等,热熔接封口中不易出现皱纹,可保证密封性,且空气置换率较高。图 10-2-18(c)所示为喷嘴与真空室并用式真空充气包装机。瞬间充气包装机用卷筒薄膜在成型制袋-充填封口机上制成袋,袋内装物后,在进行封口前的瞬间,充进所要的气体,以置换包装袋中空气,进行封口。这种充气包装的空气置换率比较低。

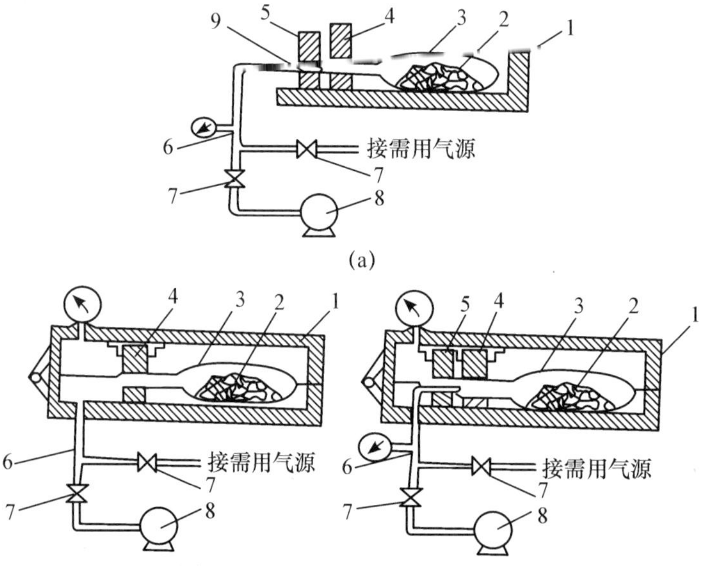

图 10-2-18　真空与充气包装机工作原理

(a)喷嘴式　(b)真空室式　(c)复合式

1.真空室(工作台)　2.被包装物品　3.包装袋　4、5.热熔封口装置

6.夹装压头　7.气体流道路　8.真空泵　9.喷嘴

真空包装以及充气包装机都有半自动和自动式、间歇式和连续式等类型,以适应多种生产情况的需要。

(三)制袋封口包装机

由于包装袋形具有多样性，所以完成这些袋形的袋装机械在机型及结构上也具有一定的差异，主要反映在制袋及封口装置上。

1.枕式袋装机

(1)象鼻成型器制袋式袋装机　图 10-2-19 所示是立式、连续运动制袋式袋装机，可完成纵缝对接封合、装填封口及切断工作。全机除计量装置外，还由象鼻成型器、匀速回转的辊式纵封器、不等速回转的横封器和回转刀等组成。单张卷筒薄膜 1 经多道导辊和光电管被引入象鼻成型器 2，将薄膜卷折成圆筒状，被连续回转的纵封辊加热加压热封定形，包装料袋自上而下地连续移动，就是纵封辊 4 连续回转牵引薄膜的结果。横封辊 5 不等速回转，分别将上、下两袋的袋口和袋底封合，纵封器的转轴轴线与横封器回转轴线呈空间垂直，因而获得枕式袋，被包装物料经计量装置计量后由倒料槽落入袋内，封好口的连续袋由下面回转切刀 7 与固定切刀 6 接触时切断分开。

(2)翻领成型器制袋式袋装机　图 10-2-20 所示是立式、间歇运动的翻领成型器制袋式袋装机，可完成制袋、纵封(搭接或对接)、装填、封口及切断等工作。平张卷筒薄膜经过多道导辊引上翻领成型器，由纵封器封合定形、搭接或对接成圆筒状，以计量装置计量后的物料由加料斗通过加料管导入袋底，横封器在封底同时拉袋向下，并对前一满袋封口，又在两袋间切断使之分开，全机各执行机构的动作可由机、电、气、液配合自动完成。

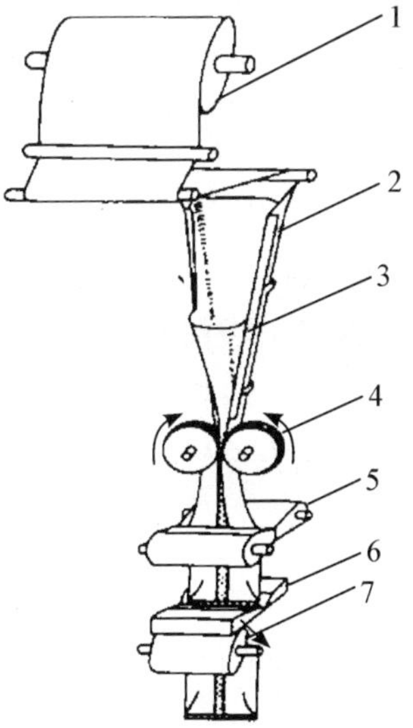

图 10-2-19　象鼻成型器制袋式袋装机

1.卷筒薄膜　2.象鼻成型器　3.加料斗　4.纵封辊　5.横封辊　6.固定切刀　7.回转切刀

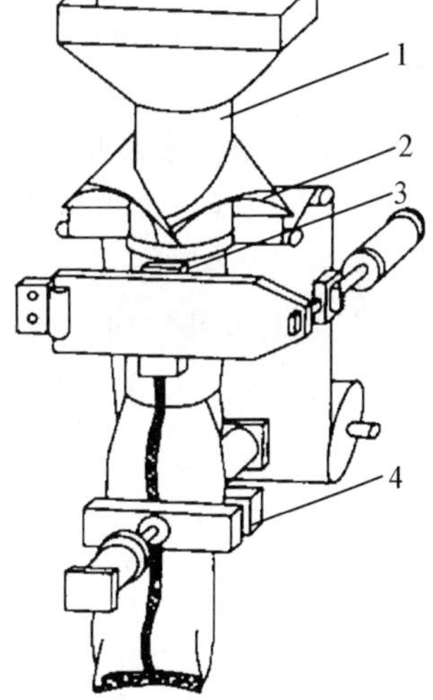

图 10-2-20　翻领成型器制袋式袋装机

1.加料管　2.翻领成型器　3.纵封辊　4.横封辊

(3)筒形袋袋装机　筒形袋袋装机是一种间歇式转盘形包装机，这类包装机采用筒状卷料薄膜作包装材料，每次先封底缝，然后再切下作为包装袋，并交间歇回转工序盘上的夹持手将包装袋从一个工位移向另一个工位，完成装料、整形、封口等工序。图 10-2-21 是带有筒状薄膜开袋器的袋装机，它能先开袋后夹持，再被封底缝，这类机型在国内外较稀少，但开袋形式十分独特。使用较广的是图 10-2-22 所示的机型，它往往是先封底缝、切断，再被夹持，然后开袋、装填物料、封口等，这种机型与立式或卧式直线型袋装机相比，在工位动作的设计安排上，灵活性较大，对一些难装或多种物品混装的袋装产品，它的适应性特别强。

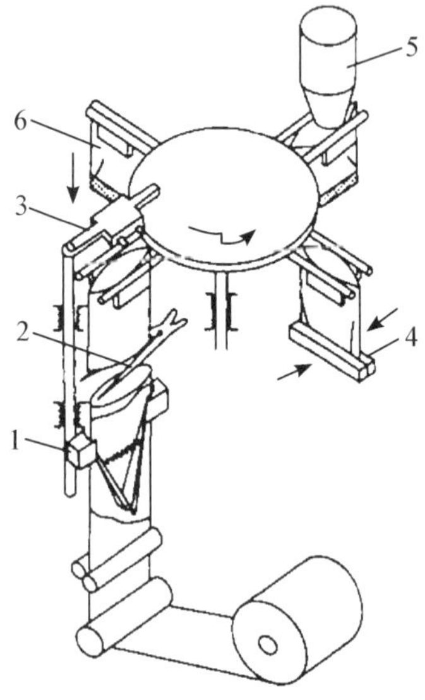

图 10-2-21　筒形袋机械开袋式袋装机

1.开袋器　2.切断刀　3.拉带手　4.封底器　5.装袋　6.封口与卸袋

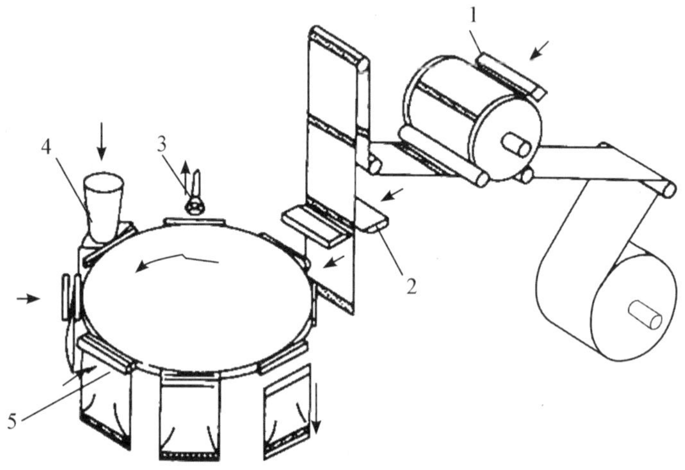

图 10-2-22　筒形袋袋装机

1.封底器　2.切刀　3.开袋吸嘴　4.加料斗　5.封口器

2.三面封口扁平式袋装机

(1)三角形成型器制袋式袋装机　图 10-2-23 所示为卧式间歇运动三角形成型器的制袋式袋装机。对折后的薄膜上口有一块隔离板 4，帮助袋口张开，薄膜料袋的间歇移动靠牵引辊 8 间歇回转带动，制成开口向上的空袋后，可如图所示先行装填，而后横封、切断，也有空袋制成后先行分切交由带夹持手的直线输送链式间歇回转工序盘，在每次运动停歇的工位上进行装袋，封口及卸料。

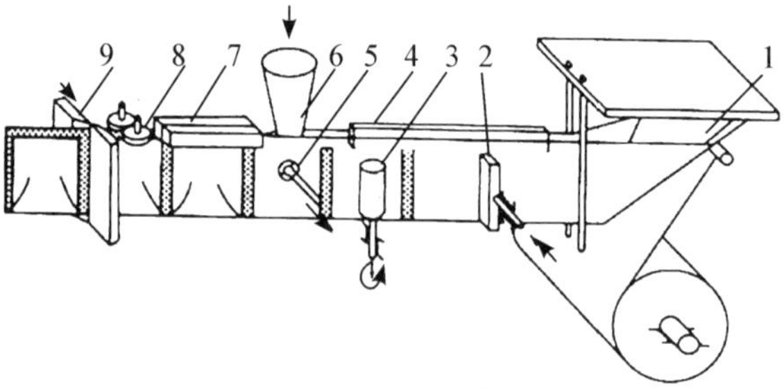

图 10-2-23　卧式间歇三角形成型器制袋式袋装机

1.三角形成型器　2.纵封器　3.牵引器　4.隔离板　5.开袋吸头　6.加料管　7.横封器　8.牵引辊　9.切刀

(2)U形成型器制袋式袋装机 这类袋装机见图10-2-24所示，与图10-2-23的机型原理上基本相似，仅成型器形式不同而已。

(3)象鼻成型器制袋式袋装机 这类袋装机如图10-2-25所示，它与图10-2-20所示机型极为相似，这里仅不等速回转的横封器的回转轴线与纵封器回转轴线相互是平行的导致成品不再是枕式袋，而是三面封口扁平袋。

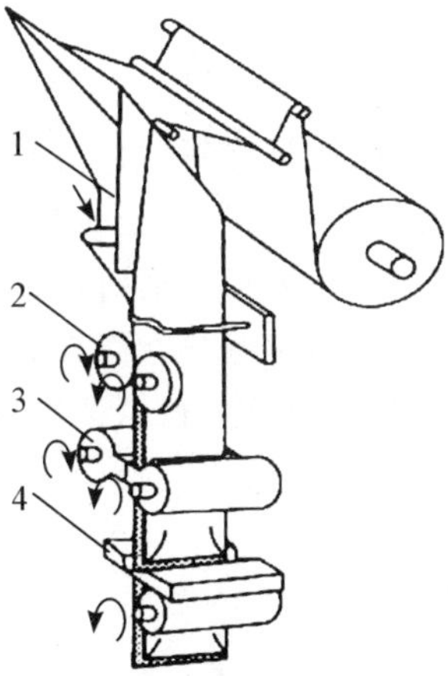

图10-2-24 U形成型器制袋式袋装机

1.U形成型器 2.纵封辊 3.横封辊 4.切刀

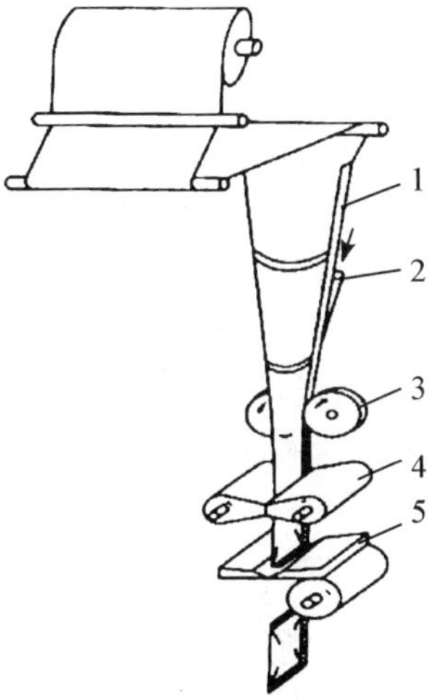

图10-2-25 象鼻成型器制袋式袋装机

1.象鼻成型器 2.加料斗 3.纵封器 4.横封辊 5.切刀

3.四面封口扁平式袋装机

包装袋形为四面封口扁平袋的制袋式袋装机如图10-2-26、图10-2-27所示。图10-2-26中，两卷单张薄膜经导辊引至双边纵封辊，薄膜成对合筒状。

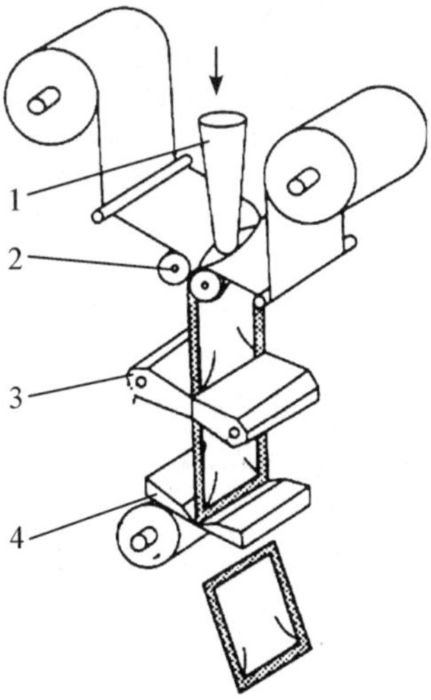

图10-2-26 双卷筒四面封口扁平袋袋装机

1.加料管 2.双道纵封器 3.横封器 4.切刀

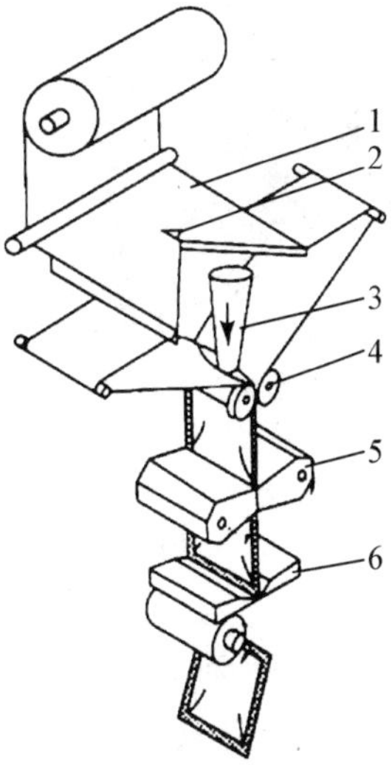

图10-2-27 双卷筒四面封口扁平袋袋装机

1.缺口导板 2.剖切刀 3.加料管 4.双道纵封辊 5.横封器 6.切刀

图 10-2-27 是单卷平张薄膜经在三角形缺口导板 1 的缺口尖端处有刀片 2 将运动着的薄膜中央剖切为二片，并经此导板分成两路，再往下先对合纵封，再装料，而后横封、切断。

4. 自立袋式袋装机

(1)尖顶角形袋制袋式袋装机　这类袋装机与图 10-2-20 所示机型有许多相似之处，它是应用翻领式成型器制袋，薄膜经过成型器和四个均布的折痕滚轮，再经纵封器封合后成搭接圆筒状，料管下端部分由圆形截面变成方形截面。如图 10-2-28 所示折角板使两端收口，横封器横封上、下两道封口并切断，烫底器将立袋底部烫成平底。

(2)塔形及立方柱形袋制袋式袋装机　这种机型是间歇制袋装填机，工作原理如图 10-2-29 所示，主要用来包装流质饮料，卷筒包装材料经打印装置和过氧化氢(H_2O_2)消毒液槽后，走上最后一道导辊被引导向下，在数次成型环的作用下，同象鼻成型器功能一样，将平张包装材料卷折成圆筒状，包装材料接缝在运动中经无菌空气加热，包装材料通过最后一道成型环时，被压合成纵封缝，流质物料由泵打入进料管引入圆筒状袋内，无菌热空气在料管外进入折成的圆筒内可直达液面，液面上又有螺旋式加热器，它既使材料内壁进行杀菌消毒，又使液面上形成无菌空气层。

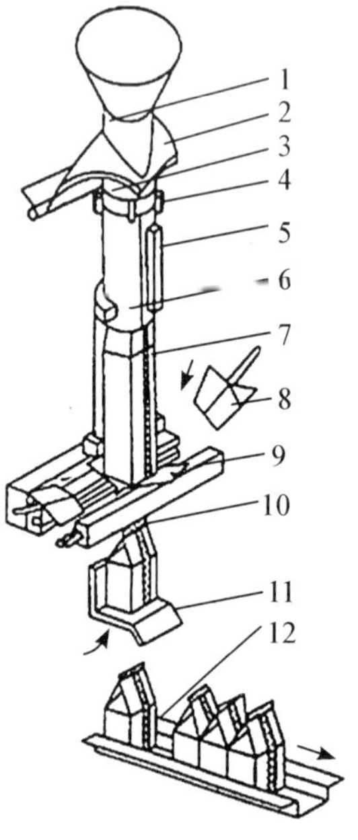

图 10-2-28　尖顶角形袋制袋式袋装机

1. 圆形料管　2. 翻领成型器　3. 导辊　4. 折痕辊轮　5. 纵封器　6. 拉袋装置　7. 方形料管　8. 折角板　9. 横封器　10. 切刀　11. 烫底器　12. 输出槽

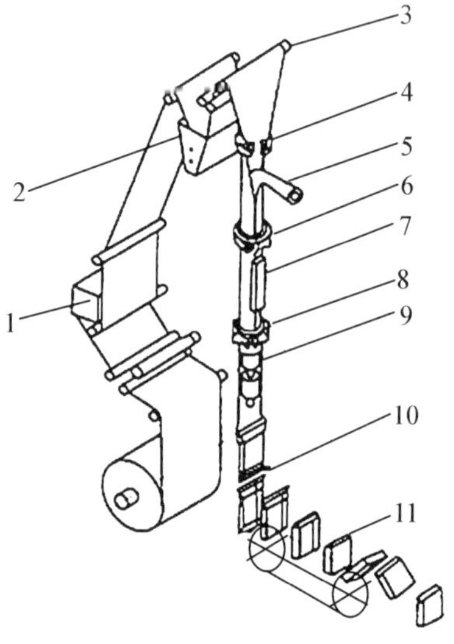

图 10-2-29　立方柱形袋制袋式袋装机

1. 打印装置　2. 双氧水槽　3. 导辊　4、6. 圆形成型器　5. 加料器　7. 纵封器　8. 拉袋装置　9. 加热器　10. 横封成型切断装置　11. 折角装置

横封及切断在料面下进行，横封装置配置方式不同，就形成立方柱形与塔形包装不同产品。塔形包装上、下两只横封切断器 90°空间交错，分别做上下及开合运动，完成各包装物品的横封及切断。

立方柱形包装由两对方角成型模具及横封器在开合及上下运动中将液面下的筒状料袋向下拉动并成型封口和切断，切断后的半成品落在间歇运动输送链内，在运动中完成折角等工艺动作。

四、外包装机械

外包装作业一般包括准备工作(例如将成沓的、折摆好的扁平纸箱打开并成型)、将装有食品的容器进行装箱、封箱、捆扎等四道工序。完成这四种操作的机械分别称为成箱机、装箱机、封箱机、捆扎机(或结扎机)。近年在这些单机不断改进发展时,又出现了全自动包装线,把包装好食品的容器排列、装箱和捆包联合起来,即将小件食品集体装入箱中,使封箱和捆包形成一步法。

由于包装容器有罐、瓶、袋、盒、杯等种类,而且形状、材料又各不相同,因而使得外包装机械的种类、形式较多,但是因为外包装作业不外乎上述四个方面,故同类机械的工作原理、操作程序大同小异。

(一)装箱机

装箱机一般是将已包装产品的罐、瓶、袋、盒等装进瓦楞纸制成的纸箱内,装进箱内的方法根据产品的形状和需要而不同。例如,瓶装产品一般是在竖立的状态,经过相互推动,形成所需要的排列引入通道内,并在垂直的方向由上而下或由下而上地推进箱内。

罐头产品可以用类似上述瓶装产品的方法装箱,还可以将罐头产品做水平方向滚动通过分槽器,所形成的排列,正好对准箱子开口一边的位置,卧倒排列整齐的罐头,被横向推进箱内。当使用一端开口的箱子时,罐头将垂直地被推进或抓放进箱子内。

用于纸盒装牛奶产品的装箱机,也是一种特殊类型的机械。这类装箱机借助握持器将纸盒垂直地装进箱内,在垂直的方向收集纸盘形成一定的排列,并采用机械将容器定时地推到所需要的位置。

(二)捆扎机

捆扎机是提供各种大小纸箱或包封物品,利用各种绳带将其捆扎用的机械。

捆扎机发展很迅速,种类繁多,形式各异。集中的分类方法主要有:

按机器的自动化程度分为自动捆扎机和半自动捆扎机。

按捆扎带穿入方式分为穿入式捆扎机和绕缠式捆扎机。

按捆扎带的材料分为纸带捆扎机、塑料带捆扎机、金属捆扎机等。

图 10-2-30 所示为两种特有的捆扎机。图 10-2-30a 为同时捆扎两条带子的捆扎机外形图。图 10-2-30b 为全自动捆扎机,为了提高自动化程度,该机配有自动输送装置和光电定位装置。被捆扎物由输送带自动送到捆扎机导向架下时,由光电控制机构探测到被捆扎物的位置后,触发捆扎机进行捆扎,然后再沿输送带送出。

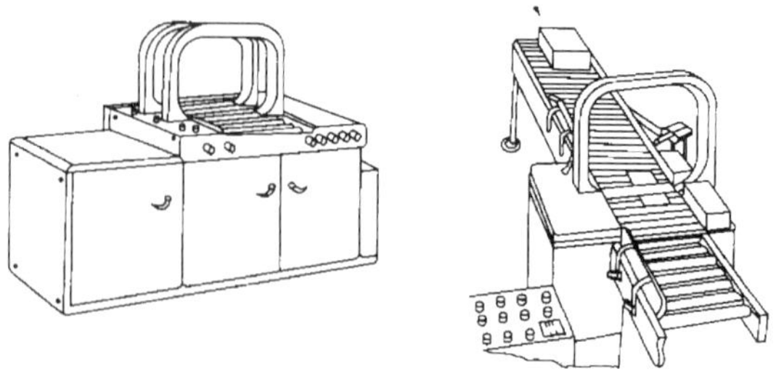

(a)　　(b)

图 10-2-30　两种捆扎机形式

(a)捆扎两条带子的捆扎机　(b)全自动捆扎机

复习思考题

1. 食品进行包装的作用及常用包装机械的分类是什么？
2. 试分析比较液体灌装方法与特点。
3. 简述液体灌装机的主要结构组成。
4. 分别描述流体、半流体、黏滞流体包装机的代表机型及工作过程。
5. 二重卷边作业的原理及设备机构。
6. 枕式制袋式包装机的工作原理及设备简图。
7. 皇冠盖压盖封口机的压盖过程及设备使用与维护。
8. 压敏胶标签贴标机的工作过程。

实验实训　手动封杯机的使用、维护、故障分析及解决办法

一、目的要求

能独立完成封杯机的穿胶膜操作，熟练使用手动封杯机进行压盖，对压盖过程中出现的常见问题进行分析并提出解决办法。

二、设备与工具

(1)手动封杯机 3 台；
(2)胶膜三卷；
(3)300 mL 装与 100 mL 装的酸奶、酸梅汤、水等物料各若干杯；
(4)220 V 的电源插口 3 个。

三、实训内容和方法步骤

(1)对照设备说明书观察手动封杯机的外部结构。

(2)将胶膜正确穿到机器上,打开电源,调整温度和时间,待温度到达设置数值后用空杯进行简单调试。

(3)分别将灌好物料的 300 mL 装和 100 mL 装塑料杯放到下模滑板上,用手将下模滑板推到指定位置,并通过左右导轨滑轮调整胶杯位置。

(4)右手向下压动机器手柄至最大行程,保持 2 s 左右,当指示灯变色后及时抬起手柄,将压盖后的杯子通过下模滑板拉回到机器外部,取出杯子。

(5)将杯子倒置观察密封情况,如果密封严密,可放入未包装胶杯进行下一循环的包装,如温度指示灯处于绿色状态,则需停止压盖,待指示灯变红后继续操作。

(6)包装结束后,关掉开关、拔掉电源,待机器降温后进行卫生清理,方便下次使用。

四、实训报告要求

(1)绘制设备结构简图。

(2)描述设备使用过程和注意事项。

(3)针对封口不牢、渗漏及杯口胶膜切不圆或者切不断现象进行分析,并提出解决办法。

参考文献

[1] 张裕中.食品加工技术装备.2版,北京:中国轻工业出版社,2007.
[2] 周曼玲.通风除尘与机械输送.成都:西南交通大学出版社,2006.
[3] 高海燕.食品加工机械与设备.北京:化学工业出版社,2008.
[4] 殷涌光.食品机械与设备.北京:化学工业出版社,2007.
[5] 袁仲.食品工程原理.北京:化学工业出版社,2008.
[6] 田国庆.食品冷加工工艺.北京:机械工业出版社,2008.
[7] 刘一.食品加工机械.北京:中国农业出版社,2006.
[8] 崔建云.食品机械.北京:化学工业出版社,2006.
[9] 陈斌.食品加工机械与设备.北京:机械工业出版社,2008.
[10] 张国治.食品加工机械与设备.北京:中国轻工业出版社,2011.
[11] 刘晓杰.食品加工机械与设备.北京:高等教育出版社,2010.
[12] 肖旭霖.食品机械与设备.北京:科学出版社,2006.
[13] 陈从贵.食品机械与设备.南京:东南大学出版社,2009
[14] 马荣朝.食品机械与设备.北京:科学出版社,2012.
[15] 马海乐.食品机械与设备.北京:中国农业出版社,2011.